U0160887

软物质前沿科学丛书编委会

顾 问 委 员：

Stephen Z. D. Cheng (程正迪)　Masao Doi

江　雷　欧阳颀　张平文

主　　编： 欧阳钟灿

执行主编： 刘向阳

副 主 编： 王　炜　李　明

编　　委（按姓氏拼音排列）：

敖　平　曹　毅　陈　东　陈　科　陈　唯　陈尔强

方海平　冯　雪　冯西桥　厚美瑛　胡　钧　黎　明

李安邦　李宝会　刘　锋　柳　飞　马红孺　马余强

舒咬根　帅建伟　苏晓东　童彭尔　涂展春　王　晟

王　威　王延颋　韦广红　温维佳　吴晨旭　邢向军

严　洁　严大东　颜　悦　叶方富　张何朋　张守著

张天辉　赵亚溥　赵蕴杰　郑志刚　周　昕

“十三五”国家重点出版物出版规划项目

软物质前沿科学丛书

柔性电子技术

Flexible Electronic Technology

冯　雪　编著

科学出版社
龍門書局
北　京

内 容 简 介

本书以当前半导体电子产业所出现的技术革命为背景，针对柔性电子技术在信息、能源、医疗、国防等重要领域的应用需求，简要介绍柔性电子技术的概念、发展历程和重要应用方向，系统介绍柔性电子器件设计方法、柔性电子功能材料、柔性电子关键制备技术、柔性固体器件、柔性集成电路及系统和柔性电子检测技术与可靠性分析等所面临的机遇与挑战，并对柔性电子的发展前景进行展望。

本书对从事柔性电子器件结构设计理论、柔性材料、柔性电子器件制备技术和其他相关领域的研究人员、工程师及专业人员具有重要的参考价值，同时也可作为机械、电子信息、材料、物理、化学、力学等高等院校相关专业师生的自学和教学参考用书。

图书在版编目(CIP)数据

柔性电子技术/冯雪编著. —北京：龙门书局，2021.5

（软物质前沿科学丛书）

“十三五”国家重点出版物出版规划项目　国家出版基金项目

ISBN 978-7-5088-5892-0

Ⅰ. ①柔…　Ⅱ. ①冯…　Ⅲ.①电子技术　Ⅳ. ①TN

中国版本图书馆 CIP 数据核字（2020）第 250654 号

责任编辑：赵敬伟　郭学雯／责任校对：杨聪敏

责任印制：吴兆东／封面设计：无极书装

科学出版社
龙门书局　出版

北京东黄城根北街 16 号

邮政编码：100717

http://www.sciencep.com

北京中科印刷有限公司印刷

科学出版社发行　各地新华书店经销

*

2021 年 5 月第 一 版　开本：720 × 1000　B5

2025 年 1 月第四次印刷　印张：21 1/4

字数：429 000

定价：178.00 元

（如有印装质量问题，我社负责调换）

丛　书　序

社会文明的进步、历史的断代，通常以人类掌握的技术工具材料来刻画，如远古的石器时代、商周的青铜器时代、在冶炼青铜的基础上逐渐掌握了冶炼铁的技术之后的铁器时代，这些时代的名称反映了人类最初学会使用的主要是硬物质。同样，20 世纪的物理学家一开始也是致力于研究硬物质，像金属、半导体以及陶瓷，掌握这些材料使大规模集成电路技术成为可能，并开创了信息时代。进入 21 世纪，人们自然要问，什么材料代表当今时代的特征？什么是物理学最有发展前途的新研究领域？

1991 年，诺贝尔物理学奖得主德热纳最先给出回答：这个领域就是其得奖演讲的题目——“软物质”。按《欧洲物理杂志》B 分册的划分，它也被称为软凝聚态物质，所辖学科依次为液晶、聚合物、双亲分子、生物膜、胶体、黏胶及颗粒物质等。

2004 年，以 1977 年诺贝尔物理学奖得主、固体物理学家 P.W. 安德森为首的 80 余位著名物理学家曾以“关联物质新领域”为题召开研讨会，将凝聚态物理分为硬物质物理与软物质物理，认为软物质 (包括生物体系) 面临新的问题和挑战，需要发展新的物理学。

2005 年，*Science* 提出了 125 个世界性科学前沿问题，其中 13 个直接与软物质交叉学科有关。“自组织的发展程度”更是被列为前 25 个最重要的世界性课题中的第 18 位，“玻璃化转变和玻璃的本质”也被认为是最具有挑战性的基础物理问题以及当今凝聚态物理的一个重大研究前沿。

进入新世纪，软物质在国际上受到高度重视，如 2015 年，爱丁堡大学软物质领域学者 Michael Cates 教授被选为剑桥大学卢卡斯讲座教授。大家知道，这个讲座是时代研究热门领域的方向标，牛顿、霍金都任过卢卡斯讲座教授这一最为著名的讲座教授职位。发达国家多数大学的物理系和研究机构已纷纷建立软物质物理的研究方向。

虽然在软物质研究的早期历史上，享誉世界的大科学家如爱因斯坦、朗缪尔、弗洛里等都做出过开创性贡献，荣获诺贝尔物理学奖或化学奖。但软物质物理学发展更为迅猛还是自德热纳 1991 年正式命名“软物质”以来，软物质物理学不仅大大拓展了物理学的研究对象，还对物理学基础研究尤其是与非平衡现象 (如生命现象) 密切相关的物理学提出了重大挑战. 软物质泛指处于固体和理想流体之间的复杂的凝聚态物质，主要共同点是其基本单元之间的相互作用比较弱 (约为室温热能量级)，因而易受温度影响，熵效应显著，且易形成有序结构。因此具有显著热波动、多个亚稳状态、介观尺度自组装结构、熵驱动的有序无序相变、宏观的灵活性等特征。简单地说，这些体系都体现了“小刺激，大反应”和强非线性的特性。这些特性并非仅仅由纳观组织或原子、分子水平的结构决定，更多是由介观多级自组装结构决定。处于这种状态的常见物质体系包括胶体、液晶、高分子及超分子、泡沫、乳液、凝胶、颗粒物质、玻璃、生物体系等。软物质不仅广泛存在于自然界，而且由于其丰富、奇特的物理学性质，在人类的生活和生产活动中也得到广泛应用，常见的有液晶、柔性电子、塑料、橡胶、颜料、墨水、牙膏、清洁剂、护肤品、食品添加剂等。由于其巨大的实用性以及迷人的物理性质，软物质自 19 世纪中后期进入科学家视野以来，就不断吸引着来自物理、化学、力学、生物学、材料科学、医学、数学等不同学科领域的大批研究者。近二十年来更是快速发展成为一个高度交叉的庞大的研究方向，在基础科学和实际应用方面都有重大意义。

为推动我国软物质研究，为国民经济做出应有贡献，在国家自然科学基金委员会–中国科学院学科发展战略研究合作项目“软凝聚态物理学的若干前沿问题”(2013.7—2015.6) 资助下，本丛书主编组织了我国高校与研究院所在数学、物理、化学、生命科学、力学等领域长期从事软物质研究的上百位科技工作者，参与本项目的研究工作。在充分调研的基础上，通过多次召开软物质科研论坛与研讨会，完成了一份 80 万字的研究报告，全面系统地展现了软凝聚态物理学的发展历史、国内外研究现状，凝练出该交叉学科的重要研究方向，为我国科技管理部门部署软物质物理研究提供了一份既翔实又具前瞻性的路线图。

作为战略报告的推广成果，参加该项目的部分专家在《物理学报》出版了软凝聚态物理学术专辑，共计 30 篇综述。同时，该项目还受到科学出版社关注，双方达成了“软物质前沿科学丛书”的出版计划。这将是国内第一套系统总结该领域理论、实验和方法的专业丛书，对从事相关领域研究的人员将起到重要参考作用。因此，我们与科学出版社商讨了合作事项，成立了丛书编委会，并对丛书做了初步规划。编委会邀请了 30 多位不同背景的软物质领域的国内外专家共同完成这一系列专著。这套丛书将为读者提供软物质研究从基础到前沿的各个领域的最新进展，涵盖软物质研究的主要方面，包括理论建模、先进的探测和加工技术等。

由于我们对于软物质这一发展中的交叉科学的了解不很全面，不可能做到计划的“一劳永逸”，而且缺乏组织出版一个进行时学科的丛书的实践经验，为此，我们要特别感谢科学出版社钱俊编辑，他跟踪了我们咨询项目启动到完成的全过程，并参与本丛书的策划。

我们欢迎更多相关同行撰写著作加入本丛书，为推动软物质科学在国内的发展做出贡献。

主　编　　欧阳钟灿
执行主编　　刘向阳
2017 年 8 月

前　言

柔性电子技术是指在柔性衬底上大面积、大规模集成不同材料体系、不同功能元器件，构成可拉伸/弯曲变形的柔性信息器件与系统的技术。柔性电子器件具有质量轻、形态可变、功能可重构的特点，颠覆性地改变了传统电子系统刚性的物理形态。因此柔性电子技术必将在人工智能、生物电子、脑机融合、物联网等领域产生巨大影响，是电子技术的重要发展方向之一。与传统的基于刚性衬底和刚性材料的电子技术不同，柔性电子技术使用具有物理弯折能力并能够承受一定形变的材料和结构构建电子器件和系统，并通过系统变形、重组等方式，使得柔性电子系统可实现不同的功能或性能，使电子器件和系统在形态、结构、功能、应用等方面取得突破，极大地促进了人–机–物三元融合，是汇聚实体、数字和生物世界的变革性力量，对于推动信息、航天、航空、医疗、能源等领域的发展以及提高人类生活质量具有重要的战略意义。

本书共 8 章，其中第 1 章绪论由陈毅豪、李海波和刘鑫撰写；第 2 章柔性电子器件的设计方法由付浩然、唐瑞涛和周涛撰写；第 3 章柔性电子功能材料由傅棋琪、王志建、蒋晔、肖建亮、金鹏和李航飞撰写；第 4 章柔性电子关键制备技术由黄银、陈颖、杜琦峰、艾骏、王宙恒、郑坤炜、刘兰兰、张瑞平、刘鑫撰写；第 5 章柔性固体器件由陆炳卫、李海成、闫宇、曹宇、张迎超、焦阳和王紫蘅撰写；第 6 章柔性集成电路及系统由陈颖、李海成、陈思宇、曹宇、蔡世生、郑坤炜、周伟欣和徐光远撰写；第 7 章柔性器件界面失效与可靠性评估由马寅佶、林晨、吕文瀚和马宇翔撰写；第 8 章柔性电子技术的前景与展望由王禾翎撰写。全书由冯雪、马寅佶、王禾翎统稿，李旻参与编稿。

柔性电子技术涉及机械、电子信息、材料、物理、化学、力学等多个学科的交叉与融合，由于作者水平和经验有限，书中难免存在不足之处，敬请相关领域专家和读者批评指正。

冯　雪

2020 年 8 月于清华大学

目　录

丛书序
前言
第 1 章　绪论 ········ 1
1.1　柔性电子技术起源 ········ 1
1.1.1　半导体集成电路材料、器件及分类 ········ 1
1.1.2　后摩尔定律时代产业与技术发展趋势 ········ 2
1.1.3　柔性电子技术的定义与内涵 ········ 3
1.2　柔性电子技术的重要意义 ········ 4
1.2.1　科学技术意义 ········ 5
1.2.2　产业发展意义 ········ 5
1.3　柔性电子技术的发展历程 ········ 6
1.3.1　有机柔性电子的发展历程 ········ 7
1.3.2　无机柔性电子的发展历程 ········ 7
1.4　柔性电子技术当前研究进展和应用 ········ 10
1.4.1　基于无机半导体材料的柔性器件 ········ 10
1.4.2　柔性芯片 ········ 13
1.4.3　基于有机材料的柔性器件 ········ 14
1.4.4　碳基纳米材料 ········ 17
1.4.5　柔性非易失逻辑器件 ········ 21
1.4.6　柔性储能器件 ········ 23
1.4.7　柔性显示技术 ········ 25
1.4.8　柔性集成微系统 ········ 26
参考文献 ········ 27
第 2 章　柔性电子器件的设计方法 ········ 31
2.1　可延展柔性结构的设计 ········ 31
2.1.1　波浪结构法 ········ 31
2.1.2　岛桥结构法 ········ 36
2.2　3D 可延展柔性结构 ········ 48
2.2.1　缠绕结构 ········ 48

2.2.2 压缩屈曲自组装结构 …… 52
2.2.3 3D 柔性电子技术的应用 …… 55
2.3 柔性衬底结构设计 …… 56
2.3.1 蜂窝状衬底结构 …… 56
2.3.2 齿形微结构 …… 62
2.3.3 应变限制结构设计 …… 68
2.3.4 应变隔离结构 …… 76
2.4 柔性电子器件热管理 …… 83
参考文献 …… 86
第 3 章 柔性电子功能材料 …… 94
3.1 柔性电子功能材料分类 …… 94
3.2 柔性绝缘材料 …… 94
3.2.1 柔性有机绝缘材料 …… 95
3.2.2 柔性无机绝缘材料 …… 99
3.3 柔性半导体材料 …… 103
3.3.1 柔性硅基半导体材料 …… 104
3.3.2 柔性化合物半导体材料 …… 107
3.3.3 柔性有机半导体材料 …… 111
3.4 柔性导电材料 …… 113
3.4.1 柔性金属导电材料 …… 114
3.4.2 柔性碳基导电材料 …… 116
3.4.3 柔性有机导电材料 …… 119
3.5 柔性可降解材料 …… 123
3.5.1 柔性可降解绝缘材料 …… 124
3.5.2 柔性可降解半导体材料 …… 128
3.5.3 柔性可降解金属材料 …… 129
参考文献 …… 130
第 4 章 柔性电子关键制备技术 …… 143
4.1 图案化制备技术 …… 143
4.1.1 光刻技术 …… 143
4.1.2 软刻蚀技术 …… 144
4.1.3 喷墨打印技术 …… 146
4.1.4 卷对卷印刷技术 …… 149
4.2 转印技术 …… 150
4.2.1 转印的原理 …… 152

4.2.2 速度控制转印……153
4.2.3 温度控制转印……156
4.2.4 气压控制转印……159
4.2.5 液体控制转印……160
4.3 柔性电子封装技术……162
4.3.1 液体封装……163
4.3.2 防水透气封装……165
4.3.3 散热封装……167
参考文献……169
第 5 章 柔性固体器件……175
5.1 薄膜晶体管……175
5.2 柔性显示器件……180
5.3 柔性能源器件……184
5.3.1 柔性电池……184
5.3.2 柔性超级电容器……190
5.3.3 柔性能量收集器……191
5.4 柔性传感器件……193
5.4.1 柔性生物传感电极……193
5.4.2 柔性光电传感器……200
5.4.3 柔性应变/压力传感器……205
5.4.4 柔性温度传感器……214
5.4.5 柔性生化传感器……217
5.5 柔性无线传输器件……228
5.5.1 柔性 NFC 器件……228
5.5.2 柔性天线……233
参考文献……238
第 6 章 柔性集成电路及系统……250
6.1 集成电路及系统的定义与发展趋势……250
6.2 柔性芯片制备与测试……252
6.2.1 超薄柔性芯片制备……254
6.2.2 超薄芯片拾取与转移……257
6.2.3 超薄柔性芯片剥离理论模型……259
6.2.4 超薄芯片性能表征……263
6.2.5 柔性芯片可靠性测试……265
6.3 柔性微系统封装集成技术……267

6.3.1 柔性微系统封装基本概念 ······ 267
6.3.2 柔性互联技术 ······ 271
6.3.3 柔性包封技术 ······ 277
参考文献 ······ 280
第 7 章 柔性器件界面失效与可靠性评估 ······ 283
7.1 柔性器件界面失效模式 ······ 283
7.2 柔性器件界面失效的实验研究 ······ 287
7.3 柔性器件界面的失效分析 ······ 293
7.3.1 薄膜/软衬底界面失效的强度理论 ······ 293
7.3.2 薄膜/软衬底界面失效的能量理论 ······ 300
7.3.3 薄膜/软衬底界面失效的黏弹性效应 ······ 307
参考文献 ······ 316
第 8 章 柔性电子技术的前景与展望 ······ 318
8.1 柔性电子技术的应用前景 ······ 318
8.1.1 健康医疗 ······ 318
8.1.2 脑机接口 ······ 318
8.1.3 航空航天 ······ 318
8.1.4 交通能源 ······ 318
8.1.5 显示与信息交互 ······ 319
8.1.6 物联网 ······ 319
8.2 柔性电子技术的发展方向 ······ 319
8.2.1 柔性材料 ······ 319
8.2.2 柔性集成器件 ······ 320
8.2.3 柔性电路 ······ 321
8.2.4 柔性电子系统 ······ 322
8.2.5 柔性集成技术与工艺 ······ 324
索引 ······ 325

第 1 章　绪　　论

1.1　柔性电子技术起源

1.1.1　半导体集成电路材料、器件及分类

集成电路 (integrated circuit, IC) 是将独立半导体器件和被动元件集成到基板或线路板上构成的小型化电路。它是计算机、手机、网络、通信、自动控制等现代化产品和技术的支撑，是现代化信息产业发展的基石。目前，中国已发展成为世界电子产品的第一大生产基地和全球集成电路产品的主要消费大国。可以说，微电子器件和集成电路对民生的改善和国民经济的发展有举足轻重的作用。

在过去的半个世纪中，IC 技术的高速发展一直遵循着摩尔定律，即每 18 个月，信息系统的集成度提高一倍，其要点在于硅晶圆上晶体管的特征尺寸不断减小，器件的集成度不断提高。可以说，摩尔定律对半导体材料的对半导体材料的发展和半导体器件制备工艺的提升不断提出新的要求。

半导体材料作为现代信息和新能源技术的基础受到人们的广泛关注。简单来说，半导体材料是介于导体和绝缘体之间的一大类无机非金属材料。按其组成可分为元素半导体材料 (硅、锗等)；化合物半导体材料 (砷化镓、氮化镓、碳化硅等)；三元、四元固溶体材料 (铝镓砷、铟镓砷、镓砷磷等)。按其空间维度可分为块体单晶材料和纳米半导体材料，后者包括超晶格、量子阱材料和量子点材料。目前，硅基半导体材料在半导体行业中扮演着至关重要的角色，85% 以上的电子器件电路都以硅基半导体为基础。极大规模集成电路的发展，对硅单晶材料的质量要求越来越高，包括硅单晶中的微缺陷密度、重金属含量等。图 1.1 为天然硅单质和硅棒、硅晶圆。

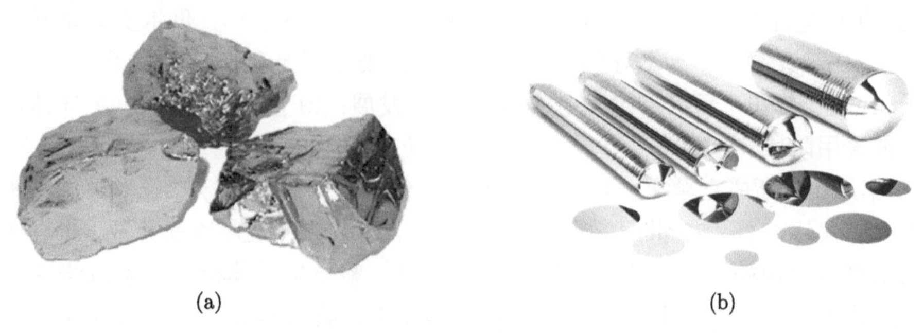

(a)　　(b)

图 1.1　(a) 天然硅单质；(b) 硅棒、硅晶圆

集成电路对于半导体产业的发展具有重要意义。时至今日，人类研究半导体器件已经超过 135 年，迄今为止大约有 60 种主要的器件以及 100 种和主要器件相关的变异器件。这些器件基于功能和应用，可分为微电子器件、光电子器件、热电器件、微波器件等，可以用于信号的产生、控制、接收、变换、放大及进行能量的转换。这些复杂的器件，均可由基本器件结构集成。基本器件结构包括：金属–半导体整流接触、p-n 结、异质结、金属–氧化物半导体场效应晶体管 (MOSFET)。自仙童公司的罗伯特 • 诺伊思提出集成电路的概念之后，半导体集成时代经历了小、中、大以及超大规模集成，目前已进入甚大规模集成电路阶段，单个芯片的元件数可达百万级别。可以说，半导体材料性能的发展和集成工艺的提高，在过去的半个世纪中，始终推动着电子行业的发展。

根据集成电路信号的种类，其可以分为：模拟集成电路 (analog IC)、数字集成电路 (digital IC) 和混合信号集成电路 (mixed-signal IC)。模拟集成电路是由电容、电阻、晶体管等组成的，这些元件被集成在一起处理模拟信号。模拟集成电路的主要构成部分有放大器、滤波器、反馈电路、基准源电路、开关电容电路等。数字集成电路则是由许多逻辑门组成的复杂电路。与模拟集成电路相比，它主要进行数字信号的处理 (即信号以 0 与 1 两个状态表示)，因此抗干扰能力强。数字集成电路主要包括各种门电路、触发器以及由它们构成的各种组合逻辑电路和时序逻辑电路。混合信号集成电路是可以同时处理模拟信号与数字信号的集成电路，又可以称为混合模式集成电路 (mixed mode IC)，是结合了模拟与数字电路的集成电路，能够将模拟与数字两种信号模式混合起来实现更为复杂的功能。

1.1.2　后摩尔定律时代产业与技术发展趋势

半导体技术发展过程中，有如下标志性节点：20 世纪 40 年代，晶体管首次出现，标志着半导体技术的开端。1947 年，贝尔实验室的肖克利制造出了第一个晶体管，在晶体管和集成电路的推进下，1951 年第一台商用计算机出现；20 世纪 60 年代，集成电路被广泛应用，半导体实现商用化。在 1960 年，贝尔实验室开发了外延 (epitaxy) 技术，为半导体工业批量化生产奠定了基础，在这期间，戈登 • 摩尔于 1964 年提出 “摩尔定律”，指导电子行业发展；20 世纪 70 年代，半导体技术进入准民用阶段。1971 年，世界上第一个微处理器 4004 (4 位) 诞生于 Intel 公司。1976 年，乔布斯成立苹果公司，设计出第一台民用计算机，标志着半导体技术正式进入了民用时代。20 世纪 80 年代至今，个人计算机 (PC) 逐渐普及，半导体技术跟随摩尔定律的预测，快速发展。时至今日，整个半导体市场基本围绕 PC 发展，这其中最重要的两个半导体器件就是半导体存储器 (semiconductor memory) 与微处理器 (micro processor) 。在摩尔定律的指导下，半导体存储器及微处理器的性能和集成度日益提高，造就了 PC 的繁荣发展。

在半导体发展历程中，摩尔定律起到了很大的推动作用。但近些年来，器件的尺寸已经逼近传统电子学的物理极限，目前，台湾积体电路制造股份有限公司的 4nm 工艺芯片即将大批量产。为了进一步推动微电子技术的发展，电子领域的研究人员将不同功能的器件集成于统一的衬底，实现系统功能，力图实现在追求性能的同时，使利润最大化的“后摩尔定律”。实现“后摩尔定律”的途径包括两种：一种途径是在器件结构、沟道材料、连接导线、高介质金属栅、架构系统、制造工艺等方面进行创新，降低特征尺寸缩小时导致的量子效应和散热难题，即 more Moore(深度摩尔)；另一种途径是侧重于功能的多样化，通过电路设计、系统算法和集成方法优化，在性能提升的同时着眼于功能性的增加，即 more than Moore(超越摩尔)。其中，利用柔性衬底及其特有的制备转印技术不但可以实现不同功能器件的集成，而且可以使新型微电子集成系统具有传统硅基系统不具备的柔性和可延展性，将微电子集成芯片拓展到更贴近人体和可穿戴等大变形环境。柔性化器件具有形态轻、薄、柔、小的特点，为电子器件的发展提供了第三个维度，即通过空间结构和可重构变形来实现多功能调控和高性能传感。所以，柔性电子技术是微电子和集成电路发展的一个重要方向和新的增长点。为适应下一代电子产品便携性、形状可变性、人体适用性等方面的进一步需求，近年来，基于无机电子材料的可延展柔性集成电子技术成为全球电子产业界与学术界关注的新焦点。与有机柔性电子器件不同，柔性无机集成电子器件是建立在柔性衬底上的无机电子组件，这种具有柔性的集成电路利用力学设计提供承受大变形的能力，在保持无机脆性电子器件高速和高可靠性的同时，具备形状可弯曲、可伸缩等柔性性能。利用柔性电子技术，能够设计如柔性显示器、柔性电子标签、可植入柔性医疗器件、可穿戴电子器件等各种更贴近人体、易于变形的新型电子产品，这将对人类的生活产生巨大的影响。这种新型无机柔性电子器件将多功能元器件集成于有机衬底，是微电子器件和集成电路革新性发展的方向之一，是信息领域新交叉学科的基础和前沿，是探索微电子技术沿“后摩尔定律”发展的途径之一。

1.1.3 柔性电子技术的定义与内涵

柔性电子技术是指在柔性衬底上大面积、大规模集成不同材料体系、不同功能元器件，构成可拉伸/弯曲变形的柔性信息器件与系统的技术。柔性电子器件具有质量轻、形态可变、功能可重构的特点，颠覆性地改变了传统电子系统刚性的物理形态。因此，柔性电子技术必将对人工智能、生物电子、脑机融合、物联网等领域产生巨大影响。与传统的基于刚性衬底和刚性材料的电子技术不同，柔性电子技术使用具有物理弯折能力并能够承受一定形变的材料和结构构建电子器件和系统，使得电子器件和系统在形态、结构、功能、应用等方面取得突破，是未来智能技术的最重要支撑力量之一。

结构柔性和功能柔性是柔性电子技术的两大特点。其中，结构柔性是柔性电子技术区别于传统刚性电子技术的根本，基于柔性电子技术的器件、电路与系统从形态上体现出可弯曲/可折叠/可延展等特性，这使得柔性电子系统具有空间结构的高度适应性。功能柔性是指在结构柔性的基础上，通过系统变形、重组等方式，使得柔性电子系统实现不同的功能或性能。柔性电子器件可以为人与信息交互系统提供更可靠的人体信息，是构筑人–机–物三元融合的物理层基础单元，对于推动信息、航空、航天、医疗等领域的发展以及提高人类生活质量具有重要的战略意义。

柔性电子技术涵盖了包括物理、化学、材料、机械、电子、生物等在内的多个学科内容，需解决包括材料属性、结构设计、器件原理、加工方法和应用技术等多个方面的理论和技术问题。因此，需从材料、器件、电路、系统与制造五个方面全方位布局柔性电子技术体系。材料、器件、电路、系统从下而上涵盖了柔性电子技术可展现的全部形态，并以制造技术贯穿全过程，为柔性电子技术的发展及大规模应用提供了有力支撑。与此同时，系统、电路、器件、材料的技术体系也实现了从上而下的需求反馈。

材料层作为柔性电子系统最基础的组分，包括柔性功能材料、柔性衬底材料、柔性封装材料和柔性复合材料等体系。器件层包括柔性电子器件、柔性光电器件、柔性传感器件和柔性能量器件等基本单元，是构成柔性电路和系统的基础。电路层的作用是将柔性器件相互连接形成具有一定功能的电路。电路层包括可支持多场耦合的电路设计模型和软件，柔性混合互联和最优化柔性布局，以及各种高性能、低成本柔性电子电路设计技术。系统层包括实现系统级柔性的设计方法和各种器件与电路的集成技术。同时，系统层还需考虑支撑系统柔性和性能的各种可变形结构的设计。柔性电子制造技术贯穿于材料、器件、电路与系统的各个层面，包括针对柔性系统的异质异构微系统集成与柔性衬底制造技术、柔性电子器件制造技术、柔性材料制造技术以及专用的柔性电子制造设备等。

1.2　柔性电子技术的重要意义

柔性电子技术可实现信息获取、处理、传输、显示以及能源等器件和系统的柔性化，实现了高效的人–机–物共融。柔性电子技术的大规模应用将带来全新的电子技术革命，对人类社会发展具有深远意义。首先，发展柔性电子技术是信息技术革新和升级的战略需求，近年来成为新型微电子技术研究的热点，是适应人与信息交互融合发展趋势的革新性技术。其次，发展柔性电子技术是国家支柱产业掌握自主知识产权核心技术的需要，可使我国电子信息产业在围绕核心原创性新型信息器件的竞争中，提高自主创新能力与国际竞争力，在新一轮的产业浪潮中，迎头赶上并实现弯道超车。

1.2.1 科学技术意义

柔性电子采用可以拉伸卷曲的柔性衬底代替刚性衬底，使得柔性电子更加适合医疗、可穿戴设备、通信等领域，极大地扩展了传统电子技术的应用范围。柔性电子技术涉及物理、电子、材料、微纳加工、大规模制造和系统集成等多门学科，需要综合考虑电场、力场、热场等多场耦合效应来发展柔性材料、器件、电路、系统的设计理论和实现方法，因此将为上述学科带来理论和实践上的新突破。

物理层面 柔性电子技术的发展将拓宽传统半导体物理在应力条件下对材料缺陷、能带和载流子输运机理的理解，揭示受力形变条件下化学键、分子链和晶格结构的形变对其物理性质的影响规律。同时，可发现柔性电子材料和器件在受结构、组成和外力影响的情况下新颖的微观和宏观物理效应，发展出新的机理和应用。

材料层面 柔性电子技术的发展将推动三维可重构、可变形柔性衬底材料的设计理论研究，拓展柔性材料的模块化应力应变拓扑结构的设计方法，以及探究特殊功能化柔性衬底/封装材料的仿生微结构的实现原理。

器件层面 柔性电子技术的发展有利于揭示器件中关键材料的形变与器件物性的变化规律，发展基于力、电、热、光等多场耦合的器件设计规则及性能评价和失效分析标准，利用柔性材料和结构带来的新颖物性，制备突破传统冯·诺依曼计算架构能效瓶颈的新原理电子器件。

电路和系统层面 发展柔性电子器件的集成方法学和电路与系统设计理论，是对传统刚性集成电路设计理论和集成技术的极大扩展，有助于突破感知、计算、通信、能量和执行等覆盖信息技术全功能链的关键技术，将在信号、激励、执行等层面实现信息与现有生物系统的无缝集成，实现人–机–物的高度共融。

1.2.2 产业发展意义

柔性电子技术以其独特的柔性和延展性以及高效、低成本的制造工艺，为信息、能源、医疗、国防等领域带来了新的应用变革，将在健康护理、环境监控、显示与人机交互、能源、通信与无线网络等领域得到广泛应用，被视为下一代电子技术平台。

经过多年的发展，柔性电子器件取得了激动人心的创新成果，逐渐在各种应用中显现出越来越重要的意义，并开始进入产业化阶段。这些创新成果主要包括电子纸、柔性屏、电子墨水等广义柔性电子显示设备，以及柔性印制电路板、可印刷电路、可编织导线等广义柔性电路衬底。

另外，随着社会经济的发展和科技的进步，人的健康安全与物的质量安全成为保障国民经济健康发展与社会和谐稳定的重要因素。能够与人体或人体器官完美贴合的柔性电子技术将推动人体实时健康监护技术的快速发展。柔性薄膜器件能够实现与物体复杂结构表面的完美贴合，从而有效地 (有线/无线) 采集并处理数据，是实现万物互联、人物互联的硬件基础。

柔性电子技术已成为世界范围内电子技术的研究热点。2000 年，*Science* 将柔性薄膜电子学与基因组学等并列为 21 世纪十大新兴科技。2010 年，全球著名电子技术杂志《电子工程时代》(*EE Times*) 也将柔性薄膜电子学列为“全球十大新兴技术”之一。在柔性电子技术的独特功能和用户最终的期望需求的驱动下，柔性电子技术必将在众多应用领域取代传统刚性电子技术。美国市场调查研究公司 Transparency Market Research 于 2012 年发布的研究报告表明：“到 2025 年全球柔性电子的市场规模将高达 2500 亿美元”。2008 年发布的欧盟第七研发框架计划 (FP7) 预测 20 年后全球柔性电子市场规模将达到现在的半导体产品市场规模 (2012 年全球半导体市场规模达 3001.2 亿美元)。这样一个巨大的新兴经济市场必将成为全世界角逐的热点，也必将成为体现一个国家工业与经济实力的领域，谁掌握柔性电子技术的关键技术，谁将在新一轮的新兴经济市场中拥有话语权和主导作用。

1.3 柔性电子技术的发展历程

柔性电子技术的发展最早可追溯至 20 世纪 60 年代，它以应用作为驱动，带动了柔性基板/衬底、功能材料、导电材料、封装材料等技术的发展，以及卷对卷、印刷、转印、旋涂、刻蚀、喷墨打印、3D 打印等技术的革新 [1]。柔性电子技术发展至今，依据柔性可延展机理和功能材料的不同，其可分为有机、无机、有机–无机混合和碳基等多种柔性电子。有机柔性电子直接利用柔性的有机材料，例如，有机半导体和导电聚合物等，来实现柔性的功能器件和电路。无机可延展柔性电子则是通过基于力学的巧妙结构设计，使得无机电子器件具有质量轻、形态可变、功能可重构的特点，颠覆性地改变了传统无机固体器件刚性的物理形态。事实上，任何物质减薄到一定厚度后都具备天然的柔性，经过几十年的快速发展，以有机发光二极管 (OLED)、薄膜晶体管 (TFT)、柔性显示屏、柔性可穿戴医疗电子 (柔性心电贴、柔性体温贴、柔性睡眠贴等) 为代表的柔性电子产品已经成功实现了商业化量产。预计在不久的将来，更多具有重要影响力的新产品和新技术将走进人们的生活。

1.3.1 有机柔性电子的发展历程

柔性电子的概念，最早是作为有机电子学 (organic electronics) 的分支提出的。人们希望用有机半导体代替硅，有机聚合物柔韧性很好，作为材料制备出的电子器件具有天然柔性。有机聚合物材料的变革对有机柔性电子的迅猛发展产生了巨大影响。

日本研究人员第一次制作了基于半导体聚合物聚噻吩的有机场效应晶体管，由此拉开了有机电子学的研究序幕。1987 年，美国物理化学家 Tang 和 van Slyke [2] 制备了第一个实用的 OLED 器件，他们采用具有分离空穴传输和电子传输的双层结构，使得电子和空穴在有机层的中间进行复合和发光，这导致了工作电压的降低和器件效率的提高。1992 年，加利福尼亚大学的 Heeger 等在 *Nature* 上首次报道在聚对苯二甲酸乙二酯 (PET) 上制备柔性 OLED[3]。2009 年，*Nature Materials* 报道了一种利用碳纳米管 (CNT) 掺杂进行导电的方式，取得了一定的成功，但是其能量转化效率与无机电子相比仍具有较大差距 [4]。同年，三星展出一款 4.3in (1in=2.54cm)，320 × 240 像素的透明 OLED 显示器，具有高透光率。

2017 年，斯坦福大学的鲍哲南教授课题组在《美国国家科学院院刊》上报道了一种用于瞬态电子设备的有机柔性电子器件 [5]，通过向具有生物相容性和完全可分解的聚合物半导体中添加弱酸 (如醋酸) 等，可以很容易地将其降解，这种器件可以实现皮肤模拟以及体内检测。2018 年，日本东京工业大学的 Michinobu 和 Wang 领导的研究团队，设计了一种具有高电子迁移率性能的单极 n 型晶体管，解决了有机电子领域中半导体聚合物电子迁移率较低的难题 [6]。2018 年，鲍哲南教授课题组在 *Nature* 上报道了基于本征可拉伸晶体管阵列可扩展制备工艺的类皮肤电子器件，成功实现了晶体管密度为 347cm^{-2} 的本征可拉伸聚合物晶体管阵列，这是迄今为止在所有已报道的柔性可拉伸晶体管阵列中的最高密度 [7]。2018 年，Someya 课题组制备了纳米网络电子系统，用来记录心肌细胞的场电位，解决了通过电探针长时间监测细胞电位时受细胞自然运动影响的问题 [8]。

有机柔性电子经历了几十年的蓬勃发展，包括 OLED 和 TFT 在内的许多研究成果已经推向市场。然而，一些新的问题也逐渐展现出来，例如，有机半导体材料的迁移率和器件工作频率比无机半导体低几个数量级。技术发展到现在，对器件性能的要求越来越高，如具有多功能，高性能，能够高速、高度集成，低功耗等优点。但是，有机半导体材料性能有限，无法满足日益增长的器件需要，因而大家的工作重点投入到如何提高有机材料的性能，以及对无机柔性电子器件的深入研究中。

1.3.2 无机柔性电子的发展历程

1) 可延展柔性结构设计

研究表明，如果将大块半导体材料减薄成纳米薄膜 (厚度小于 100nm)，就能使其承受较大的变形，利用材料减薄和力学结构设计来实现传统刚性电子器件的柔性化，是发展高性能柔性电子器件的有效途径之一。这种基于无机半导体材料的可延展柔性电子器件凭借其优异的适应变形的能力 (可弯曲、扭转、伸缩等) 不仅发挥了 Si 基 CMOS(互补金属氧化物半导体) 技术在传统集成电路中的优势，也极大地拓展了柔性电子器件的应用范围。

早在 2006 年，美国伊利诺伊大学的 Rogers 教授和美国西北大学的黄永刚教授课题组通过对柔性衬底预拉伸再释放得到的波浪形貌的硅薄膜结构率先提出了可延展柔性电子的概念，如图 1.2 所示 [9]。在随后的几年中，又衍生出了一些更优的结构设计，使得电子器件的机械性能更加优良，可以承受拉伸、扭转、弯曲等复杂变形 [10,11]。目前, 无机可延展柔性结构的设计方法主要分为蛇形导线设计、岛桥结构设计和分形结构设计三大类 [12]。

图 1.2　波浪形貌

蛇形导线设计：利用蛇形结构的互联导线替换了直互联导线，蛇形导线在受拉/压情况下，容易发生侧向屈曲变形，因此可以承受更大的拉伸力。蛇形导线的引入极大地提升了电子器件的可延展率, 使之可以达到 100% 。

岛桥结构设计：波浪形貌结构只能提供延展率至 20% , 为突破该极限, 实现超大延展率 (>100%) 的电子产品, 同时保护刚性器件的功能结构，科学家提出了岛桥结构设计。在岛桥结构设计中, 离散的岛 (刚性功能器件) 黏附在预拉伸的柔性衬底上, 各个岛之间通过桥 (互联导线) 连接。其中, 岛与衬底保持强黏结, 而桥与衬底保持弱黏结。释放衬底的预应变会导致桥产生面外屈曲变形从而保证功能器件中的应变水平较低, 使器件具有延展性。根据互联导线的形状, 岛桥结构可分为直互联岛桥结构和蛇形互联岛桥结构。图 1.3 为岛桥结构。

分形结构设计：为了进一步提高可延展性，同时提高平面内的集成度，研究人员引入了分形的概念。对于采用分形设计的柔性器件，当对集成在衬底上的薄膜器件施加拉伸变形时，没有和衬底黏结的分形导线的多级结构会依次展开。展开后导线内部的应变仍然保持较小的水平，实验和有限元仿真所得到的多级分

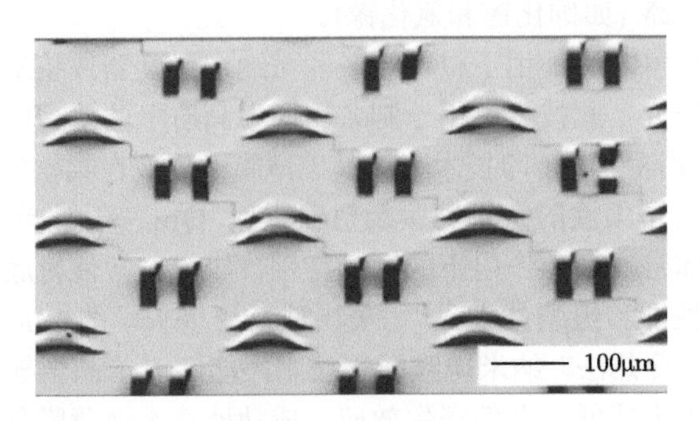

图 1.3 岛桥结构

形导线展开构型基本一致。通过分形导线设计方式，可以实现 300% 的拉伸率。图 1.4 为分形多级结构的设计原理和展开。

图 1.4 分形多级结构的设计原理和展开

2) 柔性转印技术

由于单晶半导体必须依托单晶种子层进行生长，这就使得任何传统制造方法都不适用于柔性单晶硅半导体薄膜的制造，因此，如何将单晶硅薄膜转移到柔性衬底上也是刚性器件实现柔性化的关键问题之一。早期，Rogers 教授团队提出了一种全新的薄膜转移技术，该技术关键流程包括 SOI(silicon on insulator) 上层硅的图形制备 (硅纳米薄膜)、剥离和转移。转移方法分成两类：①直接翻转转移 (direct flip transfer) 法，根据柔性衬底的特性有选择地使用黏合剂覆盖衬底，接着将该柔性衬底直接倒扣在 SOI 衬底上，进而剥离出 SOI 上的纳米薄膜；②印章转移法 (stamp-assisted transfer)，将 SOI 上的纳米薄膜先剥离至聚二甲基硅氧烷 (PDMS) 层上，再将 PDMS 覆盖到柔性衬底上，实施二次剥离，完成薄膜转移。薄膜转移技术是一种制备高性能、大规模柔性单晶硅电路的有效方法，并适用于其他无机半导体电路 (如砷化镓和氮化镓)。

继薄膜转移技术之后，用于材料组装和微纳米尺度器件装配的转印技术近些年也获得了广泛研究。此技术可用于制备转印中高质量的单晶硅纳米条或纳米薄膜。Rogers 教授团队利用转印技术将单晶硅薄膜条集成在柔软的塑性衬底上，成功地在玻璃上制备了柔性的宽频薄膜反射器 [13]。Qin 等进一步分析了塑性衬底上柔性硅薄膜晶体管在弯矩作用下的高频特性，研究了塑性衬底上柔性微波单晶锗薄膜二极管的性能和组装技术 [14]。美国威斯康星大学的 Ma 提出了专门用于高速柔性器件的 "冷热法" 纳米薄膜转移技术，能够对单晶半导体薄膜进行高能高温离子注入，大大降低了器件寄生效应，成功地将柔性薄膜晶体管频率大幅度提升到 GHz 以上，成为目前世界上最快的柔性薄膜晶体管 [15]。清华大学冯雪教授团队在大规模转印制备和柔性集成器件领域取得重要进展。冯雪教授团队发展的大规模转印技术是柔性无机集成电子器件最重要的工艺环节，通过形状记忆聚合物表面微结构来调控印章表面与元件之间的黏附以及脱黏，可有效提高转印的效率和成功率 [16]。这一方法为实现柔性光子/电子混合集成器件提供了重要的工艺支撑。

1.4　柔性电子技术当前研究进展和应用

随着柔性电子研究的不断发展，越来越多的传统和新兴材料都被用于构筑柔性电子器件。目前研究比较广泛的材料包括：无机半导体材料 (如锗、硒、硅)、纳米碳材料、无机氧化物材料和有机半导体材料等。这些材料各有特点，优劣很难判别，未来可能应用于不同的领域。而且这些材料的特点具有很强的互补性，基于这些材料的电子器件在设计准则、制备工艺、表征手段、相关材料筛选等方面也具有一定的共性，可相互借鉴、相互促进。如果这些材料能恰当地相互融合，有望实现更高层次的柔性电子器件。

1.4.1　基于无机半导体材料的柔性器件

作为柔性电子技术中的重要组成部分，柔性传感器是近年来科学研究中的热门领域。在功能上，柔性传感器使用了极薄的压电材料、半导体材料、有机材料和金属材料，实现了植入式或可穿戴的人体健康监测、汽车电子和机器人传感器等方面的应用。在柔性传感器领域，一项革新性的成果是美国伊利诺伊大学的 Rogers 教授于 2011 年发明的柔性可延展表皮传感器 [17]。柔性表皮传感器能够柔顺地贴附于人体皮肤，顺应人体皮肤表面构造，与人体皮肤共同运动。柔性表皮传感器采用包含多种半导体、金属和聚合物的薄膜材料，构成了总厚度 20μm 左右、与人体皮肤表皮层机械属性相似的薄膜结构。之后，多种表皮传感器和电子器件不断被研发出来，可用于皮肤水分、应力和生物电测量以及无线能量采集。

在光电传感器领域，柔性电子技术也有着大量的应用。其中的一些主要工作包括 Hu 等使用 GaS 在 PET 衬底上开发的紫外光电传感器及其阵列 [18]，Manekkathodi 等使用 ZnO 纳米线在纸表面开发的光电二极管阵列 [19]，以及 Shen 等使用 Zn_3As_2 开发的对于可见光敏感的柔性光电三极管 [20]。Yu 等研发了可根据环境进行二值颜色变化的仿生皮肤 [21]，其中也使用了柔性 PIN 光电传感器用于测量周围的环境光强。这些柔性光电传感器的出现表明了将光学成像系统小型化和在任意表面实现集成的迫切需求。然而以上的柔性光电传感器并不具备延展性，无法实现任何复杂的曲面的贴合。实现任意复杂曲面的集成还需要依靠柔性可延展的光电传感器。美国伊利诺伊大学 Rogers 教授与美国西北大学黄永刚教授的联合小组于 2008 年成功制备了世界上第一部柔性电子眼相机，并介绍了柔性电子眼的结构、功能及制备过程 [22]。第一代的柔性可延展电子眼采用了结构屈曲的方式，将传感器集成在预拉伸的衬底表面。通过释放衬底预应力，获得曲面衬底后，传感器的连接导线发生屈曲，从而兼容衬底的相变。然而这种屈曲结构的拉伸能力有限，为了获得提高的拉伸能力，牺牲了传感器的分辨率。为了实现柔性电子眼成像系统的变焦功能，Xiao 等对薄膜的屈曲机理进行了理论分析和实验研究，通过液压技术实现了具有可调放大功能的动态可调半球形电子眼摄像系统，分析了柔性电路设计中非共面结构的力学性能 [23]。美国伊利诺伊大学 Rogers 教授与美国西北大学黄永刚教授随后又提出了一种仿节肢动物眼睛的数码相机，将微透镜阵列集成在弹性薄膜上，光电二极管和阻断二极管由狭窄的线状金属蛇形导体连接成开放的网格结构，这种系统的组成材料和布局确保了传感器在大应变下结构和功能的完整性 [24]。

国内研究者也在无机柔性传感方面取得了很多成果，冯雪教授团队在光电薄膜材料中引入空间上连续周期性分布的应变，利用转印技术制备出可延展柔性砷化镓纳米条带，实现对能带带隙的双向连续调控。该团队继而研制了超薄类皮肤光电传感器，利用纳米金刚石减薄技术，制备出厚度仅有约 20μm 的无机 LED(发光二极管) 和光电探测器芯片，利用整体浮岛结构的设计成功实现了传感器在受到皮肤拉伸应变时，光路不产生变化的本能 [25]。该技术可长时间监测人体任意位置的血氧，并在人体活动的情况下获得医疗级血氧参数。利用类似方法，该团队还制备了类皮肤超柔性变形传感器件，可监测手指姿态及早期帕金森病 [26]。冯雪团队研究了温度控制的形状记忆高分子聚合物的界面黏附机理，发展了稳定高效的大规模转印制备方法，并基于力学的结构设计和应变隔离方法实现了电路级柔性化的突破，制备了一系列可与人体自然贴附的柔性无机光子/电子器件及系统 [27,28]，实现了飞行员、航天员地面训练过程的生理参数测量，并与各大医院深入合作发展针对健康医疗的柔性器件及系统，推动了可延展柔性电子器件的快速发展。

柔性无机电子技术突破了传统集成电路发展和应用的思维理念，将微电子器件的应用拓展到基于生物集成的医疗健康领域，可以实现可穿戴医疗监测，以及植入式人工器官等传统硬质传感器难以实现的功能，突破现有健康监测医疗器械体积大、不便携的限制，同时具备高精度、高生物兼容的特点。2017 年，冯雪课题组利用类皮肤柔性传感技术建立了新的无创血糖测量医学方法 [29]，实现了医疗级人体皮肤表面的无创血糖测量 (图 1.5)。2018 年，美国西北大学 Rogers 教授及其合作者采用光学计量方法、光电子设计和无线操作模式的方法，开发了一种柔性、微型化、低成本、无须供电、可以准确监测人体电磁辐射的放射量测定器。该测定器内部含有具有近场通信功能的芯片系统、射频天线、光电二极管、超级电容器和晶体管，然后利用连续积累机理对电磁辐射进行测量 [30]。

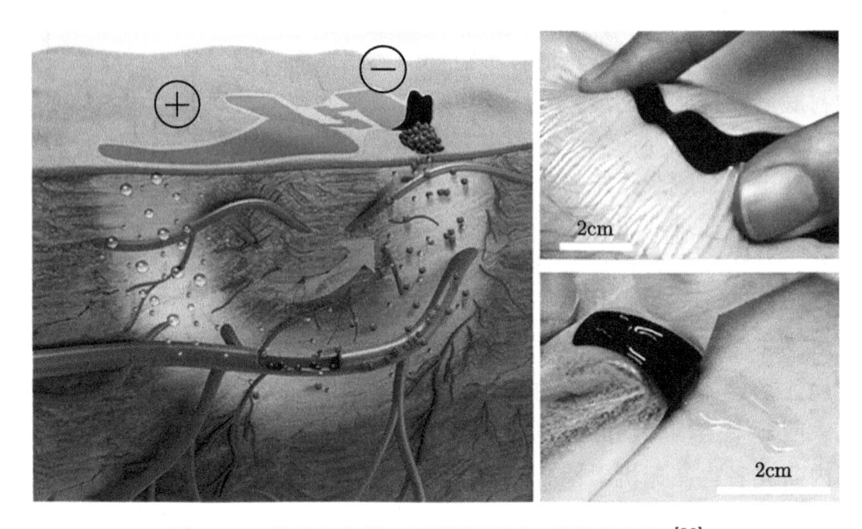

图 1.5 基于电化学双通道的无创血糖测量方法 [29]

随着柔性电子的发展，研究人员越来越关注多领域交叉和柔性传感系统的实现。2019 年，Rogers 教授团队又开发设计了一种无线、无电池的生命体征监测系统 [31]，该监测系统由一对超薄、低模量的测量模块构成，每一个模块均是表皮电子系统，它能够轻柔、无创地连接到新生儿的皮肤上，对新生儿的生命体征进行准确、无伤的监测，见图 1.6。2019 年，他们从材料、装置结构、操作和安装以及制造方法等多方面进行改进和优化，制备得到了比以往研究大几个数量级的表皮电子界面，组装后的电生理学记录装置能覆盖整个头皮区域和整周小臂，具有在大范围皮肤区域收集生理信息的重要能力。该装置中开放网络设计内的丝状传导结构可以使无线电诱导的涡旋电流最小化，因此加强了与磁共振成像 (MRI) 的兼容性 [32]。2019 年，清华大学冯雪教授团队通过力学理论并与信息、材料、化学等学科深度交叉，发展了一种能够在体温驱动下自动攀爬至外周神经束上的三

维螺旋形缠绕电极 [33]，依靠自然黏附形成稳定且柔性的电极–神经束界面，为外周神经调控技术在临床上的应用提供了崭新的思路。2019 年，Rogers 教授团队联合黄永刚教授团队开发了一种无线、无电池的触觉制动器 [34]，其中的电子系统平台和触觉界面能够轻柔地层压在皮肤的曲面上，以通过时空可编程的局部机械振动模式来传递信息，从而实现了将复杂的触摸感融合到 VR/AR 技术中。这项研究在未来的社交媒体互动、假肢反馈、视频游戏、个性化康复、手术训练、教育反馈和多媒体娱乐等诸多领域具有极大的应用空间。

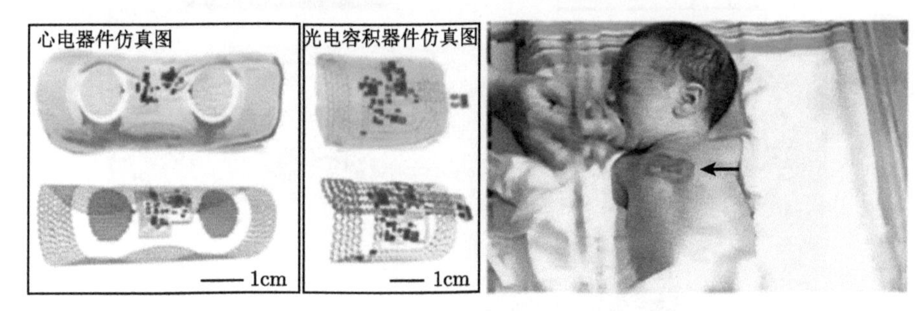

图 1.6　用于新生儿生命体征监测的无线系统 [31]

1.4.2 柔性芯片

集成电路芯片是电路中的核心单元，是实现全柔性系统的关键性器件。近年来，基于 SOI 工艺和硅片减薄工艺制成的柔性集成电路芯片不断涌现，具有实现复杂功能的能力，相关工艺越发成熟。如 IBM 公司于 2013 年研发出的基于 6in SOI 工艺的柔性芯片 (图 1.7)，该芯片包含多达 10 级的环形振荡器。器件采用机械剥离的方式，在 SOI 上绑定应力层和操作层，利用背面硅的完全刻蚀实现将 6nm 的硅和 30nm 的顶电极从硅片上剥离。采用相同的方式，IBM 公司将芯片的复杂程度进一步提高，实现了包含 100 级环形振荡器的柔性芯片。此外，IBM 公司还展示了在锗衬底上用机械方法剥离 Ga(In)As 外延层的方法，为实现基于 Ga(In)As 的柔性芯片奠定了基础。

在美国国防部高级研究计划局、波音公司和美国空军实验室的共同支持下，美国半导体公司于 2013 年展示了世界上第一款柔性微控制器 (图 1.8)，其中柔性芯片的厚度约为 60μm，该控制器基于 8-bit RISC 架构，包含 8KB 的随机存取存储器，以及在 20MHz 频率下工作的内核和 2.5V 的输入输出口，还包括了常用的串口通信协议 (如 UART、I2C 和 SPI)。该公司目前拥有包括柔性控制器、柔性射频识别 (RFID) 和柔性模数转换器在内的多款产品。该技术从本质上就是基于传统刚性硅基芯片的减薄和转印技术，较 SOI 技术具有更高的实用性和通用性，能够兼容各集成电路设计和生产公司的产品，为缩短柔性芯片的开发周期提供了高效的方法。

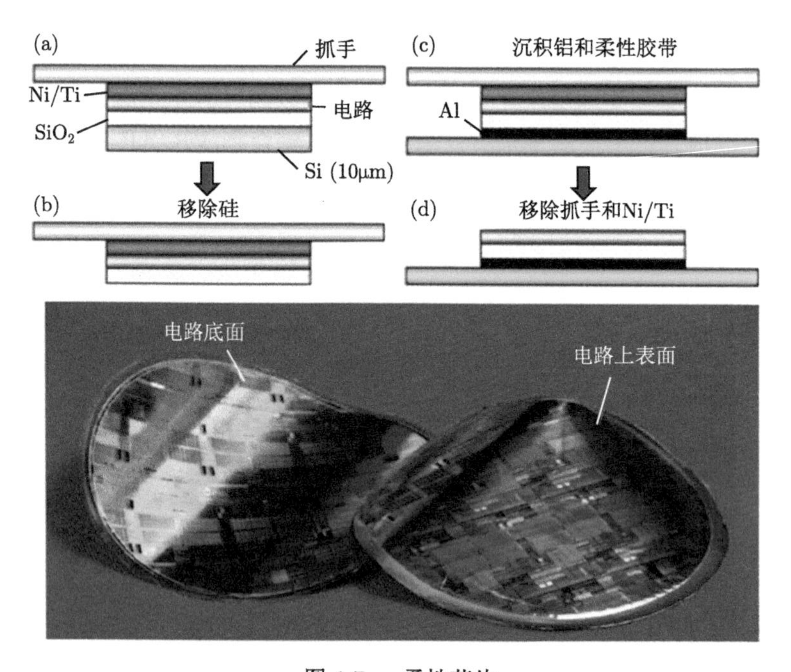

图 1.7　柔性芯片

图 1.8　柔性微控制器

1.4.3　基于有机材料的柔性器件

除了基于无机半导体材料的柔性电子器件外，有机晶体管正经历着一个快速发展的过程。美国先后成立了几个有机光电子研究中心 (譬如乔治亚理工学院

(GIT) 的有机光电子研究中心)，其主攻方向之一就是有机场效应分子材料和器件。德国成立了有机晶体管联盟，把高校、研究所和公司有机地组织起来，共同应对有机场效应晶体管的发展。各种以有机场效应晶体管应用为背景的公司也纷纷诞生，如美国麻省理工学院的电子纸公司、得克萨斯理工大学的射频商标公司，德国的聚合物集成电路公司，英国剑桥大学的 Plastic Logic (现为 FlexEnable) 公司等。荷兰飞利浦公司基于聚合物晶体管构筑了柔性电子纸显示器件。德国 Klauk 教授领导的有机电子小组已经成功制备了低压低功耗互补有机反相器电路和环形振荡器电路 [35]。日本 Someya 课题组在 12.5μm 塑料基板上构筑了超柔性有机晶体管和电路，其弯折半径可以达到 100μm[36]。欧洲微电子中心 (IMEC) 在有机电子材料、器件制备工艺及器件电路集成方面都有较为出色的研究。2008 年，他们和荷兰 TNO 组织合作成功研制了由 414 个并五苯有机薄膜晶体管 (OTFT) 构成的有机射频电子标签核心集成电路 [37]。2009 年，由 IMEC、PolyIC 和 Polymer Vision 等公司和研究机构组成的 Holst Center 成功制备出了 128bit 的有机通信雷达收发机芯片 [38]。可拉伸有机半导体材料对于制备柔性可拉伸晶体管非常重要，2017 年，斯坦福大学鲍哲南课题组利用有机半导体材料在柔性衬底中形成的纳米聚集体结构成功得到了拉伸性能优异的有机半导体材料 (图 1.9)，拉伸率可达 100%，而且拉伸过程中电阻稳定 [39]。

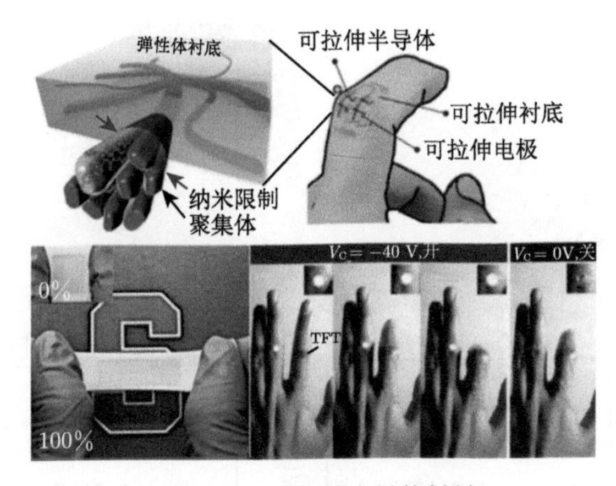

图 1.9 可拉伸半导体材料

2016 年，鲍哲南课题组还通过控制有机半导体中的晶体以及非晶体链之间的相互作用得到了可拉伸的半导体有机材料 [40]，并且基于此制备出了可拉伸有机半导体晶体管，此晶体管柔性阵列可以贴附在人体表皮上，满足人体活动时褶皱、扭曲、拉伸等动作要求，而且在受到破坏后可以通过简单的方法自我修复 (图 1.10)。

国内的科研单位 (如中国科学院化学研究所、清华大学、中国科学院长春应用化学研究所、华中科技大学等) 对这些基于有机材料的柔性薄膜晶体管的运行机理、材料合成 (制备)、器件设计、工艺技术以及应用等也进行了科学研究。

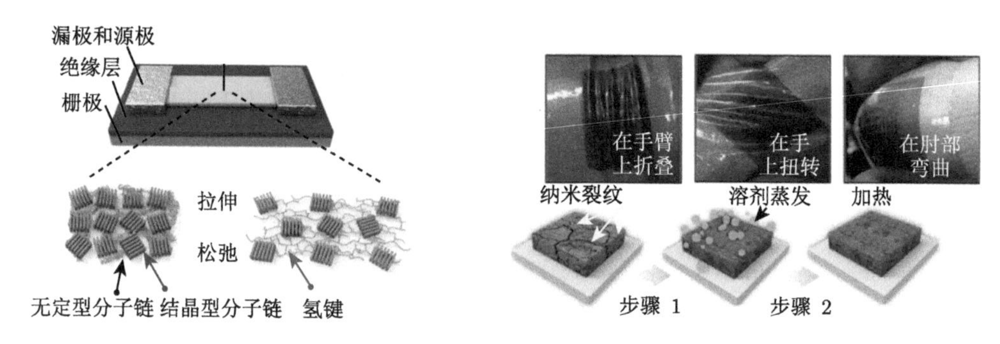

图 1.10　可拉伸可自愈半导体晶体管

基于有机聚合物的功能材料和衬底材料近年来也取得了许多重要的成果。密歇根大学科研工作者在 2013 年使用金纳米颗粒在聚氨酯等柔性衬底上通过小分子作用形成导电通道 [41]，成功得到了可拉伸的电极，拉伸率接近 500%，而且在温度变化的情况下电阻依然稳定，这从电极材料角度看满足了柔性电子对各组分延展性和热稳定性的要求 (图 1.11)。

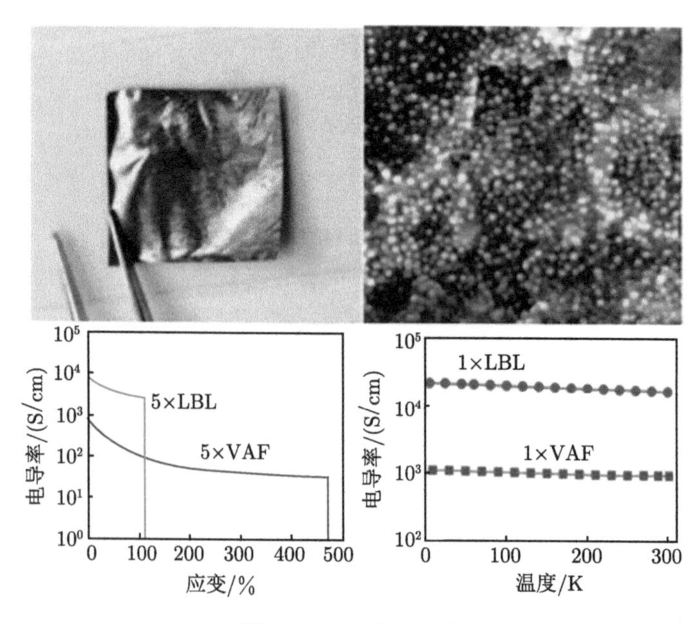

图 1.11　可拉伸电极

LBL：逐层沉积方法；VAF：真空辅助絮凝方法

2015 年，东华大学化学纤维和高分子材料改性国家重点实验室通过氧化石墨烯–聚多巴胺的复合材料实现了光热控制材料的自主变形 (图 1.12)，而且可以通过编程实现复杂变形，还可以抓取释放物体，以及控制变形爬行狭窄管道 [42]。该成果可用于构造整体柔性机器人，使得机器人可以任意地依附于物体表面而不影响这些物体的性能，可以根据服役环境主动适应做到伪装隐匿等。

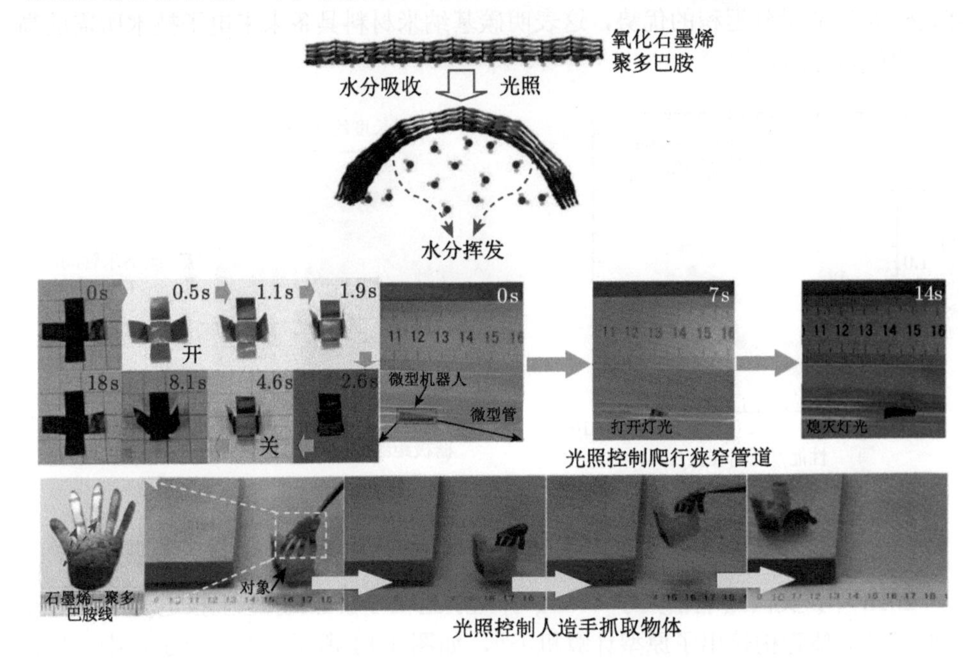

图 1.12 光热控制自主变形材料

基于有机材料的柔性薄膜电子器件虽然具有良好的柔性、弯曲性以及延展性，目前关于这些器件的研究也相对成熟，但是有机聚合材料的迁移率远低于无机半导体材料，导致有机柔性薄膜电子器件的速度非常缓慢，因而只能适用于少数特殊应用，如电子纸、电子纺织品等。因此开发高迁移率的有机半导体材料是有机柔性电子领域内的核心问题，也是极具挑战性的问题。目前，国内在该领域已经取得了一些进展，例如，一些晶态有机半导体的迁移率已经可以达到几十 $cm^2/(V{\cdot}s)$，接近多晶硅的水平，但是这一性能指标还无法在大面积阵列器件中实现，因此需要进一步的技术攻关。

1.4.4 碳基纳米材料

虽然以有机物半导体作为沟道材料构建的器件具有加工工艺简单、造价低，可以利用打印或者印刷的方式进行制备的优点，但是器件速度慢、功耗高、晶体管开关比低，不利于构建复杂度较高和高性能的柔性电子电路。随着后摩尔时代的到来，在为数不多的几种可能的替代材料中，碳基纳米材料因为具有高的本征迁移率、弹道输运特性、相同的电子和空穴的有效质量以及单原子层结构等，被认为是最有希望的。IBM 公司最新的理论计算研究成果如图 1.13 所示 [43]，其数据表明在相同的器件特征尺寸下，碳纳米管场效应晶体管器件比硅基鳍式场效应晶体管器件在性能上能提高 2 倍以上，而在功耗降低至原来的 50% 以下，从而具有大概 5 倍能量延迟积的优势，这表明碳基纳米材料具备未来电子技术所需的高性能和低功耗的特性。

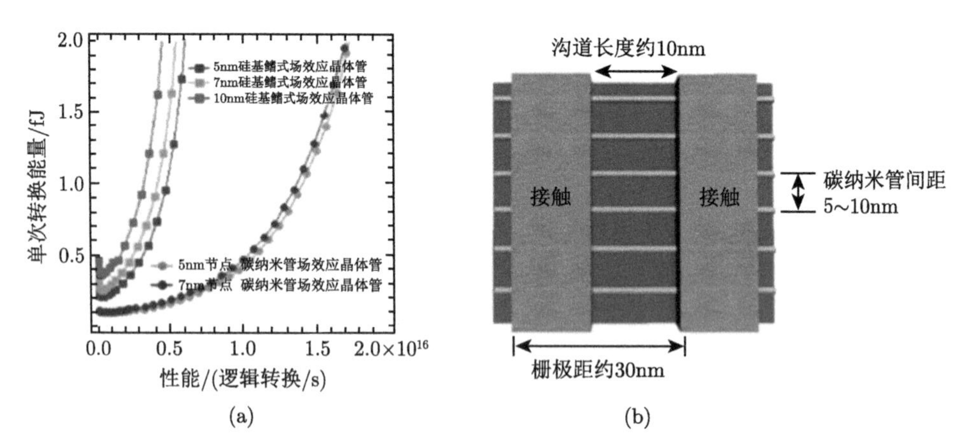

图 1.13　硅基鳍式场效应晶体管与碳纳米管场效应晶体管功耗相对性能的比较

2013 年，美国斯坦福大学 Wong 研究小组在 *Nature* 杂志上报道利用 178 个碳纳米管晶体管构建出了原型计算机 [44]，如图 1.14 所示。在这个工作中，斯坦福大学的研究小组结合电路设计和器件加工方法，通过缺陷免疫设计，制备了碳纳米管的原型计算机。该原型计算机可以运行一个能够处理多任务的操作系统。作为演示，该小组展示了同时执行计数和整数排序的功能。并且，他们实现了商用 MIPS 指令集中 20 种不同的指令，表明了碳纳米管原型计算机的通用性。这个实验演示是迄今为止实现的最复杂的碳基电子系统，是一个相当大的进步，这个工作充分展示了碳基器件大规模集成和成为下一代高性能低功耗新兴技术的可能性。

2017 年，北京大学彭练矛教授研究团队在 *Science* 杂志发表论文，将碳基器件的工作推到了量子极限，实现了栅长为 5nm 的高性能碳基 CMOS 器件 (图 1.15)。该器件使用了无掺杂技术和顶栅结构，通过对器件缩减行为的研究，表明碳基器件比硅基器件具有更快的速度、更低的功耗和更小的亚阈值斜率 [45]。另外，利用石墨烯作为接触电极，进一步抑制了亚 10nm 尺寸器件下的关态电流。通过对器件接触长度缩减行为的研究，最后制备了间距为 240nm 的碳基 CMOS 反相器，其总体尺寸小于 22nm 技术节点对应的硅基器件。这一项工作向人们再一次展示了碳基技术的强大与优越性。

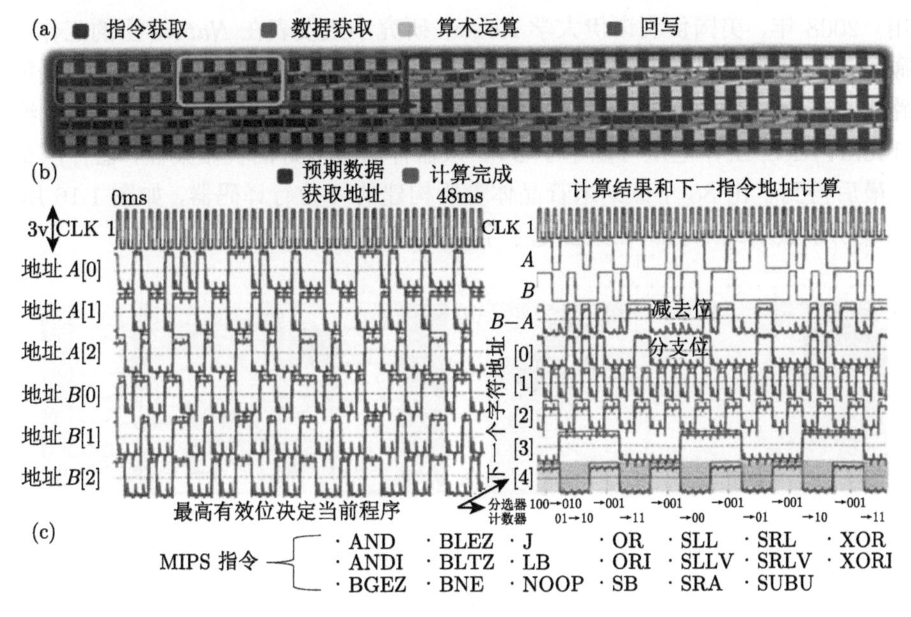

图 1.14 碳纳米管原型计算机

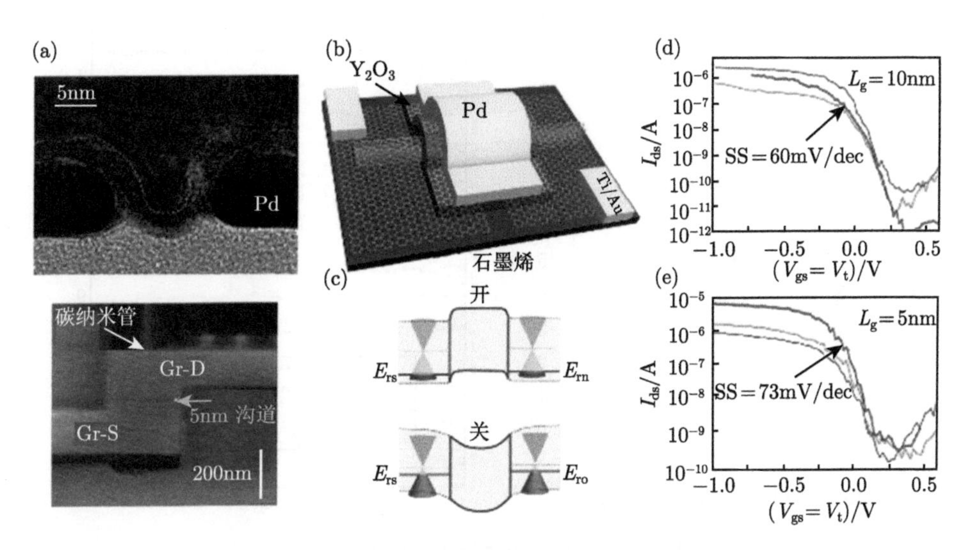

图 1.15 栅长为 5nm 的高性能碳基 CMOS 器件

碳基纳米材料同时具备优异的电学和机械性能，包括柔性、可伸缩等，还具有透明和生命体兼容的特性，碳基纳米材料可以用溶液法进行加工，而碳基纳米器件的加工工艺与现有半导体工艺制造兼容，这些都意味着它在柔性电子学的应用上大有可为。至今为止，碳基纳米材料已经展现了在柔性电子电路方面的一些应用。2008 年，美国伊利诺伊大学 Rogers 研究小组发表在 *Nature* 上的工作，利用碳纳米管薄膜材料在聚酰胺衬底上制备出了小规模到中等规模的碳基柔性集成电路 [46]。制备得到的晶体管迁移率可以达到 $80cm^2/(V·s)$，亚阈值斜率可以维持在 140mV/dec, 工作电压可以小于 5V。该器件具有很好的机械柔性，器件产量较高，最后得到了由 88 个碳纳米管晶体管所构建的 4 位行译码器，如图 1.16 所示，初步展示了碳基纳米材料在柔性电子学上的潜力。

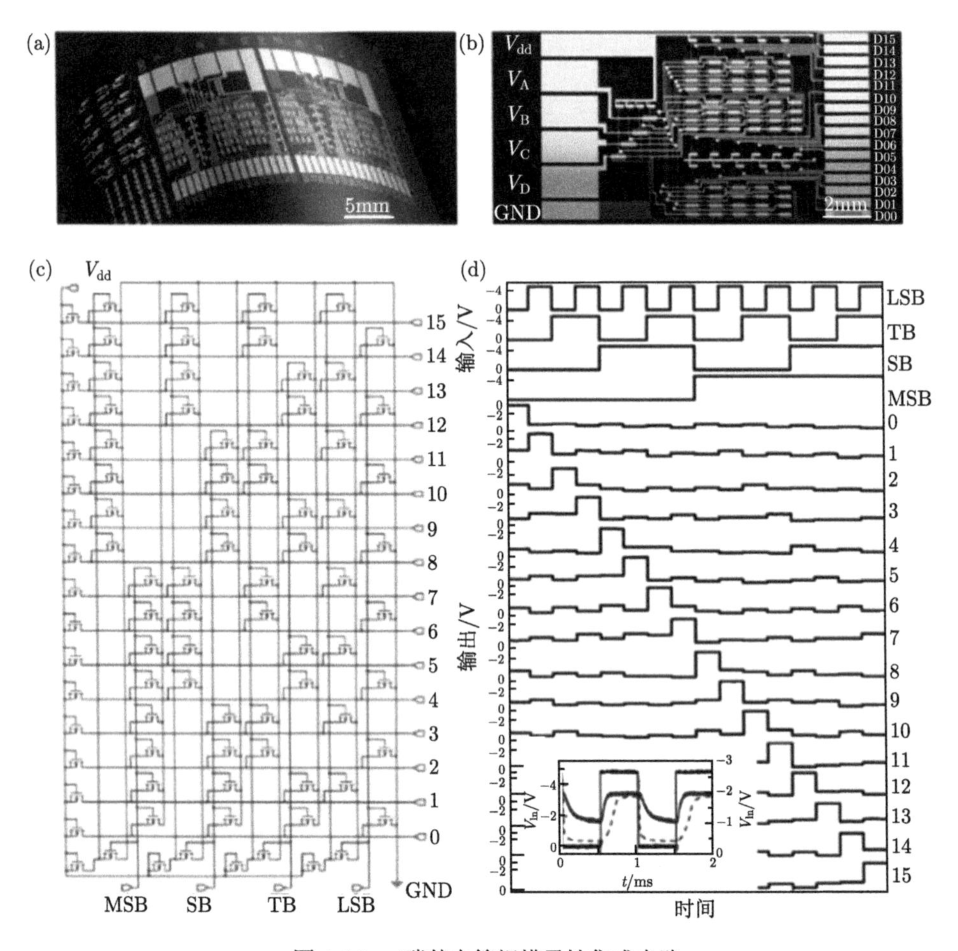

图 1.16 碳基中等规模柔性集成电路

2011 年，日本名古屋大学 Ohno 研究小组利用浮动催化剂化学气相沉积方法和简单的气相过滤与转移的工艺，在 PEN(聚奈二甲酸乙二醇酯) 衬底上得到了密度均匀的碳纳米管薄膜，其中的碳纳米管长度可达 10μm。利用该方法制备得到的碳纳米管薄膜晶体管，迁移率可以达到 $35cm^2/(V·s)$，实现了具有一定规模的柔性集成电路，包括 21 阶环阵以及具有时序逻辑的主–从延迟触发器等 [47]。2013 年，该研究小组还通过对碳纳米管进行化学掺杂的方式，加工得到了导电透明电极，其方块电阻为 230Ω/sq. 透明度可达 85%，最终利用该透明电极材料和具有半导体性能的碳纳米管薄膜作为沟道材料制备了全碳柔性晶体管，并且展示了所构建的集成电路的形貌具有热可塑性 [48]。但是到目前为止，利用碳基材料所构建的柔性电子器件在性能和集成度上与在刚性衬底上的结果仍然具有很大的差距，没有完全发挥出材料自身的优异特性，因此碳基纳米材料在高性能、低功耗柔性电子技术上的应用具有很大的提升空间。

1.4.5 柔性非易失逻辑器件

传统的计算机系统将信息存储在存储单元中，并在中央处理单元中处理信息。这导致了在存储单元和计算单元之间巨大的能耗数据传输，限制着现有计算系统的计算速度和能源效率，这就是所谓的冯 • 诺依曼瓶颈。为了打破这一瓶颈，有必要寻找新材料、新设备和新架构，实现新的计算和存储的功能，新近的非易失存储器以及基于此的非易失逻辑器件的研究就属于相关的新原理器件的探索。随机性存储器的缺点之一就是掉电后所存储的数据会随之丢失，并且为了维护存储的信息，需要不断进行电平刷新，因此在实际工作中会耗费巨大能量；随着近几年存储器尺寸缩减技术的进步，单位芯片面积上的存储单元数量激增，更加突显能耗密度过负荷的问题。为此，非易失存储器应运而生。顾名思义，非易失存储器在断电后也能保持存储的信息，因此可以降低功耗；并且利用新兴材料与非易失机理 (铁电、相变、阻变等) 在工艺上可以改进存储单元，设计上简化为两端器件，从而提高存储密度。更为重要的是，非易失存储器由于器件的非易失性，具有为器件提供内在的逻辑存储器 (logic-in-memory) 的能力，或者称之为非易失逻辑器件的能力，极大地减少了内存和计算单元之间的通信，从而具有巨大的潜力突破所谓的冯 • 诺依曼瓶颈。而由于大数据、物联网和可穿戴设备的信息革命，对计算机系统低功耗的需求将比以往任何时候都要大。

关于柔性非易失存储器的研究，2014 年，韩国 KAIST 的 Lee 研究小组利用激光剥离的方法，将在硅衬底上通过传统 CMOS 工艺加工得到的阻变随机存储器 (ReRAM) 转移到柔性衬底上，得到了 32×32 1S1R 交叉开关矩阵结构的 1Kbit 存储器，如图 1.17 所示 [49]。其中功能单元的结构为 $Pt/NiO_x/Ni/TiO_2/Ni$，通过引入剥离牺牲层，可以将高温工艺在硬的衬底上完成后，将器件几乎性能无损地转移到柔性衬底上。

2015 年，韩国首尔大学的 Kim 研究小组利用碳纳米管在柔性衬底上构建了基于电荷捕获的浮栅非易失存储器 [50]。在他们的研究工作中，选择的阻挡氧化层材料为三氧化二铝，电荷捕获层为 10nm 的金，而隧穿氧化层由 5nm 的三氧化

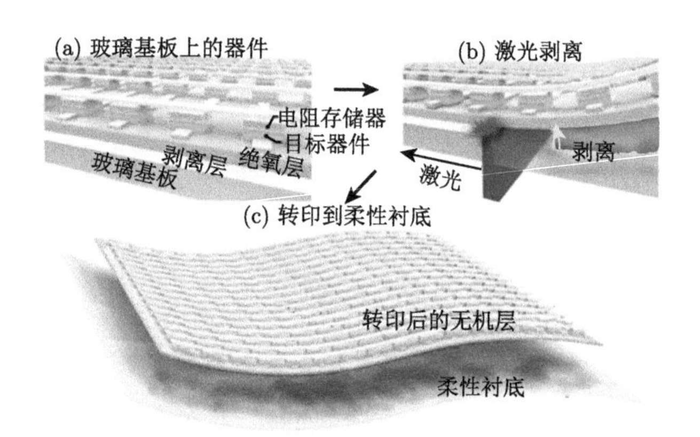

图 1.17　利用激光剥离方法制备的柔性 ReRAM 阵列

二铝和 3nm 的二氧化硅共同构成。与此同时，电容和基于碳纳米管的基本逻辑门单元 (包括反相器、与非门和或非门) 也在同一衬底上进行了制备，如图 1.18 所示。该制备方法不涉及高温工艺，因此可以在柔性衬底上直接进行加工，成品率高。该系统可以实现在人体体表的共形黏附，展示了一个柔性的完全基于碳纳米管功能材料系统的可能性。

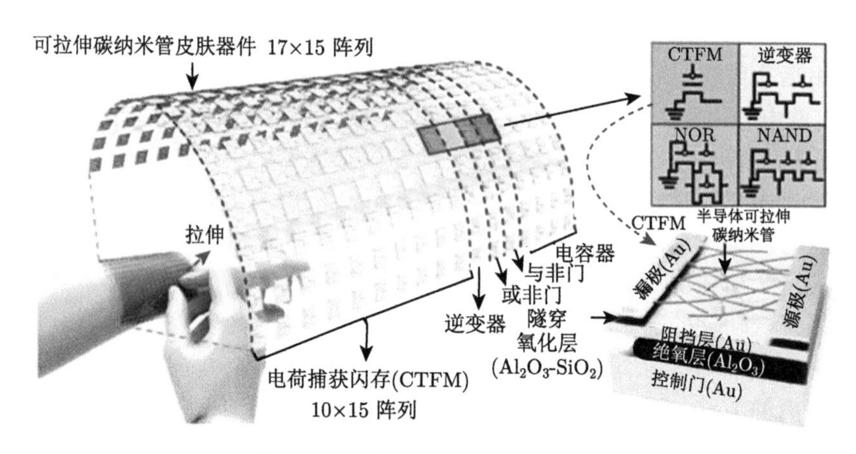

图 1.18　基于碳纳米管的电子系统

总体来说，在柔性非易失存储方面的研究处于初期阶段，而基于此的柔性非易失逻辑器件的研究就更加有限，为了实现一定的逻辑门功能，需要器件的性能达到一定的均匀性并能协同工作。2017 年，韩国 KAIST 的 Choi 研究组基于有机聚合物材料 poly(1,3,5-trivinyl-1,3,5-trimethyl cyclotrisiloxane) (pV3D3) 的忆阻器，利用忆阻器辅助逻辑门架构实现了基本的非门和或非门的逻辑运算，并且通过组合非门和或非门实现了半加器的功能，如图 1.19 所示 [51]。但是，该研究离真正的计算需求还有很大的距离，因此利用非易失逻辑技术解决在柔性电子技术中高性能、低功耗的需求，还有大量的研究需要开展。

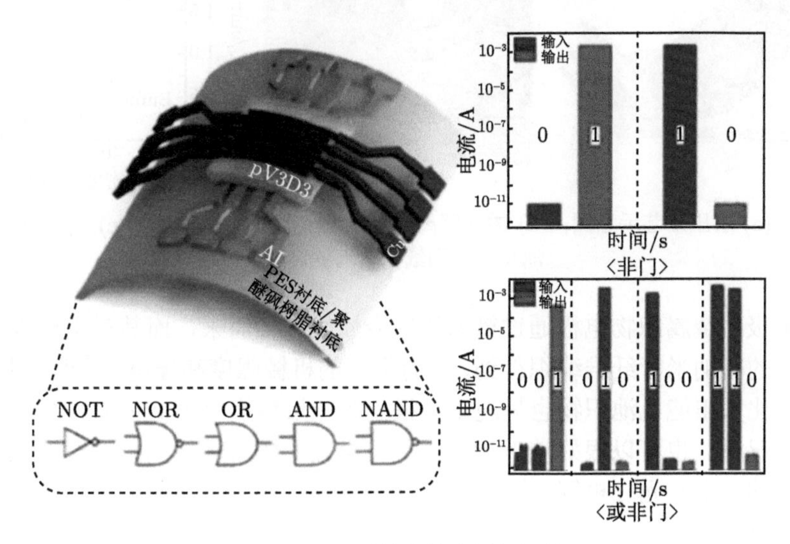

图 1.19 柔性非易失逻辑器件

1.4.6 柔性储能器件

对于一个柔性系统，其供能单元也应该是柔性的。系统能量的供给既可以来自于能量存储单元，如电池，也可以来自于能量收集单元，例如，利用光伏效应收集太阳能、利用压电效应收集机械能等，将工作环境中的某种能量形式转换为电能用于系统驱动。

多个研究组在柔性能源方面都取得了重要进展。例如，在柔性储能器件的研究中，美国斯坦福大学的 Cui 研究组通过层压工艺制备了新结构的高性能柔性锂离子纸张电池，如图 1.20 所示 [52]。该电池采用纸张作为衬底和隔离板 (separator)，无支撑的碳管薄膜作为电流的集电板。电流集电板和锂离子电池通过层压工艺被集成到单片纸张上。纸张同时作为机械支撑的衬底和低阻抗的隔离板薄膜，而碳管薄膜则同时作为阴极和阳极的集电板，其方块电阻很小 (约 50Ω/sq.)、轻量 (约 $0.2\mathrm{mg/cm^2}$) 且非常柔韧。封装之后，这种可重复充电的锂离子电池，除了非常薄以外 (约 300μm)，同时具备稳定的机械柔韧性，可弯曲至半径 6mm 以下，且存储的能量密度很高 (108mW·h/g)，可广泛应用于需要嵌入式功率器件的地方，如印刷 RFID 标签等。

在柔性太阳能电池方面，复旦大学的彭慧胜研究组发展了一种新型通用方法，通过两种织物电极的堆叠，制备柔性可穿戴的燃料敏化太阳能电池织物。其中，作

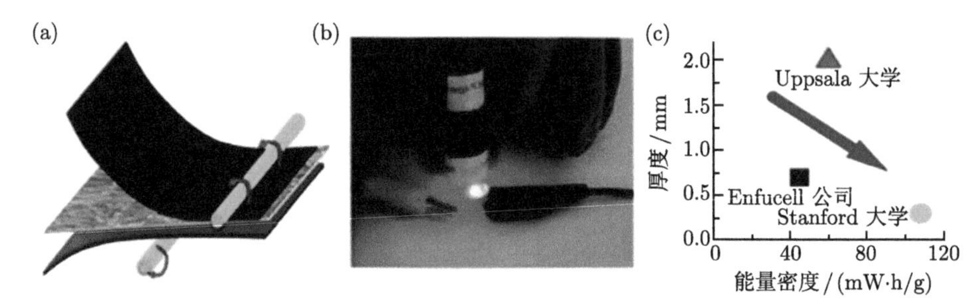

图 1.20　(a) 层压工艺示意图；(b) 柔性锂离子纸张电池点亮一盏 LED；(c) 该锂离子纸张电池与聚合物纸张电池的对比

为工作电极的金属织物电极通过微米级的金属线制备而来，而其对电极则是通过高度对齐的碳纳米管纤维编织得到，具有很好的机械强度和导电性 [53]。制备得到的燃料敏化太阳能电池织物也呈现出了很高的能量转换效率 (高达 3.67%)，并且在弯曲情况下，也可以很好地保持。这种可穿戴的燃料敏化太阳能电池织物经验证可以驱动一个发光二极管，如图 1.21 所示，该工作为可穿戴能源器件的发展提供了一种可能的方法。

图 1.21　集成到一件织品当中的染料敏化太阳能电池织物；采用该织物可点亮一个发光二极管

美国佐治亚理工学院的王中林研究组报道了在柔性摩擦发电机方面的进展 [54]。可简单、低廉且有效地将摩擦中的充电过程加以利用，从而将机械能转换成具有系统驱动能力的电能。将两层具有截然不同的摩擦电特性的聚合物堆叠在一起，并在这种结构的顶层和底部分别沉积金属层，得以制备摩擦发电机，如图 1.22 所示。一旦发生机械形变，两层聚合物之间由于粗糙的纳米级表面，就会产生摩擦，从而在两边产生等量异种电荷。这样在界面处就形成了一个摩擦电势，摩擦电势充当着电荷泵的作用，它驱动外部负载中的电子产生定向流动。该柔性聚合物摩擦发电机的输出电压可高达 3.3V，且功率密度约为 10.4mW/cm^3。摩擦发电机具有从人类日常活动、海浪和机械振动等过程中捕获能量的潜力，因此在便携式电子产品、环境监测、医药领域等需要自供电的系统中具有广泛的应用前景。

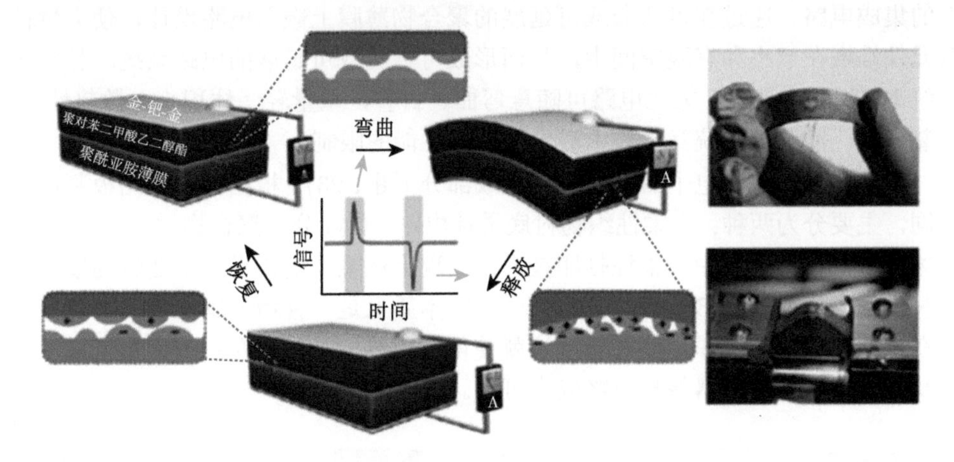

图 1.22 柔性摩擦发电机示意图

目前，无论是哪种形式的供能方式，器件的机械稳定性和可弯折程度都仍然存在很大的进步空间。另外，面向不同的应用需求和系统复杂程度，所需要提供的能量级别是不一样的，需要针对实际应用发展相应的柔性能源技术。

1.4.7 柔性显示技术

随着显示技术的发展和人们对其应用上的需求，柔性显示技术已经开始进入更深层次的研究，将沿着可弯防摔–可卷曲–可拉伸的技术路径进行研制，第一代柔性显示，如手机上边缘可弯的显示屏，弯曲半径一般在 7.5mm，厚度在 1400μm，已经可以实现大规模的量产并且在市场中广泛应用；目前，正处于第二代柔性显示技术的研发阶段，将屏幕达到可卷曲的技术状态，使其应用在智能手表、智能腕带和可卷曲的其他屏幕上，其弯曲半径要达到 5mm，厚度达到 200~700μm；未来所追求的第三代柔性显示技术要实现柔性显示屏幕的可拉伸性，就要求显示屏幕的弯曲半径小于 1mm，总厚度控制在 150μm 左右，同时要将屏幕的耐弯折性、阻水性和抗氧化性作进一步的提升。

在我国，京东方、维信诺等 OLED 制造商，一直专注于显示领域，目前已经拥有一条 5.5 代和一条 6 代 LTPS/AMOLED 生产线，并且具备丰富的生产运营经验和雄厚的技术研发实力，已经在柔性显示技术上攻克了小尺寸显示器件的关键技术和使用材料，实现了小型卷曲型柔性显示器件的量产，未来将着眼于更大尺寸、薄型化、可拉伸等特性的柔性显示器件领域。

1.4.8　柔性集成微系统

柔性电路概念起源于 20 世纪 70 年代的美国航天火箭技术，指的是以聚酯薄膜、聚酰亚胺和其他类型聚合物材料作为基材制成的具有高度可靠性、绝佳曲挠性的集成电路。通过在可弯曲或可延展的聚合物薄膜上嵌入电路设计，使大量精密元件堆嵌在窄小和有限空间中，从而形成可弯曲或可延展的电路系统。相较于传统 PCB 电路系统，柔性电路可随意弯曲、折叠，重量轻、体积小、散热性好、安装方便，冲破了传统互联技术对电路机械性能的限制。

柔性电路是柔性电子器件的关键组成部分 (图 1.23)，根据柔性电路板基板的不同，主要分为两种：①柔性织物衬底柔性电路；②高分子聚合物衬底柔性电路。在柔性印刷电子行业中，柔性打印技术是实现上述柔性电路设计制造较为成熟的一种。与人们熟知的 3D 打印技术一样，它本质上是一种增材制造技术，从而可以在任何材料表面沉积功能材料。这就使得在塑料、纸张、布料等大量低成本柔性材料表面制造电子器件与电路成为可能。

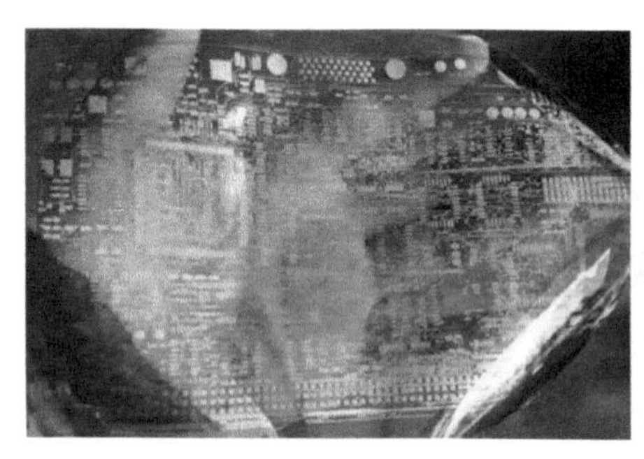
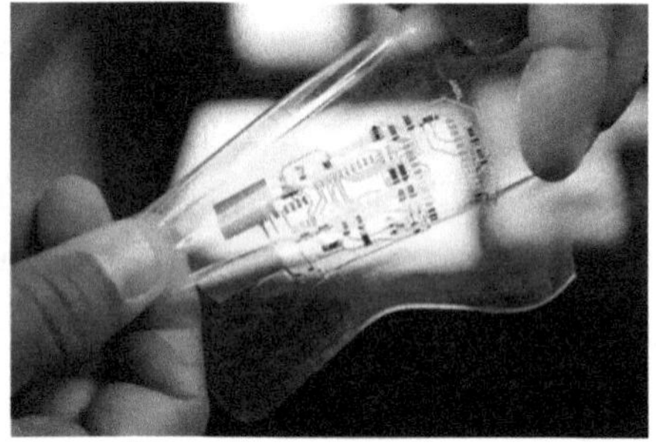

图 1.23　柔性电路：(a) 聚酰亚胺薄膜衬底；(b) 可延展聚合物衬底

基于柔性印刷技术，美国半导体公司和空军研究实验室进行合作，在微芯片上开创性地搭载了物联网的网络控制系统。这种智能的可穿戴设备成为有史以来能够生产出来的最为复杂的柔性集成电路之一。英国曼彻斯特大学研发出一种固态的柔性超级电容设备，采用丝网印刷技术和石墨烯氧化物导电油墨，直接将该设备打印在纺织品上。爱尔兰都柏林大学圣三一学院的科研人员最近利用二维纳米材料制成的油墨，首次制造出了印刷而成的晶体管。这种低成本、可量产的技术，可用于打印太阳能电池、LED 等电子设备，可应用于智能食品、药物标签、下一代纸币、电子护照等产品。在我国，基于本土知识产权的微电子柔性打印技术，目前已经可以实现各类逻辑门电路、薄膜晶体管、发光器件、各类传感器乃至微系统单片机等的快速打样设计。

参 考 文 献

[1] 李润伟，刘钢. 柔性电子材料与器件. 北京：科学出版社，2019.

[2] Tang C W, van Slyke S A. Organic electroluminescent diodes. Applied Physics Letters, 1987, 51 (12): 913-915.

[3] Gustafsson G, Cao Y, Treacy G M, et al. Flexible light-emitting diodes made from soluble conducting polymers. Nature, 1992, 357(6378): 477-479.

[4] Sekitani T, Nakajima H, Maeda H, et al. Stretchable active-matrix organic light-emitting diode display using printable elastic conductors. Nature Materials, 2009, 8(6): 494-499.

[5] Lei T, Guan M, Liu J, et al. Biocompatible and totally disintegrable semiconducting polymer for ultrathin and ultralightweight transient electronics. Proceedings of the National Academy of Sciences of the United States of America, 2017, 114(20): 5107-5112.

[6] Wang Y, Hasegawa T, Matsumoto H, et al. High-performance n-channel organic transistors using high-molecular-weight electron-deficient copolymers and amine-tailed self-assembled monolayers. Advanced Materials, 2018, 30(13): e1707164.

[7] Wang S, Xu J, Wang W, et al. Skin electronics from scalable fabrication of an intrinsically stretchable transistor array. Nature, 2018, 555(7694): 83-88.

[8] Park S, Heo S W, Lee W, et al. Self-powered ultra-flexible electronics via nano-grating-patterned organic photovoltaics. Nature, 2018, 561(7724): 516-521.

[9] Khang D Y, Jiang H Q, Huang Y, et al. A stretchable form of single-crystal silicon for high-performance electronics on rubber substrates. Science, 2006, 311(5758): 208-212.

[10] Kim D H, Song J Z, Choi W M, et al. Materials and noncoplanar mesh designs for integrated circuits with linear elastic responses to extreme mechanical deformations. Proceedings of the National Academy of Sciences of the United States of America, 2008, 105(48): 18675-18680.

[11] Huang Y, Chen H, Wu J, et al. Controllable wrinkle configurations by soft micro-patterns to enhance the stretchability of Si ribbons. Soft Matter, 2014, 10(15): 2559-2566.

[12] 常若菲, 冯雪, 陈伟球, 等. 可延展柔性无机电子器件的结构设计力学. 科学通报, 2015, 60(22): 2079-2090.

[13] Ahn J, Kim H, Menard E, et al. Bendable integrated circuits on plastic substrates by use of printed ribbons of single-crystalline silicon. Applied Physics Letters, 2007, 90(21): 213501.

[14] Qin G X, Seo J H, Zhang Y, et al. RF characterization of gigahertz flexible silicon thin-film transistor on plastic substrates under bending conditions. IEEE Electron Device Letters, 2013, 34(2): 262-264.

[15] Zhou H, Seo J H, Paskiewicz D M, et al. Fast flexible electronics with strained silicon nanomembranes. Scientific Reports, 2013, 3(1): 1291.

[16] Huang Y, Zheng N, Cheng Z Q, et al. Direct laser writing-based programmable transfer printing via bioinspired shape memory reversible adhesive. ACS Applied Materials & Interfaces, 2016, 8(51): 35628-35633.

[17] Kim D H, Lu N S, Ma R, et al. Epidermal electronics. Science, 2011, 333(6044): 838-843.

[18] Feng W, Gao F, Hu Y X, et al. High-performance and flexible photodetectors based on chemical vapor deposition grown two-dimensional In_2Se_3 nanosheets. Nanotechnology, 2018, 29(44): 445205.

[19] Manekkathodi A, Lu M Y, Wang C W, et al. Direct growth of aligned zinc oxide nanorods on paper substrates for low-cost flexible electronics. Advanced Materials, 2010, 22(36): 4059-4063.

[20] Chen G, Liu Z, Liang B, et al. Single-crystalline p-type Zn_3As_2 nanowires for field-effect transistors and visible-light photodetectors on rigid and flexible substrates. Advanced Functional Materials, 2013, 23(21): 2681-2690.

[21] Yu C J, Li Y H, Zhang X, et al. Adaptive optoelectronic camouflage systems with designs inspired by cephalopod skins. Proceedings of the National Academy of Sciences of the United States of America, 2014, 111(36): 12998-13003.

[22] Ko H C, Stoykovich M P, Song J Z, et al. A hemispherical electronic eye camera based on compressible silicon optoelectronics. Nature, 2008, 454(7205): 748-753.

[23] Xiao J L, Song Y M , Xie Y Z, et al. Arthropod eye-inspired digital camera with unique imaging characteristics// Micro-& Nanotechnology Sensors, Systems, & Applications VI. International Society for Optics and Photonics, 2014, 90831L.1-90831L.9.

[24] Song Y M, Xie Y Z, Malyarchuk V, et al. Digital cameras with designs inspired by the arthropod eye. Nature, 2013, 497(7447): 95-99.

[25] Li H C, Xu Y, Li X M, et al. Epidermal inorganic optoelectronics for blood oxygen measurement. Advanced Healthcare Materials, 2017, 6(9): 201601013.

[26] Chen Y H, Lu B W, Chen Y , et al. Biocompatible and ultra-flexible inorganic strain sensors attached to skin for long-term vital signs monitoring. IEEE Electron Device Letters, 2016, 37(4): 496-499.

[27] Chen Y, Lu B W, Chen Y H, et al. Breathable and stretchable temperature sensors inspired by skin. Scientific Reports, 2015, 5(1): 11505.

[28] Li H C, Ma Y J, Liang Z W, et al. Wearable skin-like optoelectronic systems with suppression of motion artifacts for cuff-less continuous blood pressure monitor. National Science Review, 2020, 7(5): 849-862.

[29] Chen Y H, Lu S Y, Zhang S S, et al. Skin-like biosensor system via electrochemical

channels for noninvasive blood glucose monitoring. Science Advances, 2017, 3(12): e1701629.

[30] Heo S Y, Kim J, Gutruf P, et al. Wireless, battery-free, flexible, miniaturized dosimeters monitor exposure to solar radiation and to light for phototherapy. Science Translational Medicine, 2018, 10(470): eaau1643.

[31] Chung H U, Kim B H, Lee J Y, et al. Binodal, wireless epidermal electronic systems with in-sensor analytics for neonatal intensive care. Science, 2019, 363(6430): eaau0780.

[32] Tian L M, Zimmerman B, Akhtar A, et al. Large-area MRI-compatible epidermal electronic interfaces for prosthetic control and cognitive monitoring. Nature Biomedical Engineering, 2019, 3(3): 194-205.

[33] Zhang Y C, Zheng N, Cao Y, et al. Climbing-inspired twining electrodes using shape memory for peripheral nerve stimulation and recording. Science Advances, 2019, 5(4): eaaw1066.

[34] Yu X G, Xie Z Q, Yu Y, et al. Skin-integrated wireless haptic interfaces for virtual and augmented reality. Nature, 2019, 575(7783): 473-479.

[35] Jackson T, Bonse M, Thomasson D B, et al. Integrated inorganic/organic complementary thin-film transistor circuit and a method for its production. 2003.

[36] Sekitani T, Zschieschang U, Klauk H, et al. Flexible organic transistors and circuits with extreme bending stability. Nature Materials, 2010, 9(12): 1015-1022.

[37] Myny K, van Winckel S, Steudel S, et al. An inductively-coupled 64b organic RFID tag operating at 13.56MHz with a data rate of 787b/s // 2008 IEEE International Solid-State Circuits Conference-Digest of Technical Papers, 2008: 290-614.

[38] Myny K, Beenhakkers M J, van Aerle N A J M, et al. A 128b organic RFID transponder chip, including Manchester encoding and ALOHA anti-collision protocol, operating with a data rate of 1529b/s// 2009 IEEE International Solid-state Circuits Conference-Digest of Technical Papers, 2009: 206-207.

[39] Xu J, Wang S H, Wang G J N, et al. Highly stretchable polymer semiconductor films through the nanoconfinement effect. Science, 2017, 355(6320): 59-64.

[40] Li C H, Wang C, Keplinger C, et al. A highly stretchable autonomous self-healing elastomer. Nature Chemistry, 2016, 8(6): 618-624.

[41] Kim Y, Zhu J, Yeom B, et al. Stretchable nanoparticle conductors with self-organized conductive pathways. Nature, 2013, 500(7460): 59-63.

[42] Mu J K, Hou C Y, Wang H Z, et al. Origami-inspired active graphene-based paper for programmable instant self-folding walking devices. Science Advances, 2015, 1(10): e1500533.

[43] Tulevski G S, Franklin A D, Frank D, et al. Toward high-performance digital logic technology with carbon nanotubes. ACS Nano, 2014, 8(9): 8730-8745.

[44] Shulaker M M, Hills G, Patil N, et al. Carbon nanotube computer. Nature, 2013, 501(7468): 526-530.

[45] Qiu C G, Zhang Z Y, Xiao M M, et al. Scaling carbon nanotube complementary

transistors to 5-nm gate lengths. Science, 2017, 355(6322): 271-276.
[46] Cao Q, Kim H S, Pimparkar N, et al. Medium-scale carbon nanotube thin-film integrated circuits on flexible plastic substrates. Nature, 2008, 454(7203): 495-500.
[47] Sun D M, Timmermans M Y, Tian Y, et al. Flexible high-performance carbon nanotube integrated circuits. Nature Nanotechnology, 2011, 6(3): 156-161.
[48] Sun D M, Timmermans M Y, Kaskela A, et al. Mouldable all-carbon integrated circuits. Nature Communications, 2013, 4: 2302.
[49] Kim S, Son J H, Lee S H, et al. Flexible crossbar-structured resistive memory arrays on plastic substrates via inorganic-based laser lift-off. Advanced Materials, 2014, 26(44): 7480-7487.
[50] Son D, Koo J H, Song J K, et al. Stretchable carbon nanotube charge-trap floating-gate memory and logic devices for wearable electronics. ACS Nano, 2015, 9(5): 5585-5593.
[51] Jang B C, Yang S Y, Seong H, et al. Zero-static-power nonvolatile logic-in-memory circuits for flexible electronics. Nano Research, 2017, 10(7): 2459-2470.
[52] Hu L B, Wu H, la Mantia F, et al. Thin, flexible secondary Li-ion paper batteries. ACS Nano, 2010, 4(10): 5843-5848.
[53] Pan S W, Yang Z B, Chen P N, et al. Wearable solar cells by stacking textile electrodes. Angewandte Chemie International Edition, 2014, 53(24): 6110-6114.
[54] Fan F R, Tian Z Q, Wang Z L. Flexible triboelectric generator. Nano Energy, 2012, 1(2): 328-334.

第 2 章　柔性电子器件的设计方法

无机柔性电子的柔性设计要求器件能够适应人体的各种曲面，从力学角度出发，这等价于器件能承受极大的弯曲变形。器件的弯曲变形能力，以其纯弯状态下能达到的最小曲率半径为标度，半径越小则弯曲变形能力越强。纯弯状态下，薄膜任意点的张拉应变为

$$\varepsilon = -\kappa y \tag{2.1}$$

式中，κ 为薄膜曲率，y 为薄膜中该点到薄膜中性轴的距离。由式 (2.1) 可知，对于柔性电子器件，将关键性材料 (如硅等半导体材料以及铜、铝等金属材料) 制备得足够薄，能有效提高器件的柔性 [1-4]。Baca 等曾做过实验，将厚度为 100nm 的单晶硅制成的薄膜进行弯曲实验，当曲率半径达到 1cm 时，薄膜的最大应变只有 0.0005% 。将单晶硅薄膜放在厚度为 20μm 的聚合物衬底上，弯曲至同样的曲率半径时，薄膜的最大应变也只有 0.1% [5]，远小于材料硅的断裂应变 (约 1%)。Kim 等则在实验中将厚度为 50nm 的单晶硅薄膜移到了厚度为 1.7μm 的双层复合衬底的中性面上，其弯曲实验取得了更好的效果。由于薄膜到中性面的距离几乎为 0，所以当衬底弯曲到曲率半径约 85μm 时薄膜才达到断裂应变 [6]。这些力学研究都为利用传统半导体材料制备可弯曲电子器件提供了实验依据。

2.1　可延展柔性结构的设计

相比于柔性，柔性电子器件的可延展性在实现上则要更具挑战性。它要求集成电路能够在极大的拉伸应变 ($\gg 1\%$) 下仍然不出现裂纹并保持完整的功能，而这无法通过改变材料横截面尺寸来实现。对于这个问题，目前主要的解决方案分为两种，分别是：波浪结构法、岛桥结构法。

2.1.1　波浪结构法

波浪结构法主要通过在薄膜–衬底的系统中引入屈曲来实现。设想将一个柔性衬底沿一个方向做预拉伸处理，然后将一个刚度很大的薄膜通过底面完全黏结在衬底上。释放柔性衬底，薄膜在轴向上由于受到压力发生屈曲，最终薄膜和黏结的衬底共同发生了波浪状的变形 (图 2.1)，这种波浪状的结构能使薄膜和衬底承受更大的应变。

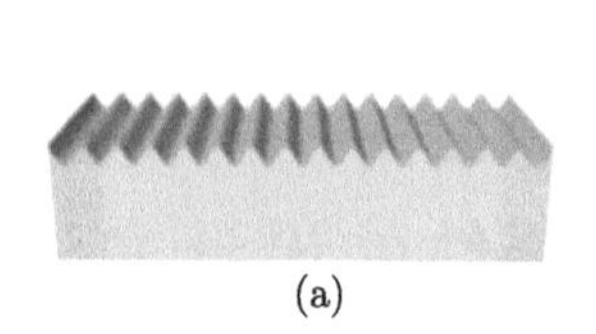

(a)

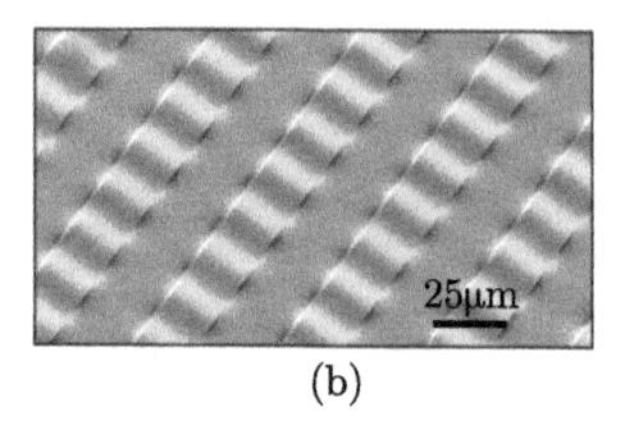

(b)

图 2.1 (a) 波浪结构示意图 [7]；(b) 单晶硅条带在 PDMS 衬底上形成波浪结构的扫描电子显微镜照片 [8]

图 2.2 展示了单晶硅条带及其衬底的波浪结构制备过程。首先将一块单晶硅板从下往上刻蚀，下面部分被氧化，上面留下一层单晶硅薄膜。再通过光刻在单晶硅薄膜上形成硅条带的图案，图案部分仍然是硅，薄膜其余部分也被氧化，将刻蚀后的板 (硅条带和氧化物) 放置在弹性衬底 (如聚二甲硅氧烷 (PDMS)) 上。然后通过各向异性刻蚀，将氧化物刻蚀；将表面经过处理黏性很强的弹性衬底 (如

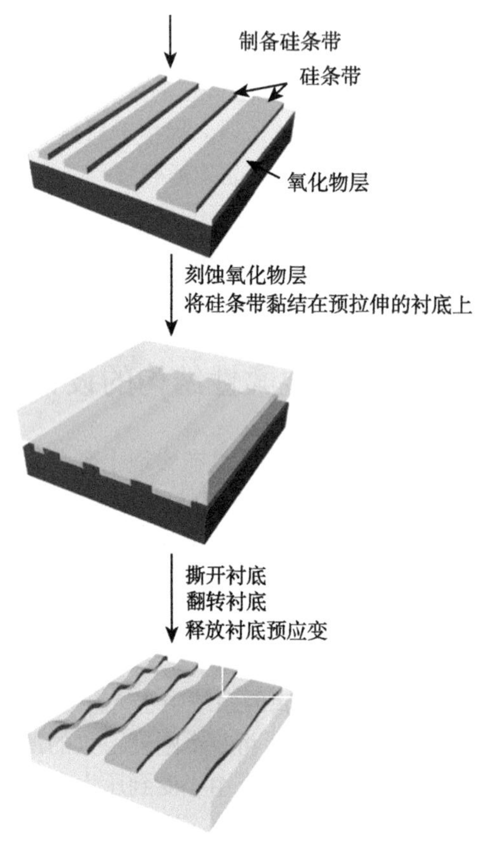

图 2.2 波浪结构制备过程 [9]

PDMS) 预拉伸后放置在施主衬底上，将硅条带黏结。最后撕开衬底，硅条带跟随新的衬底一起被撕开。翻转衬底，释放衬底预应变，形成波浪结构。

设薄膜厚度为 $h_{\rm f}$，弹性模量为 $E_{\rm f}$，衬底模量为 $E_{\rm s}$，Huang 等假定硅条带宽度 (即垂直于预应变方向的长度) 远大于波浪结构的波长，对衬底采用小变形假定，将模型转化为平面应变问题，给出了薄膜屈曲后重新拉伸衬底时的波长、幅值和最大应变 [10]：

$$\lambda_0 = 2\pi h_{\rm f}\left(\frac{\overline{E}_{\rm f}}{3\overline{E}_{\rm s}}\right)^{\frac{1}{3}} \tag{2.2}$$

$$A_0 = h_{\rm f}\sqrt{\frac{\varepsilon_{\rm pre}-\varepsilon_{\rm appl}}{\varepsilon_{\rm c}}-1} \tag{2.3}$$

$$\varepsilon_{\rm peak} = 2\sqrt{(\varepsilon_{\rm pre}-\varepsilon_{\rm appl})\varepsilon_{\rm c}} \tag{2.4}$$

其中，$\overline{E}_{\rm f}$ 和 $\overline{E}_{\rm s}$ 分别为薄膜和衬底的平面应变模量，$\varepsilon_{\rm appl}$ 为屈曲后施加到衬底的应变，$\varepsilon_{\rm c}$ 为临界屈曲应变，即令薄膜发生屈曲的最低应变。它们的计算公式如下：

$$\begin{cases} \overline{E}_{\rm f} = \dfrac{E_{\rm f}}{1-\nu_{\rm f}^2} \\ \overline{E}_{\rm s} = \dfrac{E_{\rm s}}{1-\nu_{\rm s}^2} \\ \varepsilon_{\rm c} = \left(\dfrac{3\overline{E}_{\rm s}}{\overline{E}_{\rm f}}\right)^{\frac{2}{3}} \end{cases} \tag{2.5}$$

其中，$\nu_{\rm f}$ 和 $\nu_{\rm s}$ 分别为薄膜和衬底的泊松比。由于 $\varepsilon_{\rm c}$ 通常都非常小 (对于硅和 PDMS 构成的系统，$\varepsilon_{\rm c}$ 约为 10^{-4})，故由式 (2.4) 可以看出，屈曲后薄膜的最大应变远小于预应变和所受到的拉伸应变，系统能够承受很大的变形。式 (2.2) 表明，薄膜屈曲后的波长在小变形情况下是独立于预应变的定值。但后续实验研究显示，在较大的预应变作用下，薄膜屈曲后的波长会随着预应变的增加而减小 [8,11] (图 2.3)。对此，黄永刚课题组采用有限变形理论，为未屈曲构型和屈曲构型建立了映射关系，考虑了衬底的非线性变形，给出了衬底大变形下薄膜屈曲波长、幅值和最大应变的解析解 [12]：

$$\lambda = \frac{\lambda_0}{(1+\varepsilon_{\rm pre})(1+\varepsilon_{\rm appl}+\zeta)^{\frac{1}{3}}} \tag{2.6}$$

$$A = \frac{A_0}{\sqrt{1+\varepsilon_{\rm pre}}(1+\varepsilon_{\rm appl}+\zeta)^{\frac{1}{3}}} \tag{2.7}$$

$$\varepsilon_{\rm peak} = 2\sqrt{(\varepsilon_{\rm pre}-\varepsilon_{\rm appl})\varepsilon_{\rm c}}\frac{(1+\varepsilon_{\rm appl}+\zeta)^{\frac{1}{3}}}{\sqrt{(1+\varepsilon_{\rm pre})}} \tag{2.8}$$

其中，λ_0 和 A_0 分别为式 (2.2) 和式 (2.3) 中的结果，ζ 可通过以下公式得到

$$\zeta=\frac{5\varepsilon_{\text{pre}}(1+\varepsilon_{\text{pre}})}{32} \tag{2.9}$$

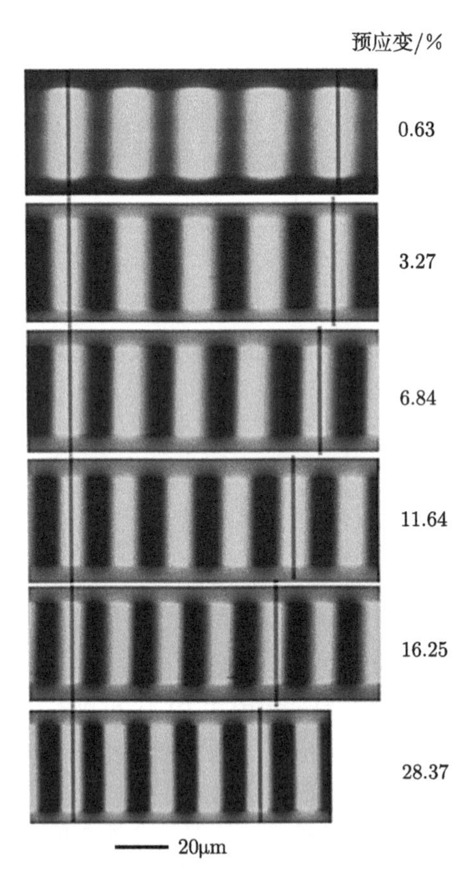

图 2.3　施加不同预应变时 PDMS 衬底上屈曲的单晶硅条带的光学显微镜照片 [12]

解析解的结果得到了实验及有限元结果的验证。图 2.4 为厚度 100nm 的单晶硅薄膜粘贴在 PDMS 衬底时，形成波浪结构的波长和幅值与衬底预应变的关系。从图中可以看出，有限变形模型比以往模型更吻合实验及有限元结果，不需要任何参数拟合。图 2.5 为相同硅薄膜的峰值应变及膜应变与预应变的关系。从图中可以看出，膜应变非常小，且不随预应变的变化而变化；此外，通过预应变的方式，系统获得的延展性 (约 29.2%) 远大于单晶硅薄膜的断裂应变 (约 1.8%)[13]。

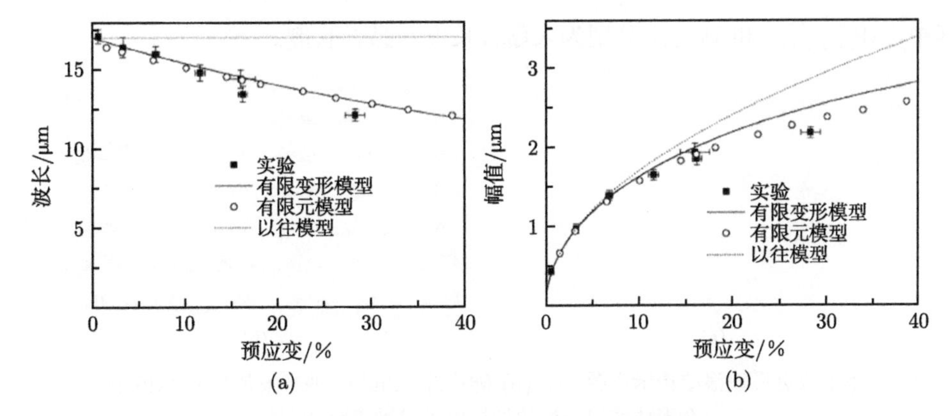

图 2.4 (a) 波浪结构波长与预应变的关系；(b) 幅值与预应变的关系

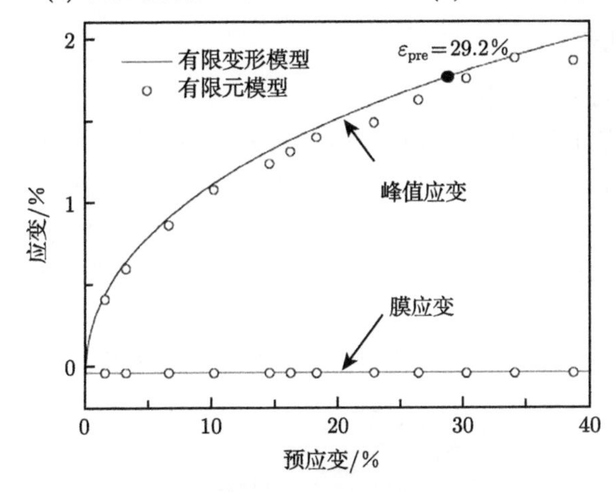

图 2.5 峰值应变及膜应变与预应变的关系

波浪结构由于具有易于制备、延展性大等优点，吸引了许多学者的关注[10,14-24]，并在此基础上实现了多个领域的应用，如细胞力谱 [25]、微纳米图形生成 [26-32]、高精度微纳米度量方法 [18,19,33] 等；通过波浪结构制备的可延展电子器件，也被应用于皮肤传感器 [34,35]、柔性显示器 [36-40] 等多种设备。

波浪结构的屈曲形态受材料属性影响很大，因为薄膜和衬底在变形中是完全黏合的。Sun 等对波浪结构进行了改进，仅让一部分薄膜与衬底黏合，释放预应变后只有未黏合的薄膜发生屈曲，形成可控屈曲的波浪结构 [23](图 2.6)。黄永刚课题组对这种结构进行分析，发现该结构屈曲后的波长和幅值与材料属性无关 [41]：

$$\lambda=\frac{W_{\text{non-bond}}}{1+\varepsilon_{\text{pre}}} \tag{2.10}$$

$$A\approx\frac{2}{\pi}\frac{\sqrt{\varepsilon_{\text{pre}}W_{\text{non-bond}}\left[W_{\text{non-bond}}+W_{\text{bond}}(1+\varepsilon_{\text{pre}})\right]}}{1+\varepsilon_{\text{pre}}} \tag{2.11}$$

其中，$W_{\text{non-bond}}$ 和 W_{bond} 分别为未黏合长度和黏合长度。

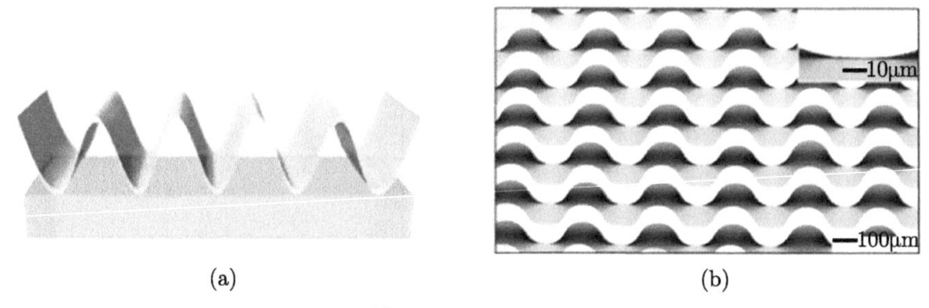

图 2.6　(a) 改进后波浪结构示意图 [7]；(b) 砷化镓 (GaAs) 纳米条带在 PDMS 衬底部分黏合形成波浪结构的扫描电子显微镜照片 [42]

2.1.2 岛桥结构法

1) 悬空直导线岛桥结构

受可控屈曲的波浪结构的启发，Kim 等开发出直导线岛桥结构法 [42-44]。在这种方法中，功能组件 (岛) 通过化学方法转印到经过预拉伸的衬底上，组件之间通过导线 (桥) 进行连接，导线与衬底之间不发生黏合。释放预应变后，导线发生面外屈曲而拱起 (图 2.7 和图 2.8)，从而提高了柔性电子器件的延展性。

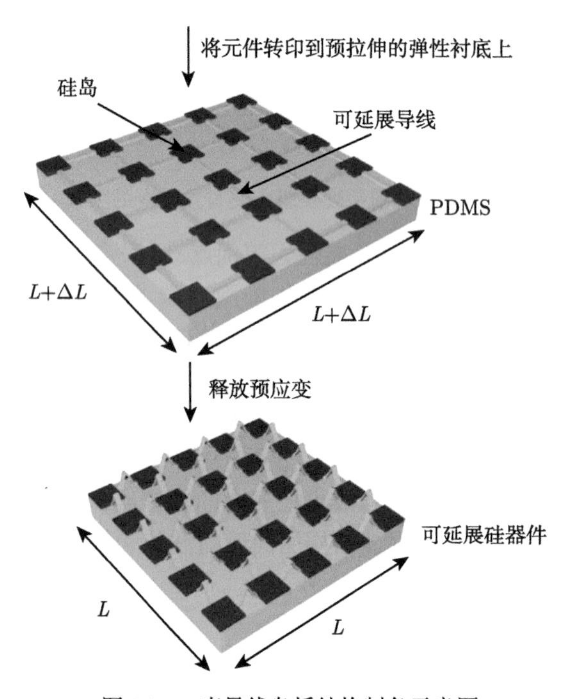

图 2.7　直导线岛桥结构制备示意图

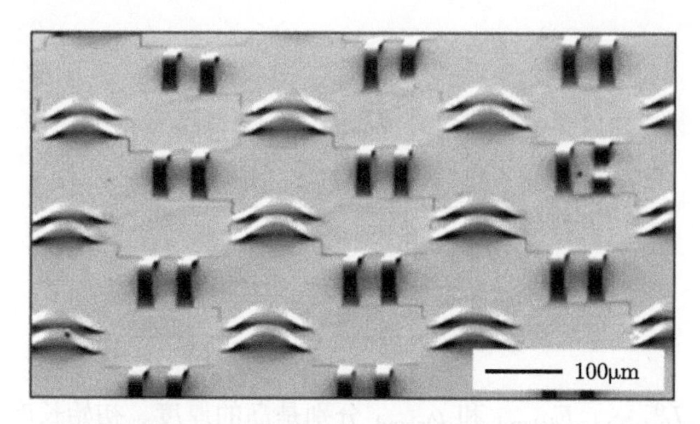

图 2.8 硅纳米薄膜在 PDMS 衬底上的岛桥结构扫描电子显微镜照片 [42]

Kim 等通过实验和精细的有限元模型对这种岛桥结构进行了研究，结果表明这种岛桥结构在施加大应变后依然能保持良好的电学性能 [43]。如图 2.9 所示，当结构受到不同方向的拉伸以及扭转时，其输出电压与未变形的结构基本一致。

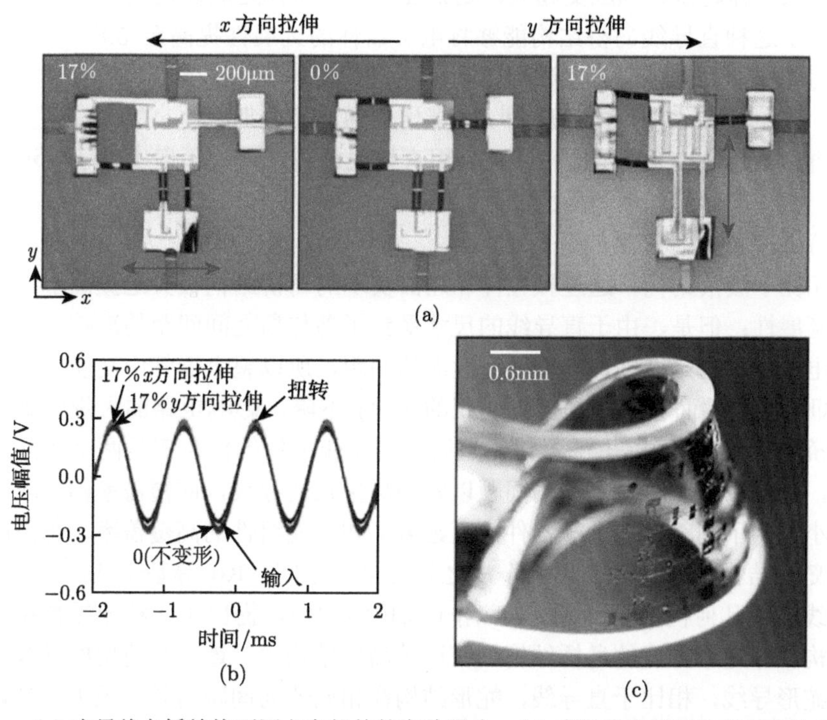

图 2.9 (a) 直导线岛桥结构不同方向拉伸的实验照片；(b) 直导线岛桥结构在正弦波电压的输入下，其不同形态 (不变形、x 方向拉伸、y 方向拉伸、扭转) 时的电压输出；(c) 直导线岛桥结构受弯曲和扭转复杂变形载荷下的变形图

宋吉舟等将导线视为固支梁，给出了岛和桥的各自应变以及结构整体的延

展性 [45]：

$$\varepsilon_{\mathrm{bridge}}^{\max}=2\pi\frac{h_{\mathrm{bridge}}}{L_{\mathrm{bridge}}^{0}}\sqrt{\frac{\varepsilon_{\mathrm{pre}}}{1+\varepsilon_{\mathrm{pre}}}} \tag{2.12}$$

$$\varepsilon_{\mathrm{island}}^{\max}=\frac{(1-\nu_{\mathrm{island}}^{2})E_{\mathrm{bridge}}h_{\mathrm{bridge}}^{2}}{E_{\mathrm{island}}h_{\mathrm{island}}^{2}}\varepsilon_{\mathrm{bridge}}^{\max} \tag{2.13}$$

$$\varepsilon_{\mathrm{stretchability}}=\frac{\varepsilon_{\mathrm{pre}}}{1+(1+\varepsilon_{\mathrm{pre}})\dfrac{L_{\mathrm{island}}^{0}}{L_{\mathrm{bridge}}^{0}}} \tag{2.14}$$

其中，h_{island}、L_{island}^{0}、E_{island} 和 ν_{island} 分别是岛的厚度、初始长度、弹性模量和泊松比，h_{bridge}、L_{bridge}^{0} 和 E_{bridge} 则分别是桥的厚度、初始长度和弹性模量。由于 $\dfrac{h_{\mathrm{bridge}}}{L_{\mathrm{bridge}}^{0}}\ll 1$，由式 (2.12) 可以看出，导线的最大应变要远小于衬底的预应变。由式 (2.13) 可得，将岛制备得厚而硬能减小它受到的应变。而式 (2.14) 指出，若导线越长、岛越短、预应变越大，则柔性器件的整体延展性越大。

由于这种直导线岛桥结构能够将电子器件的延展性提高至 50% 左右，所以它的力学和电学性能受到了许多学者的关注 [44,46-56]，并在此基础上研发了多种应用，如仿人眼的电子眼相机 [53]，它能比普通的相机拥有更小的失真和更大的视角；再如柔性 LED 显示器，通过采用直导线岛桥结构，不但实现了显示器的可弯曲、扭转，而且获得了极大的延展性 [57]。

2) 悬空蛇形导线结构

相比于波浪结构，通过预拉伸和屈曲实现的岛桥结构极大地提高了电子器件的可延展性；但是，由于直导线的尺寸受到了岛与岛之间间距的影响，若要继续增大电子器件的延展率，就需要增大岛的间距，所以整个器件中功能组件的覆盖率 (即功能组件面积与电子器件面积的比值) 下降，影响电路的大规模集成。对于岛桥结构 [51,53,58]，电子器件的延展率和功能组件的覆盖率是两个相互矛盾的指标，延展率要求尽量大的岛间距以容纳尽量长的导线，而覆盖率则要求岛间距尽量小。为了同时实现电子器件的高延展率和功能组件的高覆盖率，也考虑到直导线岛桥结构并未充分利用两个岛之间的全部空间，Ko 等基于 Li 等提出的蛇形导线这种几何构型 [59]，将其应用于岛桥结构中，提出了一种无须预拉伸的岛桥结构，即蛇形导线的岛桥结构。在这种岛桥结构中，连接岛所用的导线被替换成了蛇形导线，相比于直导线，蛇形结构在相同的岛间距内长度更大。当设备进行拉伸时，由于蛇形结构导线的面内弯曲会累积很大的应变能，因此导线会发生面外的弯曲和扭转 (即面外屈曲)，从而减小导线的应变能。在这个过程中，导线承担了电子器件几乎全部的应变，而器件中的半导体设备几乎不承受应变，最终器件的可延展性能达到约 100% [42,49] 。图 2.10 为由聚合物 PI/金属/聚合物 PI

三层结构构成的导线和由硅基晶体管构成的功能组件的蛇形导线岛桥结构实验变形图 [43]。

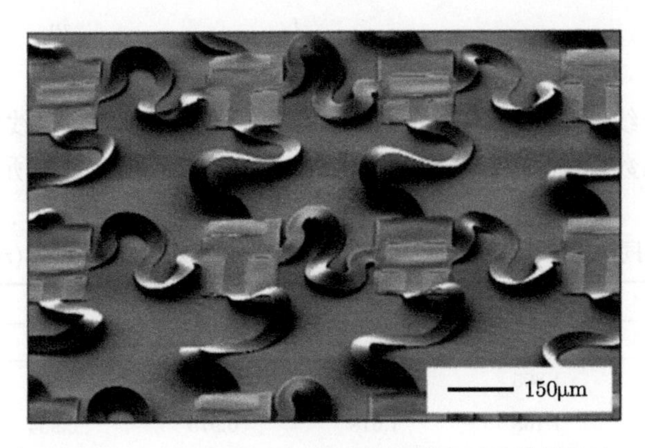

图 2.10 蛇形导线岛桥结构的扫描电子显微镜照片

针对蛇形导线岛桥结构，张一慧等通过标度率法，给出了多单元蛇形导线 (图 2.11) 受拉屈曲时的临界屈曲应变 $\varepsilon_{\rm cr}$(即导线发生屈曲时，右端点位移与导线总跨度的比值) 与导线结构参数的关系 [60]:

$$\varepsilon_{\rm cr}=\frac{\alpha\left(\alpha^2+6\right)+\dfrac{3\pi}{4}\left(2\alpha^2+1\right)-\dfrac{9\left(\alpha^2+\pi\alpha+2\right)^2}{8\alpha+\pi+8\left(2\alpha+\pi\right)m^2}}{f_1\left(m\right)+f_2\left(m\right)\alpha+f_3\left(m\right)\alpha^2}\sqrt{\frac{G}{E}}\frac{t^2}{w^2} \tag{2.15}$$

式中，$\alpha=l_2/l_1$，其为导线高跨比，m 为蛇形导线的单元数量，w 为截面宽度，t 为厚度，G 为扭转模量，E 为杨氏模量，f_1，f_2 和 f_3 为只与单元数量有关的待定函数，通过数值模拟确定，如表 2.1 所示。

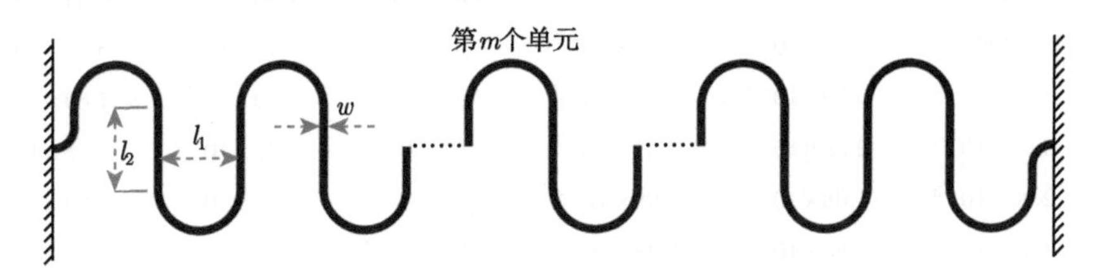

图 2.11 蛇形导线几何构型示意图

表 2.1 $f_1(m)$, $f_2(m)$ 和 $f_3(m)$ 的数值

待定函数	m							
	1	2	3	4	5	6	7	8
$f_1(m)$	4.83	1.10	0.43	0.79	2.24	3.83	4.5	5.00
$f_2(m)$	−3.48	2.52	3.40	2.35	0.10	−2.23	−3.46	−4.40
$f_3(m)$	1.41	2.60	2.55	3.25	4.12	4.90	5.43	5.83

通过标度率法，张一慧等还给出了岛桥结构受拉时导线最大局部应变 $\varepsilon_{\max}$ 与结构参数的关系：

$$\varepsilon_{\max}=g_1(m,\alpha)\sqrt{\varepsilon_{\text{appl}}}\frac{t}{l_1}+g_2(m,\alpha)\varepsilon_{\text{appl}}^2\frac{w}{l_1} \tag{2.16}$$

式中，$\varepsilon_{\text{appl}}$ 为导线两端施加的应变 (即导线两端点位移差值与导线总跨度的比值)，g_1 和 g_2 为单元数量 m 及高跨比 α 的函数，如表 2.2 和表 2.3 所示。

表 2.2 不同高跨比 α 和单元数量 m 的蛇形导线所对应的函数 $g_1(m,\alpha)$ 数值

α	m					$m\geqslant 6$
	1	2	3	4	5	
0.5	1.935	1.805	1.567	1.541	1.502	1.466
1	1.516	1.163	1.018	0.979	0.954	0.928
2	0.893	0.514	0.532	0.506	0.491	0.478
3	0.583	0.333	0.338	0.331	0.307	0.296
4	0.413	0.249	0.237	0.219	0.208	0.201
5	0.311	0.184	0.172	0.157	0.149	0.144
7	0.196	0.111	0.0970	0.0867	0.0812	0.0793
9	0.129	0.0716	0.0594	0.0516	0.0494	0.0470

表 2.3 不同高跨比 α 和单元数量 m 的蛇形导线所对应的函数 $g_2(m,\alpha)$ 数值

α	m					$m\geqslant 6$
	1	2	3	4	5	
0.5	12.51	3.46×10^{-1}	1.41×10^{-1}	8.92×10^{-2}	7.00×10^{-2}	6.44×10^{-2}
1	2.86	6.70×10^{-2}	1.39×10^{-2}	8.51×10^{-3}	6.72×10^{-3}	6.31×10^{-3}
2	1.89×10^{-2}	5.70×10^{-3}	3.30×10^{-3}	2.32×10^{-3}	1.99×10^{-3}	1.89×10^{-3}
3	5.91×10^{-3}	2.08×10^{-3}	1.41×10^{-3}	1.27×10^{-3}	1.42×10^{-3}	1.48×10^{-3}
4	2.06×10^{-3}	1.08×10^{-3}	8.98×10^{-4}	9.91×10^{-4}	1.07×10^{-3}	1.08×10^{-3}
5	1.22×10^{-3}	6.86×10^{-4}	7.48×10^{-4}	7.94×10^{-4}	8.04×10^{-4}	8.16×10^{-4}
7	6.33×10^{-4}	4.90×10^{-4}	4.79×10^{-4}	4.71×10^{-4}	4.67×10^{-4}	4.58×10^{-4}
9	4.93×10^{-4}	3.54×10^{-4}	3.18×10^{-4}	2.94×10^{-4}	2.94×10^{-4}	2.80×10^{-4}

3) 悬空分形导线结构

在蛇形导线的基础上，通过对其几何构型进行拓展，可以得到自相似的蛇形导线 (图 2.12)，即分形导线。与传统的蛇形导线相比，分形导线能实现更大的延展率。

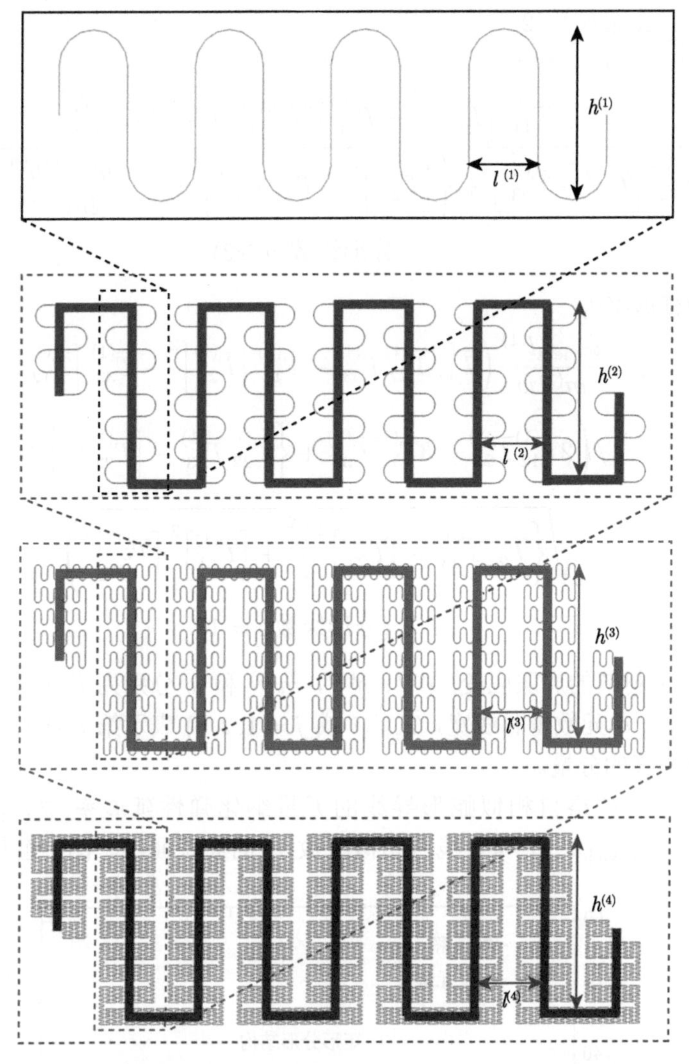

图 2.12 自相似蛇形导线的几何构型示意图，从上往下导线的分形级数分别为 1,2,3,4

张一慧等通过建立解析模型 [61]，递推求解了厚分形导线 (导线厚度与宽度相近，拉伸过程中不发生屈曲) 的各级结构的等效刚度，最终推导求出了任意级分形导线弹性延展率的解析解表达式，其中矩形结构的延展率为

$$\begin{aligned}\varepsilon^{(1)}_{\text{stretchability}} =& \frac{\varepsilon_{\text{yield}} l^{(1)}}{w}\frac{\eta^{(1)}}{12} \\ &\times \frac{16\left[m^{(1)}\right]^2\left[\eta^{(1)}+1\right]\left[\eta^{(1)}+3\right]-\left[\eta^{(1)}+6\right]^2}{4\left[m^{(1)}\right]^2\left[\eta^{(1)}+1\right]+3m^{(1)}\left[\eta^{(1)}+2\right]-\eta^{(1)}-6} \quad (\text{分形级数 } n=1)\end{aligned}$$

$$\varepsilon_{\text{stretchability}}^{(n)} = \frac{\varepsilon_{\text{yield}} l^{(n)}}{w} \frac{2}{m^{(n)}}$$

$$\times \left| \frac{\overline{T}_{11}^{(n)} \left[\overline{T}_{23}^{(n)}\right]^2 - \overline{T}_{11}^{(n)} \overline{T}_{22}^{(n)} \overline{T}_{33}^{(n)} + \overline{T}_{33}^{(n)} \left[\overline{T}_{12}^{(n)}\right]^2}{2\overline{T}_{12}^{(n)} \left[\overline{T}_{33}^{(n)} - \overline{T}_{23}^{(n)}\right] + \left\{\left[\overline{T}_{23}^{(n)}\right]^2 - \overline{T}_{22}^{(n)} \overline{T}_{33}^{(n)}\right\} \eta^{(n)} - \frac{\eta^{(n-1)} \eta^{(n)}}{2m^{(n-1)}} \overline{T}_{12}^{(n)} \overline{T}_{33}^{(n)}} \right|$$

$$(\text{分形级数 } n \geqslant 2) \tag{2.17}$$

蛇形结构的延展率为

$$\varepsilon_{\text{stretchability}} = \frac{2\varepsilon_{\text{yield}} l^{(1)}}{m^{(1)} w} \left(\overline{T}_{11}^{(1)} \overline{T}_{22}^{(1)} \overline{T}_{33}^{(1)} - \overline{T}_{11}^{(1)} \left[\overline{T}_{23}^{(1)}\right]^2 - \overline{T}_{33}^{(1)} \left[\overline{T}_{12}^{(1)}\right]^2 \right)$$

$$\Big/ \left(2\overline{T}_{12}^{(1)} \overline{T}_{23}^{(1)} - 3\overline{T}_{12}^{(1)} \overline{T}_{33}^{(1)} + \left\{ \overline{T}_{22}^{(1)} \overline{T}_{33}^{(1)} - \left[\overline{T}_{23}^{(1)}\right]^2 \right\} \left(\eta^{(1)} - 1\right) \right.$$

$$\left. + \sqrt{\left\{ \overline{T}_{22}^{(1)} \overline{T}_{33}^{(1)} - \left[\overline{T}_{23}^{(1)}\right]^2 \right\}^2 + \left[\overline{T}_{12}^{(1)}\right]^2 \left[\overline{T}_{33}^{(1)}\right]^2} \right)$$

$$(\text{分形级数} n = 1) \tag{2.18}$$

式中，$\varepsilon_{\text{yield}}$ 为材料的屈服应变，$l^{(n)}$、$\eta^{(n)}$，$m^{(n)}$ 和 w 分别为第 n 级分形结构的跨度、高跨比、单元数量和线宽，$\overline{T}_{ij}^{(n)}(i \text{ 或 } j = 1, 2, 3)$ 表示第 n 级分形结构无量纲对称柔度矩阵的分量。

图 2.13 为严格自相似蛇形导线的无量纲化弹性延展率 $\bar{\varepsilon}_{\text{stretchability}} = \varepsilon_{\text{stretchability}}\, w/[\varepsilon_{\text{yield}} l^{(n)}]$ 与导线自相似级数 n 的关系曲线。图中解析解与有限

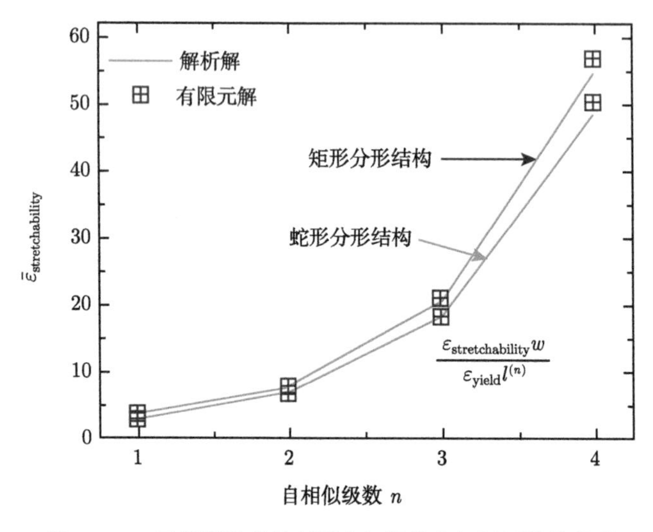

图 2.13　无量纲化弹性延展率与导线自相似级数的关系

元解吻合得很好，并且由图可以看出，导线自相似级数 n 每增加 1，导线的延展性增加 1 倍以上，说明采用自相似级数高的自相似几何构型能有效地提高导线的弹性延展率。

付浩然等在对分形导线与衬底相互作用的研究中，建立了与衬底部分黏合的二级分形导线的后屈曲理论模型，推导了导线延展率的标度率解：

$$\varepsilon_{\text{stretchability}} = \frac{1}{2}F_1[2\eta^{(1)}\eta^{(2)} + (\pi - 2)\eta^{(2)} + 2] + \frac{1}{2}F_2 m^{(1)} \tag{2.19}$$

式中，$\eta^{(1)}$、$\eta^{(2)}$ 分别为一级结构和二级结构的高跨比，$m^{(1)}$ 为一级结构的单元数量，F_1、F_2 分别为导线宽度及厚度的函数，可通过对 $\varepsilon_{\text{stretchability}}$ 和 $(\eta^{(1)}, \eta^{(2)}, m^{(1)})$ 的多元线性回归确定。从图 2.14 可以看出，理论解与有限元解吻合得很好。

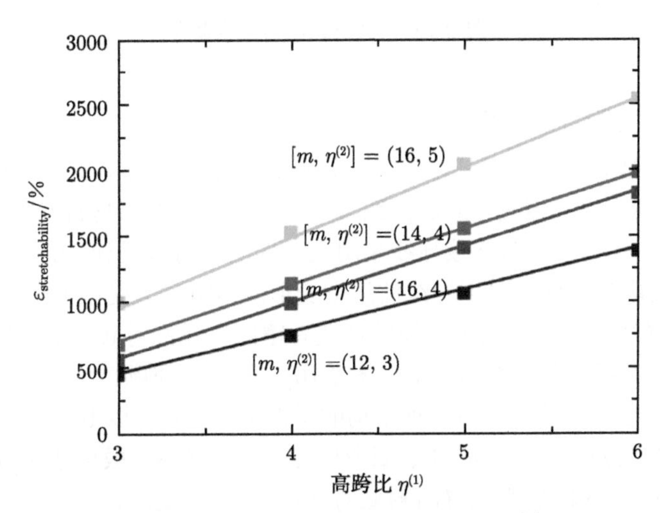

图 2.14 在部分黏合的系统中，分形导线弹性延展率与高跨比 $\eta^{(1)}$ 的关系的标度率公式计算结果 (实线) 及有限元结果 (点)

在应用方面，Kim 于 2011 年研制的多功能皮肤电子，不但具有健康监测功能，还能检测肌肉运动并进行通信，从而帮助神经或肌肉萎缩的患者 [48]。鲁南姝等于 2012 年研制的柔性应变传感器可柔软地贴合在人体皮肤上测量体表的应变，其灵敏系数可达 29。Xu 等于 2013 年研制出了可无线充电的高电量柔性电池，延展率能达到 300%，解决了柔性电子器件的供电问题 [62]。Xu 等通过分形导线连接多个功能组件开发的类皮肤健康监测器件 (图 2.15)，集成了传感、滤波、放大、无线传输等多种功能，能用于监测脑电、心电、骨电、眼电等多种信号，首次实现了商用电子元件与人体皮肤的集成 [63]。

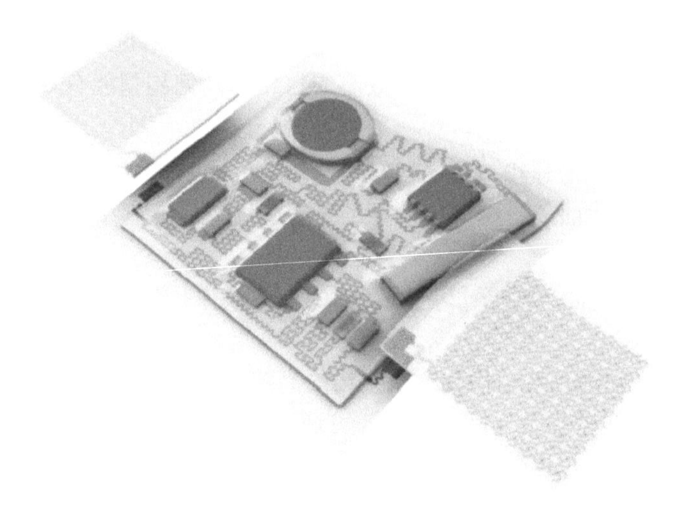

图 2.15　类皮肤健康监测器件

4) 受限型蛇形导线结构

对于悬空型蛇形导线设计，虽然可以通过导线发生自由变形来实现整体的可延展性能，但是这些“暴露”的连接线又不可避免地与相邻材料发生接触，容易产生损伤和破坏 [48,64]。若对连接导线采用完全的固体封装设计，虽然能对器件起到保护作用，但是在这种情况下导线的运动变形能力将大大受限 [65]，进而不能满足器件的可延展性要求。将蛇形导线粘贴或者镶嵌在弹性衬底表面，即相对于悬空型设计的一种受限型蛇形导线结构 (图 2.16)，为同时兼顾器件的延展性和可靠性提供了一种不错的策略。采用这种结构的柔性电子器件，以 0.3% 屈服应变和 5% 断裂应变的金属为例，实验研究表明 [60] 其弹性延展率一般可达到 54% 左右 (衬底无预拉伸处理) 和 120% 左右 (衬底有 40% 预拉伸处理)。

对于衬底经过预拉伸处理的受限型蛇形导线结构，当释放衬底预应变 ($\varepsilon_{\mathrm{prestrain}}$) 时，会对表面的刚性薄膜产生相应的压缩应变 ($\varepsilon_{\mathrm{prestrain}}/(1+\varepsilon_{\mathrm{prestrain}})$)，从而诱导薄膜屈曲。预应变释放后薄膜屈曲波长满足 [60]：

$$\lambda=\frac{2\pi h_{\mathrm{f}}\left(\dfrac{\overline{E}_{\mathrm{f}}}{3\overline{E}_{\mathrm{s}}}\right)^{1/3}}{(1+\varepsilon_{\mathrm{prestrain}})\left[1+\dfrac{5}{32}\varepsilon_{\mathrm{prestrain}}(1+\varepsilon_{\mathrm{prestrain}})\right]^{1/3}} \tag{2.20}$$

其中，$\overline{E}_{\mathrm{f}}$ 和 $\overline{E}_{\mathrm{s}}$ 分别为蛇形导线结构和衬底的平面应变模量，h_{f} 为蛇形导线结构的厚度。

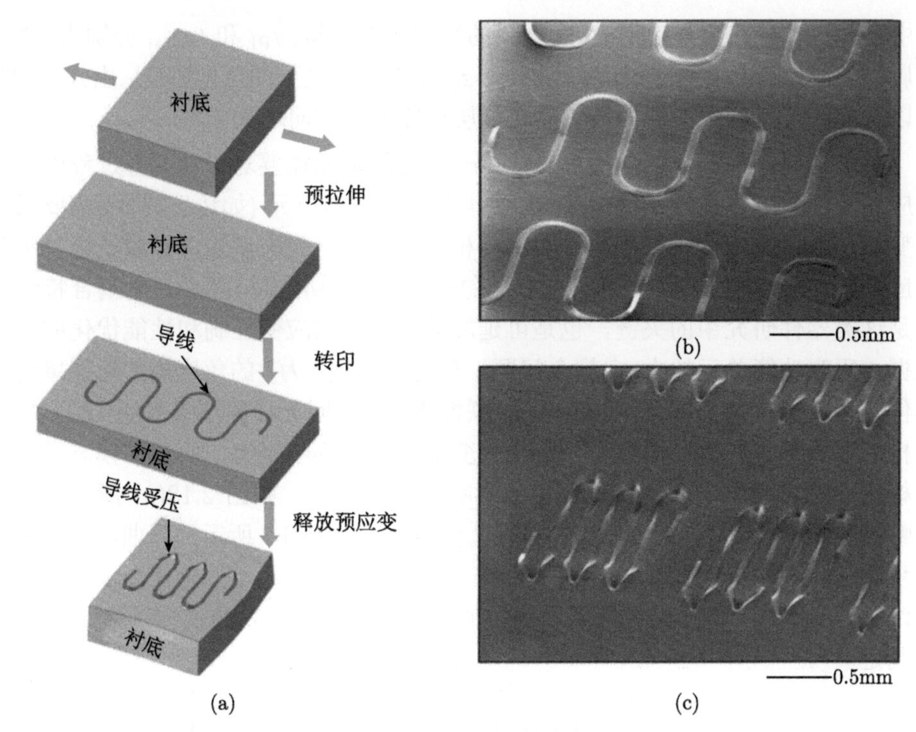

图 2.16 (a) 衬底经过预拉伸处理的蛇形导线结构设计示意图；(b) 释放衬底预应变前蛇形导线结构的电镜扫描 (SEM) 图像；(c) 释放衬底预应变后蛇形导线的 SEM 图像 [60]

对于 PI/金属/PI 材料 (图 2.17) 的蛇形导线结构受拉时，根据公式，通过适当数学推导，其屈曲波长为 [60]

$$\begin{cases} \lambda = 2\pi \left[\dfrac{\overline{E}_{\mathrm{PI}}}{3\overline{E}_{\mathrm{s}}} \left(2t_{\mathrm{PI}} + t_{\mathrm{metal}} \right)^3 + \dfrac{\overline{E}_{\mathrm{metal}} - \overline{E}_{\mathrm{PI}}}{3\overline{E}_{\mathrm{s}}} t_{\mathrm{metal}}^3 \right]^{1/3} g(\varepsilon_{\mathrm{appl}}) \\ g(\varepsilon_{\mathrm{appl}}) = \dfrac{\left[1 + \dfrac{5}{32} \left(1 + \varepsilon_{\mathrm{appl}} - \sqrt{1 + \varepsilon_{\mathrm{appl}}} \right) \right]^{-1/3}}{\sqrt{1 + \varepsilon_{\mathrm{appl}}}} \end{cases} \tag{2.21}$$

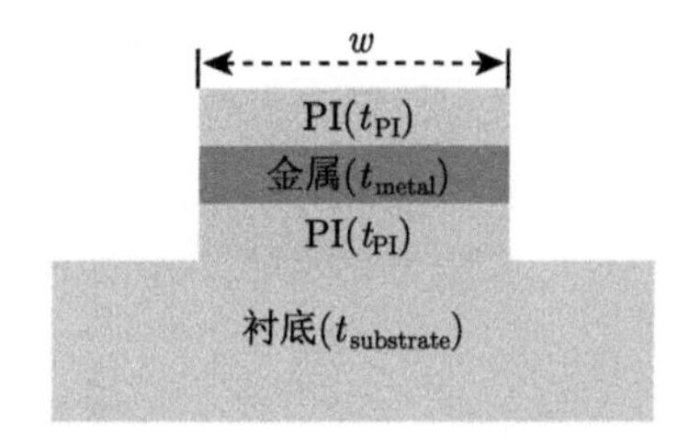

图 2.17 一种典型的受限型蛇形导线结构横截面示意图 [60]

其中，$\overline{E}_{\mathrm{PI}}$ 和 $\overline{E}_{\mathrm{metal}}$ 分别为 PI 和金属的平面应变模量；t_{PI} 和 t_{metal} 分别为 PI 和金属层的厚度，上下两层 PI 厚度相等；$\varepsilon_{\mathrm{appl}}$ 为结构受到的拉伸应变。由式 (2.21) 可以看出蛇形互联线的屈曲波长随金属层厚度的增加而增大。

在可延展柔性器件的功能单元中，一些功能单元需要对器件变形过程中产生的应变进行隔离以保持其性能稳定，而也有一些功能单元 (如传感器件) 需要通过与变形过程中的应变进行耦合以实现其相应的功能。受限型蛇形导线结构对于基于应变耦合特性的功能单元研究起到了重要作用。功能单元的力–电耦合特性问题是这类器件研究中的关键，也是可延展柔性器件的应变控制和性能优化的理论依据。研究功能单元的力–电耦合问题，首先需要从“力”的角度搞清功能单元在器件变形过程中的结构–应变变化的关联性规律。有限元计算结果表明，蛇形导线结构的形状参数和衬底厚度对蛇形结构变形模态的影响很大，而变形模态又会对结构变形时所产生的应变造成明显的影响。在实验上，如图 2.18(a) 所示的受限型蛇形结构 (无预拉伸衬底) 在拉伸时，会出现图 2.18(b) 所示的屈曲结构。更进一步的实验表明，蛇形结构的屈曲模态一般有如图 2.19 所示的整体屈曲和局部屈曲两种。理论上，蛇形结构在随衬底拉伸后的变形模态可以通过一个临界长度 l_{cr} 来判定 [66]：

$$l_{\mathrm{cr}}=4\pi\sqrt{\overline{\mathrm{EI}}\left\{\frac{\left[\overline{E}_{\mathrm{f}}/\left(3\overline{E}_{\mathrm{s}}\right)\right]^{2/3}}{\overline{E}_{\mathrm{f}}h_{\mathrm{f}}+\overline{E}_{\mathrm{s}}h_{\mathrm{s}}}-\frac{0.3}{G_{\mathrm{s}}\left(h_{\mathrm{f}}+h_{\mathrm{s}}\right)}\right\}} \tag{2.22}$$

其中，h_{s} 为衬底的厚度，G_{s} 为衬底的剪切模量。当 l_{cr} 小于蛇形结构的直线段臂长 l_1 时，蛇形结构在被拉伸后会形成整体屈曲的变形模态；而当 l_{cr} 大于蛇形结构的直线段臂长 l_1 时，蛇形结构在被拉伸后会形成局部屈曲的变形模态。如图 2.20

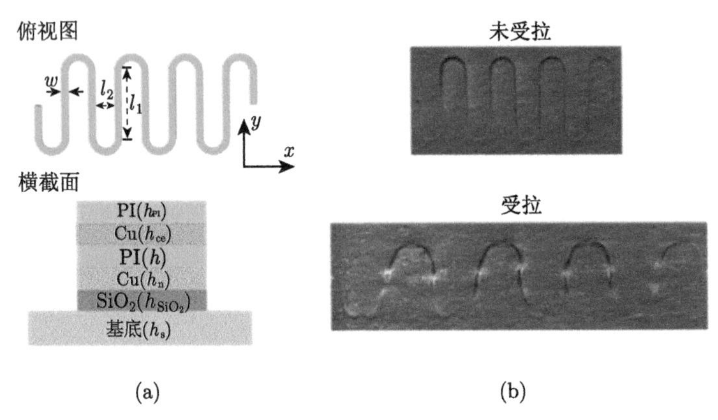

图 2.18 (a) 蛇形结构示意图；(b) 蛇形结构拉伸形变的 SEM 图片 [67]

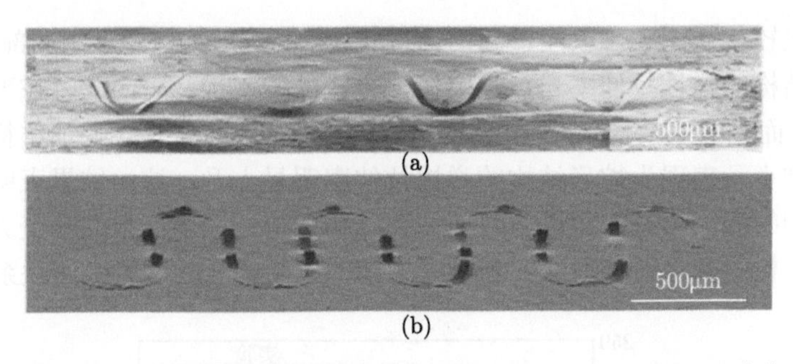

图 2.19 蛇形结构的屈曲模态：(a) 整体屈曲；(b) 局部屈曲 [67]

所示，有限元的模拟结果与通过解析模型公式 (2.22) 得到的模态判别结果吻合，说明了该蛇形结构变形模态判别模型的有效性，进一步的 SEM 表征结果也表明实验结果与解析模型的结果基本一致。

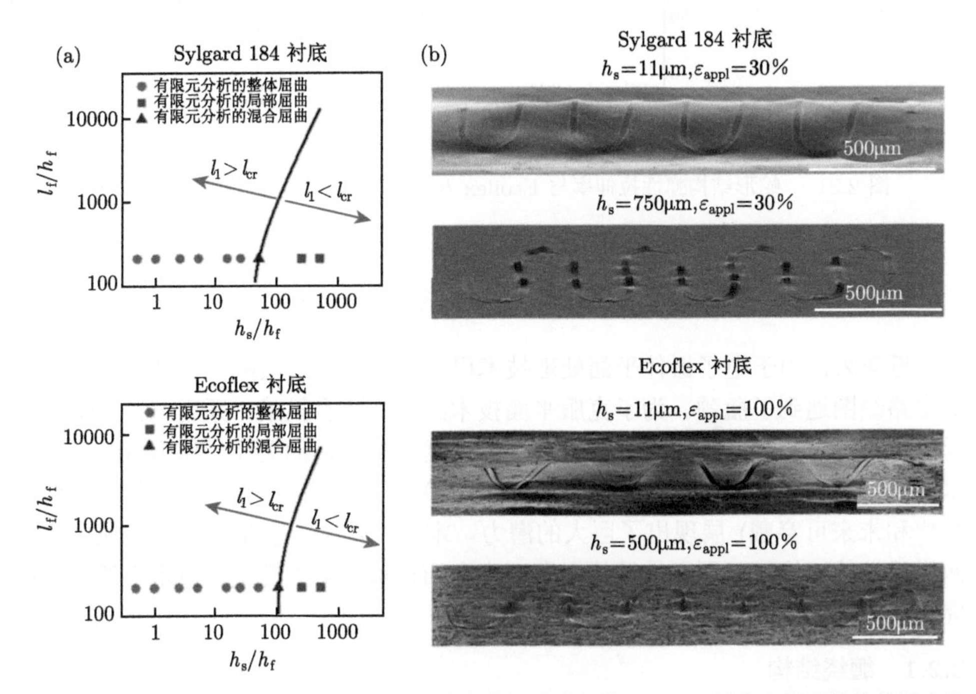

图 2.20 屈曲模态与临界长度 (l_{cr})、蛇形结构的直线段臂长 (l_1)、衬底和蛇形结构的厚度比 (h_s/h_f) 之间的关系 [67]

对于 PI/Cu/PI 材料的蛇形结构而言，当 Cu 层半截面主应变超过 0.3% 以后，Cu 会发生弹塑性转变，使 Cu 层在反复拉伸后出现微裂纹。图 2.21 展示了 25000 次循环拉伸加载后 Cu 层的微裂纹情况，实验测试了在 Ecoflex 和 Sylgard 184 两种衬底上的蛇形结构在衬底厚度变化时的弹性拉伸率，并与有限元计算结果进行了比较。从图中可以注意到，当衬底较厚 (蛇形结构变形为局部屈曲模态) 时，蛇形结构的弹性拉伸率一直停留在一个较低的水平，表明此时蛇形结构上的应变较大；而当衬底变薄 (蛇形结构变形为整体屈曲模态) 时，蛇形结构上的应变则会明显减小，表现为蛇形结构的弹性拉伸率明显上升。这一结果表明，通过控制蛇形结构的变形模态，可以有效地调控结构变形过程中产生的应变大小。换言之，蛇形结构的变形模态与结构和衬底之间的应变耦合具有紧密的联系。

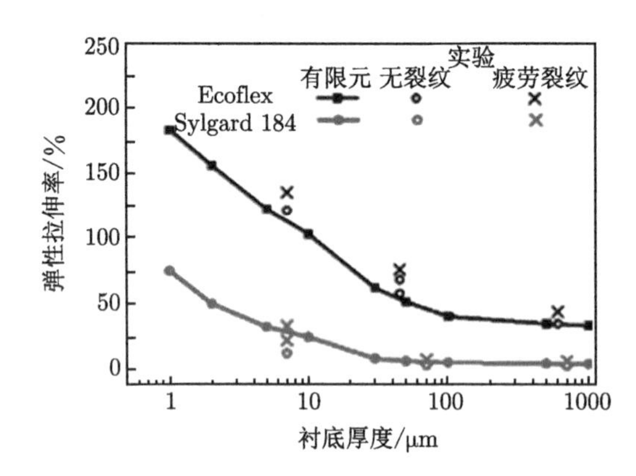

图 2.21 蛇形结构弹性拉伸率与 Ecoflex 和 Sylgard 184 衬底厚度的关系 [67]

2.2 3D 可延展柔性结构

近年来，由于电子器件平面处理技术已经接近其物理极限，遵循摩尔定律的既定路线图遇到了瓶颈。为了克服平面技术的一些固有挑战，采用直接 3D 制造或间接 3D 组装等方式的 3D 电子技术越来越受到人们的关注。作为 3D 电子技术中最重要的分支，3D 柔性电子技术在诸多关键领域和特殊应用场景中 (如健康医疗和未来可穿戴) 展现出了巨大的潜力。本节将从基于仿生学和控制屈曲原理两类设计的三维可延展柔性结构出发，来介绍目前 3D 柔性电子技术中的基础研究及其应用成果。

2.2.1 缠绕结构

攀爬植物如牵牛花等利用其自身螺旋结构自然黏附于支撑物上 (图 2.22(a))，为制备自黏附型的柔性电子器件带来了新的灵感。为了更好地设计出攀爬植物仿生器件，首先需要建立攀爬植物的数学物理模型。传统的关于植物攀爬的理论研究主要是从摩擦角度进行分析，解释植物如何保持稳定，但无法解释植物攀爬角的位置相关性，也无法给出植物攀爬的最大临界半径。基于有限变形基本理论，冯雪团队 [68] 将攀爬过程分解为四个变形子过程 (图 2.22(b))，即展平子过程 (F_{Flatten})、

转动子过程 (R)、拉伸子过程 (F_{Stretch}) 及缠绕子过程 (F_{Twine})。通过理论分析给出各自变形梯度表达式 $F_{\text{Flatten}}, R, F_{\text{Stretch}}, F_{\text{Twine}}$，从而给出整个变形过程的变形梯度 ($F$) 以及缠绕植物与支撑物间的法向作用压力 ($p_n$)：

$$F = F_{\text{Flatten}} \cdot R \cdot F_{\text{Stretch}} \cdot F_{\text{Twine}} \tag{2.23}$$

$$p_n = p_n(\lambda, \alpha_1, \alpha_2, \beta_0) \tag{2.24}$$

其中，法向作用压力 p_n 是关于轴向伸长比λ、半径比α_1、厚度与初始半径比α_2、初始缠绕角 β_0 的函数。

研究表明 [68]，为了获得更多的资源，缠绕植物倾向于增大初始缠绕角，但为了获得更好的稳定性，趋向于减小缠绕角，如图 2.22(c) 所示；界面法向正压力随着伸长比增大而增大，随着缠绕角增大而减小，如图 2.22(d) 和 (e) 所示。

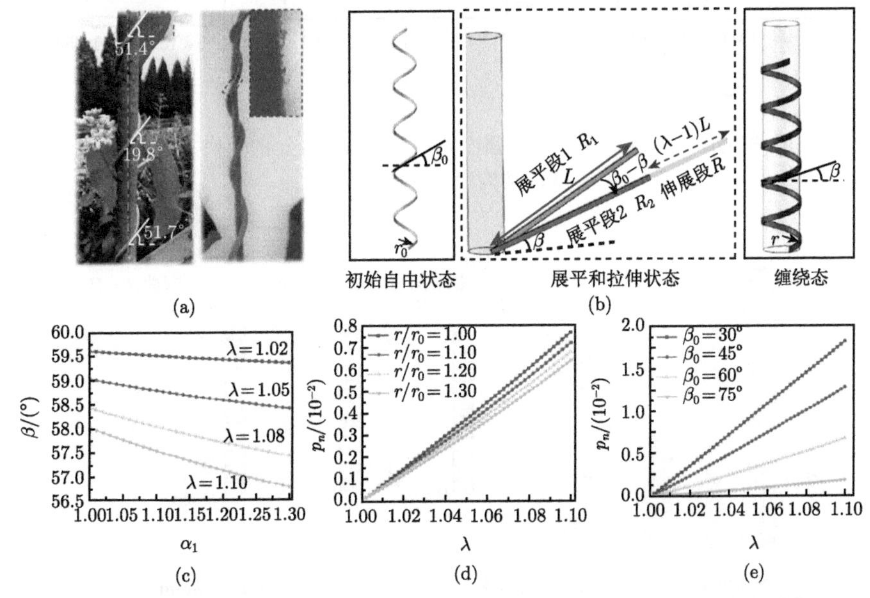

图 2.22 (a) 植物攀爬现象；(b) 有限变形力学模型及变形分解；(c) 初始缠绕角随半径比、轴向伸长比增大均减小；(d) 和 (e) 法向作用压力随轴向伸长比、半径比及初始缠绕角的变化 [68]

从界面强度的角度出发，研究发现植物攀爬存在一个最大支撑物半径和最大伸长比，当超过此临界值时，植物将失去攀爬能力，如图 2.23(a) 和 (b) 所示。植物攀爬理论表明，攀爬结构的延展率受到材料拉伸极限和界面强度的影响，图 2.23(c) 展示了结构稳定的相图。

借助牵牛花等攀爬植物的仿生思想，选用具有良好生物兼容性、低模量的形状记忆聚合物 (SMP) 作为功能衬底，可以设计出一种新型的 3D 螺旋形缠绕电极 [69]。该电极主要制备过程：利用转印技术，将基于传统平面微电子工艺制备的可延展导线转印至平面状 SMP 衬底之上；然后利用 SMP 永久形状可重构的性质，将 2D 平面电极重构成 3D 螺旋形缠绕电极。该电极的优点是：在手术植入前，将 3D 螺旋形缠绕电极临时展平至平面状态；在手术植入过程中，利用 SMP 形状记忆功能，在体温的驱动下，该电极将自动缠绕至外周神经束上，极大地降低了对神经束的束缚，并方便了手术操作。对于该电极结构，有限元分析显示 (图 2.24)，神经束在膨胀 20%，轴向拉伸 20%，弯曲至曲率半径为 15mm 等情况下，金属电极

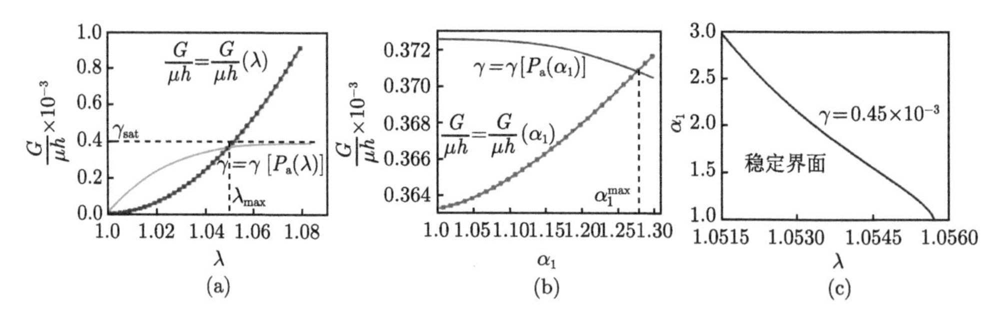

图 2.23　(a) 和 (b) 能量释放率、界面强度对伸长比及半径比的变换关系；(c) 给定界面强度，结构稳定的相图 [68]

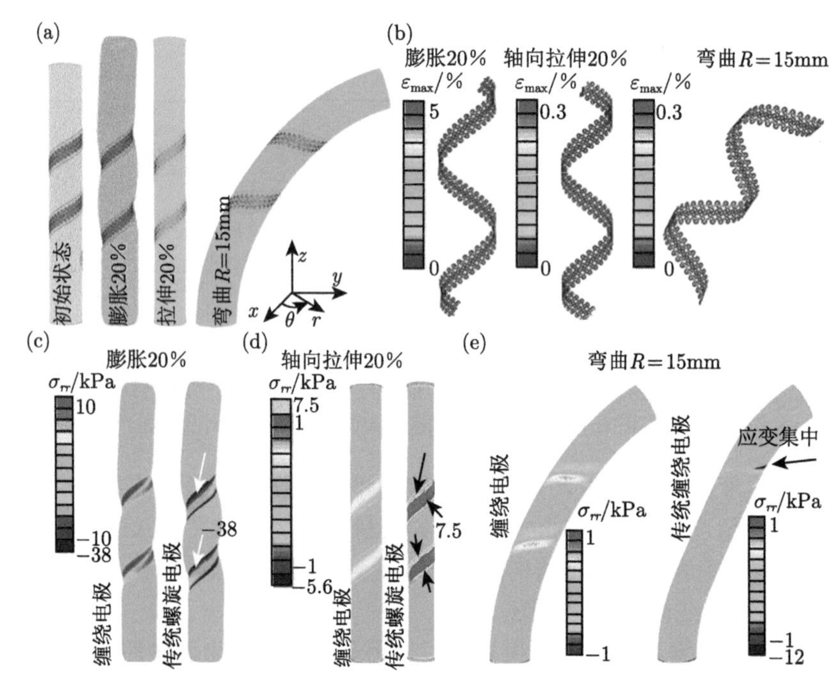

图 2.24　(a) 有限元仿真三种变形示意图；(b) 三种变形下金属电极的最大应变；(c)~(e) 三种变形下神经束所承受的法向和切向作用力与传统螺旋电极对比 [69]

最大应变均低于 5%，远低于金属断裂应变，具有良好的可靠性。与传统的螺旋电极相比，神经束所承受法向正应力、切向应力均大大减小，对神经束的束缚力大大降低。

以迷走神经电刺激调控心率为应用场景，冯雪团队 [69] 开展了螺旋缠绕电极在神经上的传感和刺激的动物实验，实现了对迷走神经的电刺激与心电信号的同步监测 (图 2.25(a))。图 2.25(b) 展现了利用 SMP 形状记忆效应，在 37℃ 生理盐

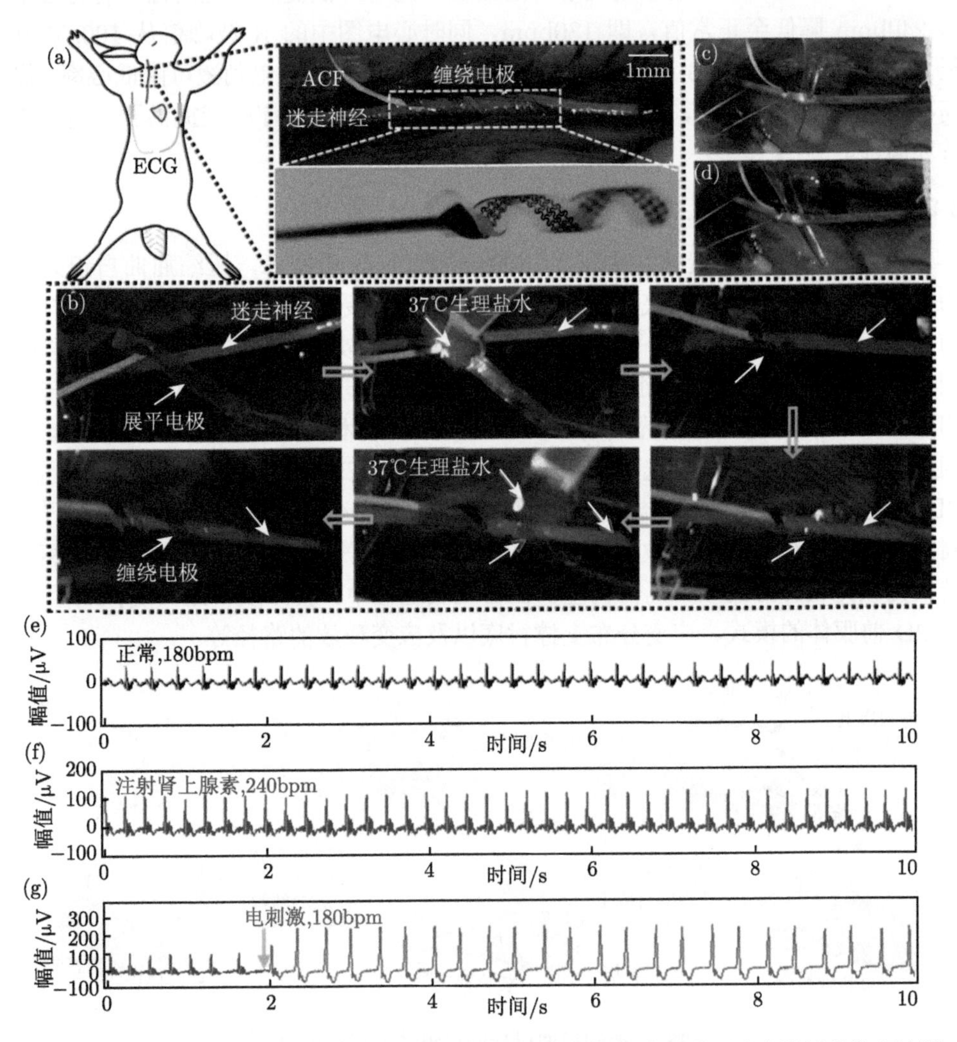

图 2.25 (a) 动物实验示意图；(b) 缠绕电极从临时展平状态攀爬至迷走神经的攀爬过程；(c) 和 (d) 缠绕电极随迷走神经变形协调变形并保持界面稳定；(e)~(g) 兔子心电图 (ECG) 监控数据：正常 ECG；注射肾上腺素后的 ECG；电刺激调控后的 ECG [69]

ACF：异方性导电胶膜

水驱动下，平面电极自缠绕至迷走神经束上，且螺旋缠绕电极在神经束承受复杂变形情况下仍能保持良好的共形贴合 (图 2.25(c) 和 (d))。接下来，实验制备了假性心率变异动物模型，即腹腔注射肾上腺素溶液，使兔子自主神经发生暂时紊乱。待稳定一段时间后，兔子心率从正常的 180 次/分钟 (beat per minute，bpm) 上升至 240bpm，如图 2.25(e)、(f) 所示，表明兔子交感神经活性增加，副交感神经活性降低。随后，通过缠绕电极引入幅值为 0.4mA、波宽为 100μs、频率为 10Hz 的电刺激，该电刺激可增加副交感神经活性，同时降低交感神经活性，可将心率从 240bpm 降低至正常值，即 180bpm，同时心电图中的 R 波峰值从 100μV 升至 250μV，如图 2.25(g) 所示。本动物实验表明，迷走神经电刺激可降低心率，提高心脏泵血时间和强度，为迷走神经电刺激调控心率、治疗心衰提供了一定的支持和验证。

2.2.2　压缩屈曲自组装结构

作为间接 3D 制造技术中很常用的一种 3D 组装技术，压缩屈曲自组装结构主要依靠柔性可变形衬底触发二维前驱体结构的受压屈曲行为，并通过结合结构的空间弯曲/扭转变形和平移/旋转运动等，最终实现受控的 2D 到 3D 转换。图 2.26 显示了压缩屈曲自组装过程，包括三个关键步骤：2D 前驱体制备，转印和屈曲 [70]。具体来说，首先利用已有的平面光刻技术制备 2D 前驱体结构，然后利用溅射或蒸发技术制备选择性结合点和牺牲层。在转印过程中，2D 前驱体通过 PDMS 图章或水溶性胶带转移到预拉伸的弹性体衬底上，然后激活键位来诱导牢固的共价键。最后通过释放衬底的预应变在黏结处产生压缩力，致使 2D 前驱体转换为预先设计好的 3D 几何构型。在自组装过程中，会涉及一些关键控制因素，如 2D 前驱体的模式、应变分布支撑衬底以及应变释放的路径等。

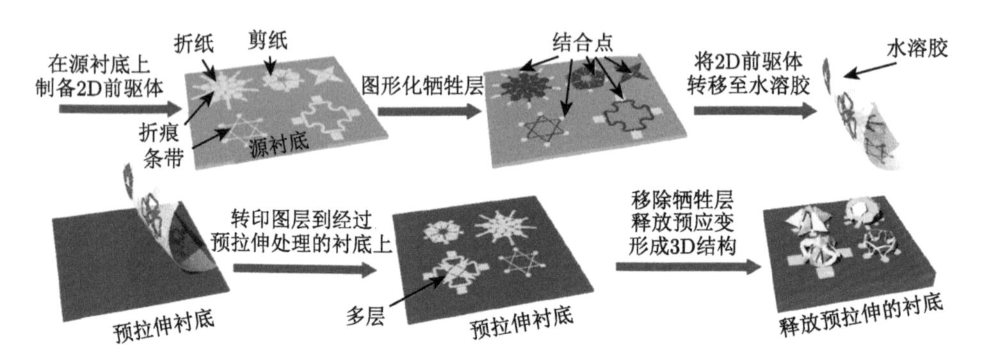

图 2.26　控制屈曲引导的自组装过程示意图 [71]

目前对于基于压缩屈曲自组装结构的 3D 柔性电子器件设计，通常采用丝状结构、剪纸结构、折纸结构等，这里对这三种结构设计进行总结。

1) 丝状结构设计

丝状结构通常由细长的薄带组成，厚度远小于宽度，宽度远小于弧长。这种几何特征使得丝状结构的变形主要是由宽度方向的平面外弯曲变形控制的，通常在一定程度上与切向的扭转变形有关 [72]。根据丝状结构的几何和变形特点，屈曲和后屈曲行为是其理论研究的重点。Fan 等 [73] 采用双摄动法对三维丝状装配体结构的曲梁进行了后屈曲分析，为后屈曲分析中带形几何提供精确的曲率分量和变形构型预测。Liu 等 [72] 建立了屈曲引导形成 3D 螺旋细观结构的位移场理论模型 (图 2.27(a))。

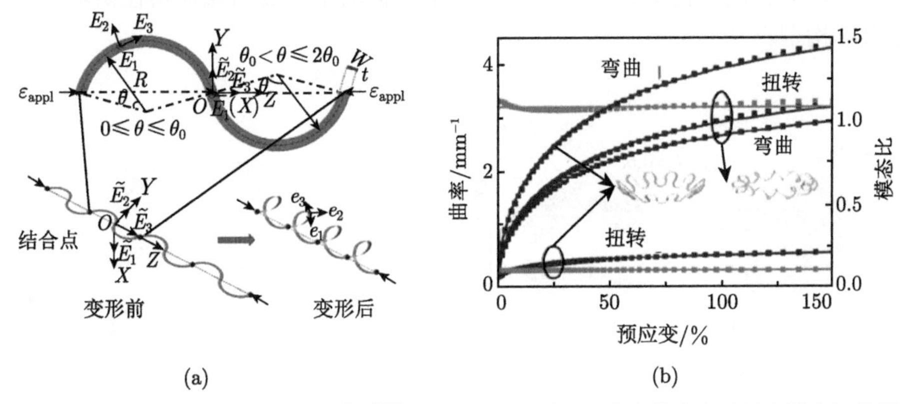

图 2.27　(a) 蛇形丝状结构单元模型 [72]；(b) 两种典型丝状结构的曲率分量和模态比分析 [66]

$$U_1 = bR\sin\left(\frac{\pi\theta}{2\theta_0}\right)\left(2-\frac{\theta}{\theta_0}\right)^2\left(\frac{\theta}{\theta_0}\right)^2\sqrt{\varepsilon_{\text{appl}}} \tag{2.25}$$

$$U_2 = -R\varepsilon_{\text{appl}}\cos\left(\frac{\pi\theta}{\theta_0}\right)\left(1-\frac{\theta}{\theta_0}\right)\left(\frac{\theta}{\theta_0}\right)\times\left[c_1\frac{\theta}{\theta_0}\left(2-\frac{\theta}{\theta_0}\right)+\frac{\theta}{2}\sin(\theta_0)\right] \tag{2.26}$$

$$\begin{aligned} U_3 = R\varepsilon_{\text{appl}}&\left[\cos\left(\frac{\pi\theta}{2}\right)^2\cos\left(\frac{\pi\theta}{2}\right)\left(1-\frac{\theta}{\theta_0}\right)\theta\right. \\ &\left.+c_2\sin\left(\frac{\pi\theta}{\theta_0}\right)\left(1-\frac{\theta}{\theta_0}\right)^3\left(\frac{\theta}{\theta_0}\right)\right] \end{aligned} \tag{2.27}$$

其中，R 为蛇形导线的弧长半径；θ_0 为弧长顶角；θ 为引入的参数坐标，表示弧线沿中心轴的位置，所对应的弧长 $S = R\theta$；$\varepsilon_{\text{appl}}$ 为外部施加的应变；b、c_1 和 c_2 均为待定的无量纲参数，可基于最小能量原理确定。

采用不同的丝状几何参数或结合点，其结构变形模态 (一般由模态比表示，为平均扭转曲率与平均弯曲曲率之比) 将发生剧烈变化。图 2.27(b) 展示了采用相同前驱体结构和不同键位模式组装而成的两种典型结构 (环形螺旋线，模态比约 1.09；花型结构，模态比约 0.11)[66]。

2) 剪纸结构设计

剪纸结构是一种基于图形设计，再通过切割工艺实现的三维薄膜细观结构。这种结构的好处在于大大降低了屈曲过程中的应力集中。图 2.28(a)[74] 显示了有和没有径向切割的两种硅细观结构的比较，无径向剪切的细观结构发生明显的褶皱，最大应变比有径向剪切的细观结构大得多。剪纸结构的另一个优点是具有很好的设计灵活性，有助于在屈曲装配过程中几何形状的控制。例如，对于图 2.28(b) 的圆形结构，沿径向和圆周方向切割容易产生对称构型，而沿蛇形路径切割则会产生反对称构型。

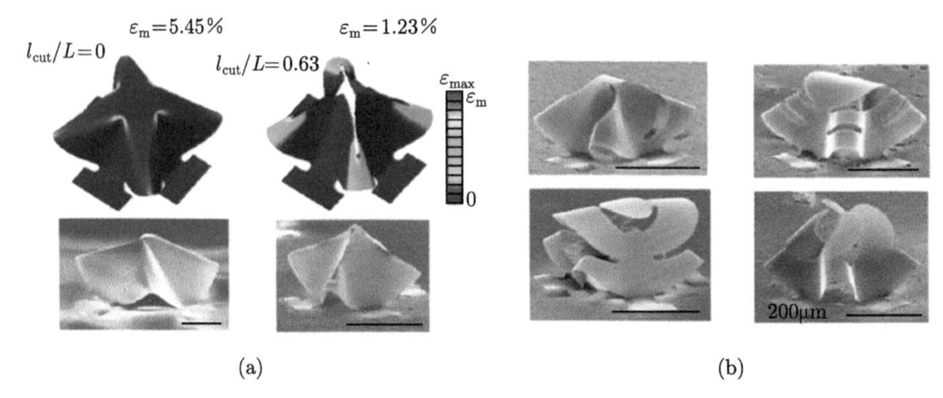

(a)　　(b)

图 2.28　(a) 无 (左) 和有 (右) 径向切割圆形前驱体的计算和实验结果；(b) 采用四种不同剪纸图案的圆形薄膜自组装结构 [74]

3) 折纸结构设计

在制备过程中让 2D 前驱体的厚度具有空间上的变化，可以在组装的细观结构上产生局部折痕，采用这种方法设计的结构称为折纸结构，如图 2.29 展示的三种微/纳米结构，“金字塔”、“风车” 和 “汽车”[75,70]。为了实现明显的折叠变形，设计的条带应同时具有较小的厚度比和较小的长度比。由于整个结构的受压变形几乎都发生在折痕处，因此如何避免折痕处的断裂是设计中重点考虑的问题。一般来说，减小折痕厚度或增加折痕长度可以有效地降低材料的最大应变。

图 2.29　3D 折纸微纳结构 [75,70]

2.2.3　3D 柔性电子技术的应用

图 2.30(a) 展示了一种利用屈曲自组装方法制备的 3D 小天线 [76]，通过对衬底变形的控制来实现结构的转变，进而实现工作频率可调节。该天线在 30% 的拉伸应变范围内，中心频率能够在 0.935~1.08GHz 连续可逆地变化。图 2.30(b) 是一种隐蔽式电磁装置 [77]，由电磁屏蔽结构和三根天线组成。该电磁器件具有两种构型，构型 I 通过同时释放双向拉伸应变得到，构型 Ⅱ 是依次释放双向应变得到。图 2.30(c) 给出了一种 Si 纳米膜 NMOS 晶体管阵列 [78]，采用相互连接的 3D 桥结构设计，能够实现功能晶体管在 2D 到 3D 的几何变换过程中

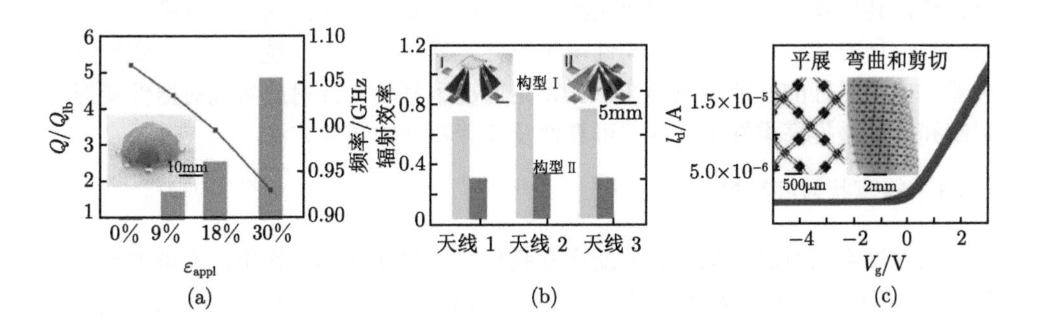

图 2.30　(a) 半球形天线在不同应变条件下的归一化质量因子 (Q/Q_{lb}) 和中心频率变化 [76]；(b) 隐蔽电磁器件在两种不同稳定形态下的辐射效率 [77]；(c) Si 纳米膜 NMOS 晶体管在弯曲/剪切过程中的传递曲线 [78]

具有可逆弹性变形特性。图 2.31(a) 是一种将 2D 材料 (石墨烯和二硫化钼) 与 3D 半球结构相结合的光探测系统，该系统可同时检测光的方向和强度。图 2.31(b) 是一种基于柔性印刷电路板 (FPCB) 的 3D 电子系统 [79]，该电子系统的光学传感和射频可以根据环境的变化 (如光、电磁场) 进行调制。例如，当一束绿色激光以 45° 入射到光电探测器上时，可以通过改变衬底应变来调节光电流强度，导致在平面和 3D 状态下分别产生可忽略的 (阶段 1) 和强烈的 (阶段 2) 响应。

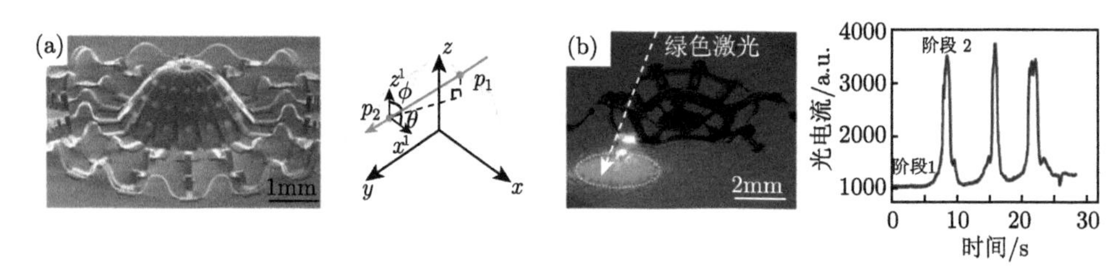

图 2.31　(a) 基于 2D 材料 (石墨烯和二硫化钼) 的 3D 光电探测器 (左) 和探测激光入射方向的原理示意图 (右)；(b) 基于无线 3D 柔性印刷电路板系统的光电探测器 (左)，在绿色激光 45° 入射的情况下，测量 3D 变换前 (阶段 1) 和后 (阶段 2) 的光电流

2.3　柔性衬底结构设计

柔性电子器件需要具备柔性以及可延展性的能力，针对该需求提出的导线构型结构设计，包括波纹结构、岛桥结构以及蛇形导线结构等，能够有效提高器件延展率。但是仅从导线构型上进行优化，无法完全满足延展率的需要。研究表明，对于柔性衬底上的导线，其延展率还受到柔性衬底的影响，柔性衬底对导线的约束越小，其可延展率越大。因此从结构上减小衬底对导线的约束是提高器件延展率的另一种方法。另外，对于柔性电子器件，其延展率并非越大越好，变形过大可能对电子器件的性能造成损伤，在特定情况下利用柔性衬底实现对器件变形的限制和隔离是提高柔性电子器件可靠性及疲劳特性的必要方法。

2.3.1　蜂窝状衬底结构

柔性蜂窝状衬底结构，能够减小互联导线与衬底的相互作用进而增加系统的延展性，同时为互联导线提供结构支撑，蜂窝状柔性衬底的基本构型如图 2.32 所示，各孔洞均为长为 l 的正六边形，相邻孔洞中心间距用 d 表示，则蜂窝胞壁 (cellular wall) 的宽度 δ 可表示为

$$\delta = d - \sqrt{3}l \tag{2.28}$$

表征系统孔洞密度的孔隙率 ϕ 写为

$$\phi = \frac{3l^2}{d^2} = \left(1 - \frac{\delta}{d}\right)^2 \tag{2.29}$$

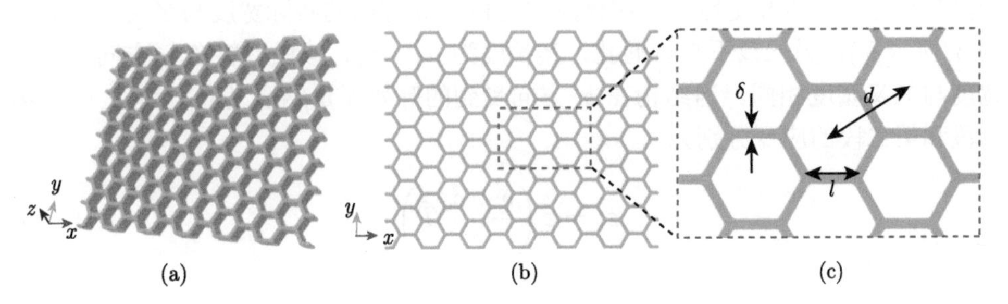

图 2.32 蜂窝状柔性衬底：(a) 3D 空间示意图；(b) 平面示意图；(c) 局部放大示意图

研究表明，根据孔隙率的不同，蜂窝状结构变形时呈现的特点也不同：对于低孔隙率的结构，在拉伸过程中起主导作用的是水平的蜂窝胞壁，且倾斜的蜂窝胞壁无法绕着节点进行可观的旋转而提供 x 方向的应变，如图 2.33(a) 所示。而对于图 2.33(b) 中高孔隙率的蜂窝状结构，当结构等效应变达到 100% 时，倾斜的蜂窝胞壁已绕节点旋转至几乎水平，同时横向收缩 (等效泊松效应) 明显。以下根据不同孔隙率下的变形分别建立对应的分析模型。

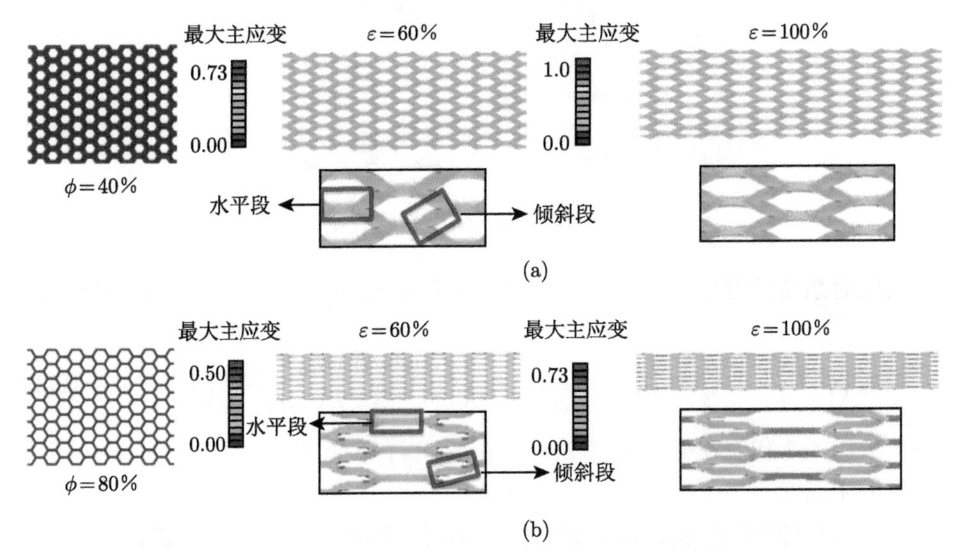

图 2.33 孔隙率分别为 (a) 40% 和 (b) 80% 的蜂窝状结构在单轴拉伸下由有限元方法 (FEM) 得到的变形过程 (云图为最大对数主应变)

1) 低孔隙率

将蜂窝状结构等效为无限大固体中规则排布的矩形通孔，矩形通孔在 y 方向的高度与蜂窝状六边形孔洞相同，在 x 方向的长度则等于六边形孔洞的最长对角线长度，如图 2.34 所示，且采用平面应力假设。在 x 方向上等效模型分为两段：一段具有通孔，其长度为 a_1，在该段的材料在 y 方向的实际宽度与名义宽度的比为 $\delta/(\delta+\delta_0)$；另一段不具有通孔，其长度为 a_0-a_1，该段材料在 y 方向的实际宽度与名义宽度相同。当结构在 x 方向受到的等效无量纲名义应力为 $\hat{T}$ 时，第一段和第二段的应变分别为

$$\varepsilon_1=\varepsilon\left(\frac{\delta+\delta_0}{\delta}\hat{T}\right) \tag{2.30}$$

$$\varepsilon_2=\varepsilon\left(\hat{T}\right) \tag{2.31}$$

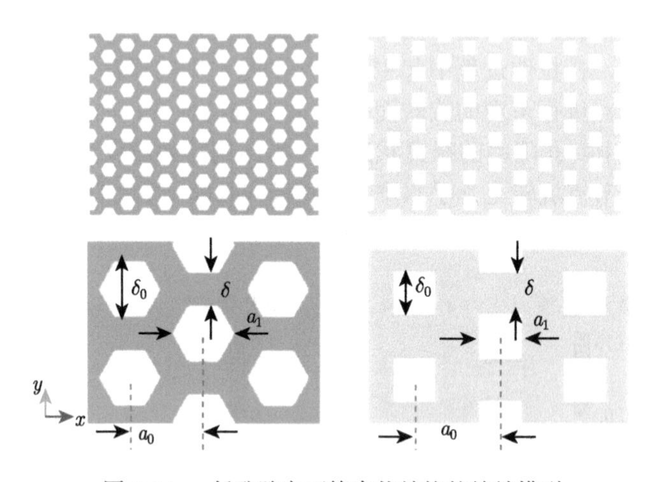

图 2.34　低孔隙率下蜂窝状结构的等效模型

因此对系统长度加权，并代入式 (2.28) 和式 (2.29) 后，得到结构的整体应变为

$$\varepsilon_{\mathrm{s}}\left(\phi,\hat{T}\right)=\frac{4\sqrt{\phi}}{3}\varepsilon\left(\frac{1}{1-\sqrt{\phi}}\hat{T}\right)+\left(1-\frac{4\sqrt{\phi}}{3}\right)\frac{a_0-a_1}{a_0}\varepsilon\left(\hat{T}\right) \tag{2.32}$$

其中，下标 “s” 代表在低孔隙率 (small porosity) 下成立。

2) 高孔隙率

对于高孔隙率的结构，由上述有限元的对比可以看出其倾斜的蜂窝胞壁转动明显，体现了明显梁的特征。因此，将所有蜂窝胞壁等效为梁：水平蜂窝胞壁受单向拉伸；倾斜的梁则主要承受端部载荷。图 2.35 给出了高孔隙率蜂窝状结构

的典型单元受力图以及其变形前后的对比示意图。最基本的单元由三根长度为 $l/2$ 的梁互成 120° 组成，假设水平梁单位厚度上作用的轴力为 $2P$，根据对称性可知单位厚度倾斜梁上的端部载荷为 P，对于整个系统则可得无量纲名义应力 $\hat{T}=2P/\left(E_0 d\right)$。对于水平梁，所受的有效无量纲名义应力为 $\hat{T}_{\mathrm{h}}=2P/(E_0\delta)=2P/\left[\left(1-\sqrt{\phi}\right)E_0 d\right]$，因此其工程应变写为

$$\varepsilon_{\mathrm{h}}\left(\phi,\hat{T}\right)=\varepsilon\left(\frac{\hat{T}}{1-\sqrt{\phi}}\right) \tag{2.33}$$

其中，下标 “h” 代表水平 (horizontal) 梁。

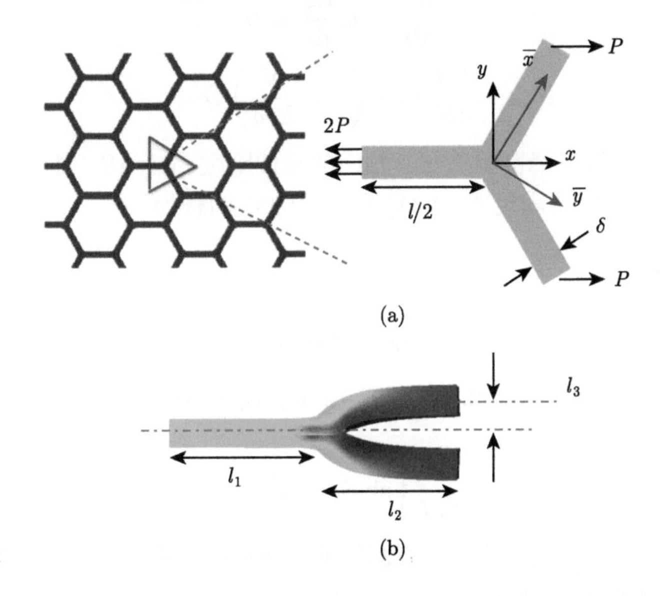

图 2.35 高孔隙率蜂窝状结构的典型单元受力图以及其变形前后的对比示意图

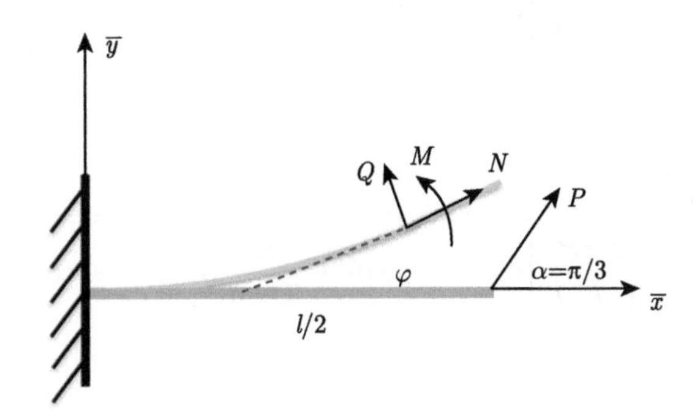

图 2.36 在 $(\bar{x},\bar{y})$ 坐标系中，倾斜梁的变形示意图以及各内力分量和广义位移量的定义

倾斜梁主要承受弯曲载荷，且从图 2.35(b) 的有限元结果可以看出，其应变水平远小于水平梁，因此在这里将其近似为弹性，杨氏模量即为 E_0。如图 2.36 所示，在 $(\bar{x},\bar{y})$ 坐标系中，倾斜梁在节点 $\bar{x}=0$ 处固支，在另一端受到方向大小均恒定的作用力 P。我们用 s 代表变形后的弧长坐标，S 代表变形前的弧长坐标，$\varphi=\varphi(s)$ 代表变形后梁上弧长坐标为 s 处的切线与 $\bar{x}$ 轴的夹角，Q 为剪力，N 为轴力，M 为截面上的弯矩①，各内力分量方向定义如图 2.36 所示，则力和弯矩的平衡可分别写为

$$\frac{\mathrm{d}Q}{\mathrm{d}s}+N\frac{\mathrm{d}\varphi}{\mathrm{d}s}=0 \tag{2.34}$$

$$\frac{\mathrm{d}N}{\mathrm{d}s}-Q\frac{\mathrm{d}\varphi}{\mathrm{d}s}=0 \tag{2.35}$$

$$\frac{\mathrm{d}M}{\mathrm{d}S}=-\left(1+\frac{N}{E_0\delta}\right)Q \tag{2.36}$$

其中，$E_0\delta$ 是单位厚度蜂窝胞壁在其轴向的拉伸刚度，$\mathrm{d}s/\mathrm{d}S=1+N/\left(E_0\delta\right)$。根据载荷端边界条件可得满足式 (2.34) 和式 (2.35) 的解为

$$N=P\cos\theta \tag{2.37}$$

$$Q=P\sin\theta \tag{2.38}$$

其中，$\theta=\pi/3-\varphi$。将式 (2.37) 和式 (2.38) 代入力矩平衡方程，并根据 $M=E_0I\mathrm{d}\phi/\mathrm{d}S$，得

$$\frac{\mathrm{d}^2\theta}{\mathrm{d}S^2}=\frac{P}{E_0I}\left(\sin\theta+\frac{1}{2E_0\delta}P\sin 2\theta\right) \tag{2.39}$$

其中，$E_0I=E_0\delta^3/12$ 是单位厚度蜂窝胞壁在面内的弯曲刚度。积分式 (2.39)，并由加载段边界条件的 $\left.(\mathrm{d}\theta/\mathrm{d}S)\right|_{S=l/2}=0$ 可得

$$\left(\frac{\mathrm{d}\theta}{\mathrm{d}S}\right)^2=\frac{2P}{E_0I}\left[\cos\beta-\cos\theta+\frac{P}{4E_0\delta}\left(\cos 2\beta-\cos 2\theta\right)\right] \tag{2.40}$$

其中，$\beta=\left.\theta\right|_{S=l/2}$ 为待定常数。因此，可得弧长与转角 θ 的关系为

$$S\left(\theta\right)=-\int_{\pi/3}^{\theta}\frac{\mathrm{d}\theta}{\sqrt{\dfrac{2P}{E_0I}\left[\cos\beta-\cos\theta+\dfrac{P}{4E_0\delta}\left(\cos 2\beta-\cos 2\theta\right)\right]}} \tag{2.41}$$

① 此处的应力分量 N，Q，M 均定义在单位厚度上，其量纲分别为 N/m，N/m，N。

令式 (2.41) 中 $\theta=\beta$，即有

$$\frac{l}{2}=\int_{\pi/3}^{\beta}\frac{\mathrm{d}\theta}{\sqrt{\frac{2P}{E_0 I}\left[\cos\beta-\cos\theta+\frac{P}{4E_0\delta}(\cos 2\beta-\cos 2\theta)\right]}} \tag{2.42}$$

从而解得 β，且由量纲分析可得 $\beta=\beta(\phi,T/E_0)$。由几何关系 $\mathrm{d}\bar{x}/\mathrm{d}s=\cos\phi$，$\mathrm{d}\bar{y}/\mathrm{d}s=\sin\phi$ 沿弧长方向积分，并代入结构的几何关系式 (2.41) 和式 (2.42)，可得变形后加载端在 $(\bar{x},\bar{y})$ 中的无量纲坐标

$$\hat{\bar{x}}_{\mathrm{end}}\left(\phi,\hat{T}\right)=\frac{\overline{x}_{\mathrm{end}}}{d}=\int_{\pi/3}^{\beta}\frac{\left(1+\frac{\hat{T}}{2\left(1-\sqrt{\phi}\right)}\right)\cos\left(\frac{\pi}{3}-\theta\right)\mathrm{d}\theta}{\sqrt{\frac{12\hat{T}}{\left(1-\sqrt{\phi}\right)^3}\left[\cos\beta-\cos\theta+\frac{\hat{T}(\cos 2\beta-\cos 2\theta)}{8\left(1-\sqrt{\phi}\right)}\right]}} \tag{2.43}$$

$$\hat{\bar{y}}_{\mathrm{end}}\left(\phi,\hat{T}\right)=\frac{\overline{y}_{\mathrm{end}}}{d}=\int_{\pi/3}^{\beta}\frac{\left(1+\frac{\hat{T}}{2\left(1-\sqrt{\phi}\right)}\right)\sin\left(\frac{\pi}{3}-\theta\right)\mathrm{d}\theta}{\sqrt{\frac{12\hat{T}}{\left(1-\sqrt{\phi}\right)^3}\left[\cos\beta-\cos\theta+\frac{\hat{T}(\cos 2\beta-\cos 2\theta)}{8\left(1-\sqrt{\phi}\right)}\right]}} \tag{2.44}$$

将其转换到如图 2.35(b) 中的 $(x,\ y)$ 坐标系，可得

$$\hat{x}_{\mathrm{end}}\left(\phi,\hat{T}\right)=\hat{\bar{x}}_{\mathrm{end}}\cos\frac{\pi}{3}+\hat{\bar{y}}_{\mathrm{end}}\sin\frac{\pi}{3} \tag{2.45}$$

$$\hat{y}_{\mathrm{end}}\left(\phi,\hat{T}\right)=\hat{\bar{x}}_{\mathrm{end}}\sin\frac{\pi}{3}-\hat{\bar{y}}_{\mathrm{end}}\cos\frac{\pi}{3} \tag{2.46}$$

根据量纲分析，倾斜梁在 x 轴方向的工程应变为

$$\varepsilon_{\mathrm{i}}\left(\phi,\hat{T}\right)=\frac{\hat{x}_{\mathrm{end}}\left(\phi,\hat{T}\right)-\sqrt{\phi/3}/4}{\sqrt{\phi/3}/4} \tag{2.47}$$

其中，下标 “i” 代表倾斜 (inclined) 梁。因此将式 (2.45) 和式 (2.46) 按长度加权后，得到结构的整体应变为

$$\varepsilon_{\mathrm{b}}\left(\phi,\hat{T}\right)=\frac{\sqrt{3}}{3}\left[\hat{x}_{\mathrm{end}}\left(\phi,\hat{T}\right)-\frac{\sqrt{\phi/3}}{4}\right]+\frac{\sqrt{\phi}}{6}\varepsilon\left(\frac{\hat{T}}{1-\sqrt{\phi}}\right) \tag{2.48}$$

其中，下标 “b” 代表在高孔隙率 (big porosity) 下成立，函数 $\hat{x}_{\text{end}}(\cdot,\cdot)$ 如式 (2.45) 所示。

同样，可以解析地求得结构在 y 方向的横向收缩效应。由式 (2.46) 可得结构在 y 方向的等效应变为

$$\varepsilon_{\text{i-}y}\left(\phi,\hat{T}\right)=\frac{\hat{y}_{\text{end}}\left(\phi,\hat{T}\right)-\sqrt{\phi}/8}{\sqrt{\phi}/8} \tag{2.49}$$

因此结构的等效泊松比可写为

$$\nu\left(\phi,\hat{T}\right)=-\frac{\varepsilon_{\text{i-}y}\left(\phi,\hat{T}\right)}{\varepsilon_{\text{b}}\left(\phi,\hat{T}\right)} \tag{2.50}$$

由式 (2.48) 的逆变换也可以得到 $\hat{T}=\hat{T}\left(\phi,\varepsilon_{\text{b}}\right)$，代入式 (2.50) 可得解析表达式 $\nu=\nu\left(\phi,\varepsilon_{\text{b}}\right)$。

注意，在柔性电子器件的应用中，蜂窝状结构尺寸很小，制备过程容易出现缺陷 (图 2.37)。因此，缺陷和孔洞共同作用下的结构稳定性问题是蜂窝状结构应用中需要考虑的问题。

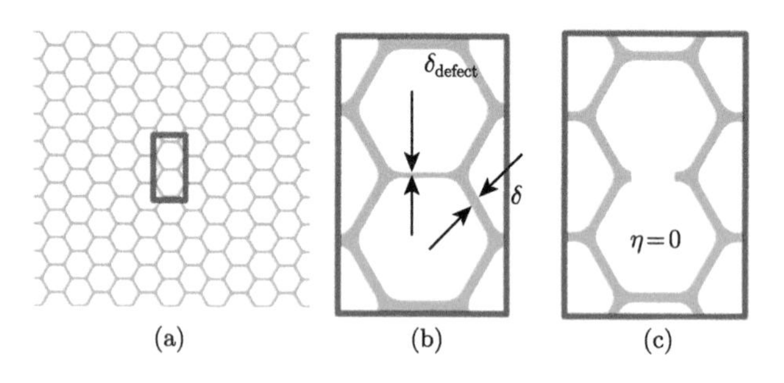

图 2.37 足够大蜂窝状衬底中的缺陷示意图

2.3.2 齿形微结构

在柔性电子器件的互联导线设计中，通过一定的构型设计，如蛇形线设计，借助导线自身的离面位移 (扭转) 可使导线在自身应变较小的情况下获得较大的拉伸率 [80,59]。蛇形导线与柔性衬底的集成为系统提供了相应的柔性与可延展性，但其拉伸性能取决于衬底的柔性及导线的构型 [64]。与柔性衬底集成的蛇形导线，不可避免地受到衬底约束的限制，因而制约了蛇形导线的自由屈曲 [81,60]，系统整体的拉伸性能也因此降低。另外，受约束的蛇形导线在拉伸过程中也更易出现断裂和疲劳破坏 [65,60]。如图 2.38 所示，蛇形导线应变最大区域发生在蛇形导线

圆弧段的中间部位，此区域即为其受拉破坏“危险区域”，循环的拉伸–释放使得圆弧段变形积累，疲劳寿命也会降低。相比传统贴附于平面柔性衬底上的蛇形导线，蛇形导线–齿形柔性衬底结构设计 [82] 中的悬空部分使蛇形导线有了更多的自由延展空间，可以释放衬底对蛇形导线的部分约束，使器件具有更优越的拉伸性能。

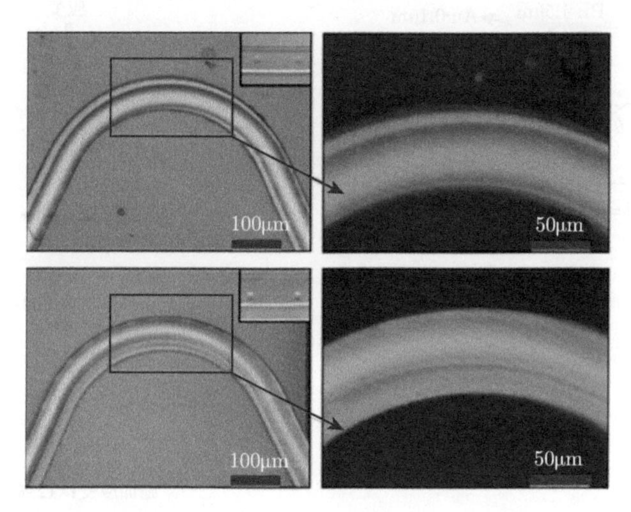

图 2.38 蛇形导线–平面柔性衬底结构、蛇形导线–齿形柔性衬底结构疲劳实验后对比照片

互联导线通常由两层绝缘结构 (polyimide，PI) 包裹一层导电金属 (铜 (Cu) 或金 (Au) 等) 构成。蛇形导线为柔性电子器件常用的互联导线形式，通常由圆弧段和直线段两部分构成，其基本设计参数有：幅值 A，圆弧半径 R，以及圆弧角度 θ。已知上述参数即可确定蛇形导线的几何形式，根据其几何关系，直线段长度 L 可由下式表示：

$$L = 2\frac{A - R + R\cos\dfrac{\theta}{2}}{\sin\dfrac{\theta}{2}} \tag{2.51}$$

这里蛇形导线为周期性结构，其周期 T 为

$$T = 4\left(R\sin\frac{\theta}{2} + \frac{A - R + R\cos\dfrac{\theta}{2}}{\sin\dfrac{\theta}{2}}\cos\frac{\theta}{2}\right) \tag{2.52}$$

图 2.39 展示了一个设计幅值 $A = 500\mu m$，半径 $R = 250\mu m$，弧长顶角 $\theta = 130^\circ$ 的蛇形导线，在①自由拉伸 (图 2.39(a))，②完全黏附于平面柔性衬底上 (图 2.39(c))，③黏附于齿形柔性衬底上 (图 2.39(e)) 三种情况下的拉伸性能比较。

以 0.3% 的应变作为材料 (Au) 的屈服指标，可以看出自由拉伸的蛇形导线其最大拉伸率可达 67% (图 2.39(b))，而位于平面柔性衬底上的蛇形导线 (图 2.39(d))，最大拉伸率仅为 12% 。以释放上述“危险区域”内蛇形导线为目的，设计了如图 2.39(e) 的齿形柔性衬底，可以看出，最大拉伸率达到 50% 。

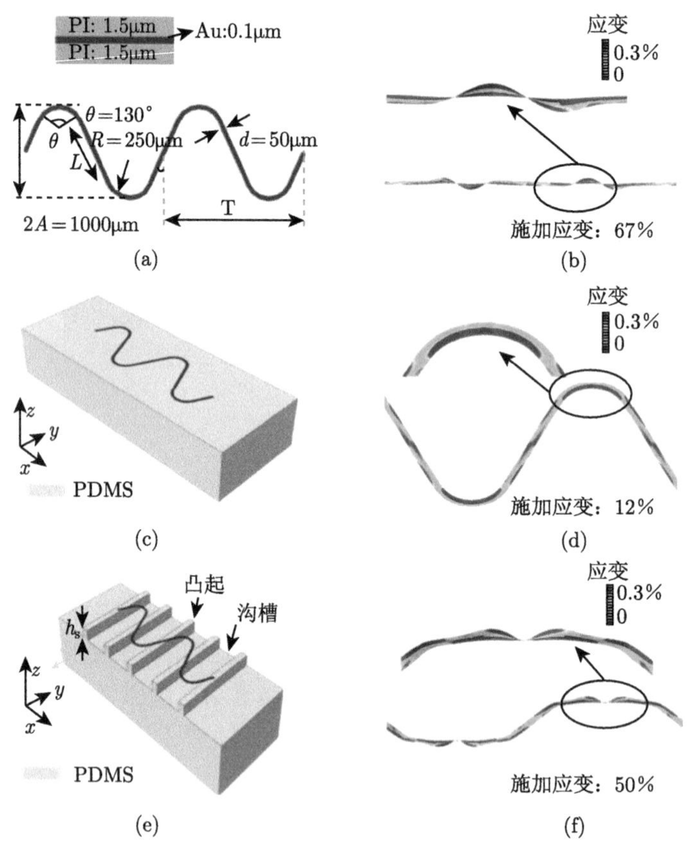

图 2.39　不同衬底下蛇形导线拉伸性能对比：(a) 蛇形导线几何尺寸示意图；(b) 自由拉伸蛇形导线应变云图；(c) 蛇形导线–平面柔性衬底结构；(d) 蛇形导线–平面柔性衬底结构中的蛇形导线受拉应变云图；(e) 蛇形导线–齿形柔性衬底结构；(f) 蛇形导线–齿形柔性衬底结构中的蛇形导线受拉应变云图

在齿形微结构衬底受拉过程中悬空部分的蛇形导线可被完全拉伸至直线状态，因此，在假设其贴附于衬底凸台上的部分为不可拉伸的情况下，结构完全拉伸时系统的最大拉伸率下限值为

$$\varepsilon_{\max}=\frac{l_3+l_2}{l_1+l_2}-1 \tag{2.53}$$

其中 l_1，l_2 分别为齿形衬底的凹槽宽度和凸台宽度，蛇形导线的周期长度即为

$T=2(l_1+l_2)$；l_3 为悬空部分蛇形导线的长度；凸台占空比则可表示为

$$\varphi=\frac{2l_2}{T} \tag{2.54}$$

蛇形导线与齿形衬底的相对位置存在两种情况：①只有蛇形导线的直线段部分落在衬底凸台上；②除了直线段部分，圆弧段两端部分也落在衬底凸台上。二者间的临界条件为，圆弧段与直线段的连接点刚好落在衬底凸台边缘，直线段部分刚好完全落在衬底凸台上，因此有如下关系：

$$l_2=L\cos\frac{\theta'}{2} \tag{2.55}$$

这里 θ' 为临界角度值。将式 (2.51)、式 (2.52)、式 (2.54) 代入式 (2.55) 可得

$$R\cos\frac{\theta'^2}{2}+(1-\varphi)(A-R)\cos\frac{\theta'}{2}-\varphi R=0 \tag{2.56}$$

对于一个蛇形导线–齿形柔性衬底系统，当上式中 A，R 和 φ 已知时，即可确定 θ 的临界角度值 θ'。

当 $\theta<\theta'$ 时，只有蛇形导线的直线段部分位于凸台上，圆弧段完全悬空：

$$l_3=\theta R+2\left(\frac{L}{2}-\frac{l_4}{2}\right) \tag{2.57}$$

而当 $\theta>\theta'$ 时，蛇形导线圆弧段两端部分位于衬底凸台上，进而 l_3 为圆弧段弧长与落在凸台上的圆弧段弧长之差：

$$l_3=\theta R-2\alpha R \tag{2.58}$$

这里 α 为落在衬底凸台上的圆弧段的弧度值，可由下述公式确定：

$$2R\sin\frac{\alpha}{2}\cos\left(\frac{\theta}{2}-\frac{\alpha}{2}\right)=\varphi R\sin\frac{\theta}{2}+(\varphi-1)\left(A-R+R\cos\frac{\theta}{2}\right)\cot\frac{\theta}{2} \tag{2.59}$$

因此，将式 (2.57)、式 (2.58) 分别代入式 (2.53) 即可得两种情况下的最大拉伸率下限值。当 $\theta<\theta'$ 时，最大拉伸率为

$$\varepsilon_{\max-}=\frac{\dfrac{\theta}{2}R\sin\dfrac{\theta}{2}\cos\dfrac{\theta}{2}-\varphi R\left(1-\cos\dfrac{\theta}{2}\right)^2+(R+\varphi A)\cos\dfrac{\theta}{2}^2+(A-R-\varphi A)\cos\dfrac{\theta}{2}}{(A-R)\cos\dfrac{\theta}{2}^2+R\cos\dfrac{\theta}{2}}-1 \tag{2.60}$$

当 $\theta > \theta'$ 时，最大拉伸率为

$$\varepsilon_{\max^-} = \frac{\dfrac{\theta - 2\alpha}{2} R\sin\dfrac{\theta}{2} + \varphi(A-R)\cos\dfrac{\theta}{2} + \varphi R}{(A-R)\cos\dfrac{\theta}{2} + R} - 1 \tag{2.61}$$

当 θ 很小时，蛇形导线最初的构型更接近于一条直线，因而其拉伸率较低，而当 θ 很大时 (如接近 180°)，其受衬底凸台约束的区域变大，因而拉伸率也较低。因此，可能存在一个最优的 θ 值，对应于最大的拉伸率，然而，过低的占空比有可能导致蛇形导线与衬底凸台的脱黏问题，降低结构的可靠性，因此理想占空比的选取需同时考虑蛇形导线与衬底间不脱黏及拉伸性能较优。

由于上述计算是基于黏附于衬底凸台上的蛇形导线不可拉伸 (即凸台为刚性) 这一假设，因此以上预测结果为其最大拉伸率下限，其上限则对应于衬底凸台很软，蛇形导线几乎不受约束的情况，即接近自由拉伸的蛇形导线。因此可将蛇形导线完全拉伸至直线状态时的拉伸率作为结构最大拉伸率的上限值，那么

$$\varepsilon_{\max^+} = \frac{\dfrac{\theta}{2} R\sin\dfrac{\theta}{2} + R\cos\dfrac{\theta}{2} + (A-R)}{(A-R)\cos\dfrac{\theta}{2} + R} - 1 \tag{2.62}$$

齿形微结构衬底设计容易受结构不稳定性的影响，例如，悬空部分蛇形导线的自塌陷问题导致的蛇形导线与衬底凹槽上表面的接触。通常引起导线与衬底凹槽接触的载荷有两种：拉伸过程中蛇形导线的离面位移，若其大于衬底凸台的高度则有可能引起蛇形导线与衬底凹槽接触，因此，衬底凸台的高度要高于蛇形导线离面位移，以避免二者接触。另外，由外部载荷引起的塌陷，如使用过程中不可避免地存在手指接触等也会引起蛇形导线和衬底凹槽的接触。因此，一个稳定的结构设计应满足在外力撤掉后蛇形导线能够恢复到其未塌陷的状态。

根据结构的对称性，图 2.40(a) 中凹槽上方长度为 l_3 的悬空部分导线的塌陷问题，可简化为一个长度为 $l_3/2$，塌陷长度取为 b，如图 2.40(b) 所示的悬臂梁的塌陷问题。此塌陷状态下系统的总能量为 [83]

$$U_{\text{total}} = U_{\text{deformation}} - 2b\gamma \tag{2.63}$$

式中，$U_{\text{deformation}}$ 为蛇形导线的变形能，$2b\gamma$ 为 PDMS 与 PI 界面的黏附能。由于蛇形导线的厚度远小于其长度 $(t = l_3/2)$，因此可将其看作梁的平面应变问题。由图 2.40(b) 可知，塌陷部分蛇形导线的挠度值 ω 为常数，大小等于 h_s，在未塌陷部分，其满足：

$$\frac{\mathrm{d}^4\omega}{\mathrm{d}x^4} = 0 \quad (b < x < l_3/2) \tag{2.64}$$

其边界条件如下：

$$\begin{cases} \omega|_{x=l_3/2}=0 \\ \left.\dfrac{\mathrm{d}\omega}{\mathrm{d}x}\right|_{x=l_3/2}=0 \\ \omega|_{x=b}=-h_\mathrm{s} \\ \left.\dfrac{\mathrm{d}\omega}{\mathrm{d}x}\right|_{x=b}=0 \end{cases} \tag{2.65}$$

上式的解为

$$\omega(x)=\begin{cases} -h_\mathrm{s}, & |x|<b \\ -h_\mathrm{s}\dfrac{(l_3/2-|x|)^2(l_3/2-3b+2|x|)}{(l_3/2-b)^3}, & b<|x|\leqslant l_3/2 \end{cases} \tag{2.66}$$

因此蛇形导线的应变能如下：

$$U_{\text{deformation}}^{\text{ST}}=2\int_b^{l_3/2}\frac{D_\mathrm{st}}{2}\left(\frac{\mathrm{d}^2\omega}{\mathrm{d}x^2}\right)^2\mathrm{d}x=\frac{12D_\mathrm{st}h_\mathrm{s}^2}{(l_3/2-b)^3} \tag{2.67}$$

式中，D_st 为蛇形导线的弯曲刚度，由于 Au 的厚度 $t_\mathrm{Au}=t_\mathrm{PI}$，则其厚度在这里可忽略，$D_\mathrm{st}=8E_\mathrm{PI}t_\mathrm{PI}^3/\left[12\left(1-\nu_\mathrm{PI}^2\right)\right]$，$E_\mathrm{PI}$ 和 ν_PI 分别为 PI 的杨氏模量和泊松比。

由上式可得结构归一化的总能量为

$$\frac{l_3^3U_\text{total}}{8D_\mathrm{st}h_\mathrm{s}^2}=12\left[\frac{1}{\left(1-\dfrac{2b}{l_3}\right)^3}-\frac{1}{6}\overline{\gamma}\left(\frac{2b}{l_3}\right)\right] \tag{2.68}$$

式中，$\overline{\gamma}=\gamma l_3^4/\left(16D_\mathrm{st}h_\mathrm{st}^2\right)$ 为归一化的黏附能。图 2.40(c) 给出了归一化的总能量 $\left[l_3^3U_\text{total}/\left(8D_\mathrm{st}h_\mathrm{s}^2\right)\right]$ 与归一化的塌陷长度 $(2b/l_3)$ 间的关系。当归一化的黏附能小于其临界值 $\overline{\gamma}_\mathrm{c}=56.89$，即 $\overline{\gamma}<\overline{\gamma}_\mathrm{c}$(弱黏附) 时，最小总势能为正，塌陷状态不稳定，蛇形导线塌陷后可恢复。当 $\overline{\gamma}>\overline{\gamma}_\mathrm{c}$(强黏附) 时，由于最小总势能小于零，塌陷处于稳定状态。

图 2.40(d) 给出了临界厚度 t_c 随 θ 角度的变化关系。图中可以看出当 h_s 或 θ 角度增大时，悬空部分蛇形导线发生自塌陷的可能性越低，所需 PI 的临界厚度越薄。由图中 90°~180° 的放大区域看，在 $\theta=140^\circ\sim160^\circ$ 范围内出现一个波动点，其恰好对应拉伸率最大点；另一点则在 $\theta=157^\circ$ 处，对应占空比为 20% 时圆弧段与直线段的连接点刚好位于凸台边缘处。另外，从 $90^\circ\sim180^\circ$ 范围内 PI 临界厚度的取值范围来看 (1~9μm)，其恰好在柔性电子器件常用的设计厚度范围内。

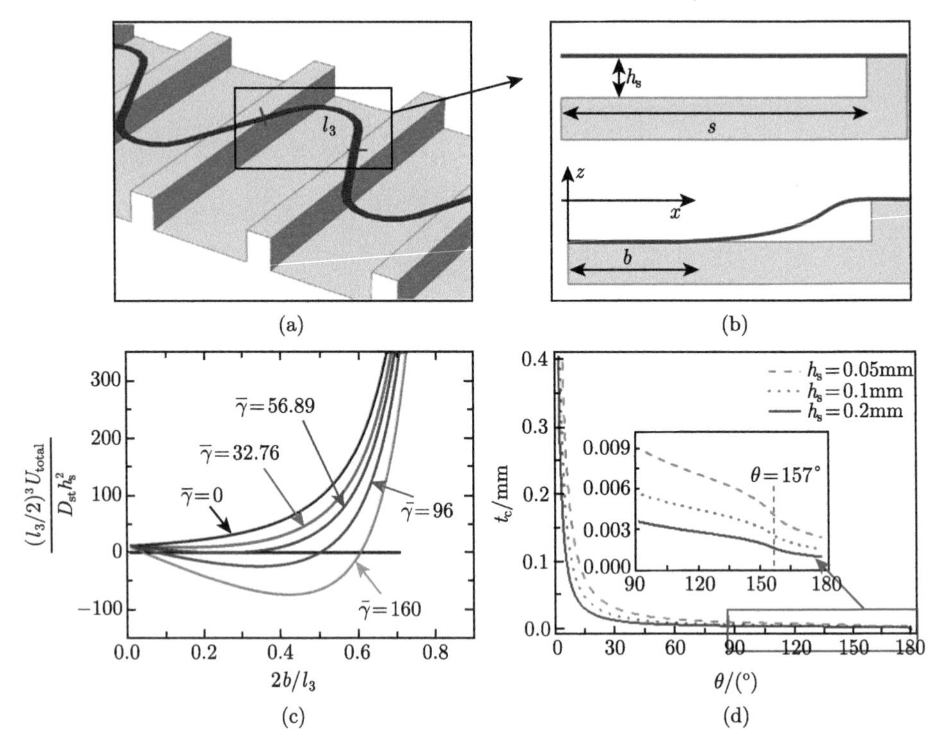

图 2.40 悬空段导线塌陷问题计算模型及结果：(a) 蛇形导线–齿形柔性衬底结构示意图；(b) 蛇形导线塌陷问题力学模型图；(c) 结构归一化总能量与归一化塌陷长度关系图；(d) 不同凸台高度下蛇形导线不塌陷的临界厚度 t_c 随θ 角度的变化关系

2.3.3 应变限制结构设计

柔性电子器件与心脏 [84]、肺部 [85]、运动关节皮肤 [86]、大脑 [87] 等生物体组织结合的实例，既可以通过柔性电子器件刺激组织，又可以将心脏持续跳动或者关节运动产生的人体健康信号反馈输出。柔性电子器件随人体组织变形，如果人体组织变形过大，器件变形积累会导致损伤甚至失效 [88,89]。对于柔性电子器件的柔性衬底层，其破坏应变较大，而对于其中的刚性压电陶瓷层或者金属层，其破坏应变十分有限，极易发生破坏失效，Jang 等 [90] 率先提出了一种应变限制解决方案，该结构具有 “J” 型的应力应变曲线，小变形时模量较低不会限制柔性电子器件或者皮肤的变形，变形较大时模量迅速升高，起到保护柔性电子器件的作用。

1) 单向应变限制结构设计

图 2.41 为应变限制结构制备及工作流程示意图 [91]。将硬质薄膜转印至预拉伸的软衬底上，然后释放预应变，形成应变限制结构。其中施加的预应变定义为 $\varepsilon_{\rm pre}=(L_2-L_1)/L_1$，$L_1$ 为软衬底的原长，L_2 为施加预应变后软衬底的长度。应

变限制结构拉伸时其拉伸应变定义 $\varepsilon = (L - L_0)/L_0$，$L_0$ 为预应变释放后整体结构的长度，L 为拉伸后的长度。当硬质薄膜被拉伸至长度 L_2 时，模量升高，因此，拐点应变定义为 $\varepsilon_{\text{transition}} = (L_2 - L_0)/L_0$。

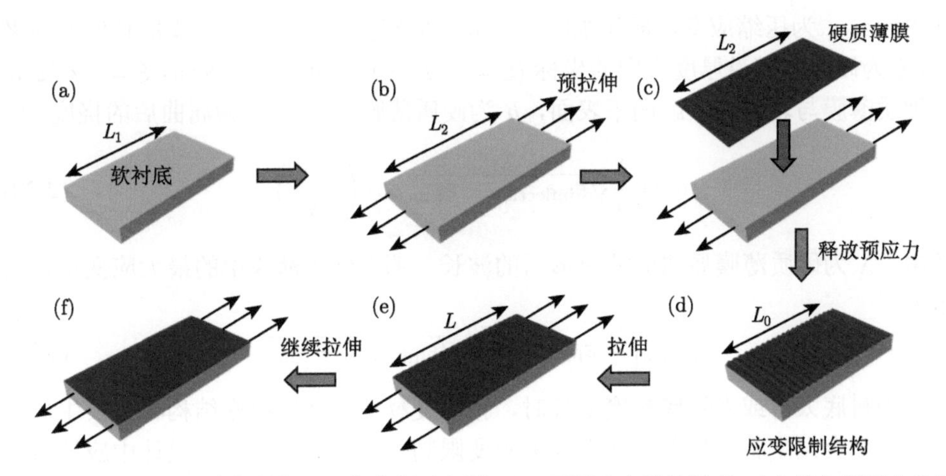

图 2.41　应变限制结构制备及工作流程示意图：(a) 无预应力的软衬底；(b) 施加预应力的衬底；(c) 将硬质薄膜转印至含预应力的衬底；(d) 释放预应力形成应变限制结构；(e) 初始拉伸时硬质薄膜屈曲，模量较低；(f) 硬质薄膜被拉直后，模量升高

该结构在受拉伸时的应力应变曲线表现为双线性，如图 2.42 所示。初始拉伸时 ($\varepsilon < \varepsilon_{\text{transition}}$) 硬质薄膜屈曲，模量较低；继续拉伸 ($\varepsilon > \varepsilon_{\text{transition}}$)，硬质薄膜被拉直后，模量升高，两者的转换点就是薄膜被拉直的时刻。

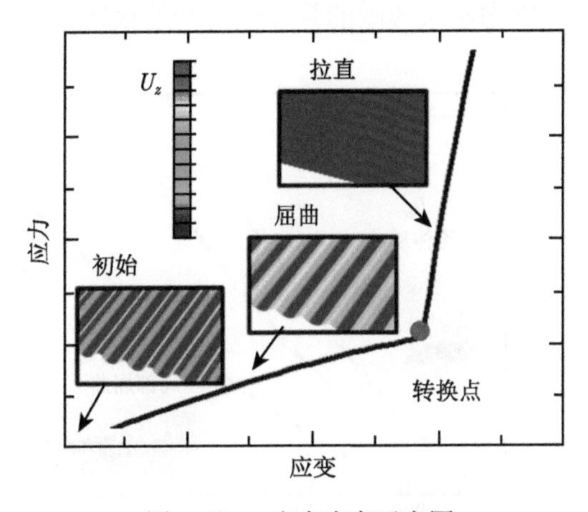

图 2.42　应力应变示意图

硬质薄膜在预应变完全释放时，屈曲的幅值最大，此时硬质薄膜达到最大应

变，总应变可以表示为压缩应变和弯曲应变的叠加：

$$\varepsilon = -\varepsilon_{\text{film}} + \frac{\partial^2\omega/\partial\zeta^2}{(1+\partial\omega/\partial\zeta)^{3/2}}\xi \tag{2.69}$$

其中，$\varepsilon_{\text{film}}$ 为压缩应变，即压缩时的临界屈曲应变；ζ 为硬质薄膜沿长度方向坐标，ξ 为硬质薄膜沿厚度方向的坐标 ($\xi = h/2$ 表示硬质薄膜上表面，$\xi = -h/2$ 表示硬质薄膜与软衬底接触的下表面，h 为硬质薄膜厚度)；ω 为屈曲后的挠度 [10]

$$\omega = \frac{\lambda}{\pi}\sqrt{\varepsilon_{\text{inflection}} - \varepsilon_{\text{film}}}\cos\left(\frac{2\pi\zeta}{\lambda}\right) \tag{2.70}$$

其中，λ 为硬质薄膜屈曲成波浪形后的波长。那么硬质薄膜中的最大应变可以表示为

$$|\varepsilon_{\max}| = \varepsilon_{\text{film}} + \frac{2\pi h}{\lambda}\sqrt{\varepsilon_{\text{inflection}} - \varepsilon_{\text{film}}} \tag{2.71}$$

当衬底太薄或者衬底长度太长时，预应变释放后薄膜衬底结构将不发生局部屈曲，而会发生整体屈曲，从而丧失应变限制效果，因此在结构设计中应该避免整体屈曲的发生。局部屈曲与整体屈曲实验结果如图 2.43 所示。文献 [54] 中给出了判断两种屈曲模式的公式

$$L_{\text{cr}} = 4\pi\sqrt{\text{EI}\left[\frac{\left(\overline{E}_{\text{f}}/3\overline{E}_{\text{s}}\right)^{2/3}}{\overline{E}_{\text{s}}H + \overline{E}_{\text{f}}h} - \frac{0.3}{G_{\text{s}}(H+h)}\right]} \tag{2.72}$$

其中，$\overline{E}_{\text{s}} = E_{\text{s}}/(1-\nu_{\text{s}}^2)$，$\overline{E}_{\text{f}} = E_{\text{f}}/(1-\nu_{\text{f}}^2)$，$E_{\text{s}}$ 和 ν_{s} 分别为软衬底的弹性模量和泊松比，E_{f} 和 ν_{f} 分别为硬质薄膜的弹性模量和泊松比。G_{s} 为软衬底的剪切模

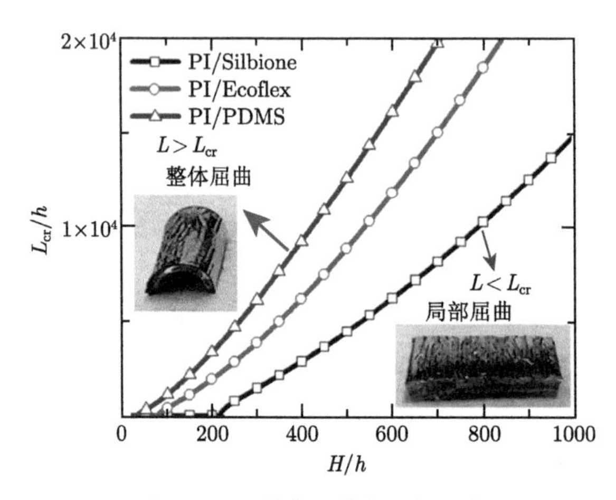

图 2.43　整体屈曲与局部屈曲

量，$G_s = E_s/[2(1+\nu_s)]$。整体结构的弯曲刚度为

$$\mathrm{EI} = \frac{\left(\overline{E}_s H^2 + \overline{E}_f h^2\right)^2 + 4\overline{E}_s H \overline{E}_f h (H+h)^2}{12(\overline{E}_s H + \overline{E}_f h)} \tag{2.73}$$

当衬底长度大于 L_{cr} 时，结构发生整体屈曲，当衬底长度小于 L_{cr} 时，结构发生局部屈曲。

将应变限制结构从初始长度 L_0 处拉伸至转换点 L_2，此时，薄膜为原长，内部无应力；衬底原长 L_1，拉伸至 L_2，此时的力可以表示为

$$F = H\overline{E}_s \ln\left(\frac{L_2}{L_1}\right) \tag{2.74}$$

硬质薄膜屈曲后其薄膜内的应变保持不变，为 $\varepsilon_{\mathrm{film}} = \dfrac{1}{4}\left(\dfrac{3\overline{E}_s}{\overline{E}_f}\right)^{2/3}$，那么此过程中，薄膜中的力和衬底中的力改变分别为

$$F_f = h\overline{E}_f \varepsilon_{\mathrm{film}} \tag{2.75}$$

$$F_s = H\overline{E}_s \ln\left(\frac{L_2}{L_0}\right) \tag{2.76}$$

由 $F = F_f + F_s$ 可以得到预应变 $\varepsilon_{\mathrm{pre}}$、转换应变 $\varepsilon_{\mathrm{transition}}$ 以及硬质薄膜、衬底模量、厚度之间的关系，可以由以下公式以及图 2.44 表示为

$$\ln\left(\frac{\varepsilon_{\mathrm{pre}}+1}{\varepsilon_{\mathrm{transition}}+1}\right) = \frac{h}{4H}\left(\frac{9\overline{E}_f}{\overline{E}_s}\right)^{1/3} \tag{2.77}$$

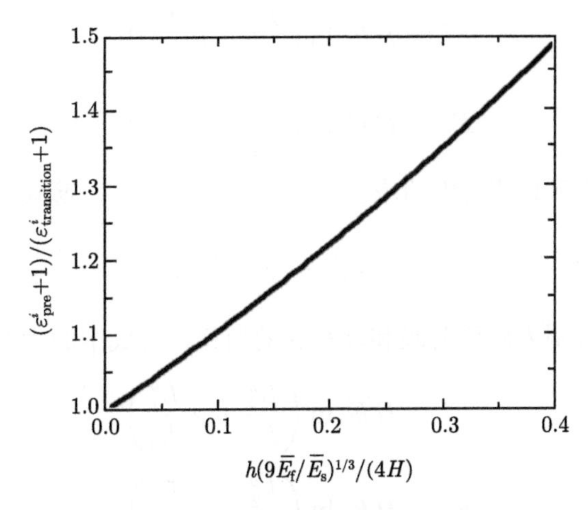

图 2.44 预应变、转换应变和硬质薄膜、衬底参数之间的关系

2) 多向应变限制结构设计

衬底采用双向的预应力施加，硬质薄膜采用井字形结构，如图 2.45 所示，此结构具有多向的应变限制功能。假设衬底在无应力情况下两个方向长度分别为 L_1^x 和 L_1^y，预应力施加后两个方向长度分别为 L_2^x 和 L_2^y，两个方向的预应变可以分别表示为 $\varepsilon_{\text{pre}}^x = (L_2^x - L_1^x)/L_1^x$，$\varepsilon_{\text{pre}}^y = (L_2^y - L_1^y)/L_1^y$。转印上硬质薄膜层并释放预应力后，两个方向长度分别变为 L_0^x 和 L_0^y，两个方向的转换应变可以分别表示为 $\varepsilon_{\text{transition}}^x = (L_2^x - L_0^x)/L_0^x$，$\varepsilon_{\text{transition}}^y = (L_2^y - L_0^y)/L_0^y$。

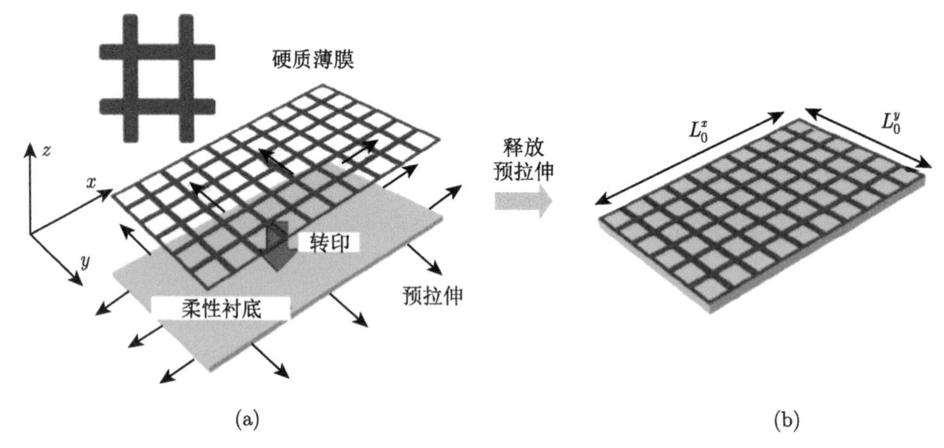

图 2.45　多向应变限制结构制备及工艺流程示意图：(a) 预应力下转印薄膜；(b) 预应力释放

将多向应变限制结构从初始长度 L_0^x，L_0^y 双向拉伸至 L_2^x，L_2^y，此时，薄膜为原长，内部无应力；衬底原长 L_1^x，L_1^y，拉伸至 L_2^x，L_2^y，此时 x，y 方向的力可以表示为

$$F^x = H\overline{E}_\text{s} \ln\left(\frac{L_2^x}{L_1^x} + \nu_\text{s}\frac{L_2^y}{L_1^y}\right) \tag{2.78}$$

$$F^y = H\overline{E}_\text{s} \ln\left(\frac{L_2^y}{L_1^y} + \nu_\text{s}\frac{L_2^x}{L_1^x}\right) \tag{2.79}$$

硬质薄膜屈曲后其薄膜内的应变保持不变，为 $\varepsilon_{\text{film}}$，薄膜中的力变化为

$$F_\text{f}^x = F_\text{f}^y = \frac{A_\text{f}}{A_\text{s}} h\overline{E}_\text{f}\varepsilon_{\text{film}} \tag{2.80}$$

其中，A_f 和 A_s 分别为硬质薄膜和软衬底的面积，衬底中的力变化分别为

$$F_\text{s}^x = H\overline{E}_\text{s} \ln\left(\frac{L_2^x}{L_0^x} + \nu_\text{s}\frac{L_2^y}{L_0^y}\right) \tag{2.81}$$

$$F_\text{s}^y = H\overline{E}_\text{s} \ln\left(\frac{L_2^y}{L_0^y} + \nu_\text{s}\frac{L_2^x}{L_0^x}\right) \tag{2.82}$$

由 $F^x = F_{\rm f}^x + F_{\rm s}^x$ 和 $F^y = F_{\rm f}^y + F_{\rm s}^y$ 可以得到预应变 $\varepsilon_{\rm pre}^x$、$\varepsilon_{\rm pre}^y$，转换应变 $\varepsilon_{\rm transition}^x$、$\varepsilon_{\rm transition}^y$ 以及硬质薄膜、衬底模量、厚度之间的关系

$$(1+\nu_{\rm s})\ln\left(\frac{\varepsilon_{\rm pre}^x+1}{\varepsilon_{\rm transition}^x+1}\right)=\frac{A_{\rm f}h}{4A_{\rm s}H}\left(\frac{9\overline{E}_{\rm f}}{\overline{E}_{\rm s}}\right)^{1/3} \tag{2.83}$$

$$(1+\nu_{\rm s})\ln\left(\frac{\varepsilon_{\rm pre}^y+1}{\varepsilon_{\rm transition}^y+1}\right)=\frac{A_{\rm f}h}{4A_{\rm s}H}\left(\frac{9\overline{E}_{\rm f}}{\overline{E}_{\rm s}}\right)^{1/3} \tag{2.84}$$

对于衬底为 Ecoflex，$\nu_{\rm s}=0.5$，以上两式为

$$\frac{3}{2}\ln\left(\frac{\varepsilon_{\rm pre}^x+1}{\varepsilon_{\rm transition}^x+1}\right)=\frac{A_{\rm f}h}{4A_{\rm s}H}\left(\frac{9\overline{E}_{\rm f}}{\overline{E}_{\rm s}}\right)^{1/3} \tag{2.85}$$

$$\frac{3}{2}\ln\left(\frac{\varepsilon_{\rm pre}^y+1}{\varepsilon_{\rm transition}^y+1}\right)=\frac{A_{\rm f}h}{4A_{\rm s}H}\left(\frac{9\overline{E}_{\rm f}}{\overline{E}_{\rm s}}\right)^{1/3} \tag{2.86}$$

其两个方向的预应变、转换应变和薄膜、衬底参数之间的关系如图 2.46 所示 $(i=x,\ y)$。

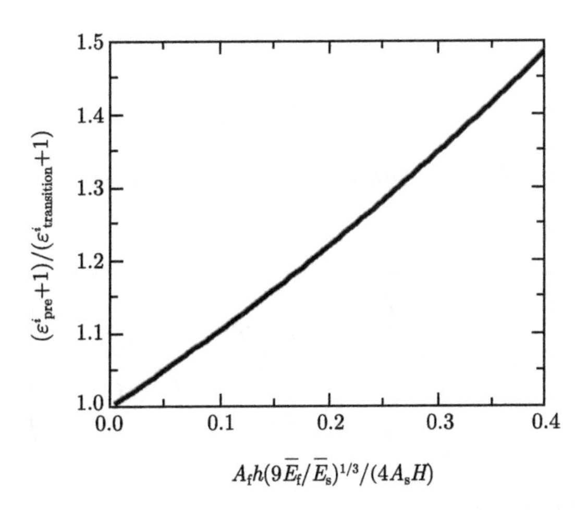

图 2.46 多向应变限制结构中预应变、转换应变和薄膜、衬底参数之间的关系

3) 多层应变限制结构设计

前两节所述的单向和多向应变限制结构也可以做成多层结构，图 2.47 为多层应变限制结构制备及工艺流程示意图，图 2.47(a) 为预应力未释放时的示意图，图 2.47(b) 为释放后的示意图。其结构有两个主要优势：①这种设计可以用于器件内部，而先前的单层设计只能用于器件表面；②这种结构不易发生整体屈曲，可用于设计衬底更薄或者衬底更长的应变限制结构。

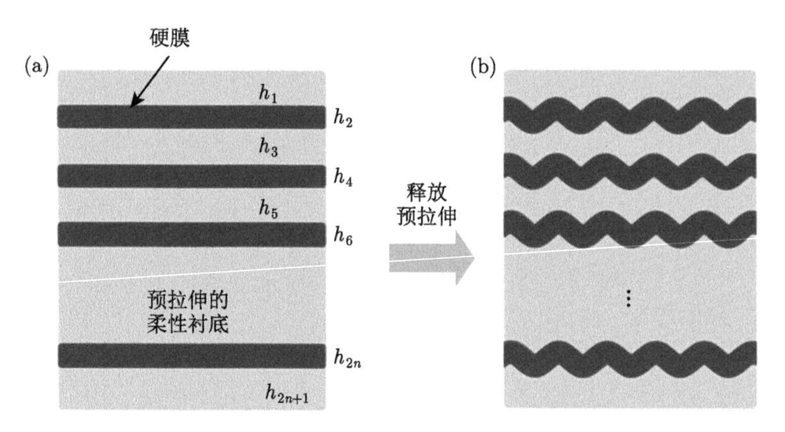

图 2.47　多层应变限制结构制备及工艺流程示意图：(a) 预应力未释放；(b) 预应力释放

为了和表面应变限制结构进行公平对比，两者衬底的总厚度完全一致，两者的薄膜总厚度也完全一致，其具体关系如下：

$$h_{2i+1} = \frac{H}{n+1} \tag{2.87}$$

$$h_{2i} = \frac{h}{n} \tag{2.88}$$

其中，n 为硬膜层数。针对多层应变限制结构，其整体屈曲和局部屈曲两种屈曲模式判断的公式变为

$$L_{\mathrm{cr}} = 4\pi\sqrt{\mathrm{EI}\left(\frac{\left(\overline{E}_{\mathrm{f}}/6\overline{E}_{\mathrm{s}}\right)^{2/3}}{\sum\limits_{i=1}^{2n+1} E_i h_i} - \frac{0.3}{G_{\mathrm{s}}(H+h)}\right)} \tag{2.89}$$

整体结构的弯曲刚度 EI 变为

$$\mathrm{EI} = \sum_{i=1}^{2n+1} E_i h_i \left[\frac{h_i^2}{3} + \left(\sum_{j=1}^{i} h_j\right)^2 - h_i\left(\sum_{j=1}^{i} h_j\right)\right] \tag{2.90}$$

其中，E_i 和 h_i 分别为每层的弹性模量和厚度。图 2.48 为表面结构和多层结构的临界屈曲长度对比，可以看出多层结构相对于单层结构不易发生整体屈曲，可用于设计衬底更薄或者衬底更长的应变限制结构。

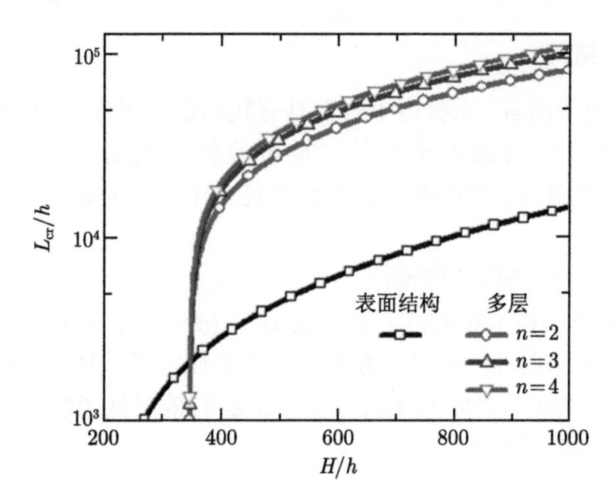

图 2.48 表面结构和多层结构的临界屈曲长度对比

对于在双层衬底内部的硬质薄膜，屈曲后其薄膜内的应变变为 $\varepsilon_{\rm film}=\frac{1}{4}\times\left(\frac{6\overline{E}_{\rm s}}{\overline{E}_{\rm f}}\right)^{2/3}$，那么预应变 $\varepsilon_{\rm pre}$、转换应变 $\varepsilon_{\rm transition}$ 以及硬质薄膜、衬底模量、厚度之间的关系可以由以下公式以及图 2.49 表示。

$$\ln\left(\frac{\varepsilon_{\rm pre}+1}{\varepsilon_{\rm transition}+1}\right)=\frac{h}{4H}\left(\frac{36\overline{E}_{\rm f}}{\overline{E}_{\rm s}}\right)^{1/3} \tag{2.91}$$

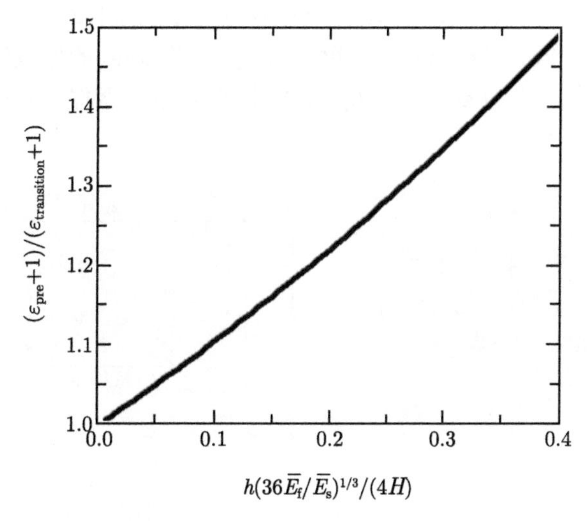

图 2.49 多层应变限制结构中预应变、转换应变和硬质薄膜、衬底模量、厚度之间的关系

2.3.4　应变隔离结构

相对于有机电子而言，无机电子器件具有较高的电子性能，但机械上易碎。应变隔离设计能够保护有源电子元件，是可拉伸无机器件生产制备的可行策略 [92-94]。对于有机器件，当所需的延展性超过单个元件的延展性时，应变隔离方法同样适用 [95-97]。

1) 新型核/壳应变隔离结构设计

核/壳应变隔离结构 (图 2.50)，利用 Ecoflex(壳结构) 包裹超软 Silbione(核结构)，再包裹柔性电子器件。利用该方案设计的柔性电子器件应变隔离结构，能够提高柔性电子器件的可拉伸性和柔性，并且能够有效降低柔性电子器件对人体皮肤的刺激，提高穿戴舒适度。

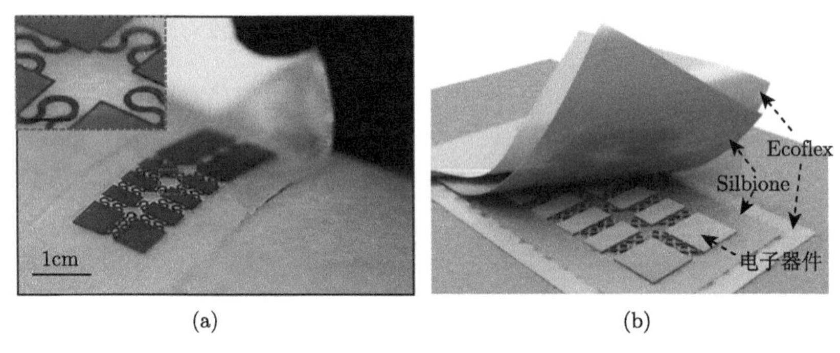

(a)　(b)

图 2.50　核/壳应变隔离结构图：(a) 实物图；(b) 示意图

核/壳结构的几何尺寸参数如图 2.51 所示，其中图 2.51(a) 为截面图，图 2.51(b) 为俯视图，假设 Ecoflex 的厚度为 h_{shell}，Silbione 的厚度假设为 h_{core}。电子器件的拉伸应变定义为 $\varepsilon_{\text{EES}}=\Delta L/L$，其中 L 为电子器件的长度，如图 2.51(b) 所示。

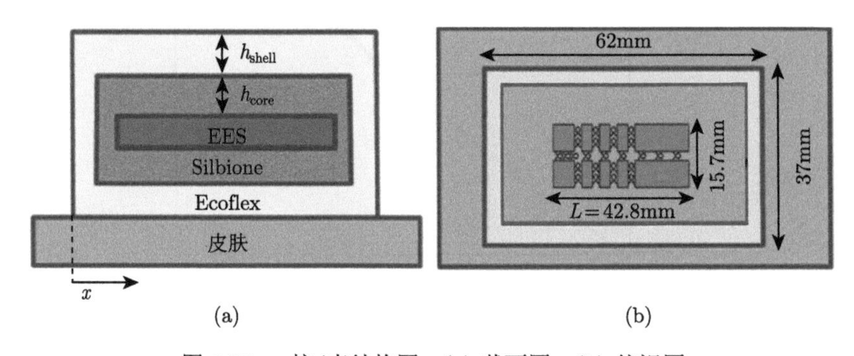

(a)　(b)

图 2.51　核/壳结构图：(a) 截面图；(b) 俯视图

2) 核/壳层厚度优化

核/壳结构主要有两个厚度参数可以进行设计优化：Ecoflex 层的厚度 h_{shell} 和 Silbione 层的厚度 h_{core}。

固定 Silbione 层的厚度为 200μm，改变 Ecoflex 层的厚度 (5～15μm) 来研究 h_{shell} 变化对皮肤感知应力的影响。图 2.52 为不同 Ecoflex 厚度下，核/壳结构在和皮肤接触边缘处的应力，随着 Ecoflex 厚度的增加，边缘处的正应力和剪应力都增加，所以在接下来的研究中选择最薄的 Ecoflex 厚度进行研究。

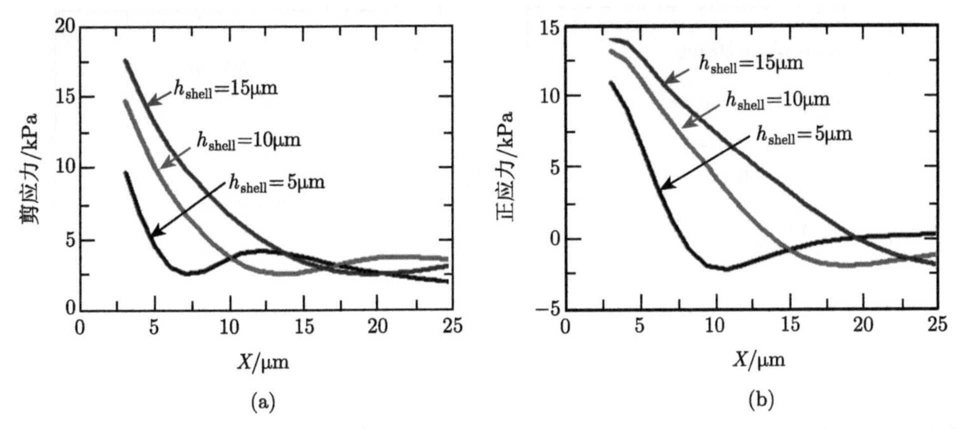

图 2.52 不同 Ecoflex 厚度下核/壳结构在和皮肤接触边缘处的应力：(a) 剪应力；(b) 正应力

随着 Silbione 厚度的增加，皮肤上的剪应力和正应力逐渐减小，当 Silbione 厚度为 300μm 时，皮肤表面的剪应力和正应力基本完全小于 20kPa，即在皮肤正常感知阈值下。从图 2.53 中也可以看出当 Silbione 厚度在 300μm 以下时厚度对

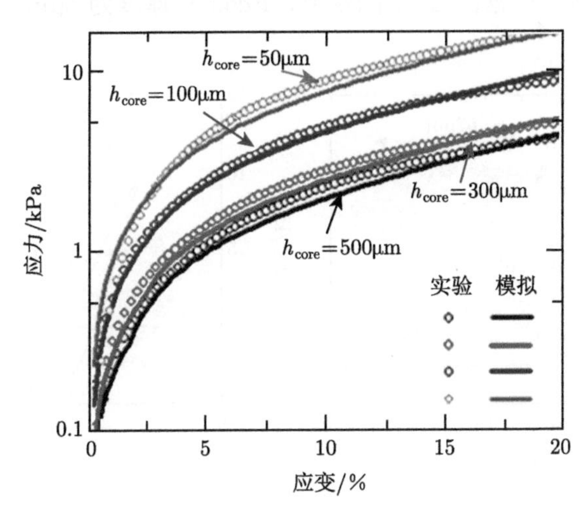

图 2.53 不同 Silbione 厚度下，整体结构 (不含皮肤) 的应力应变曲线

整体模量的影响较大，当 Silbione 厚度大于 300μm 时，厚度对整体模量的影响减小，因此在设计时应该保持 Silbione 厚度在 300μm 以上。

图 2.54 为不同 Silbione 厚度下，核/壳结构在和皮肤接触边缘处的应力，随着 Silbione 厚度的增加，边缘处的正应力和剪应力都增加，从先前的结果分析，器件底下皮肤的应力随着 Silbione 厚度的增加而增加，因此，理论上存在一个最优的厚度，在 300~500μm。

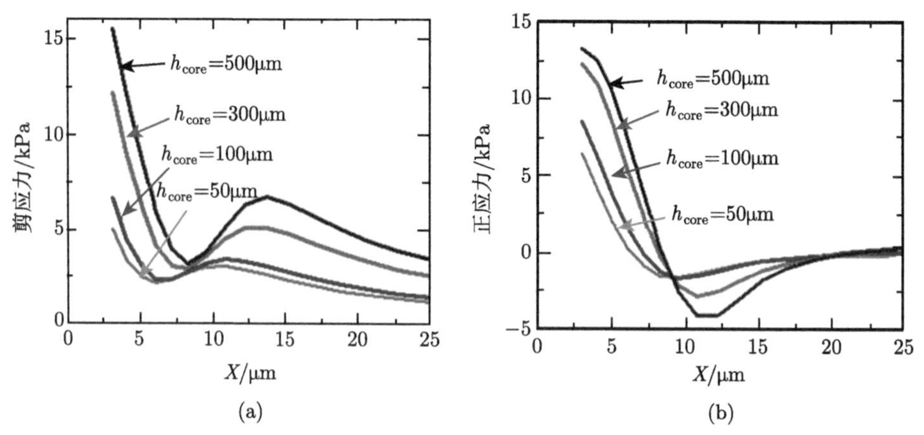

图 2.54 不同 Silbione 厚度下核/壳结构在和皮肤接触边缘处的应力：(a) 剪应力；(b) 正应力

从图 2.54 的分析结果看，在核/壳结构和皮肤接触的边缘处存在应力集中，将结构边缘处设计为梯度变化能降低边缘处的应力集中现象，如图 2.55 内插图所示，其梯度角为 α。根据图 2.54 的结果，Ecoflex 厚度为 5μm，Silbione 厚度为

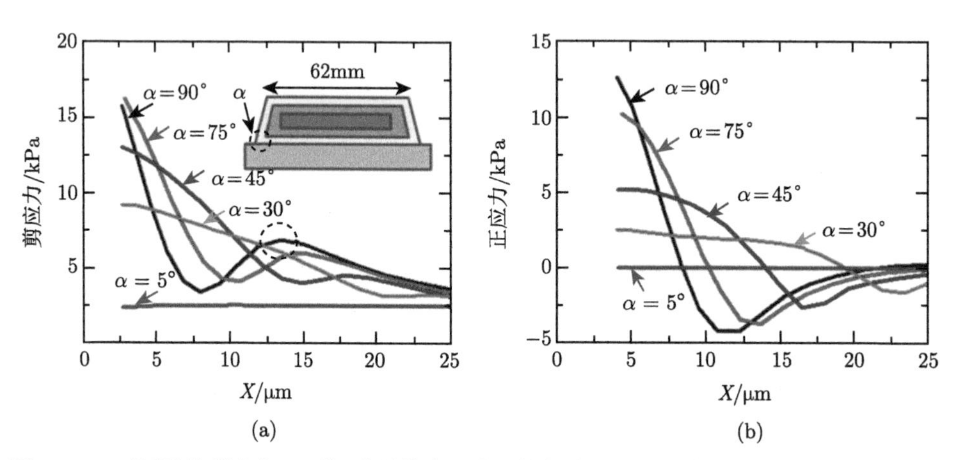

图 2.55 不同边缘梯度角下，核/壳结构在和皮肤接触边缘处的应力：(a) 剪应力；(b) 正应力

500μm 是一种比较合理的尺寸参数，接下来进行边缘梯度优化，基于上述尺寸进行分析优化。图 2.55 为不同边缘梯度角下，核/壳结构在和皮肤接触边缘处的应力，随着梯度角的减小，边缘接触处的应力明显减小，当梯度角为 5° 时，其边缘处的应力基本降低到人体皮肤敏感感知范围 2kPa 以下。

3) 新型充液体空腔型衬底应变隔离设计

依靠模量较低的有机材料制备超软薄膜，并在薄膜空腔中用气体或液体包覆硬电子元件和连接件，可以实现硬质器件与人体界面应变隔离 [94]。但充气或充液形式的应变隔离设计需要考虑顶板坍塌的问题，顶板坍塌极大地削弱了隔震应变效应。

空腔上方和下方的弹性体层可能会通过顶板坍塌的过程相互接触并黏附 [83] 如图 2.56(a)，(b) 所示。相比于空腔上面的层 (厚度 t) 中的变形能，空腔下面的半无限弹性衬底中的变形能可以忽略不计。将未坍塌构型定义为基态 (即能量为零) 时，顶板坍塌造成的总势能 (单位宽度平面外方向) 为

$$U_{\text{total}} = U_{\text{deformation}} - 2b\gamma \tag{2.92}$$

其中，$U_{\text{deformation}}$ 为表层的变形能，γ 为空腔上、下表面的黏附功。坍塌区 (图 2.56(a)，(b) 中 $|x| \leqslant b$) 具有 $-2b\gamma$ 的黏附能，但没有变形能。未坍塌区域 (图 2.56(a)，(b) 中的 $b < |x| < a$) 简化为一端固定，另一端挠度为 $-h$ 的梁。对于充满空气的空腔，未坍塌区域是无牵引力的。对于充液空腔，从坍塌区域挤压出的液体流入未坍塌区域，在未坍塌区域产生一定的液体压力，与液体体积守恒一致。归一化的总势能 $a^3\, U_{\text{total}}/\,(Dh^2)$ 可以表示为

$$\frac{a^3 U_{\text{total}}}{Dh^2} = \frac{12}{\left(1-\left(\dfrac{b}{a}\right)^3\right)^3} - 2\overline{\gamma}\frac{b}{a}, \quad x \leqslant b \tag{2.93}$$

$$\frac{a^3 U_{\text{total}}}{Dh^2} = \frac{48\left(4+7\left(\dfrac{b}{a}\right)+4\left(\dfrac{b}{a}\right)^2\right)}{\left(1-\left(\dfrac{b}{a}\right)^3\right)^5} - 2\overline{\gamma}\frac{b}{a}, \quad b < x < a \tag{2.94}$$

其中，D 为顶层平面应变弯曲刚度，$D = E_{\text{Eco}}t^3/\,[12(1-\nu_{\text{Eco}}^2)]$，$\overline{\gamma} = \alpha^4\gamma/(Dh^2)$ 为归一化黏附能，E_{Eco} 和 ν_{Eco} 分别为顶层材料的弹性模量和泊松比。图 2.56(c)，(d) 给出归一化总势能与归一化坍塌长度的对应关系。从图中可以看出，对于充气空腔 (图 2.56(c))，黏附归一化功小于临界值 γ_c=56.8 时，最小总势能为正，当 $\gamma < \gamma_c$(弱黏附) 时不会发生顶板稳定塌落。当 $\gamma > \gamma_c$ (强黏附) 时，由于最小总

势能是负的，所以坍塌状态是稳定的。对于充液空腔 (图 2.56(d))，黏附的临界归一化功为 γ_c =1842，远大于充气空腔的 56.8，因此充液空腔不容易发生坍塌。在充填型空腔设计时，根据势能理论设计器件的厚度和宽度，可以实现器件的良好性能。

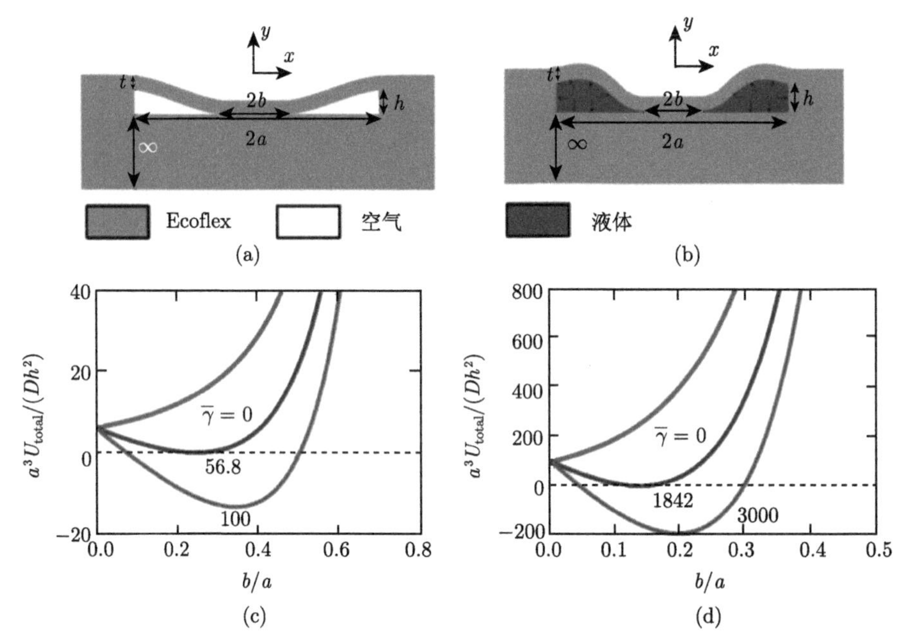

图 2.56 充气和充液两种空腔坍塌的比较：充满 (a) 空气和 (b) 液体的空洞坍塌示意图。归一化总势能 $(a^3U_{\text{total}}/(Dh^2))$ 与归一化坍塌长度 (b/a) 的关系以及 (c) 充气空腔和 (d) 充液空腔的黏附功 (γ)

4) 软硬可编程衬底应变隔离设计

传统的柔性电子器件首先在硅片上制备功能层，然后将其转印到柔性可拉伸衬底，得到柔软、可延展的电子器件。但受限于转印方法的效率和可扩展性，目前依然没有一种可商业化的制备手段。通过预先编程控制衬底刚度，得到软硬相间的衬底结构，可直接在衬底上进行薄膜沉积与光刻等工艺。该方法不需要转印工艺，可直接制备出所需的衬底，显著简化了制备工艺流程，提高了应变隔离的商业化进程。

目前应变隔离设计制备方法无法与传统半导体工艺兼容，软硬可编程衬底应变隔离设计能够有效克服这一难题，如图 2.57 所示，通过紫外照射得到软硬可任意设计的衬底，实现了衬底对功能器件的应变隔离和调控，空间分辨率可达 50μm[98]。通过参数控制研究衬底力学性能与曝光时间的定量关系。该方法与传统半导体加工工艺完全兼容，是实现可延展柔性集成器件的有效方法。利用该工艺制备的温度传感器和阵列式光探测器，实现了器件对外部变形的隔离，系统变形可达 100%。

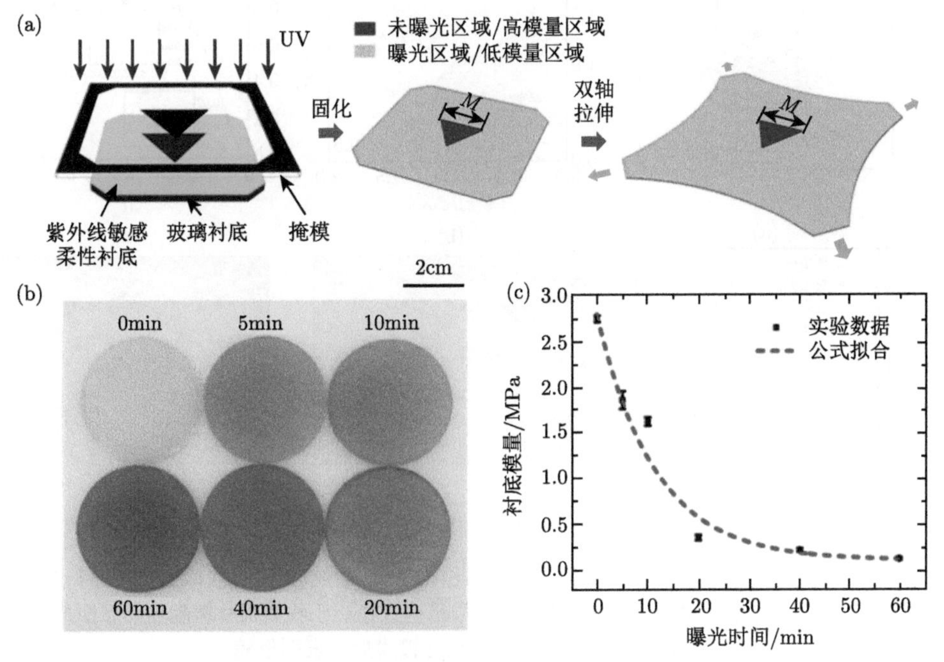

图 2.57 (a) 软硬可编程衬底应变隔离设计；(b) 曝光过程中衬底颜色变化 (颜色越深模量越小)；(c) 衬底模量与曝光时间的关系

5) 柔性衬底表面微结构应变隔离设计

在柔性衬底上直接沉积硬薄膜的过程中器件处于高温环境，存在残余应力、热失配等问题。预先在弹性衬底表面制备硬质微结构，可实现硬薄膜沉积时与柔性衬底的隔离效果 [99]。首先，针对柔性衬底表面有图案化硬岛 (微结构) 的结构，分析硬岛与柔性衬底应变之比，评估应变隔离效果。图 2.58(a) 为仿真简化模型；图 2.58(b) 展示的是不同加载载荷下硬薄膜保持平整和发生褶皱的相图，其中蓝色区域为硬薄膜保持平整对应的载荷范围，对应着应变隔离应用中的有效许可应变；图 2.58(c) 展示了微结构尺寸和应变隔离比关系曲线，并与有限元计算数据点对照，理论预测曲线和有限元仿真完全符合。进一步分析发现，随着微结构特征尺寸 (厚度/长度) 增加，理论和有限元仿真误差增加，主要原因是理论模型线性假设条件不再满足，如图 2.58(d) 所示。图 2.58(e) 和 (f) 分别展示表面带不同尺寸微结构的柔性衬底蒸镀金后的表面形貌，可以看到微结构尺寸小于临界尺寸时应变隔离效果明显，生长金属后没有发生褶皱；微结构尺寸大于临界尺寸后，微结构表面金属发生褶皱。通过微结构的应变隔离保障柔性功能单元不承受大变形，

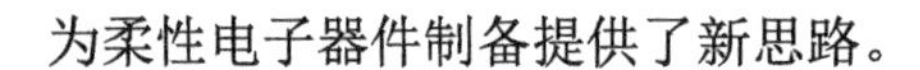
为柔性电子器件制备提供了新思路。

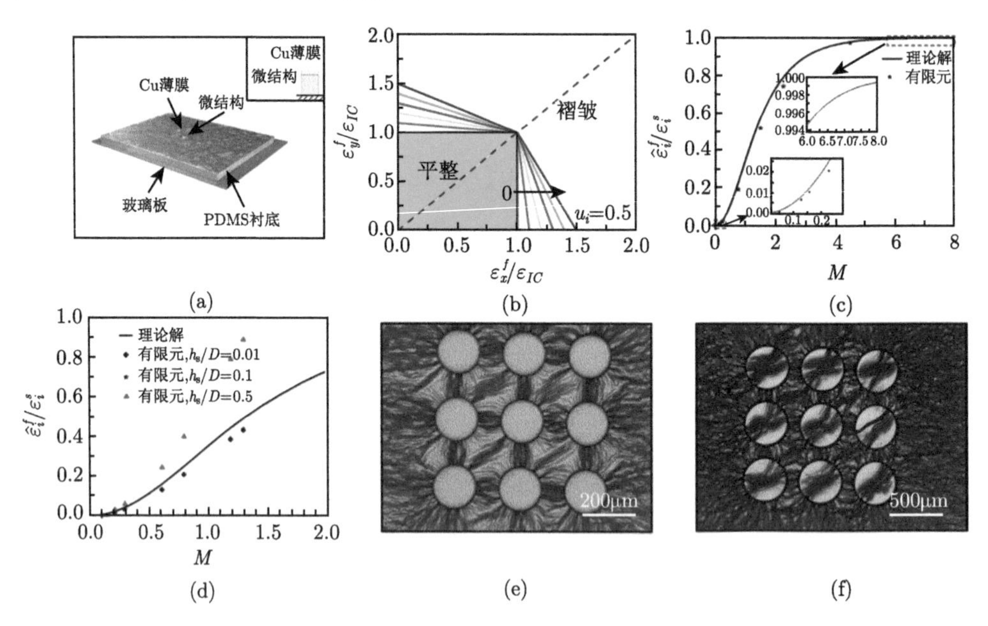

图 2.58　(a) 仿真简化模型；(b) 双向拉伸时微结构平整/褶皱相图；(c) 微结构尺寸和应变隔离比的关系；(d) 理论和仿真误差分析；(e) 微结构直径小于临界尺寸镀膜后的表面形貌；(f) 微结构尺寸大于临界尺寸镀膜后的表面形貌

通过化学方法也可以在刚度可变聚合物上制备柔性器件 [100]。首先，通过巯基–乙烯基电化学反应制得可拉伸弹性聚合物衬底，然后通过空间限域氧化得到刚性岛图案，进而在薄膜表面直接沉积金属并进行光刻刻蚀操作，从而在刚性岛上制备出功能元件，如图 2.59 所示。氧化后的区域能够为传感单元提供优异的应

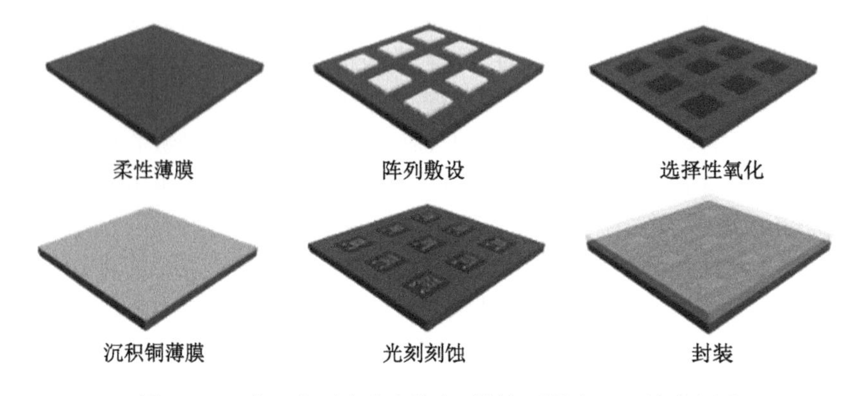

图 2.59　在可变刚度聚合物表面制备柔性电子器件流程图

变隔离性能，从而最大限度地减少外部应变的影响，并在一定程度实现金属压阻

效应与热阻效应的解耦。将利用该方法制备的柔性温度传感器贴在膝关节和腕关节进行动态温度测试。实验数据显示，在关节大变形的情况下，温度传感器测量值波动非常小，器件的运动干扰非常低，表明器件应变隔离效果明显。

2.4 柔性电子器件热管理

有机物衬底及微尺度可拉伸互联结构使柔性电子器件具有非常好的柔性，但是由于有机物衬底材料的热导率远低于传统的硅基芯片，因此柔性电子器件中产生的热量很难传导出去，热量不断积累导致器件温度急剧升高，使器件性能下降。另外，对于体表柔性电子器件来讲，高温还会存在潜在的人体热损伤事故，因此发展柔性电子器件的热管理方法对于柔性电子器件的应用至关重要。

本节以柔性 μ-ILED 为例，阐述柔性电子器件中的发热管控问题，结构示意图如图 2.60 所示。目前针对该方面已经开展了大量的研究。Li 等 [101,102] 利用 Fourier 级数展开的方法研究了脉冲功率加载下柔性 μ-ILED 的热学性能，给出了脉冲加载周期及占空比对柔性 μ-ILED 温升的影响并分析了插入动物大脑中柔性 μ-ILED 的热学行为。吕朝锋等 [103] 建立了在恒定功率加载下的稳态传热理论和数值模型，给出了无量纲 μ-ILED 温升仅依赖于 1 个无量纲参数的比例定律。

吕朝锋等将柔性器件简化为轴对称结构，因为平面内 (50mm×50mm) 玻璃基板，Benzocyclobutene 封装层 (BCB) 和金属的尺寸都比 μ-ILED 尺寸 (100mm×100mm) 大得多，因此可以假设在轴对称模型的 r 方向上取为无穷大。稳态热传导方程写为

$$\frac{\partial^2 \Delta T}{\partial r^2} + \frac{1}{r}\frac{\partial \Delta T}{\partial r^2} + \frac{\partial^2 \Delta T}{\partial z^2} = 0 \tag{2.95}$$

其中，$\Delta T = T - T_0$ 为温度 T 与环境温度 T_0 的差值，(r, z) 为以热源中心为原点的柱坐标的位置坐标 (图 2.60(c))。根据积分变换及相应的热对流方程，可以得到热传导器件的表面温度解析解。进一步地，根据该分析模型研究了几何参数对于温度的影响规律，建立了温度计算的经验公式，该公式能够较方便地得到温度，对于柔性电子器件的结构设计具有一定的指导意义 (图 2.61)。

$$T_{\mu\text{-ILED}} \approx 0.451\frac{Q}{k_{\mathrm{g}}L}\left\{1 - 0.842\left(\frac{k_{\mathrm{g}}L}{k_{\mathrm{m}}H_{\mathrm{m}}}\right)^{-1}\left[1 - \exp\left(-1.07\frac{k_{\mathrm{g}}L}{k_{\mathrm{m}}H_{\mathrm{m}}}\right)\right]\right\} + T_0 \tag{2.96}$$

式中，L 为 μ-ILED 的长度；Q 为输入能量；H_{m} 为各层的厚度；k_{g}，k_{m} 为相应的导热系数。结构的温度差值 $T_{\mu\text{-ILED}} - T_0$ 可由公式 (2.96) 计算得到。

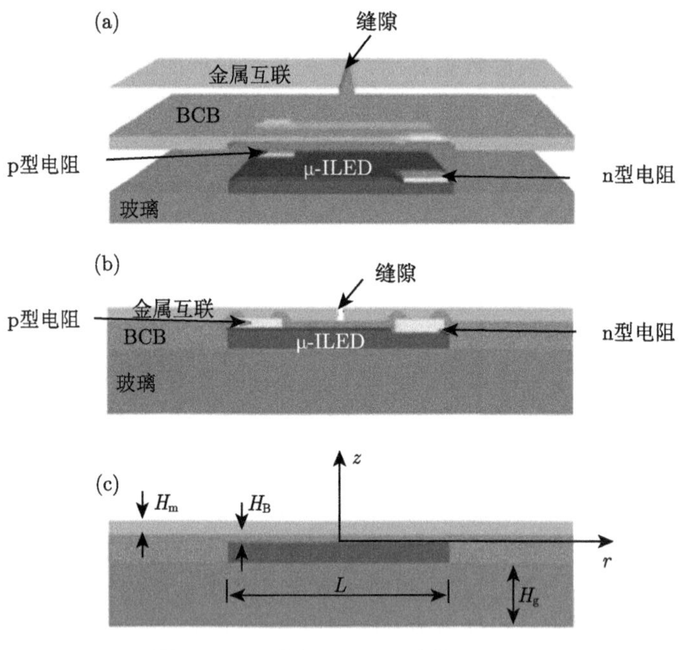

图 2.60　柔性 μ-ILED 结构示意图

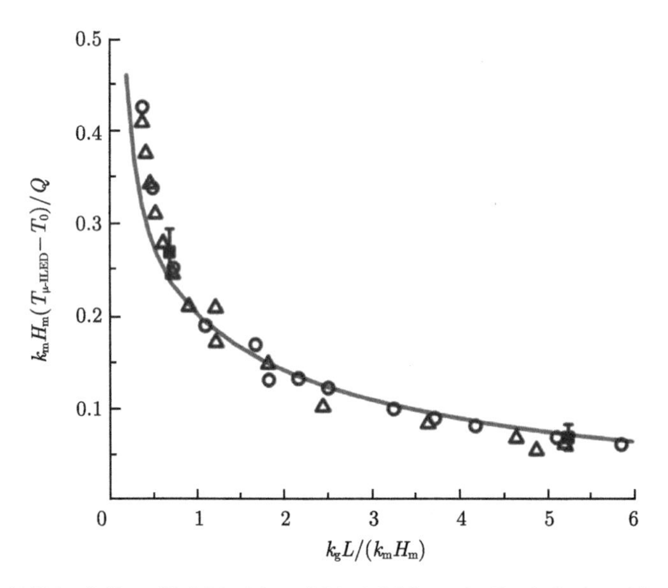

图 2.61　对近似解 (实线)、精确解 (圆)、有限元分析 (三角形) 和实验 (正方形) 的归一化温度与归一化尺寸的关系进行了讨论

近年来，人们将柔性 μ-ILED 的形状拓展到非轴对称形状下，建立了三维模型来研究 μ-ILED 的热性能。Zhang 等研究了无线供电 μ-ILED 的热特性，通过耦合直线形感应线圈中的一维热传导和衬底中的三维热传导，证明了其在可植入器件中的潜在应用。Cui 等 [104] 提出了一个三维解析模型来说明单个矩形 μ-ILED 在脉冲功率下的热性能。进一步考虑组织内代谢产热和血液灌注的影响，通过叠加原理得到了多个 μ-ILED 共同作用下的温度场，同时引入 Pennes 生物传热方程 [105] 准确描述组织内的热传递，研究了在恒定功率以及脉冲功率加载下矩形柔性 μ-ILED 与人体皮肤组织集成系统的传热性能和散热机理。

基于 Fourier 积分变换方法的传热分析，并不能预测系统的瞬态加热过程；同时这些研究都是假设衬底和封装层的面内尺寸无限大，对 μ-ILED 进行分析，没有考虑结构侧边的边界条件。然而，在一些器件中衬底和封装层的面内尺寸与 μ-ILED 的面内尺寸在同一量级，需要考虑衬底和封装的侧边边界条件。

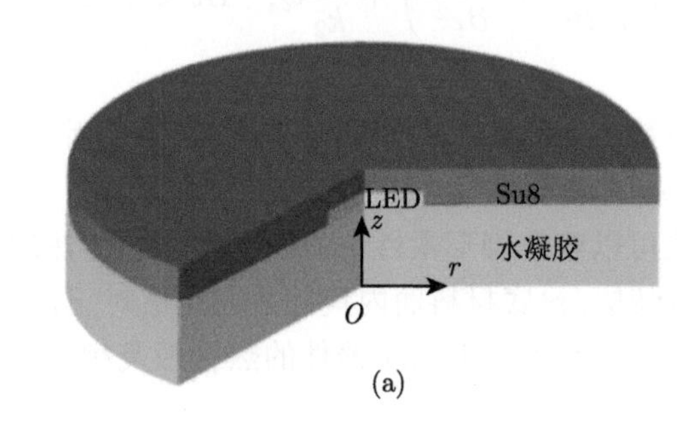

(a)

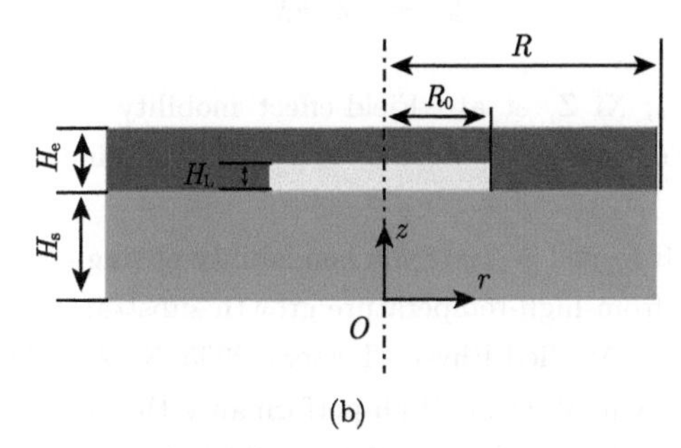

(b)

图 2.62 典型的有限尺寸圆形柔性 μ-ILED 结构示意图

图 2.62 给出了一种典型的圆形柔性 μ-ILED 结构示意图，将 μ-ILED 放置在水凝胶衬底材料上并通过 Su8 聚合物进行封装。考虑到整个结构形状的对称性，热传导问题可以简化为一个轴对称模型加以分析 [106]。如图 2.62(b) 所示是理论

模型的示意图，将坐标原点取于衬底材料下表面中心，r 表示面内半径方向，z 表示厚度方向。R 和 R_0 分别表示有限尺寸封装层/衬底材料以及 μ-ILED 的面内尺寸。H_e、H_L 以及 H_s 依次表示封装层、μ-ILED 以及衬底层的厚度。考虑到 μ-ILED 的面内尺寸 (约 100μm) 往往远大于其厚度方向的尺寸 (约 5μm)，因此热流主要通过其上下表面进行传递，在理论模型中可以将 μ-ILED 视为一个没有厚度的、位于封装层/衬底层界面上的一个面热源，其热流密度的大小可近似表示为 $Q_0 = P/\pi R_0^2$，其中 P 为 μ-ILED 的产热功率。

系统中的温度场为 $T(r;z;t)$，令系统温升为 $\theta = T - T^{\infty}$，则其满足如下轴对称热传导方程：

$$\begin{aligned}
&\frac{\partial\theta_1}{\partial t} = \alpha_1\left(\frac{\partial^2\theta_1}{\partial r^2} + \frac{1}{r}\frac{\partial\theta_1}{\partial r} + \frac{\partial^2\theta_1}{\partial z^2}\right), && 0<z<H_s, 0<r<R \\
&\frac{\partial\theta_2}{\partial t} = \alpha_2\left(\frac{\partial^2\theta_2}{\partial r^2} + \frac{1}{r}\frac{\partial\theta_2}{\partial r} + \frac{\partial^2\theta_2}{\partial z^2}\right) + \frac{\alpha_2}{k_2}Q, && H_s<z<H_s+H_e, 0<r<R
\end{aligned} \tag{2.97}$$

其中，k 为热传导系数，α 为热扩散系数，下标 1，2 分别代表衬底层和封装层；Q 为 μ-ILED 处的热流密度。

通过分离变量法可以建立圆形柔性 μ-ILED 的瞬态传热理论模型。该模型可以分析 μ-ILED 与封装层/衬底材料面内尺寸之间比值对正常工作下柔性 μ-ILED 稳态温升的影响规律，对柔性 μ-ILED 器件的热管理及相应的散热设计具有一定的指导意义。

参考文献

[1] Gleskova H, Hsu P I, Xi Z, et al. Field-effect mobility of amorphous silicon thin-film transistors under strain. Journal of Non-Crystalline Solids, 2004, 338-340: 732-735.

[2] Hur S H, Park O O, Rogers J A. Extreme bendability of single-walled carbon nanotube networks transferred from high-temperature growth substrates to plastic and their use in thin-film transistors. Applied Physics Letters, 2005, 86(24): 243502-243503.

[3] Duan X F, Niu C M, Sahi V, et al. High-performance thin-film transistors using semiconductor nanowires and nanoribbons. Nature, 2003, 425(6955): 274-278.

[4] Menard E, Nuzzo R G, Rogers J A. Bendable single crystal silicon thin film transistors formed by printing on plastic substrates. Applied Physics Letters, 2005, 86(9): 093507.

[5] Baca A J, Ahn J H, Sun Y G, et al. Semiconductor wires and ribbons for high-performance flexible electronics. Angewandte Chemie, 2008, 47(30): 5524-5542.

[6] Kim D H, Ahn J H, Choi W M, et al. Stretchable and foldable silicon integrated circuits. Science, 2008, 320(5875): 507-511.

[7] Rogers J A, Someya T, Huang Y G. Materials and mechanics for stretchable electronics. Science, 2010, 327(5973): 1603-1607.

[8] Khang D Y, Jiang H Q, Huang Y, et al. A stretchable form of single-crystal silicon for high-performance electronics on rubber substrates. Science, 2006, 311(5758): 208-212.

[9] Jiang H Q, Khang D Y, Fei H Y, et al. Finite width effect of thin-films buckling on compliant substrate: Experimental and theoretical studies. Journal of the Mechanics and Physics of Solids, 2008, 56(8): 2585-2598.

[10] Huang Z Y, Hong W, Suo Z. Nonlinear analyses of wrinkles in a film bonded to a compliant substrate. Journal of the Mechanics and Physics of Solids, 2005, 53(9): 2101-2118.

[11] Jiang H Q, Khang D Y, Song J Z, et al. Finite deformation mechanics in buckled thin films on compliant supports. Proceedings of the National Academy of Sciences of the United States of America, 2007, 104(40): 15607-15612.

[12] Song J T, Jiang H J, Liu Z J, et al. Buckling of a stiff thin film on a compliant substrate in large deformation. International Journal of Solids and Structures, 2008, 45(10): 3107-3121.

[13] Song J T, Jiang H Q, Huang Y S, et al. Mechanics of stretchable inorganic electronic materials. Journal of Vacuum Science & Technology A Vacuum Surfaces and Films, 2009, 27(5): 1107-1125.

[14] Chen X N, Hutchinson J W. Herringbone buckling patterns of compressed thin films on compliant substrates. Journal of Applied Mechanics, 2004, 71(5): 597-603.

[15] Harrison C, Stafford C M, Zhang W H, et al. Sinusoidal phase grating created by a tunably buckled surface. Applied Physics Letters, 2004, 85(18): 4016-4018.

[16] Huang R. Kinetic wrinkling of an elastic film on a viscoelastic substrate. Journal of the Mechanics and Physics of Solids, 2005, 53(1): 63-89.

[17] Huang R, Suo Z. Instability of a compressed elastic film on a viscous layer. International Journal of Solids and Structures, 2002, 39(7): 1791-1802.

[18] Stafford C M, Harrison C, Beers K L, et al. A buckling-based metrology for measuring the elastic moduli of polymeric thin films. Nature Materials, 2004, 3(8): 545-550.

[19] Stafford C M, Vogt B D, Harrison C, et al. Elastic moduli of ultrathin amorphous polymer films. Macromolecules, 2006, 39(15): 5095-5099.

[20] Sun Y, Kumar V, Adesida I, et al. Buckled and wavy ribbons of GaAs for high-performance electronics on elastomeric substrates. Advanced Materials, 2006, 18(21): 2857-2862.

[21] Lacour S P, Jones J E, Wagner S, et al. Stretchable interconnects for elastic electronic surfaces. Proceedings of the IEEE, 2005, 93(8): 1459-1467.

[22] Lacour S P, Wagner S, Narayan R J, et al. Stiff subcircuit islands of diamondlike carbon

for stretchable electronics. Journal of Applied Physics, 2006, 100(1): 014913.

[23] Sun Y G, Choi W M, Jiang H Q, et al. Controlled buckling of semiconductor nanoribbons for stretchable electronics. Nature Nanotechnology, 2006, 1(3): 201-207.

[24] Choi W M, Song J Z, Khang D Y, et al. Biaxially stretchable "Wavy" silicon nanomembranes. Nano Letters, 2007, 7(6): 1655-1663.

[25] Harris A K, Wild P, Stopak D. Silicone rubber substrata: a new wrinkle in the study of cell locomotion. Science, 1980, 208(4440): 177-179.

[26] Bowden N, Huck W T S, Paul K E, et al. The controlled formation of ordered, sinusoidal structures by plasma oxidation of an elastomeric polymer. Applied Physics Letters, 1999, 75(17): 2557-2559.

[27] Huck W T S, Bowden N, Onck P, et al. Ordering of spontaneously formed buckles on planar surfaces. Langmuir : the ACS Journal of Surfaces and Colloids, 2000, 16(7): 3497-3501.

[28] Moon M W, Lee S H, Sun J Y, et al. Wrinkled hard skins on polymers created by focused ion beam. Proceedings of the National Academy of Sciences of the United States of America, 2007, 104(4): 1130 - 1133.

[29] Schmid H, Wolf H, Allenspach R, et al. Preparation of metallic films on elastomeric stamps and their application for contact processing and contact printing. Advanced Functional Materials, 2003, 13(2): 145-153.

[30] Sharp J S, Jones R A L. Micro-buckling as a route towards surface patterning. Advanced Materials, 2002, 14(11): 799-802.

[31] Yoo P J, Suh K Y, Park S Y, et al. Physical self-assembly of microstructures by anisotropic buckling. Advanced Materials, 2002, 14(19): 1383-1387.

[32] Jin H C, Abelson J R, Erhardt M K, et al. Soft lithographic fabrication of an image sensor array on a curved substrate. Journal of Vacuum Science & Technology B, 2004, 22(5): 2548-2551.

[33] Wilder E A, Guo S, Lin-Gibson S, et al. Measuring the modulus of soft polymer networks via a buckling-based metrology. Macromolecules, 2006, 39(12): 4138-4143.

[34] Lumelsky V J, Shur M S, Wagner S. Sensitive skin. IEEE Sensors Journal, 2001, 1(1): 41-51.

[35] Wagner S, Lacour S P, Jones J, et al. Electronic skin: Architecture and components. Physica E: Low-Dimensional Systems & Nanostructures, 2004, 25(2-3): 326-334.

[36] Bock K. Polymer electronics systems - polytronics. Proceedings of the IEEE, 2005, 93(8): 1400-1406.

[37] Jang J. Displays develop a new flexibility. Materials Today, 2006, 9(4): 46-52.

[38] Reuss R H, Chalamala B R, Moussessian A, et al. Macroelectronics: Perspectives on technology and applications. Proceedings of the IEEE, 2005, 93(7): 1239-1256.

[39] 许巍, 卢天健. 柔性电子系统及其力学性能. 力学进展, 2008, 38(2): 137-150.

[40] Crawford G P. Flexile Flat-Panel Displays. New York: Wiley, 2005.

[41] Jiang H Q, Sun Y G, Rogers J A, et al. Post-buckling analysis for the precisely controlled buckling of thin film encapsulated by elastomeric substrates. International Journal of Solids and Structures, 2008, 45(7-8): 2014-2023.

[42] Kim D H, Xiao J L, Song J Z, et al. Stretchable, curvilinear electronics based on inorganic materials. Advanced Materials, 2010, 22(19): 2108-2124.

[43] Kim D H, Song J Z, Choi W M, et al. Materials and noncoplanar mesh designs for integrated circuits with linear elastic responses to extreme mechanical deformations. Proceedings of the National Academy of Sciences of the United States of America, 2008, 105(48): 18675-18680.

[44] Yoon J, Baca A J, Park S I, et al. Ultrathin silicon solar microcells for semitransparent, mechanically flexible and microconcentrator module designs. Nature Materials, 2008, 7(11): 907-915.

[45] Song J, Huang Y, Xiao J, et al. Mechanics of noncoplanar mesh design for stretchable electronic circuits. Journal of Applied Physics, 2009, 105(12): 123516.

[46] Wang S D, Xiao J L, Jung I, et al. Mechanics of hemispherical electronics. Applied Physics Letters, 2009, 95(18): 181912.

[47] Wang S D, Xiao J L, Song J Z, et al. Mechanics of curvilinear electronics. Soft Matter, 2010, 6(22): 5757-5763.

[48] Kim D H, Lu N S, Ma R, et al. Epidermal electronics. Science, 2011, 333(6044): 838-843.

[49] Ko H C, Shin G, Wang S D, et al. Curvilinear electronics formed using silicon membrane circuits and elastomeric transfer elements. Small, 2009, 5(23): 2703-2709.

[50] Kim D H, Ghaffari R, Lu N S, et al. Electronic sensor and actuator webs for large-area complex geometry cardiac mapping and therapy. Proceedings of the National Academy of Sciences of the United States of America, 2012, 109(49): 19910-19915.

[51] Shin G, Jung I, Malyarchuk V, et al. Micromechanics and advanced designs for curved photodetector arrays in hemispherical electronic-eye cameras. Small, 2010, 6(7): 851-856.

[52] Park S I, Ahn J H, Feng X, et al. Theoretical and experimental studies of bending of inorganic electronic materials on plastic substrates. Advanced Functional Materials, 2008, 18(18): 2673-2684.

[53] Ko H C, Stoykovich M P, Song J Z, et al. A hemispherical electronic eye camera based on compressible silicon optoelectronics. Nature, 2008, 454(7205): 748-753.

[54] Wang S D, Song J Z, Kim D H, et al. Local versus global buckling of thin films on elastomeric substrates. Applied Physics Letters, 2008, 93(2): 023126.

[55] Baca A J, Yu K J, Xiao J L, et al. Compact monocrystalline silicon solar modules with high voltage outputs and mechanically flexible designs. Energy & Environmental Science, 2010, 3(2): 208-211.

[56] Kim T H, Carlson A C, Ahn J H, et al. Kinetically controlled, adhesiveless transfer printing using microstructured stamps. Applied Physics Letters, 2009, 94(11): 113502.

[57] Park S I, Xiong Y J, Kim R H, et al. Printed assemblies of inorganic light-emitting diodes for deformable and semitransparent displays. Science, 2009, 325(5943): 977-981.

[58] Lee J, Wu J, Shi M X, et al. Stretchable GaAs photovoltaics with designs that enable high areal coverage. Advanced Materials, 2011, 23(8): 986-991.

[59] Li T, Suo Z G, Lacour S P, et al. Compliant thin film patterns of stiff materials as platforms for stretchable electronics. Journal of Materials Research, 2005, 20(12): 3274-3277.

[60] Zhang Y H, Wang S D, Li X T, et al. Experimental and theoretical studies of serpentine microstructures bonded to prestrained elastomers for stretchable electronics. Advanced Functional Materials, 2014, 24(14): 2028-2037.

[61] Zhang Y H, Fu H R, Su Y W, et al. Mechanics of ultra-stretchable self-similar serpentine interconnects. Acta Materialia, 2013, 61(20): 7816-7827.

[62] Xu S, Zhang Y H, Cho J, et al. Stretchable batteries with self-similar serpentine interconnects and integrated wireless recharging systems. Nature Communications, 2013, 4: 1543.

[63] Xu S, Zhang Y H, Jia L, et al. Soft microfluidic assemblies of sensors, circuits, and radios for the skin. Science, 2014, 344(6179): 70-74.

[64] Kim R H, Tao H, Kim T I, et al. Materials and designs for wirelessly powered implantable light-emitting systems. Small, 2012, 8(18): 2812-2818.

[65] Kim D H, Liu Z J, Kim Y S, et al. Optimized structural designs for stretchable silicon integrated circuits. Small, 2009, 5(24): 2841-2847.

[66] Xu S, Yan Z, Jang K I, et al. Assembly of micro/nanomaterials into complex, three-dimensional architectures by compressive buckling. Science, 2015, 347(6218): 154-159.

[67] Pan T S, Pharr M , Ma Y J, et al. Experimental and theoretical studies of serpentine interconnects on ultrathin elastomers for stretchable electronics. Advanced Functional Materials, 2017, 27(37): 1702589..

[68] Zhang Y C, Wu J, Ma Y J, et al. A finite deformation theory for the climbing habits and attachment of twining plants. Journal of the Mechanics & Physics of Solids, 2018, 116: 171-184.

[69] Zhang Y C, Zheng N, Cao Y, et al. Climbing-inspired twining electrodes using shape memory for peripheral nerve stimulation and recording. Science Advances, 2019, 5(4): eaaw1066.

[70] Liu W J, Zou Q S, Zheng C Q, et al. Metal-assisted transfer strategy for construction of 2D and 3D nanostructures on an elastic substrate. ACS Nano, 2018, 13(1): 440-448.

[71] Cheng X, Zhang Y H. Micro/nanoscale 3D assembly by rolling, folding, curving, and buckling approaches. Advanced Materials, 2019, 31(36): 1901895.

[72] Liu Y, Yan Z, Lin Q, et al. Guided formation of 3D helical mesostructures by mechanical buckling: Analytical modeling and experimental validation. Advanced Functional Materials, 2016, 26(17): 2909-2918.

[73] Fan Z C, Hwang K C, Rogers J A, et al. A double perturbation method of postbuckling analysis in 2D curved beams for assembly of 3D ribbon-shaped structures. Journal of the Mechanics & Physics of Solids, 2017, 111: 215-238.

[74] Zhang Y H, Yan Z, Nan K W, et al. A mechanically driven form of Kirigami as a route to 3D mesostructures in micro/nanomembranes. Proceedings of the National Academy of Sciences of the United States of America, 2015, 112(38): 11757-11764.

[75] Yan Z, Zhang F, Wang J C, et al. Controlled mechanical buckling for origami-inspired construction of 3D microstructures in advanced materials. Advanced Functional Materials, 2016, 26(16): 2629-2639.

[76] Liu F, Chen Y, Song H L, et al. High performance, tunable electrically small antennas through mechanically guided 3D assembly. Small, 2019, 15(1): e1804055.

[77] Fu H R, Nan K W, Bai W B, et al. Morphable 3D mesostructures and microelectronic devices by multistable buckling mechanics. Nature Materials, 2018, 17(3): 268-276.

[78] Kim B H, Lee J, Won S M, et al. Three-dimensional silicon electronic systems fabricated by compressive buckling process. ACS Nano, 2018, 12(5): 4164-4171.

[79] Kim B H, Liu F, Yu Y, et al. Mechanically guided post-assembly of 3D electronic systems. Advanced Functional Materials, 2018, 28(48): 1803149.

[80] Gray D S, Tien J, Chen C S. High-conductivity elastomeric electronics. Advanced Materials, 2004, 16(5): 393-397.

[81] van Der Sluis O, Hsu Y Y, Timmermans P H M, et al. Stretching-induced interconnect delamination in stretchable electronic circuits. Journal Physics D Applied Physics, 2011, 44(3): 034008.

[82] Zhao Q, Liang Z W, Lu B W, et al. Toothed substrate design to improve stretchability of serpentine interconnect for stretchable electronics. Advanced Materials Technologies, 2018, 3(11): 1800169.

[83] Huang Y Y, Zhou W X, Hsia K J, et al. Stamp collapse in soft lithography. Langmuir, 2005, 21(17): 8058-8068.

[84] Kim D H, Lu N S, Ghaffari R, et al. Inorganic semiconductor nanomaterials for flexible and stretchable bio-integrated electronics. NPG Asia Materials, 2012, 4: e15.

[85] Nguyen T D, Deshmukh N, Nagarah J M, et al. Piezoelectric nanoribbons for monitoring cellular deformations. Nature Nanotechnology, 2012, 7(9): 587-593.

[86] Webb R C, Bonifas A P, Behnaz A, et al. Ultrathin conformal devices for precise and continuous thermal characterization of human skin. Nature Materials, 2013, 12(10): 938-944.

[87] Kim D H, Viventi J, Amsden J J, et al. Dissolvable films of silk fibroin for ultrathin conformal bio-integrated electronics. Nature Materials, 2010, 9(6): 511-517.

[88] Kraft O, Schwaiger R, Wellner P. Fatigue in thin films: Lifetime and damage formation. Materials Science and Engineering A, 2001, 319-321: 919-923.

[89] Zhang G P, Volkert C A, Schwaiger R, et al. Fatigue and thermal fatigue damage analysis of thin metal films. Microelectronics Reliability, 2007, 47(12): 2007-2013.

[90] Jang K I, Chung H U, Xu S, et al. Soft network composite materials with deterministic and bio-inspired designs. Nature Communications, 2015, 6: 6566.

[91] Ma Y J, Jang K I, Wang L, et al. Design of strain-limiting substrate materials for stretchable and flexible electronics. Advanced Functional Materials, 2016, 26(29): 5345-5351.

[92] Kim D H, Kim Y S, Wu J, et al. Ultrathin silicon circuits with strain-isolation layers and mesh layouts for high-performance electronics on fabric, vinyl, leather, and paper. Advanced Materials, 2009, 21(36): 3703-3707.

[93] Cheng H, Wu J, Li M, et al. An analytical model of strain isolation for stretchable and flexible electronics. Applied Physics Letters, 2011, 98(6): 061902.

[94] Ma Y J, Pharr M, Wang L, et al. Soft elastomers with ionic liquid-filled cavities as strain isolating substrates for wearable electronics. Small, 2016, 13(9): 1602954.

[95] Lee W, Kim D, Matsuhisa N, et al. Transparent, conformable, active multielectrode array using organic electrochemical transistors. Proceedings of the National Academy of Sciences of the United States of America, 2017, 114(40): 10554-10559.

[96] Trung T Q, Ramasundaram S, Hwang B U, et al. An all-elastomeric transparent and stretchable temperature sensor for body-attachable wearable electronics. Advanced Materials, 2016, 28(3): 502-509.

[97] Chortos A, Lim J, To J W F, et al. Highly stretchable transistors using a microcracked organic semiconductor. Advanced Materials, 2014, 26(25): 4253-4259.

[98] Cai M, Nie S, Du Y P, et al. Soft elastomers with programmable stiffness as strain-isolating substrates for stretchable electronics. ACS Applied Materials & Interfaces, 2019, 11(15): 14340-14346.

[99] Li H F, Wang Z H, Lu S Y, et al. Elastomers with microislands as strain isolating substrates for stretchable electronics. Advanced Materials Technologies, 2019, 4(2): 1800365.

[100] Cao Y, Zhang G G, Zhang Y C, et al. Direct fabrication of stretchable electronics on a polymer substrate with process-integrated programmable rigidity. Advanced Functional Materials, 2018, 28(50): 1804604.

[101] Li Y H, Shi Y, Song J Z, et al. Thermal properties of microscale inorganic light-emitting diodes in a pulsed operation. Journal Applied Physics, 2013, 113(14): 144505.

[102] Li Y H, Shi X T, Song J Z, et al. Thermal analysis of injectable, cellular-scale optoelectronics with pulsed power. Proceedings of The Royal Society A Mathematical Physical and Engineering Sciences, 2013, 469(2157): 20130398.

[103] Lu C F, Li Y H, Song J Z, et al. A thermal analysis of the operation of microscale, inorganic light-emitting diodes. Proceedings of The Royal Society A Mathematical Physical and Engineering Sciences, 2012, 468(2146): 3215-3223.

[104] Cui Y, Li Y H, Xing Y F, et al. Three-dimensional thermal analysis of rectangular micro-scale inorganic light-emitting diodes integrated with human skin. International Journal of Thermal Sciences, 2018, 127: 321-328.

[105] Pennes H H. Analysis of tissue and arterial blood temperatures in the resting human forearm. Journal of Applied Physiology, 1998, 85(1): 5-134.
[106] 殷亚飞, 崔赟, 李宇航, 等. 柔性微型无机发光二极管的瞬态传热分析. 中国科学 F 辑, 2018, 48(6): 734-742.

第 3 章　柔性电子功能材料

3.1　柔性电子功能材料分类

柔性电子功能材料是柔性电子器件设计的重要考量因素，也是制造柔性电子器件的基础。由于柔性电子技术的多学科交叉特性，柔性电子功能材料的覆盖面非常广泛。按用途分类，柔性电子功能材料可分为柔性传感材料、柔性能源材料、柔性显示材料、柔性电路材料、柔性封装材料等；按物理效应分类，又可分为柔性压电材料、柔性铁电材料、柔性光电材料、柔性光学材料、柔性磁学材料、柔性声学材料等；按化学组成分类，还可分为柔性金属材料、柔性无机非金属材料、柔性高分子材料、柔性复合材料等，种种分类方法，不一而足。然而追根溯源，柔性电子器件功能的实现都离不开电，所以本章从电学角度出发，遵循材料导电性的差别，将柔性电子功能材料边界清晰地分为柔性绝缘材料、柔性半导体材料、柔性导电材料三大类，并进行逐一介绍。并且，基于柔性电子技术在健康医疗、信息安全等方面的重要价值和应用潜力，本章还单独介绍了柔性电子技术的前沿研究领域，即可降解柔性电子器件中所涉及的柔性可降解材料。本章在介绍柔性电子功能材料的同时也穿插介绍了一些具有代表性的应用范例，以方便读者联想；同时也希望能对新接触柔性电子技术的科研人员产生一定的启发和帮助。

3.2　柔性绝缘材料

电子材料分为导电材料、绝缘材料和半导体材料。按照电阻率或电导率区分，金属材料的体电阻率小于 $10^6\Omega\cdot$cm(电导率大于 10^0S/cm)；半导体的体电阻率在 $10^6 \sim 10^{12}\Omega\cdot$cm (电导率范围为 $10^0 \sim 10^{-9}$S/cm)；绝缘材料的体电阻率大于 $10^{12}\Omega\cdot$cm(电导率小于 10^{-9}S/cm)。其中，绝缘材料又称电介质材料，是指在直流电场作用下，不导电或导电性极小的物质。在电子系统中，绝缘材料的主要作用是将不同电势的导体材料隔离，使得电流可以按照相应的路径导通，同时也需要发挥支撑、固定和储能等作用。因此，绝缘材料应具有较高的电阻率、较低的吸水率和良好的介电特性。柔性绝缘材料是在传统绝缘材料的基础上增加了可弯曲或可拉伸的特性。按照材料性质分类，柔性绝缘材料一般包括柔性有机绝缘材料和柔性无机绝缘材料。

3.2.1 柔性有机绝缘材料

由于良好的弯曲和可延展特性，柔性有机绝缘材料在柔性电子器件中有广泛的应用，如柔性封装基板材料、转印材料和有机薄膜晶体管 (OTFT) 器件中的绝缘层材料等。常见的有机绝缘材料主要有聚酰亚胺 (PI) 薄膜、聚二甲基硅氧烷 (PDMS) 薄膜，聚氨酯薄膜和形状记忆聚合物 (SMP) 薄膜等。PI 薄膜具有较低的介电常数 (约 3.4) 和介电损耗 (约 0.02)，较高的击穿场强 (大于 200kV/mm)，较强的耐热性 (约 300℃) 以及良好的力学特性，如弹性模量约为 2.5GPa，使得 PI 薄膜具有良好的尺寸稳定性，因而应用最为广泛。在柔性电路中，PI 薄膜需要与铜箔复合形成柔性覆铜板 (FCCL)，高分子材料与金属材料之间的结构差异，使得 PI 薄膜的热膨胀系数 (CTE) 比铜箔大得多，这种 CTE 的不匹配导致 PI 薄膜与铜箔在受热时易发生翘曲、断裂、脱层等质量问题，会严重降低 FCCL 的性能。因此制备低 CTE 的 PI 薄膜是柔性电子技术领域的关键技术。目前，主要通过 PI 薄膜的均聚种类、多元共聚、材料复合、牵伸工艺和高温热处理等方法制备低 CTE 的 PI 薄膜 [1]。均聚型 PI 可以由刚性结构的二酐或二胺合成，具有较低的 CTE[2]，此外在 PI 分子结构中引入较大的侧基也可以有效降低 CTE，例如，含氟的二酐单体 (TA-TFMB) 与三氟甲基二氨基联苯 (TFMB) 反应制得的 PI 薄膜的 CTE 为 $9.9\times10^{-6}℃^{-1}$[3]。多元共聚型 PI 是将两种或两种以上二胺或二酐单体共聚，形成交替或者嵌段共聚物。通过调节不同单体之间的比例，形成互穿网络，可以实现 PI 薄膜的低 CTE 特性 [4]。在 PI 薄膜制备过程中引入低 CTE 的无机颗粒，如纳米二氧化硅、蒙脱土和海泡石等，也可以改善 PI 薄膜的 CTE[5]。除了改变 PI 薄膜的分子结构和组分以外，调整加工方式也可以改善 CTE，如在拉力作用下，薄膜沿牵伸方向取向，分子链更加平直，大分子的堆砌密度增大，CTE 相应降低 [6]，或是高温热处理下，聚合物大分子的聚集状态发生改变，导致 CTE 降低 [7]。

PI 薄膜基 FCCL 经过曝光、显影、刻蚀等制程，可制造出柔性线路板 (FPC)，FPC 已广泛应用于电子设备的连接线、柔性天线和柔性封装基板等领域。如冯雪课题组 [8] 采用不可拉伸的 PI 薄膜基 FPC 做柔性呼吸系统的封装基板。PI 薄膜因具有较强的耐热性，满足回流焊的工作条件，因而可以在 FPC 的表面集成芯片、蓝牙天线、电子元器件和电池等器件，再通过 ACF 胶黏合可拉伸电路，形成连续呼吸监测系统，如图 3.1 所示。该系统具有良好的柔性，能够与人体表面共形，且重量很轻，具有很好的佩戴舒适性和监测准确性。

传统 FPC 不具备可拉伸性，这限制了传统 FPC 在可拉伸柔性电子技术领域中的应用。因此，通常研究人员采用环形、蛇形或 3D 屈曲的结构设计，使得传统 FPC 具有可拉伸性。如图 3.2 所示，Rogers 课题组 [9] 在 18μm 的铜箔衬底上用旋

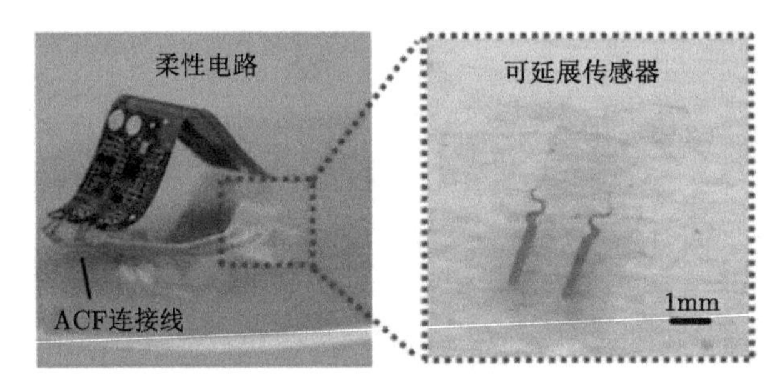

图 3.1　在柔性 PI 衬底上制造的呼吸监测系统 [8]

涂法制备 2.4μm 的 PI 薄膜，接着结合光刻工艺形成铜线圈，再采用电子束蒸发工艺沉积 500nm 的铜薄膜，然后经过电镀加厚和光刻后形成 PI/Cu/PI/Cu/PI 的结构，最后在集成电子元器件后形成圆形近场通信器件 (NFC)。该器件的直径仅有 7.04mm，由于器件为环形结构，并用低模量可拉伸的 PDMS 薄膜封装上下表面，所以器件整体具备 20%的拉伸率和压缩率，且经过 10000 次循环测试，器件性能没有退化。张一慧课题组 [10] 采用 25μm 厚的 PI 薄膜基 FPC 制备了 3D 结构的电小天线，通过 3D 屈曲剪纸结构设计，该天线具有可拉伸性，且在不同的拉伸率下 PI 薄膜具有较低的主应变，因此该小天线还具有良好的谐振频率稳定性。

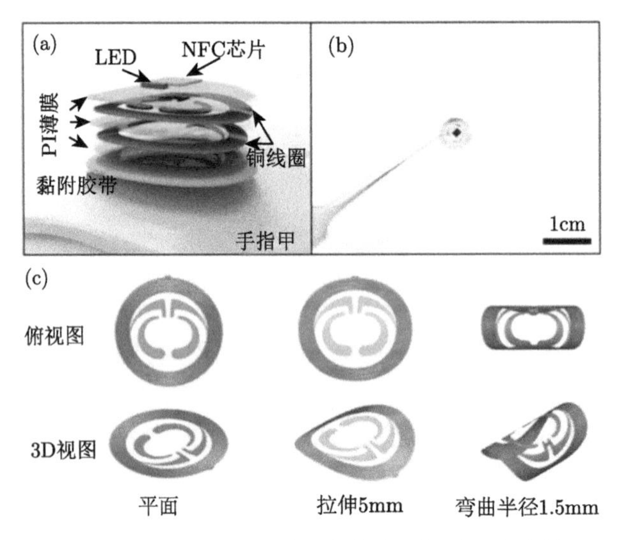

图 3.2　在可延展 PI 衬底上制造的场通信器件 [9]

与 PI 薄膜相比，PDMS、Ecoflex 和聚氨酯等薄膜材料具有较低的弹性模量和较大的泊松比，所以具备良好的弯曲和可拉伸特性。此外，这些材料还具有良好的生物相容性，因此可广泛应用于柔性可拉伸电子领域。它们的力学特性还可通过改变内部组分进行调节，如 PDMS 本体与固化剂的混合比例对薄膜力学性能影响显著，其弹性模量随着混合比例的增加而增大，当混合比例超过 9:1 时，弹性模量逐渐下降 [11]。PDMS 固化温度也会影响弹性模量和极限拉伸应力的性能，当固化温度大于 200℃ 时，烘烤时间的增加将促使 PDMS 发生热分解导致机械强度降低，而低温长时间的固化则对 PDMS 的力学性能没有明显影响 [12]。

在柔性电子器件的设计中，可拉伸性和生物相容性良好的薄膜主要被用于柔性电子器件的衬底和封装材料。比如将 PDMS 薄膜进行预拉伸，将不可拉伸的硅条黏附到预拉伸的 PDMS 衬底上，释放预应变，可形成波浪形屈曲结构 [13]，如图 3.3 所示，屈曲结构使得硅条具有一定的可拉伸和压缩特性。Rogers 课题组 [14] 以 Ecoflex 薄膜为衬底制备的蛇形屈曲结构 NFC 天线在 35%的应变范围内具有良好的谐振频率稳定性，且与人体皮肤具有良好的生物相容性，如图 3.4 所示。PDMS 和聚氨酯薄膜可以作为柔性电子器件的封装材料。比如冯雪课题组设计的具有自由岛桥结构的柔性光电器件由 PDMS 进行封装，并与 PI 衬底以及电子元器件形成“三明治”结构 [15]。得益于高弹性 PDMS 的保护和液体封装，柔性光电器件实现了应变隔离，例如，功能层在弯曲时具有最小的应变。液态 PDMS 外围的柔性可延展腔体则由固态 PDMS 和半透气性的聚氨酯薄膜封装，它们不仅具有良好的柔韧性和可拉伸性，而且对可见光和红外光具有极好的透光性 (高达 95%透光率)；同时，半透性聚氨酯膜透气且防水，因此该器件适合贴附于皮肤表面进行长期测量。此外，当整个器件受到拉伸应力时，由于液体 PDMS 的存在，所以只有外部封装腔变形，功能层并不会受到拉伸，这使得发光元件和光电探测器之间的距离保持不变，保证了监测结果的一致性 [15]。

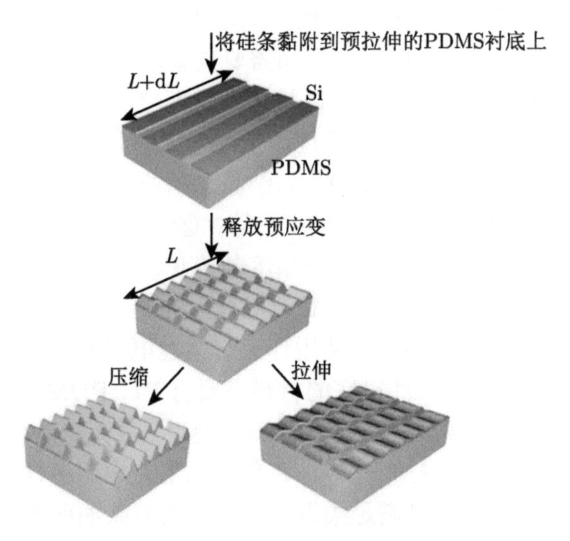

图 3.3 在 PDMS 衬底上制造的可拉伸硅条带

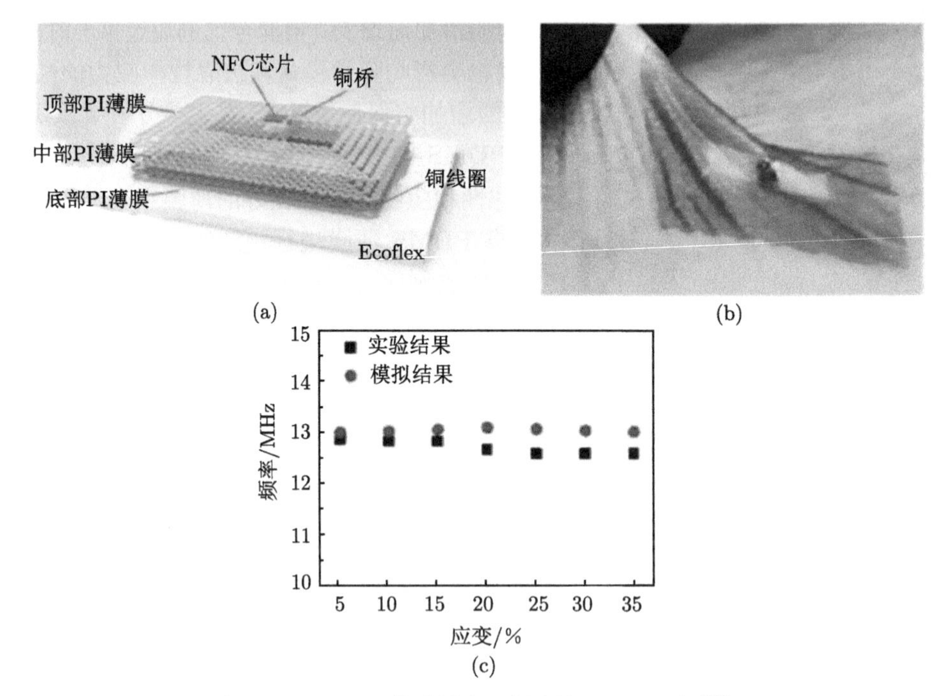

图 3.4 Ecoflex 薄膜衬底上制造的 NFC 天线 [14]

SMP 作为一类智能材料，具有形状可控、模量可调等特点，在电子器件形态设计方面的应用和性能受到了越来越广泛的关注。将 SMP 引入柔性电子器件，不仅可以更好地调节柔性电子器件的物理性能，还能使器件具有复杂的宏观三维立体结构 [16]。具有形状记忆特性的聚合物需要具备以下两个特点：① 具有固定永久形状的交联点，SMP 的微观结构通常是由物理交联或化学交联形成的网格结构，化学交联通常是指热固性材料通过原子间形成的共价键作为交联点位，而物理交联是指基于物理相互作用的交联，如结晶态和玻璃态的硬段微区 [17]、氢键作用 [18]、离子键作用 [19] 和分子链缠结 [20] 等；② 具有能够固定临时形状的转变，通常指可逆相转变 (如玻璃化转变、结晶熔融转变、液晶相转变等)。具备以上两种特点的聚合物材料通常可表现出形状记忆行为。

在柔性电子技术领域，SMP 主要用作三维柔性电子的衬底材料和柔性电子制造的转印材料。目前，用作柔性衬底的材料主要有 PI、PDMS 和 Ecoflex 等薄膜，这些材料的强度高、柔性好，但是一旦加工成型后，就无法改变形状。利用 SMP 的形状记忆特性，将其作为衬底材料，在平面加工完成后进行变形可实现二维电子到三维电子的转变，也可以满足柔性电子器件的复杂曲面形貌需求。冯雪课题组 [21] 利用 SMP 作为衬底，实现了可以从二维向三维转化的缠绕电极，用于检测神经损伤。所使用的 SMP 衬底在 37℃ 生理盐水的驱动下，可自然地自我攀爬到神经上，形成三维柔性神经界面，如图 3.5 所示。

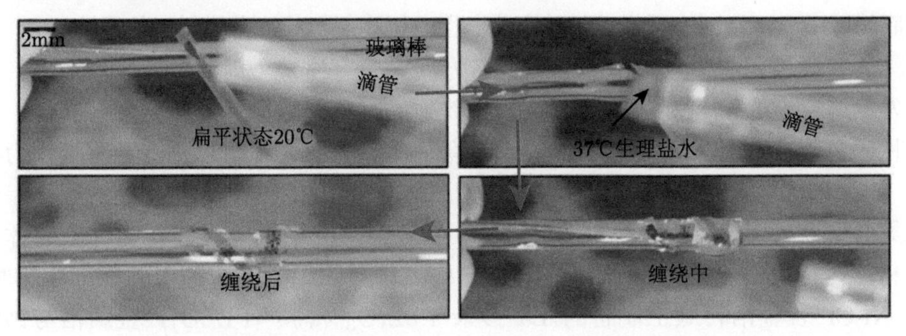

图 3.5 在柔性可变性 SMP 衬底上制备的三维神经缠绕电极 [21]

当用作转印材料时，SMP 的玻璃化转变温度、模量及表面能密度是影响转印最为关键的三个材料参数。在转印时，一般选择玻璃化转变温度为 43℃ 附近的 SMP，主要原因在于玻璃化转变温度高于室温 (25℃) 的 SMP 在室温下具有稳定的性能。同时将玻璃化转变温度设计在人体相对适应的温度范围内，可使 SMP 在人体应用中具备可操作性。SMP 的橡胶态模量对转印有着重要的影响，模量过低，微结构变形过程中储存的变形能不足以克服微结构与功能器件间的界面能；模量过高，微结构产生变形时可能导致功能器件发生破坏，这些问题都将会降低转印的成功率。

3.2.2 柔性无机绝缘材料

无机绝缘材料通常没有自由电子，但有比金属键和纯共价键更强的离子键，以及离子键与共价键组成的混合键。这种化学键具有的高键能和高键强，使得无机绝缘材料具有高熔点、高硬度、耐腐蚀、耐磨损、高强度、抗氧化以及良好的介电、压电和铁电等特性。虽然从块体的形态上，这类材料不具有柔性，但当无机绝缘材料的厚度降低到一定程度时，则具有一定的柔性，如 0.1mm 的柔性玻璃，20μm 的柔性云母单晶等。几乎所有的无机绝缘材料都可以通过减小厚度实现柔性，所以柔性无机绝缘材料通常意义上是指柔性无机薄膜绝缘材料。由于大多数无机薄膜绝缘材料属于多晶材料，当发生变形时，各种不同大小的晶粒紧密排列形成的多晶体更容易产生微裂纹缺陷，因此多晶薄膜的生长必须有衬底作为支撑。在弹性和刚性系统中，若柔性无机薄膜绝缘材料由一定厚度的衬底和无机薄膜组成，那么弯曲产生的应变可以由公式 (3.1) 表示 [22]：

$$S=\left(\frac{t_{\mathrm{f}}+t_{\mathrm{S}}}{2R}\right)\left(\frac{1+2\eta+\chi\eta^2}{(1+\eta)(1+\chi\eta)}\right) \tag{3.1}$$

式中，S 为应变；t_{f} 为无机薄膜厚度；t_{S} 为衬底厚度；η 为 t_{f} 与 t_{S} 的比值；χ 为无机薄膜与衬底杨氏模量的比值。当无机薄膜的厚度远小于衬底的厚度时，柔性无机薄膜的应变与衬底的厚度成正比，与弯曲半径成反比。因此，当应变一定时，降低衬底的厚度，可以减小无机薄膜的弯曲半径，提高无机绝缘薄膜材料的柔性。

通常柔性无机薄膜绝缘材料的制备方法主要有磁控溅射法、原子层沉积、热蒸发、脉冲激光沉积和溶胶凝胶法等。其中的衬底材料应具有一定的耐温性，如柔性云母和金属箔衬底 [23]；在制备环境温度低的工艺中可以用 PI 薄膜作为衬底 [24]；也可以使用硬质耐高温衬底，如二氧化硅 [25]，再转印至柔性衬底上，形成柔性无机绝缘薄膜。衬底材料和制备工艺对无机绝缘薄膜的影响，主要体现在材料内应力的产生导致微结构改变，从而对无机绝缘薄膜的电性能产生影响。如 Ni-Cr 合金箔衬底上制备的 La 掺杂 $PbZrO_3$ 薄膜 (PLZO)，金属箔与钙钛矿 PLZO 薄膜的结构差异造成薄膜晶格失配，产生的微裂纹使得薄膜压电性能降低 [26]，如图 3.6(a) 所示。通常在衬底上制备无机绝缘薄膜前，先制备一层与无机绝缘薄膜具有相同结构的过渡层，如镍酸镧、钌酸锶等物质，它们具有导电性，也可以作为无机绝缘薄膜的底电极。图 3.6(b) 展示的是在 Ni-Cr 合金箔衬底上先沉积镍酸镧薄膜，再沉积 PLZO 薄膜，从而使制备的 PLZO 薄膜具有均匀致密的微观结构 [26]。内应力的产生不只源于异质界面的晶格失配，还源于衬底材料与无机绝缘薄膜 CTE 的差异。低 CTE 的衬底易使无机绝缘薄膜产生张应力，使得晶粒尺寸减小；高 CTE 的衬底易使薄膜产生压应力，增大晶粒尺寸，引起晶格参数改变，进而影响无机绝缘薄膜的铁电特性 [27]。

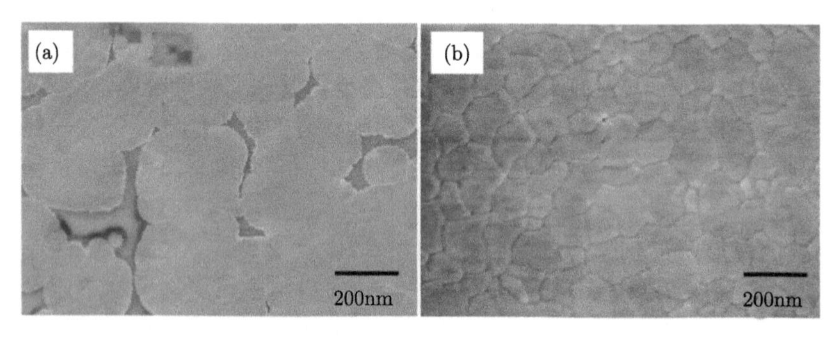

图 3.6　柔性 Ni-Cr 合金箔衬底的 La 掺杂 $PbZrO_3$ 薄膜 [26]

无机绝缘薄膜与柔性衬底异质界面往往存在范德瓦耳斯力，范德瓦耳斯力使得薄膜与衬底紧密结合，但两者 CTE 的差异和范德瓦耳斯力的存在使得薄膜产生不同类型的内应力，从而影响电性能。因此，研究人员选择低范德瓦耳斯力的柔性云母片作为衬底，当柔性无机绝缘薄膜产生面内和面外弯曲时，由于衬底对无机绝缘薄膜的束缚较小，薄膜内部产生内应力也较小，所以薄膜在面内或面外的弯曲作用下具有稳定的铁电性 [28]。

锆钛酸铅 (PZT) 材料因具有较大的压电常数、机电耦合系数和品质因子而广泛应用于柔性电子技术领域，如压力传感器 [29]、压电换能器 [30] 和纳米发电机 [31] 等。微纳米尺度下的柔性 PZT 结构器件是材料研究方向的热点之一，若要便于在柔性结构中对器件施加各种状态，就要实现 PZT 薄膜的可延展性，这需要在柔性衬底 (比如 PDMS) 上制备出屈曲 PZT 薄膜结构 (类似屈曲硅条 [32]/硅薄膜 [13])。由于 PZT 薄膜制备过程中需要高温热处理过程，无法在 PDMS 柔性衬底上直接生长 PZT 薄膜，因此需要在一个硬质衬底上制备 PZT 薄膜，图案化以后再转移到柔性衬底上。冯雪课题组通过预应变控制的办法，在柔性 PDMS 衬底上制备出波浪状屈曲的 PZT 薄膜条带。针对这种 PZT 的屈曲结构，可以用压电力显微镜 (PFM) 来研究其压电/铁电性。

图 3.7 展示的是原子力显微镜 (AFM) 扫描得到的屈曲 PZT 条带半个屈曲周期的形貌图，从图中可以读出该样品的屈曲波长约为 110μm，屈曲波峰与波谷的高度差为 7μm。根据薄膜在柔性衬底上的屈曲分析 [25]，该波浪状 PZT 条带中不同位置存在不同应变状态及应变梯度状态，可以充分模拟功能薄膜在柔性环境中可能遇到的应力应变状态。具体来讲，在屈曲波峰处 (图 3.7 区域 3) 薄膜条带的上表面处于拉伸应变状态，下表面处于压缩应变状态；薄膜条带在波谷处 (图 3.7 区域 1) 上表面处于压缩应变状态，下表面处于拉伸应变状态；波峰和波谷中间点 (图 3.7 区域 2) 由于没有弯曲应变，同时屈曲状态下中性层应变可以忽略不计，因此该处几乎处于无应力状态。3 号位置的上表面和 1 号位置的下表面可以模拟 PZT 薄膜处于受拉应变状态；1 号位置的上表面和 3 号位置的下表面可以模拟 PZT 薄膜处于受压应变状态；2 号位置的两个表面可以模拟 PZT 薄膜处于零应变状态。利用能量分析可以得到薄膜中的应变近似表达 [33]：

$$\varepsilon_{\text{bending}} = \frac{4\pi^2}{(1+\varepsilon_{\text{pre}})^2\lambda^2} A \cos\left[\frac{2\pi x}{(1+\varepsilon_{\text{pre}})\lambda}\right] z \tag{3.2}$$

式中，$\varepsilon_{\text{bending}}$ 为 PZT 薄膜条带弯曲应变；ε_{pre} 为衬底预拉伸应变；λ 为屈曲波长，由材料常数和衬底预拉伸应变共同决定；z 为厚度方向坐标。由该应变表达式可知，最大拉/压应变发生在波峰/波谷处的上表面及波谷/波峰的下表面。

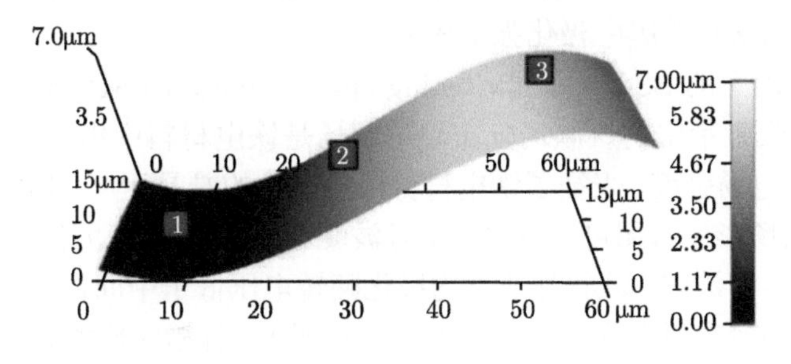

图 3.7 屈曲 PZT 薄膜的 AFM 形貌图

在 PZT 薄膜条带上表面面内方向，从波谷到波峰，薄膜应变状态逐渐由压应变变化到零应变，然后到拉应变。根据有限变形分析，该方向存在应变梯度：

$$\frac{\partial \varepsilon_{\text{bending}}}{\partial x} = -\frac{8\pi^3}{(1+\varepsilon_{\text{pre}})^3\lambda^3} A \sin\left[\frac{2\pi x}{(1+\varepsilon_{\text{pre}})\lambda}\right] z \tag{3.3}$$

在厚度方向上，中点 2 号位置到波峰 3 号位置段，中性层到上表面受拉应变，中性层到下表面受压应变；中点 2 号位置到波谷 1 号位置段，中性层以上为压应变，中性层以下为拉应变；在波峰 3 号/波谷 1 号位置的上表面到下表面的厚度方向，应变从最大拉/压应变变为最大压/拉应变，由于薄膜厚度仅 400~500nm，因此 PZT 薄膜在厚度方向上存在很大的应变梯度，可以写成

$$\frac{\partial \varepsilon_{\text{bending}}}{\partial z} = \frac{4\pi^2}{(1+\varepsilon_{\text{pre}})^2\lambda^2} A \cos\left[\frac{2\pi x}{(1+\varepsilon_{\text{pre}})\lambda}\right] \tag{3.4}$$

因此，在波浪状屈曲的 PZT 薄膜条带中存在非均匀分布的应力应变，面内和厚度方向存在不同程度的应变梯度。这些应变分布以及应变梯度的存在，对 PZT 铁电薄膜的铁电性质造成一定的影响，并在宏观上影响材料的压电响应。

为了探究不同应变状态下薄膜的铁电特性，采用 PFM 分别扫描区域 1、区域 2 和区域 3 处的压电响应，扫描区域大小为 2μm×2μm。图 3.8(a) 为 PFM 扫描的三个区域的压电响应振幅图 (左边) 和相位图 (右边)。从振幅图中可知 1 号和 3 号位置的最大/最小压电响应均大于 2 号位置，且受拉应变的 3 号位置最大压电响应最大。从相位图中可以看出 1 号和 3 号位置的相位差 (最大相位角减去最小相位角) 均大于 2 号位置。为了进一步统计分析，将压电响应振幅在相应的区域求平均，得到如图 3.8(b) 所示的统计图。从统计结果看出，与前述分析一致，区域 1 和区域 3 的平均压电响应高于区域 2。由此可见，应变和应变梯度的存在有利于铁电薄膜材料中极化的生成，使得材料压电响应变强；且相比于压应变，拉应变更有利于 PZT 薄膜中极化强度增大。

利用 PFM 中的 SS-PFM (switching spectroscopy PFM) 模块，测量波浪状屈曲 PZT 薄膜条带中的矫顽场分布。矫顽场是铁电材料中电畴极化方向发生翻转所需的最小电场强度，表征了铁电材料极化翻转的难易程度。扫描结果如图 3.9 所示。从矫顽场彩色云图可以看到，3 号波峰和 1 号波谷处的低矫顽场区域比 2 号中间位置多，即波峰、波谷处的平均极化翻转电压低于中间位置。由此可见，由于波峰、波谷的应变以及应变梯度比中间位置要大，且相应位置处矫顽场较低，故应变以及应变梯度的存在会导致极化翻转电压的降低。

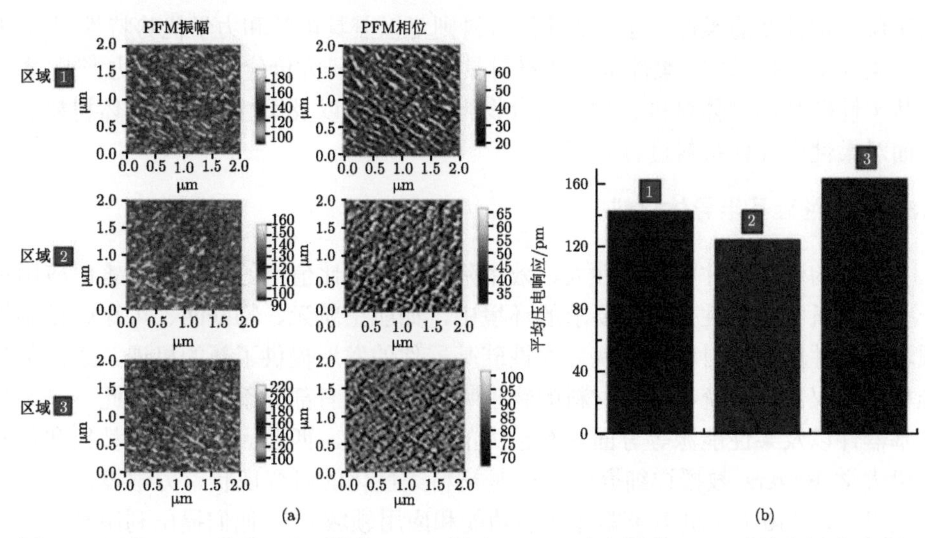

图 3.8 屈曲 PZT 薄膜三个区域的 PFM 测试：(a) 三个区域的 PFM 振幅图和相位图；(b) 三个区域振幅图平均值对比

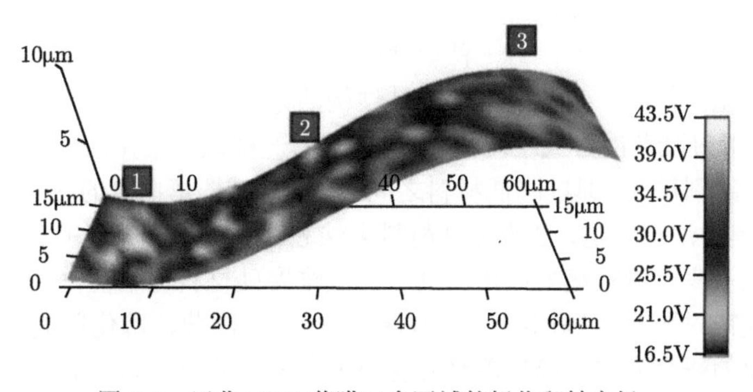

图 3.9 屈曲 PZT 薄膜三个区域的极化翻转电场

3.3 柔性半导体材料

半导体材料是指电导率 ($10^0 \sim 10^{-9}$S/cm) 介于金属与绝缘体之间的材料，是许多工业整机设备的核心，广泛应用于手机、个人计算机 (PC)、智能硬件、汽车、医疗及军事等多个领域。目前，无机半导体材料的发展经过了三个主要阶段：以硅为代表的第一代半导体材料，以砷化镓为代表的第二代半导体材料，以碳化硅为代表的第三代半导体材料。但是，在室温下这些无机半导体材料大多是硬质的，在拉伸或者扭曲时易发生断裂、折断等机械失效，较难与柔性电子器件集成。近 20 年的研究表明，无机半导体被制备成微纳尺度的低维纳米材料或超薄薄膜后可以实现一定程度的柔性；有机半导体材料则可以兼具电学和力学优势特性 [34]，因而在柔性电子技术中，柔性半导体材料具有巨大的研究价值和应用潜力 [35]。本节将从柔性硅基半导体材料、柔性化合物半导体材料以及柔性有机半导体材料三个方面对柔性半导体材料进行介绍。

3.3.1　柔性硅基半导体材料

传统的硅基器件因其脆性大、效率除以重量的比值小等固有缺点难以应用在一些对质量和柔韧性有特定要求的环境中，如航空航天、物联网、可穿戴设备等领域。柔性单晶硅材料的出现为柔性硅基器件的发展提供了新的机遇。柔性单晶硅材料不仅具有传统半导体材料的物理特性，还具有部分柔韧性。因此，在柔性硅基器件以及柔性能源等方面具有巨大的应用价值。西北大学黄永刚教授和伊利诺伊大学 Rogers 教授详细介绍了硅基材料柔性化的研究现状、力学设计原理和失效机理，开拓了无机电子器件新的功能和应用领域 [36]。他们提出利用结构设计方式 (如盘绕纤维结构、波浪形结构和岛桥结构等)，引入中性层或屈曲模型设计，能够在系统大变形过程中避免过多应力作用到脆性无机功能器件上，从而可以实现无机电子器件的柔性化。

除了柔性结构设计外，另一种柔性化设计方法是通过减薄尺寸实现无机材料的本征柔性化。目前，制备柔性单晶硅结构的方法主要有两种，一种是薄化单晶硅材料，即通过减薄的方式实现柔性 [37,38]；另一种是低维化硅材料，将块体材料制成微纳米级别尺寸，通过降低材料之间的间隔，减弱弯曲时的应变应力，实现柔性 [39-42]。值得注意的是，低维化硅材料无法独自成为柔性器件的独立支撑体，需要依托柔性衬底才能实现柔性化。这导致低维度硅材料与柔性衬底容易因为界面不稳定、集成过程损耗等问题造成器件失效 [43]。因此，薄化单晶硅材料是近年来一个重要的研究方向。薄化单晶硅材料的制备主要有“自上而下”的体硅剥离法 [44-46]、机械研磨减薄 [47,48]、离子注入剥离法 [49,50]、化学刻蚀法 [51-55] 以及“自下而上”的外延生长转移法 [56-58]。这些制备方法各有优势和缺陷。体硅剥离法和外延生长转移法存在制备过程复杂、难以大面积制造等问题，制造过程中会产生多余的能量消耗和成本损失。相对而言，化学刻蚀法不需要昂贵的专业设备，制备效率也高，可以在实验室实现大规模、大面积的制备，是当下最简单、最有效的薄化方法。

体硅剥离法主要流程如图 3.10 所示，通过光刻–刻蚀技术在体硅上制备了微米级别阵列，然后真空沉积一层贵金属，反应离子刻蚀去除掩模，碱液各向异性刻蚀沟槽，制备氮化硅保护层，接着再次真空沉积贵金属层，碱液刻蚀脱离，最后有机物粘离体硅衬底，剥离形成超薄的硅条阵列。通过构型设计、层层刻蚀制备出大量的薄硅条阵列，阵列之间有着大量的应力释放区，使得转移后的硅条阵列具有良好的抗弯折性能。然而，制备的百微米尺度条形柔性单晶硅材料的工艺复杂且烦琐，成品率较低，易因操作不当产生破裂；而且制备的硅条尺寸偏小，在后期制作硅基电子器件时不易操作。

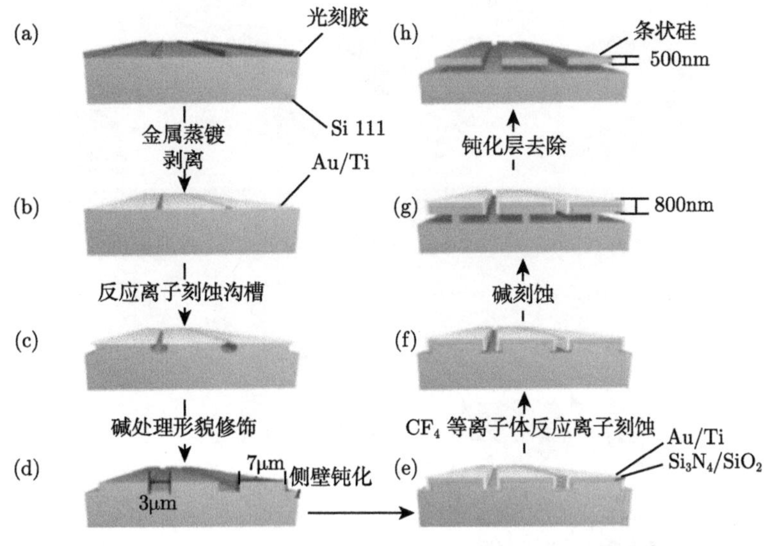

图 3.10 体硅剥离法制备薄化单晶硅材料示意图 [59]

离子注入剥离法主要是指由 SiGen 公司开发的 PolyMax 切割技术，该技术是通过将高能离子束注入至硅锭一定深度处，随后通过撕裂的方式获得 20~150μm 厚度的硅片。这一方法的优势是大大减少了切割过程中硅料的损失，提高了硅料的利用率，劣势是设备昂贵，生产效率低。

机械减薄法通常利用纳米金刚石对无机半导体进行研磨减薄。在减薄的过程中，纳米金刚石颗粒嵌入半导体材料减薄面的内部，在相互运动的过程中具有高硬度、高模量的金刚石颗粒会磨削半导体材料进而实现减薄。金刚石颗粒的形貌会随着颗粒粒径的变小呈现由尖锐到圆润的转变，同时金刚石颗粒的磨削深度会随着颗粒粒径的增大而增大，减薄速度也会随着颗粒粒径的增大而增大，通过调控金刚石颗粒粒径大小可以调控减薄速度。

化学刻蚀法是目前工业界及学术界制备超薄单晶硅材料最常用的方法，其最大的优点就是设备要求低、操作简单且可控性高，可大规模制备均匀且厚度可控的柔性单晶硅薄膜，制得的光学照片如图 3.11 所示。缺点是硅料的浪费严重以及环保成本的增加。减薄硅片的腐蚀溶液一般为高浓度的 KOH 或 NaOH 溶液，同时需要 80~90℃ 的水浴加热。崔毅课题组 [53] 采用 500μm 厚的双面抛光晶圆片作为衬底，90℃ 下采用高浓度 KOH 溶液腐蚀，实现了厚度可控的超薄单晶硅材料制备，不仅弯曲程度可接近 180°，同时还具备一定的可裁剪性。虽然该方法对单晶硅衬底产生了浪费，增加了一定的制作成本，但是化学刻蚀法制备的柔性单晶硅材料是复杂三维柔性结构和柔性器件构建的基础。

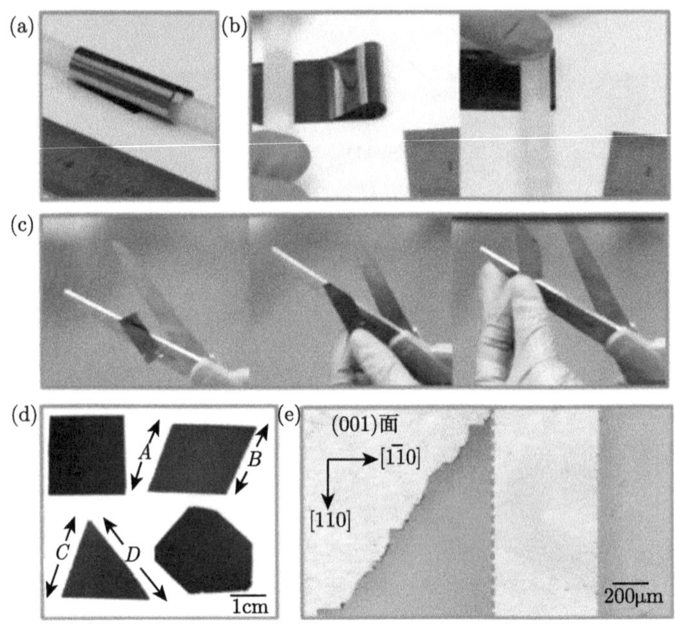

图 3.11　化学刻蚀法制备薄化单晶硅材料的光学照片 [53]

外延生长转移法主要是通过刻蚀等方法将预沉积的牺牲层横向移除，然后将外延生长层剥离，转移到柔性衬底上，实现柔性单晶硅材料的制备，如图 3.12 所示。这种方法制备的柔性单晶硅片均匀，且厚度可控，是比较理想的制备方式，但制备流程复杂，操作工艺偏多，且设备昂贵，生产过程污染环境，在转移的过程中无法实现与柔性衬底的良好黏结，且牺牲层多采用金属镍层，易对薄硅片表面产生污染，影响后期所制作器件的使用。

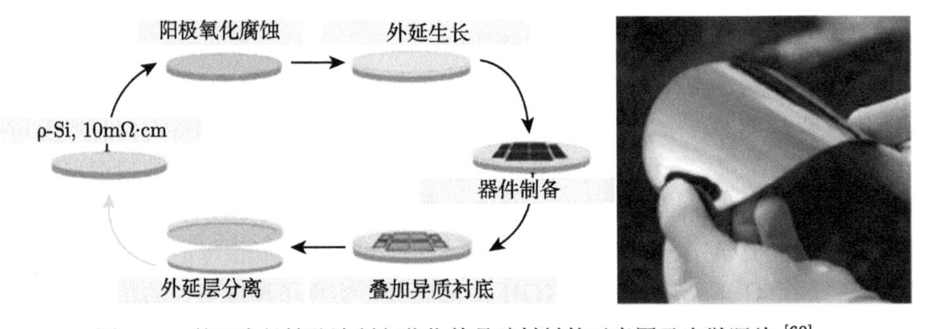

图 3.12　外延生长转移法制备薄化单晶硅材料的示意图及光学照片 [60]

柔性硅基半导体材料的一个很重要的应用是柔性薄膜太阳能电池 [61]。相比于晶体硅太阳能电池，薄膜太阳能电池所需原材料更少、能耗更低、成本更低，具有广阔的市场应用前景。“太阳能之父”马丁·格林教授团队于 20 世纪 90 年代提出了腐蚀减薄法制备超薄单晶硅太阳能电池 [62]。他们采用厚度为 400μm 的单晶硅片作为起始衬底，通过碱腐蚀的方法制备出了效率为 21.5%的 47μm 厚钝化发射极局部背扩散 (PERL) 超薄单晶硅太阳能电池，它的出现首次证明了自支撑超薄单晶硅电池的实验可行性，为后续超薄单晶硅电池的发展奠定了基础。由于腐蚀减薄法工艺简单，可控性高，因此针对该方法的文献报道较多。Sharma 等 [63] 采用 KOH 腐蚀的方法获得了厚度为 8.6μm 的超薄单晶硅材料，采用正面纳米线减反射与背面银纳米颗粒等离子共振效应相结合的方法提升硅片在长波区的吸收率，最终制备出的有机无机杂化电池效率为 6.62%。除了常见的碱溶液腐蚀外，酸性体系的腐蚀也是一个不错的选择。Rogers 等采用半导体技术制备了柔性电子眼相机，其在硅基片上将单晶硅制备成感光 CMOS 阵列器件, 再将之转印到半球状的柔性衬底上，制得的柔性电子眼相机像生物的眼球一样有着更大的视角和更小的图形畸变特性 [64]。需要说明的是，目前减薄法制备超薄单晶硅多采用高浓度碱溶液腐蚀法获得，双面腐蚀速率仅为 $1 \sim 2\mu m/min$，腐蚀速率过慢，生产效率极低，而且会造成能源的巨大浪费。

3.3.2 柔性化合物半导体材料

柔性化合物半导体材料，通常是指在柔性薄膜 (如 PI、PET) 上构建柔性超薄可弯曲的化合物半导体材料。常见化合物薄膜材料有 Ⅲ-V 族材料、金属氧化物材料、金属硫化物材料和钙钛矿材料等。柔性化合物薄膜半导体材料的一个重要应用是构成异质结。异质结是光电子和微电子器件的关键，但是当应用于柔性传感器件时，异质结在大变形工作环境下的电学特性和光电特性的演化规律和器件可靠性仍需要深入研究和挖掘。对异质结而言，其性能与异质结界面的能带结构密切相关，而异质结界面的能带结构又与构成异质结材料本身的能带结构有着紧密的联系。因此，半导体材料的异质结界面在柔性器件结构中是否会受到应变的影响，是异质结应用于柔性传感器件时首先需要面对的问题。

透明导电氧化物 (TCO) 薄膜具有很高的透射率，在红外区则具有很高的反射率，并且具有较高的直流电导率。通过引入非理想配比和适当的掺杂，可以使宽带隙氧化物材料 ($> 3eV$) 中的电子发生兼并，获得良好的透明导电材料。目前，研究和使用较多的透明导电薄膜材料主要有氧化锌 (ZnO)、三氧化二铟 (In_2O_3)、二氧化锡 (SnO_2) 以及基于它们的外掺杂材料。最重要的是锡掺杂的三氧化二铟薄膜 (氧化铟锡，ITO) 和铝掺杂的氧化锌薄膜 (AZO)。TCO 薄膜优良的光电特性使其在液晶显示器、电荷耦合成像器件、太阳能电池、热反射镜等领域得到了广泛的应用，因而 TCO 薄膜是信息产业中不可缺少的材料。

林媛课题组 [65] 对由硅薄膜和 ITO 薄膜所构成的 Si/ITO 异质结在弯曲形变下的能带结构变化进行了系统性研究，揭示了基于该异质结的柔性光电传感器件的光电性能与宏观弯曲形变之间的关联性。柔性 Si/ITO 异质结的制备工艺流程如图 3.13(a) 所示，利用溅射方法在绝缘体上的硅的表面沉积 ITO 薄膜形成 Si/ITO 异质结结构，然后将异质结转印至沉积有 ITO 薄膜电极和 Au 薄膜电极的 PET 衬底上，即可完成柔性 Si/ITO 异质结的构筑。弯曲形变下异质结在不同光波长下的 I-V 特性表明，在 405~808nm 波长范围内，弯曲应变对 I-V 特性表现出了明显的调控作用。当异质结弯曲半径达到 3cm 时，异质结出现了明显的从 Schottky 接触向 Ohmic 接触的转变，说明弯曲应变对异质结的界面势垒高度起到了调控作用。由于异质结中的 ITO 为多晶态，应变对能带的效应相对可以忽略，因此可以认为弯曲过程中的势垒变化主要是由 Si 的能带结构变化引起的。通过在 Si 的能带模型中分别引入沿 [100] 方向和 [010]、[001] 方向的应变修正项，可以从理论上很好地解释这种应变与势垒高度之间的关联性，如图 3.13(b) 所示。结合有限元分析得到的薄膜中的应变值，可以计算出不同弯曲半径下势垒高度的变化值。理论计算值与利用 I-V 数据和光电转化效率 (IPCE) 数据分析得到的势垒变化实验值吻合良好，如图 3.13(c) 所示，证明了该理论解释的有效性。

器件性能测试表明，施加弯曲应变后异质结的光电响应速度得到显著提高，器件的光响应特性与偏压的关系更趋于线性，光探测率能够在不同偏压条件下表现得更为稳定，如图 3.13(d) 所示。当进一步缩小异质结的弯曲半径使薄膜中具有更大的应变时，异质结的光响应特性、光探测率和线性动态范围等光电探测器指标较未弯曲时均未发生明显的变化。因此，利用宏观应力–能带结构–电子学性能之间的耦合特性，通过机械应变的引入实现半导体材料能带的变化，可以有效地调控具有异质结结构的柔性传感器件的性能。

氧化锌薄膜是一种宽禁带 ($E_{\mathrm{g}} = 3.3\mathrm{eV}$) 的 n 型半导体材料，具有价格低、无毒等优点，并且在等离子体中有很好的稳定性，这使得它在压电转换、光电显示等领域有着广泛的应用，因而是一种重要的氧化物半导体材料。掺杂的 ZnO 具有更低的电阻率和稳定性，目前研究者在 Al 掺杂 ZnO 透明导电薄膜方面进行了大量的研究工作 [66-70]。Yang 等 [66] 首次在有机衬底聚丙烯已二酯 (PPA) 上利用射频磁控溅射法得到 ZnO:Al 透明导电薄膜，柔性衬底上生长的 ZnO:Al 薄膜与硬质衬底上生长的薄膜具有相同的结构，都是 (002) 面单一择优取向的多晶六角纤锌矿结构，其 c 轴垂直于衬底。薄膜电阻率为 $1.84\times10^{-3}\Omega\cdot\mathrm{cm}$，载流子浓度超过 $4.62\times10^{20}\mathrm{cm}^{-3}$，霍尔迁移率为 $7.34\mathrm{cm}^2/(\mathrm{V\cdot s})$，300nm 的薄膜平均光学透过率超

过 84%。

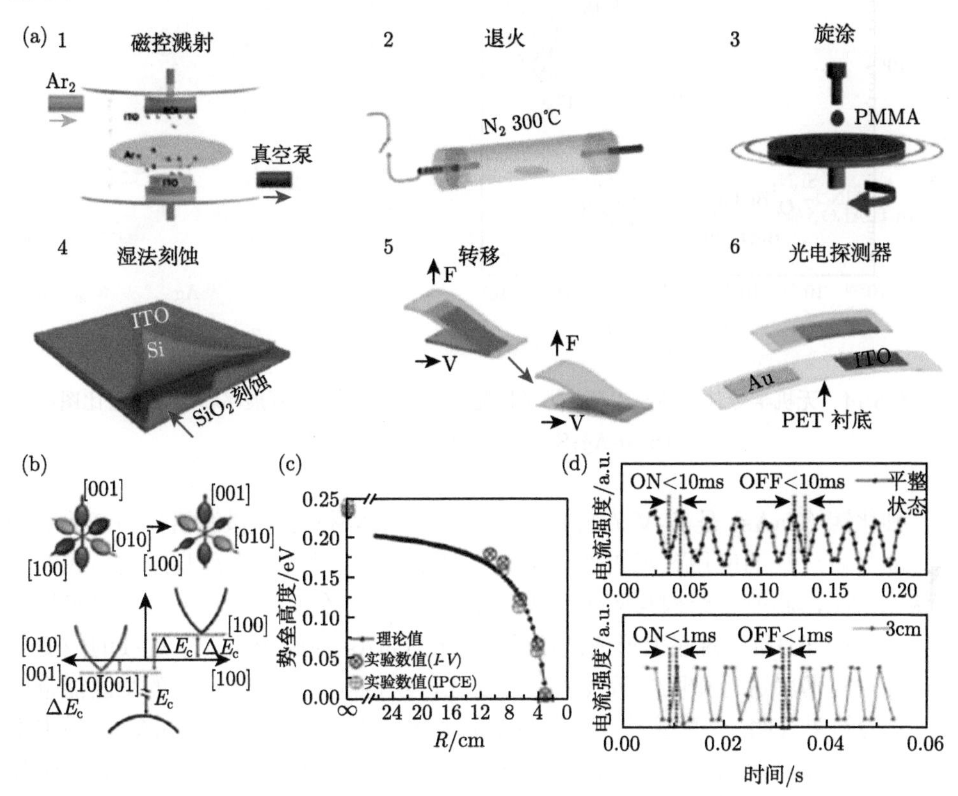

图 3.13 基于 Si/ITO 异质结的柔性光电传感器

金属硫化物在光伏、光电器件方面具有广泛应用，Ag_2S 是一种新型窄禁带半导体材料，具有很高的化学稳定性、可见光吸收、主红外区透过和光致发光等特性，能够应用于光伏电池、红外探测器、离子导体和光电导器件等领域 [71-74]。Ag_2S 作为一种重要的过渡金属硫化物，主要存在三种同素异形体，包括 α-Ag_2S、β-Ag_2S 和 γ-Ag_2S。α-Ag_2S 半导体材料在力学方面具有类似金属的性质，在弯曲变形过程中能够维持电性能和整体性，其最大弯曲形变超过 20%，拉伸形变可达 4.2%，最大压缩形变可达 50%以上 [75]。这些数值均远超已知的陶瓷和半导体材料，和一些金属的力学性能相似。在 450K 以下，主要以低温半导体相 α-Ag_2S 单斜晶结构的形式存在 (图 3.14)[76]。李国栋等 [77] 采用密度泛函理论对 α-Ag_2S 的本征力学性质进行模拟，从原子尺度研究了压力作用下 α-Ag_2S 中 Ag—S 键的变形机理。他们指出 α-Ag_2S 体材料的延展性机理由三个因素构成：① 低理想剪切强度和压力作用下的多个滑移路径；② α-Ag_2S 八边形框架易于滑动而不需要破坏 Ag—S 键；③ 金属 Ag—Ag 键的形成抑制 Ag—S 框架滑移并将其有效地耦合。

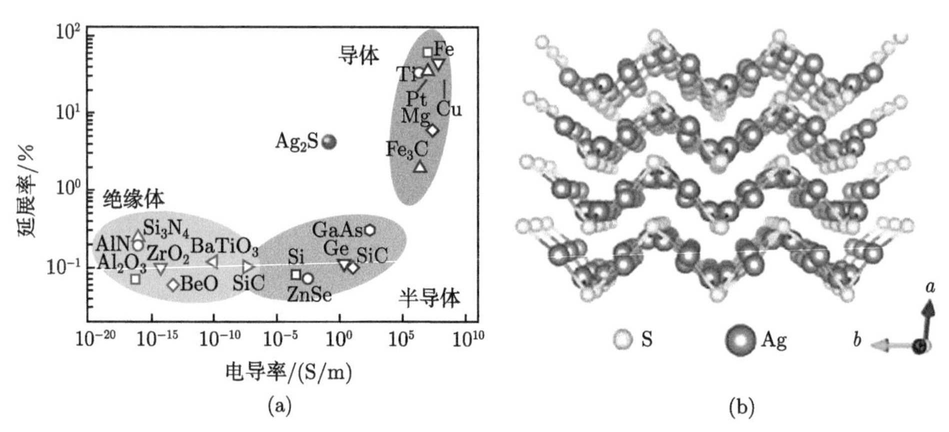

图 3.14 无机半导体 α-Ag_2S 及其力学性能：(a) 常见材料的延展率和电导率对比图；(b) α-Ag_2S 材料的 [001] 晶向结构图

砷化镓 (GaAs) 是Ⅲ-V 族材料中重要的半导体材料，在微波器件和高数字器件方面具有广泛的应用。冯雪课题组 [78] 对 PDMS 衬底上由薄膜屈曲形成的波浪状 GaAs 薄膜能带结构与应变关联性进行了研究。他们通过将 GaAs 薄膜转印到预拉伸的 PDMS 衬底上形成波纹结构，在 GaAs 薄膜中引入了连续的应变分布。通过对薄膜进行微区光致发光光谱表征，获得了具有不同应变的微区能带信息。实验结果表明, 当形成具有连续应变的波纹状 GaAs 薄膜时，GaAs 薄膜中不同微区的能带结构与微区对应的应变存在着非常明显的关联。GaAs 薄膜的带隙宽度沿波纹结构的波峰 (张应变区域) 到波谷 (压应变区域) 会呈现连续增大的趋势。通过进一步的理论分析，建立了通过波纹结构调控 GaAs 薄膜能带结构的理论模型。

钙钛矿材料是一类有着与钛酸钙 ($CaTiO_3$) 相同晶体结构的材料，是德国矿物学家 Custav Rose 在 1983 年发现的，后来被俄国矿物学家 Perovski 命名。钙钛矿材料化学式一般为 ABX_3，其中 A 和 B 是两种阳离子，X 是阴离子。这种晶体结构让它具备了吸光性、电催化性等，在化学、物理领域有都有着特殊的应用。例如，有机无机复合钙钛矿电池在光伏领域已经取得长足发展，目前钙钛矿太阳能电池 (PSC) 的认证效率已经超越了多晶硅太阳能电池，达到了 24.2%。

应用于柔性 PSC 的柔性衬底通常有 PET/ITO 和 PEN/ITO 两种。这些半导体柔性衬底，常规的加工温度为 150~200℃，超过这个温度范围，衬底会发生形变甚至融化，进而影响电池的整体性能。然而，高效的钙钛矿器件通常需要结晶的 TiO_2 作为电子的传输层。为使 TiO_2 从非晶态转变成结晶态，以获得较好的电荷传输特性，致密的 TiO_2 通常需要在 450~500℃ 的高温下退火处理形成多晶体 [79]。因而，高温限制了塑料衬底在 PSC 器件中的应用。为解决这个问题，研究者设计低温路线以制备致密 TiO_2 层 [80-83]，引入 ZnO[84-88]、WO_3、$CuInS_2$[89]、NiO[90]、SnO_2[91,92]、CdSe[93] 等在低温下即可得到的材料或者使用 Ti 箔来代替 ITO-PET/PEN[94]。Jung 小组利用 ALD 技术制备无煅烧、20nm 厚非晶致密的 TiO_2 层，并获得了效率为 12.2%的平面异质结柔性 PSC (图 3.15)。

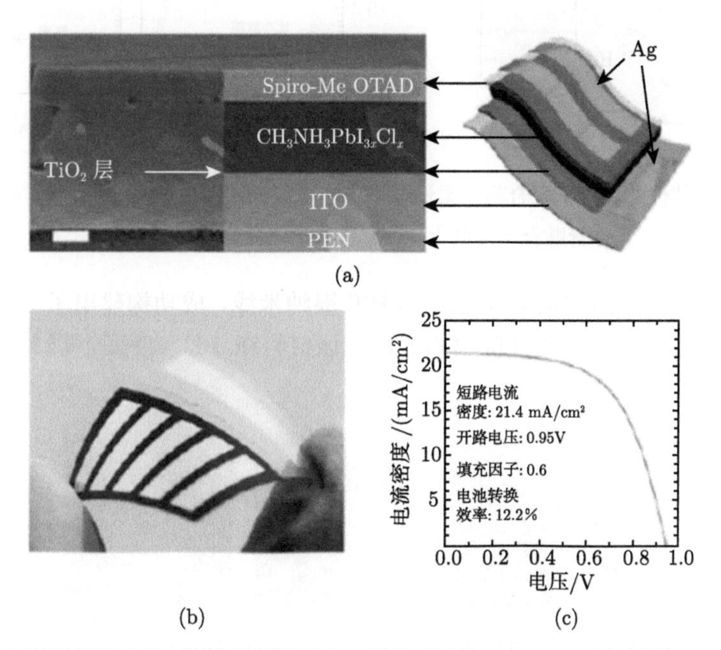

图 3.15 (a) 平面柔性 PSC 结构及截面 SEM 图像 (标尺 200nm)；(b) 柔性 PSC 弯曲实物图像；(c) PEN/ITO/TiO_x/$CH_3NH_3PbI_{3x}Cl_x$/Spiro-Me OTAD/Ag 柔性电池器件的 *J-V* 特性曲线 ($100mW/cm^2$ AM 1.5G①)

3.3.3 柔性有机半导体材料

高分子聚合物已广泛用于各种应用，从能量存储系统 [95,96]，生物电子器件 [97-99]，再到柔性电子技术 [100,101]。使用特殊工艺掺杂的高分子聚合物，具有半导体性质，可被用来制备柔性有机场效应晶体管 (OFET)。鲍哲南课题组制备了一种可以双向延展，且同时保持高性能的有机场效应晶体管。该器件在 100%应变下，仍能保持 $1.08cm^2/(V·s)$ 的电子迁移率 [102]。使用该材料制备出的柔软超薄有机场效应晶体管器件，可以完全贴合在皮肤上，如图 3.16(a) 所示。在 100%应变下，该器件仍然可以具有很高的开关比，如图 3.16(b) 所示。

① 描述太阳光入射于地表的平均照度，其太阳总辐照度为 $100mW/cm^2$。

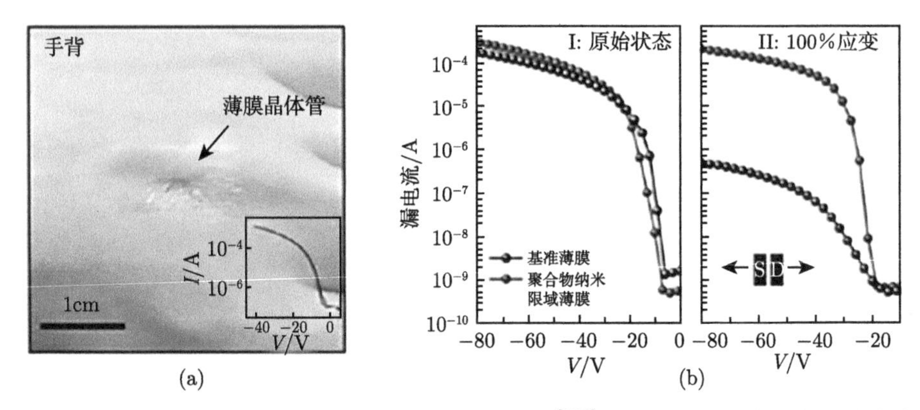

图 3.16　半导体性的高分子聚合物在柔性电子中的应用 [102]：(a) 可延展柔性有机场效应体晶体管贴合在皮肤上；(b) 晶体管应变前后性能对比

Song 等通过在 PDMS 里夹杂 P3HT 银纳米线，成功构建出了一种高延展率的可拉伸有机薄膜半导体材料 (OTFT)，该材料在 100%应变下仍具有稳定的电性能 [103]，如图 3.17 所示。

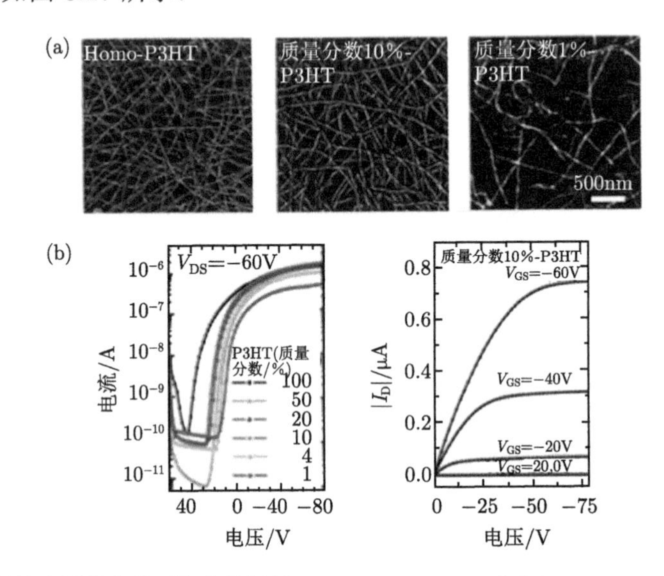

图 3.17　柔性半导体高分子聚合物材料 OTFT：(a) AFM 相图；(b) OTFT 传输特性图

柔性有机半导体材料的另一个重要应用是有机太阳能电池。有机太阳能电池的研究开始于 1959 年，电池结构是将单晶蒽加在两个功函数不同的电极之间。但是，有机半导体中激子解离效率太低，导致该有机电池器件转换效率极低 [104]。在有机太阳能电池中，有机半导体吸收光子后产生的激子并不能像在无机半导体中一样直接解离为自由电子和空穴，不能马上解离的电子空穴对很快就会复合，不能形成有效的光电流，限制了有机太阳能电池的发电效率。直到 1986 年柯达公司的邓青云博士制备出双层结构的有机光伏器件，才对激子解离这一限制做出了突破性的进展 [105]。双层结构的电池器件将 p 型电子给体和 n 型电子受体结合形成双层异质结结构，双层异质结结构中给体和受体界面处的激子解离效率显著提高，解离后电子在受体材料中传输，空穴在给体材料中传输，电荷复合的概率降低，电池能量转换效率达到 1%。该双层结构的不足之处在于，有机太阳能电池中为了保证有效的光吸收，通常需要活性层的厚度在 100nm 左右，而激子在有机半导体中的扩散长度通常在 10nm 左右。同时双层异质结的界面虽然具有较大的接触面积，但激子只能在界面区域解离。由于激子的扩散距离小于活性层的厚度，离界面较远处的激子依然无法有效地解离，还没移动到给/受体界面就发生复合了，因此电池器件的效率依然很低。

1995 年，Yu 等使用聚对苯乙烯撑衍生物 (MEH-PPV) 和富勒烯 (C_{60}) 共混体系制备出的有机光伏器件的能量转换效率达到了 2.9%[106]，发展出了本体异质结 (bulk heterojunction) 结构电池器件。本体异质结是将 p 型给体材料和 n 型受体材料通过溶液共混的方式旋涂，通过干燥过程中的相分离过程形成给体、受体的互穿网络结构。这种结构极大地提高了异质结的界面面积，并且激子解离发生在整个活性层之中，解离效率更高，因此有机太阳能电池的性能得到进一步的发展。图 3.18 是有机太阳能电池发展过程中的结构以及能级示意图。

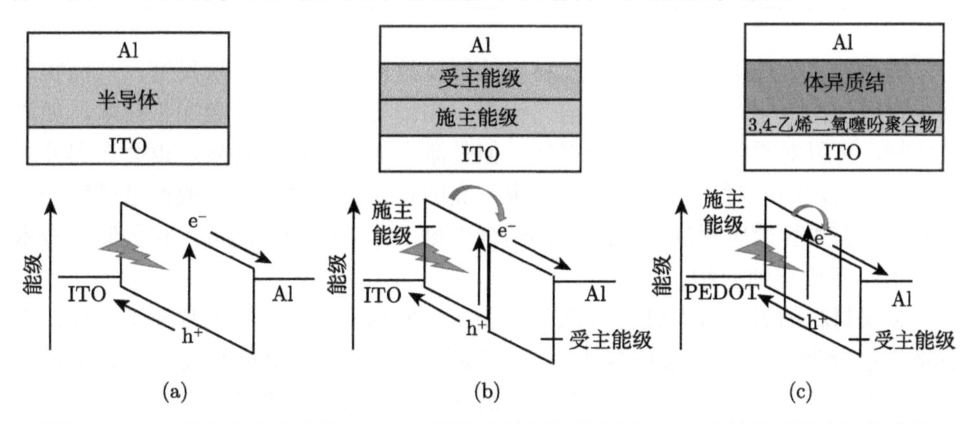

图 3.18 (a) 单层太阳能电池；(b) 双层异质结太阳能电池；(c) 本体异质结太阳能电池

3.4 柔性导电材料

导电材料一般指电导率在 10^0S/cm 以上，能在电场中传输载流子从而导通电路的一类功能材料。在柔性电子器件中，导电材料大多用作电极或导线，并可通过图案和结构设计实现功能化。根据化学组成，导电材料可分为金属导电材料、碳基导电材料和有机导电材料三大类。金属及碳基导电材料的电导率较高但柔性较差，大部分情况下需要和有机高分子复合以实现柔性；有机导电材料主要为导电聚合物，柔性较好但电导率较低。因此，在柔性电子器件设计中需要根据应用场景选择合适的导电材料，以获得最佳的器件性能。

3.4.1　柔性金属导电材料

常用金属材料的电导率可达 10^5S/cm (表 3.1[107])，非常适合用作导电电极。但是金属块材通常是刚性的，需要经过特殊的制备或加工手段，将金属材料处理至微纳尺度，与柔性高分子衬底材料复合后才能实现柔性。

表 3.1　常用金属材料导电性能 [107]

金属	电导率/(S/cm)	面电阻率/(Ω/sq.)
银	6.17×10^5	0.16
铜	5.92×10^5	0.17
铜纳米线	5.88×10^5	0.19
金	4.17×10^5	0.23
铝	3.82×10^5	0.27
银纳米线	3.24×10^5	0.51
镍	1.38×10^5	0.71
铂	9.35×10^4	1.1
锡	8.77×10^4	1.2
铬	7.94×10^4	1.3

机械加工处理可以将常规金属材料的厚度处理至微米、纳米尺度，从而实现金属材料的柔性化，如商业化铜箔、铝箔、锡箔等：然后借助微加工技术，如激光切割，可以对柔性电极进行图案化。但是激光加工的精度有限，也会在器件中引入薄弱点，因而对于精度和性能要求更高的柔性电子器件，一般通过溅射和蒸镀的方式在柔性薄膜衬底上沉积，再结合光刻工艺完成加工制造。相关制备技术将在第 4 章中详细介绍。

金属材料的另一种柔性化方法是先制备金属纳米粒子、纳米片或纳米线，然后将它们分散于溶液中形成导电墨水，接着使用印刷、涂布方式转移到柔性衬底上制备柔性电极。导电墨水需具备合适的黏度、表面张力和挥发性，以满足印刷时的工艺要求。为增强界面强度，还要对柔性衬底表面进行预处理，如紫外辐射 [108]、臭氧处理、引入表面微结构 [109] 等。

此外，还可以将金属纳米材料与其他柔性衬底材料复合制备导电电极，复合的方法包括溶液共混法、熔融共混法以及原位法等 [110-112]。金属纳米材料/聚合物复合材料的导电机理大多与渗流网络的形成有关 [113]，根据渗流理论，复合材料的电导率会在导电粒子含量达到渗流阈值以上后急剧上升，这是由于在达到渗流阈值后，导电粒子之间相互接触搭接成较为完善的导电网络。McCoul 等 [107]

总结了不同金属纳米粒子与聚合物形成的复合材料中电阻与粒子含量之间的依赖关系 (图 3.19)，发现金属纳米粒子的渗流阈值体积分数通常在 3%~10%。

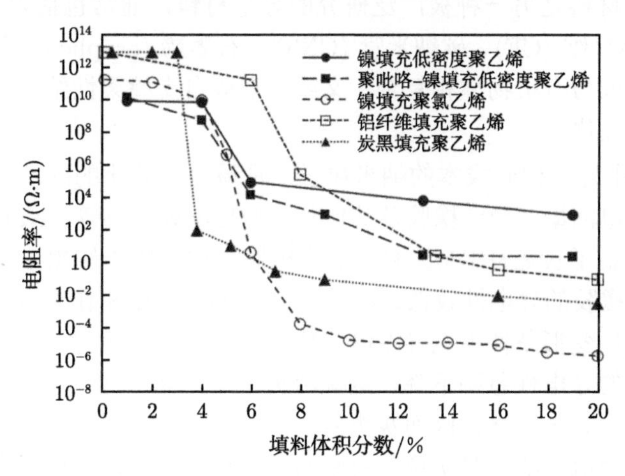

图 3.19 不同金属纳米粒子/聚合物复合材料的电阻与掺杂量之间的关系 [107]

金属纳米粒子的形状对所得导电电极的性能也有极大的影响，因而大量的研究关注于粒子形状、尺寸、长径比等参数的调控 [114-118]。Kim 等利用带正电的聚氨酯通过层层自组装 (LBL) 法制备金纳米粒子组装体，并与真空辅助絮凝 (VAF) 法沉积的金纳米粒子组装体进行对比 [119]；结果表明，尽管球型金纳米粒子并不十分适合形成渗流网络，但在应变条件下能动态自组装形成导电渗流网络 (图 3.20)。Park 等 [120] 则利用聚 (苯乙烯–丁二烯–苯乙烯) (SBS) 嵌段共聚物电纺纤维吸附银前驱体，再将其还原为银纳米粒子得到导电复合物；由于银纳米粒子在纤维内形成导电渗流网络，复合物的电导率可达 5400S/cm，且在 100%的应变下电导率仍能保持在 2200S/cm 以上。

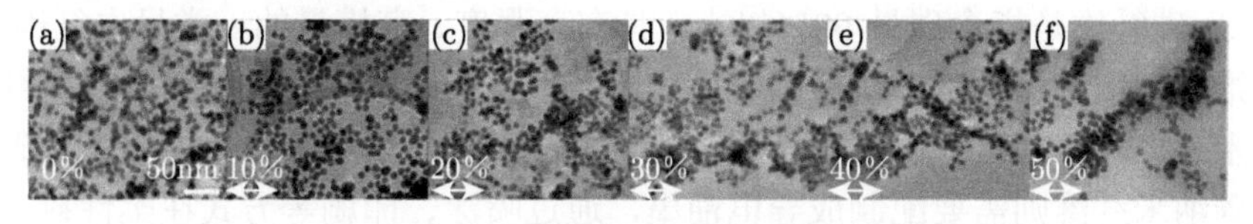

图 3.20 金纳米粒子在不同应变下的透射电镜照片 [119]

目前最常用的导电金属材料为银，但是银的价格较高，所以现阶段仍有大量研究致力于寻找银的替代品。Kim 等 [121] 制备了 Cu@Ni 核–壳纳米粒子，并通过改变反应前驱体溶液中 Cu/Ni 元素的摩尔比，实现核壳结构的有效调控，并且无须惰性气体保护即可在 85℃ 和 85%的湿度下保持长时间的稳定性。俞书宏课题组发展了高质量铜纳米线的宏量制备技术 [122]，制备成本可低至 1$/g，有望代替银纳米线。

3.4.2　柔性碳基导电材料

碳基导电材料是另一种被广泛研究的导电材料，通常包括炭黑 (CB)、石墨 (graphite)、碳纤维 (CF)、碳纳米管 (CNT)、石墨烯 (graphene) 等，通过在柔性衬底表面成膜或与有机物体相复合，又或是形成自支撑柔性结构后可以实现碳基导电材料的柔性化。

(1) 炭黑作为一种低成本的纳米粒子，是最早商业化的碳基导电材料，被广泛用于制备导电油墨、导电橡胶及其他复合型导电聚合物等。Niu 等 [123] 通过简单的共混法制备了炭黑/PDMS 复合导电橡胶，但受限于炭黑形成渗流网络的能力，所得复合橡胶的导电性较低。Lv 等 [124] 则利用 SBS 作为衬底制备炭黑导电橡胶，并对循环变形条件下电导率的变化进行了深入的研究。结果表明，在较大应变下复合物的导电性急剧下降，这说明炭黑填充复合材料的导电性依赖于炭黑粒子之间形成的导电网络，因而炭黑复合物可用于制备应变传感器等。由于炭黑在使用时易受静电影响，且炭黑与衬底间的结合力较弱，所以通常加入黏结剂提高界面强度，并将其制成导电油墨进行使用。与金属纳米粒子相比，虽然炭黑导电油墨制造柔性电极的成本更低，但是稳定性和性能较差。

(2) 石墨是一种层状碳材料，内部的碳原子均以 sp2 杂化形式存在，存在一个自由的电子用于形成层内大 π 键传递电流，因此具有非常好的导电性。将石墨破碎并制备油墨后，可通过刷涂或喷涂等方式制备导电电极。与炭黑类似，石墨在制备导电电极时也需加入黏结剂加强与衬底间的黏附力。刷涂法制备的石墨导电电极往往由于厚度不均而导致性能的不稳定，而喷涂则能较好地改善均匀性，其电导率和性能稳定性也较高。最近，Xu 等 [125] 报道了一种利用石墨低成本制造高精度柔性电子器件的方法, 他们使用铅笔和纸直接绘制了温度传感器、电生理传感器、电化学汗液传感器、焦耳加热元件和湿度发电机。

(3) 碳纤维是指含碳量 90%以上，具有高强度、高模量的一类导电纤维材料。碳纤维通常由含碳纤维原材料高温碳化而成，根据纤维尺寸可分为常规碳纤维和碳纳米纤维。常规碳纤维可通过编织的方式制造自支撑柔性导电电极，如碳纤维布。碳纳米纤维则需要配制成导电油墨，通过喷涂、印刷等方式在柔性衬底上沉积，从而制造柔性电极。

(4) 碳纳米管是一维纳米材料，具有超高长径比、高力学强度、高热稳定性及高电导率，被视为理想的柔性电子材料。碳纳米管最常用的制备方法是化学气相沉积法 (CVD)，这种方法的优势在于所得碳纳米管的导电性能较好，产物可直接转移到其他衬底上使用，且碳纳米管的长度及取向可控。使用这种碳纳米管制备柔性电子器件时，需要预先将其转移到柔性衬底上，比如将一层金属沉积在碳纳米管膜上，随后利用转移衬底如 PDMS 或热释放胶带等将金属/碳纳米管层从原衬底转移到其他接收衬底上，再通过化学刻蚀将金属层去掉，即可在任意衬底上沉积碳纳米管复合膜 [126]。

此外，还可以将碳纳米管与其他溶剂混合配制成悬浊液，然后利用旋涂、喷涂或打印等方法将碳纳米管在目标衬底上成膜，用于柔性器件制备。这类方法所需的碳纳米管分散液浓度较高，旨在得到致密的表面涂层。如 Miyata 等用滴涂的方法制备了碳纳米管薄膜晶体管，载流子迁移率达 $164\text{cm}^2/(\text{V}\cdot\text{s})$[127]。Takahashi 等则利用旋涂法在 PI 衬底上沉积一层均匀的碳纳米管膜，并借助聚赖氨酸黏附剂，加强了碳纳米管与衬底之间的作用，得到高载流子迁移率的柔性晶体管 [128]。除氨基酸外，也可利用硅烷偶联剂等对衬底进行预处理，从而促进碳纳米管的成膜。为了使碳纳米管在某一方向上具有更高的导电性，还可以借助外力，将碳纳米管组装成取向结构 (图 3.21)。

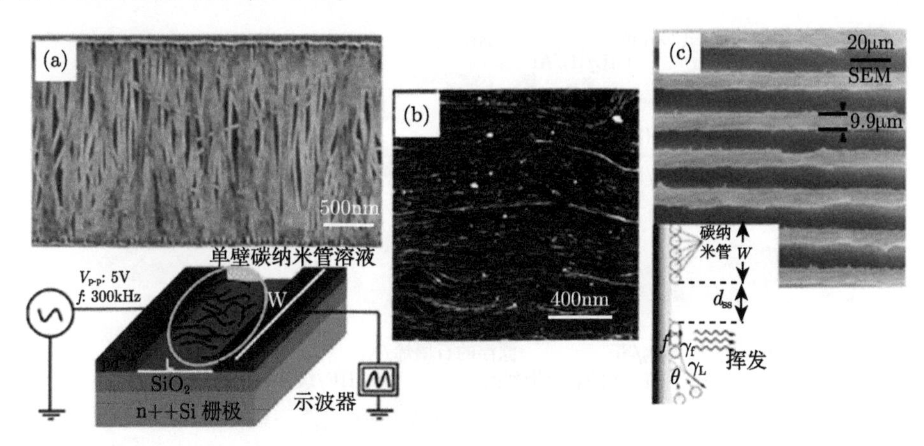

图 3.21 取向碳纳米管的制备方法 [129]：(a) 电场法；(b) LB 法；(c) 自组装法

与金属纳米粒子相似，碳纳米管也可作为导电填料与其他高分子混合，从而制备出具有特定功能的导电弹性体。如 Shin 等 [130] 将垂直取向的碳纳米管与聚氨酯复合，制备的导电膜可以在 1400%的拉伸应变下仍保持高导电性。崔毅课题组将多孔织物浸渍到酸化碳纳米管分散液中，得到电导率高达 125S/cm 的导电织物 [131]。冯雪课题组通过改变碳纳米管在热塑性聚氨酯中的分散形态，在相同组分比例下实现了高达 281 倍导电性，15.7 倍应变敏感性的性能差异，因而可以分别达到高导电性和高应变敏感性 [132]。

(5) 石墨烯是另一种明星碳纳米材料，它是由碳原子经 sp2 杂化形成的一种平面蜂窝结构的二维平面材料 [133]。作为当下电阻率最低的材料，石墨烯的理论载流子迁移率可达 $200000\text{cm}^2/(\text{V}\cdot\text{s})$[134]，同时还拥有高达 $5800\text{W}/(\text{m}\cdot\text{K})$ 的室温面内导热系数 [135]，约 $2620\text{m}^2/\text{g}$ 的理论比表面积 [136]，约 97.7%的透光率 [137]

及独特的量子霍尔效应 [138] 等性质，因而在柔性电子领域拥有广阔的应用前景。

石墨烯的制备方法主要有剥离法、CVD 法、外延生长法及氧化还原法等。CVD 法是目前制备高质量大片单层石墨烯的主要方法，与碳纳米管的 CVD 法类似，利用铜、镍等衬底在碳源气体中高温处理将碳原子溶进衬底内，随后急剧冷却，碳原子在衬底表面析出并形成石墨烯结构的薄膜 [139]。尽管该方法较为复杂，但用 CVD 法制备的石墨烯薄膜结构完善，缺陷较少，是目前制备大尺寸、无缺陷单层石墨烯的主要方法，然后可通过刻蚀金属衬底的方法得到纯石墨烯膜，也可通过转印的方式将石墨烯转移到其他衬底上；此外通过改变衬底的形貌和结构也可以实现石墨烯的图案化。Hong 等利用图案化的镍/二氧化硅复合衬底，制备出了可转移到任意衬底上的大尺寸图案化石墨烯薄膜 (图 3.22)，该石墨烯薄膜有极低的表面电阻和高透光率，可用于柔性透明电极的制备 [140]。

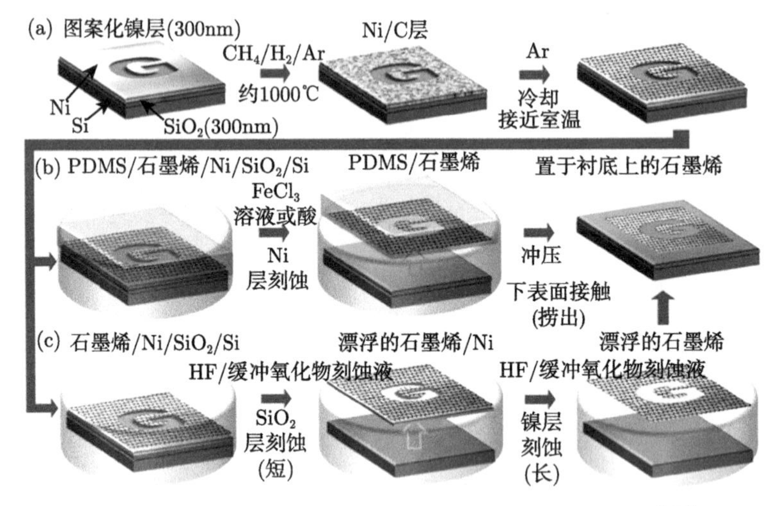

图 3.22　在 Ni 衬底上制备图案化石墨烯薄膜的示意图 [140]

氧化还原法是低成本制备石墨烯的主要方法。利用强氧化剂将石墨氧化，在石墨层间引入含氧基团使片层间距增大然后进行剥离，可以制备分散性较好的氧化石墨烯 (GO) 溶液。进一步地，利用还原剂可以制备出石墨烯，也称还原氧化石墨烯 (RGO)。根据还原方法和还原程度不同，所得 RGO 的导电性也有差异 [141]，但是一般远低于 CVD 制备的石墨烯。常用的还原方法包括化学还原、热还原、电化学还原和水热还原等；氧化还原法工艺简单，可低成本、大规模地制备石墨烯，也便于将石墨烯分散于不同介质中制备导电墨水。

用导电墨水制造石墨烯导电图案时，常利用喷墨打印、旋涂、印刷等方法将石墨烯导电墨水转移到衬底上，然后利用后处理技术控制墨水在衬底上的成膜性并调控电导率。陈永胜课题组用 GO 墨水在纸质和塑料衬底上打印出线条宽度和厚度可控的导电图案，最后在惰性气体保护下经 400°C 高温退火将 GO 还原为具有导电性的 RGO，得到的印刷图案既可用作柔性导电通路，又可作为检测过氧化氢的柔性电化学传感器 [142]。Kong 等 [143] 将 GO 墨水打印到高分子衬底上，然后采用红外辐射的方式将 GO 还原得到透明的导电电极，该电极具有较好的柔性和机械稳定性，且对温度显示出较高的敏感性，可用作透明的柔性温度传感器。

石墨烯同样可以作为导电填料与高分子衬底复合制备导电材料。例如，将石墨烯与轻度交联的 PDMS 共混得到一种对应变极度敏感的材料石墨烯橡皮泥 (G-putty)[144]。G-putty 的电导率与石墨烯的含量有关，而轻度交联的 PDMS 具有较低的黏度，石墨烯片在其中具有较高的运动能力，导电网络被破坏后可通过石墨烯片的运动而重构，使电阻逐渐恢复到初始水平。

此外，石墨烯本身具备较好的组装性能，可不依赖其他衬底而形成自支撑导电材料。Zhan 等 [145] 采用 CVD 法制备了自支撑的石墨烯三维多孔海绵，并以此为骨架沉积氢氧化镍纳米片，用作弹性葡萄糖传感器电极。Xiao 等 [146] 将 GO 分散液经模具成膜制备了具有层状结构的自支撑 GO 纸，随后在氢碘酸溶液中浸渍还原得到柔性石墨烯纸 (图 3.23(a))。石墨烯自支撑薄膜也可以作为衬底再沉积其他活性材料，Zhao 等 [147] 用辊压法制备了石墨烯薄膜，然后在上面沉积金属纳米粒子制备了高性能柔性电化学传感器 (图 3.23(b))。

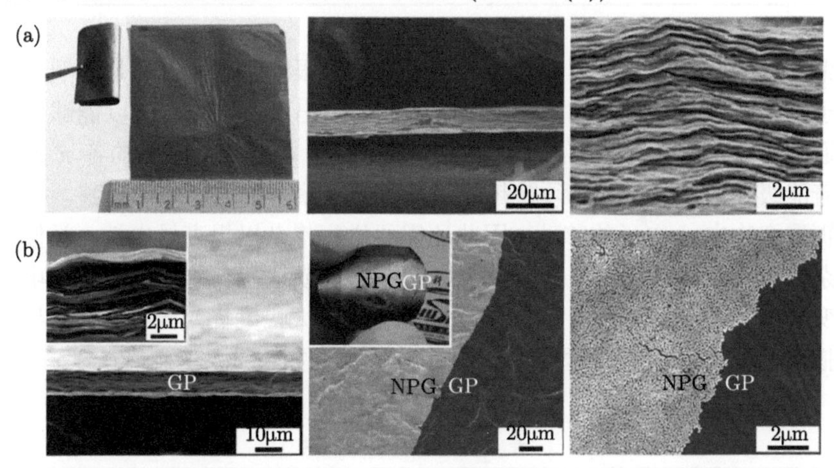

图 3.23 (a) 模具成膜法制备的石墨烯自支撑纸形貌图 [146]；(b) 辊压法制备的石墨烯薄膜及金纳米粒子/石墨烯复合膜形貌图 [147]

3.4.3 柔性有机导电材料

有机导电材料主要指导电聚合物材料。长期以来，高分子材料一直被认为是绝缘材料，但到 20 世纪 70 年代，研究人员发现高分子材料也可以具有导电性。导电聚合物根据导电机理可以分为结构型导电聚合物和复合型导电聚合物。

1. 结构型导电聚合物

结构型导电聚合物又称为本征型导电聚合物，是指本身具有导电性或经掺杂后具有导电性的聚合物材料。结构型导电聚合物又可分为：(1) 载流子为自由电子的电子导电聚合物；(2) 载流子是可迁移正负离子的离子导电聚合物；(3) 以氧化还原反应为电子转移机理的氧化还原型导电聚合物。

(1) 电子导电聚合物的载流子是聚合物中的自由电子或空穴，它们能够在电场的作用下在聚合物内定向移动形成电流。电子导电聚合物的共同结构特征是分子内有大的共轭 π 电子体系，给自由电子提供离域迁移条件，如聚乙炔 (PAc)、聚噻吩 (PTh)、聚吡咯 (PPy)、聚对苯撑 (PPP)、聚苯胺 (PANI)、聚乙烯二氧噻吩 (PEDOT) 等，常见的电子导电聚合物的电导率如表 3.2 所示。

表 3.2　常见电子导电聚合物的电导率 [148]

聚合物	缩写	电导率/(S/cm)
聚乙炔	PAc	10^5
聚噻吩	PTh	$10^0 \sim 10^3$
聚吡咯	PPy	2～100
聚对苯撑	PPP	$10^{-3} \sim 10^2$
聚苯胺	PANI	$10^{-2} \sim 10^0$

聚合物分子内部电子多为定域电子或离域受限电子。π 电子是典型的离域受限电子，只有存在共轭结构时，π 电子才能衍生出自由电子，所以能够导电的聚合物通常具有足够大的共轭结构。在共轭基础上，聚合物分子内的各 π 键轨道还存在着能级差，离域电子必须跨越能级差才能在聚合物内部实现迁移，这也会限制共轭聚合物中 π 电子的移动，因此还需要进行掺杂以提高导电性。类似于半导体掺杂，聚合物掺杂可以在空轨道中增加电子，或从占有的轨道中拿走电子，从而改变 π 电子能带，减小 π 键轨道间的能极差，大幅度提升导电能力。导电聚合物的掺杂也分为 p 型和 n 型两种，常用的掺杂剂如表 3.3 所示。

表 3.3　常用的掺杂剂

种类	物质
卤素化合物	Cl_2，Br_2，I_2，ICl，ICl_3，IBr，IF_5
路易斯酸	PF_5，As，SbF_5，BF_5，BCl_3，BBr_3，SO_3
质子酸	HF，HCl，HNO_3，H_2SO_4，$HClO_4$，FSO_3H，$ClSO_3H$，$CHSO_3H$
过渡金属卤化物	TaF_5，WF_6，BiF_5，$TiCl_4$，$ZrCl_4$，$MoCl_5$，$FeCl_3$
过渡金属化合物	$AgClO_3$，$AgBF_4$，H_2ICl_6，$La(NO_3)_3$，$Ce(NO_3)_3$
有机化合物	四氰基乙烯，四氰代二次甲基苯醌，四氯对苯醌，二氯二氰代苯醌
碱金属	Li，Na，K，Rb，Cs
电化学掺杂剂	R_4N^+，R_4P^+(其中 R=CH_3，C_6H_5 等)

掺杂剂类型和用量都会对导电聚合物的导电性产生影响。掺杂是可逆的，在电场作用下聚合物可发生掺杂和脱掺杂，从而使材料在导电和绝缘体之间变换。按照分子大小，掺杂剂还可分为小分子掺杂剂 (如 Cl^-) 和大分子掺杂剂 (如聚苯乙烯磺酸钠，PSS)，两种掺杂剂都会影响聚合物的导电性和结构性质等，尤其是大分子掺杂剂甚至可能改变聚合物的密度。另外，大分子掺杂剂与聚合物的复合效果更好，不会因为使用时间的延长或外部电场的存在而析出，可以保证聚合物的电化学稳定性 [149]。而小分子掺杂剂则会在外部电场的刺激下从聚合物中析出或重新进入，这是导电聚合物应用在药物缓释等领域的基础。经掺杂后导电聚合物的电导率可以成倍提升，例如，PPy 基导电材料的电导率取决于所用掺杂剂的种类和数量，可以在两个数量级的范围内进行调控 (表 3.2)[150]。PANI 的本征电导率同样不高 ($10^{-2} \sim 10^{0}$S/cm)，但经过质子酸掺杂后得到的聚苯胺盐则可拥有高达 30S/cm 的电导率 [151]。PEDOT 与水溶性对离子 PSS 复合后可以制备 p 型掺杂的常用导电聚合物材料 PEDOT:PSS，该材料还可以进一步使用极性溶剂，如醇类、二甲基亚砜 (DMSO)、DMF 等进行掺杂，使其导电性能成倍上升。如 Lipomi 等 [152] 将 PEDOT:PSS 与含氟表面活性剂及 DMSO 掺杂剂混合，并旋涂在经氧等离子体处理的 PDMS 衬底上，得到了兼具导电性和可拉伸性的复合弹性体，其电导率高达 550S/cm，同时具有 95%以上的透光度。

除显著提高电导率外，不同种类和用量的掺杂剂还会对聚合物材料的本体及表面性质产生不同的影响。例如，透明质酸 (HA) 掺杂的 PPy 比 PSS 掺杂的 PPy 更粗糙且脆性更明显 [153]，软骨素硫酸盐 (CS) 掺杂的 PPy 的粗糙度则会随着掺杂剂浓度的提高而增大 [154]。Gelmi 等 [155] 系统研究了葡萄聚糖硫酸盐 (DS)、聚甲氧基苯胺磺酸 (PMAS)、对磺酸基甲苯、HA 和 CS 这五种生物质掺杂剂对 PPy 材料性质的影响，结果显示使用 PMAS 和 CS 掺杂的复合材料具有更低的表面粗糙度和杨氏模量，同时可以促进骨成肌细胞的表面黏附和分化。

(2) 离子导电聚合物以正负离子为载流子，常见有聚环氧乙烷、聚环氧丙烷、聚丁二酸乙二醇酯、聚癸二酸乙二醇、聚乙二醇亚胺等，其导电机理解释主要有非晶区扩散传导离子导电理论、离子导电聚合物自由体积理论和无需亚晶格离子的传输机理三种。固体聚合物离子导电的两个先决条件是具有能定向移动的离子和具有对离子的溶解能力，也就是固体聚合物能溶解离子，并允许离子在内部做扩散运动。另外，离子型导电水凝胶材料因其高含水量、柔软性、可塑性及多孔性等特点，受到越来越多的关注。Odent 等 [156] 将聚丙烯酰胺和磺酸基改性的二氧化硅纳米粒子复合制备出具有高延展性和高离子电导率的离子导电水凝胶，并用作高分辨率的 3D 打印材料。Zhou 等 [157] 则设计了羟丙基纤维素 (HPC) 和聚乙烯醇 (PVA) 的双网络水凝胶，浸渍盐溶液后其内部可形成适合离子快速传输的多孔结构，能在高度拉伸的同时仍具有高离子电导率 (图 3.24)。

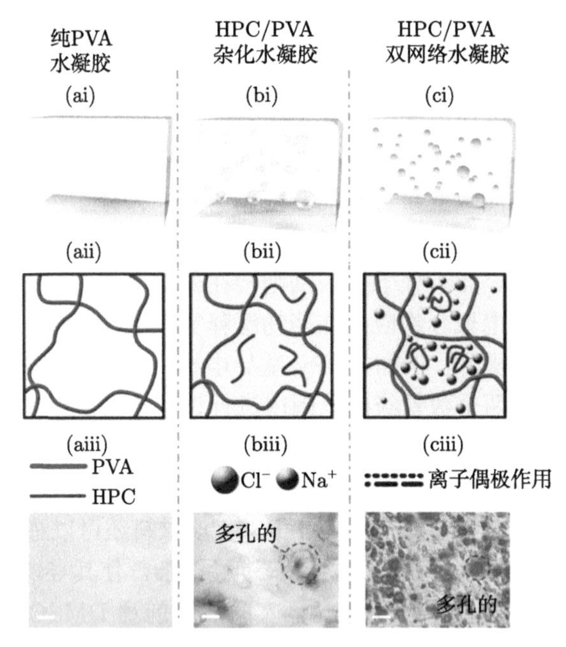

图 3.24　HPC/PVA 复合导电水凝胶的结构示意图 [157]

(3) 氧化还原型导电聚合物依靠相邻基团的氧化还原态的转变实现电子传递。因此，氧化还原型导电聚合物的主链或侧链上常带有可以进行可逆氧化还原反应的活性基团。当在聚合物两端施加电压时，靠近电极的活性基团首先被还原 (或被氧化)，从电极得到 (或失去) 一个电子；然后，被还原 (或被氧化) 的活性基团将氧化 (或还原) 相邻基团，使得相邻基团得到 (或失去) 一个电子；该反应过程在相邻基团间依次发生，从而实现了电子的定向传递，直到将电子传送到另一侧电极。

2. 复合型导电聚合物

复合型导电聚合物也称为导电聚合物复合材料，是指利用物理、化学的方法将各种导电性物质加入聚合物衬底中进行复合后得到的兼具力学和电学优势特性的多相复合材料。通常导电聚合物复合材料包括以下两种：一种是填充有各种无机导电填料 (如金属纳米粒子、石墨烯、碳纳米管等) 的衬底聚合物；另一种是结构型导电聚合物与衬底聚合物的共混聚合物。导电聚合物复合材料的导电机理比较复杂，通常包括渗流网络、隧道效应和场致发射三种机理。目前普遍认为渗流网络机理是复合型导电高分子的主要导电机理，然而复合材料的导电性能实际上是这三种导电机理共同作用的结果。在导电填料用量少、外加电压较低时，由于导电填料粒子间距较大，形成渗流网络的概率较小，这时隧道效应起主要作用；当导电填料用量少、外加电压较高时，场致发射机理变得显著；而随着导电填料填充量增加，导电填料粒子间距相应缩小，形成链状渗流网络的概率增大，这时渗流网络机理的作用更为重要。

值得注意的是，对于渗流理论，渗流阈值只表明导电通路的形成，并不代表材料具有高导电性。因此在实际应用中为得到足够高的导电性，往往需将导电填料浓度提高到渗流阈值以上。但从成本角度考虑，较低的渗流阈值仍然是值得追求的，这能在最大程度上降低导电填料的使用量，尤其是当导电填料成本较高时，而且较低的导电填料含量也不会对衬底材料本身性能产生过多影响。

前文提到的多种无机导电材料理论上都可以作为导电填料与聚合物衬底混合，制备复合型导电聚合物材料，目前已有大量的相关报道 [158]。具有不同拓扑结构 (如形状、长径比等) 的导电填料形成渗流网络的能力也不同 (图 3.25)。通常而言，使用高长径比的导电填料如碳纳米管、金属纳米线等能够降低渗流阈值，长径比越高，渗流阈值越低。取向作用可以看作等效增加了取向方向上纳米线的长径比，也是提高导电性的有效策略，但是也有研究结果显示，过高的取向度会减少垂直方向的导电通路，反而不利于渗流网络的形成 [159]。这种导电填料取向与渗流网络形成之间的关系，也为应变敏感导电复合物的电阻随拉伸应变增大而上升的现象提供了解释。

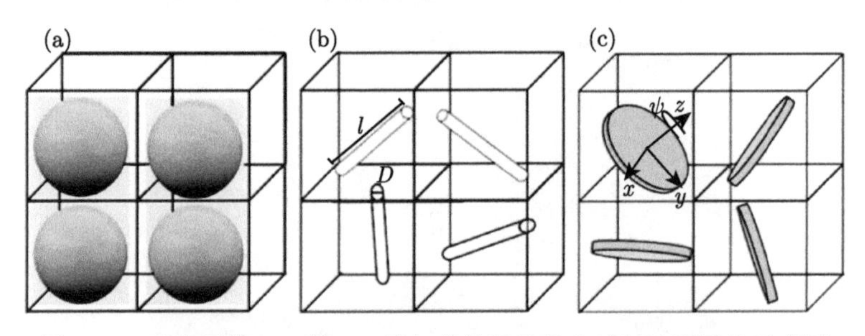

图 3.25 具有零维、一维、二维拓扑结构的导电填料渗流网络示意图

3.5 柔性可降解材料

电子器件已经成为人们日常生活中的重要组成部分，在设计制造过程中为了追求器件性能的稳定性，电子器件的使用寿命以及物理形态的维持时间通常都设计得极长，因此淘汰的电子器件会对自然环境产生严重的污染。可降解电子器件概念的提出，为这一问题的解决提供了一个良好思路。所谓可降解电子器件就是指其组成的功能部分 (包括衬底材料、半导体材料、互联导线等) 能够以特定的速率，在可控的时间内全部或者部分消失的一种电子器件制备技术 [160]。

可降解电子器件由于其非常广阔的应用前景，一经提出便受到了广泛的关注；尤其是在临床应用方面，可降解电子器件具有非凡的意义。用于临床的可降解电子器件材料一般选择生物兼容性好，且不与生物体组织发生炎症、免疫排斥等不良反应，同时可以在预期的时间内发挥稳定功能的材料。这类可降解电子器件，首先通过外科手术植入体内，在功能失效后，最终在体内实现自我降解，降解生成的小分子随着生物体的新陈代谢排出体内。相较于传统的电子器件而言，这类电子器件可以有效避免二次手术取出的风险。

近年来，可降解电子器件的研究取得了长足的发展，可降解能力也从一开始的部分可降解发展到现在的完全可降解。研究者也提出了各种各样的可降解电子器件，构筑了一系列的可降解电池、电感、电容、二极管、电阻、天线等功能单元，这些功能单元的构筑，为电子器件的完全可降解提供了可能。而这些功能单元可以被粗略地分为聚合物、金属、硅材料等，如图 3.26 所示 [161]。一般而言，构成可降解电子器件的材料按化学组成可以分为：可降解绝缘材料、可降解半导体材料、可降解金属材料。这些材料在可降解电子器件中扮演着不同的角色，是构成可降解电子器件的功能单元。

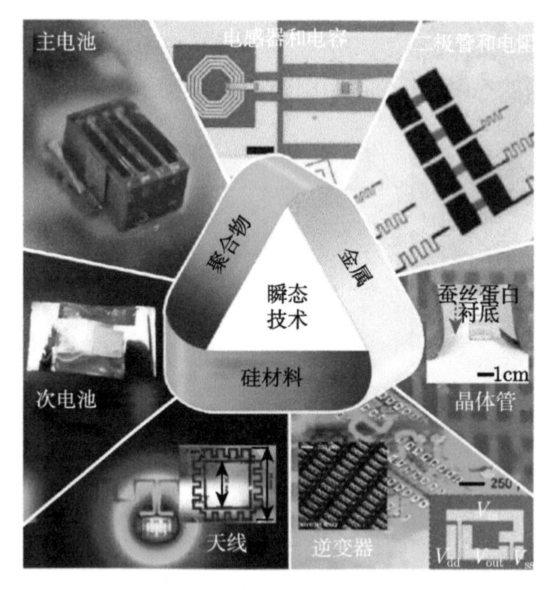

图 3.26　各种可降解电子器件：材料和器件 [161]

3.5.1　柔性可降解绝缘材料

柔性可降解绝缘材料按照功能可分为电介质材料和封装材料。其中柔性电介质材料作为电路部分中的重要材料，常常被用在绝缘层、电容器的电介质层中，是电路设计制造中不可或缺的材料之一。在可降解电子器件中，被用作电介质的材料主要有氧化镁 (MgO)、二氧化硅 (SiO_2)、氮化硅 (Si_3N_4)，这些电介质材料在水中均可以降解，且生物兼容性好 [162,163]。而这些材料的降解不仅取决于 pH、离子浓度和温度等因素，还取决于沉积薄膜的条件。

以 SiO_2 为例 [164-166]，块状 SiO_2 的水解机理是 $SiO_2+2H_2O \longrightarrow Si(OH)_4$，由此可以看出，溶液中的 OH^- 浓度强烈地影响着 SiO_2 的溶解速度。Rogers 团队 [163] 就 SiO_2 降解速率与沉积方法以及降解环境等进行了系统的研究和分析。他们采用一种沉积在热氧化 SiO_2 衬底上的图案化方形薄膜 (3μm×3μm×100nm) 阵列，对不同工艺制备的 SiO_2 薄膜的降解速率进行研究，如图 3.27 (a) 所示。在 pH=12 的缓冲液中，分别测试了不同方法制备的 SiO_2 薄膜的降解特性，并采用 AFM 进行表征 (图 3.27 (b)，(c))，实验结果表明在降解的过程中，SiO_2 以均匀的方式溶解，表面没有出现任何显著的形貌改变。

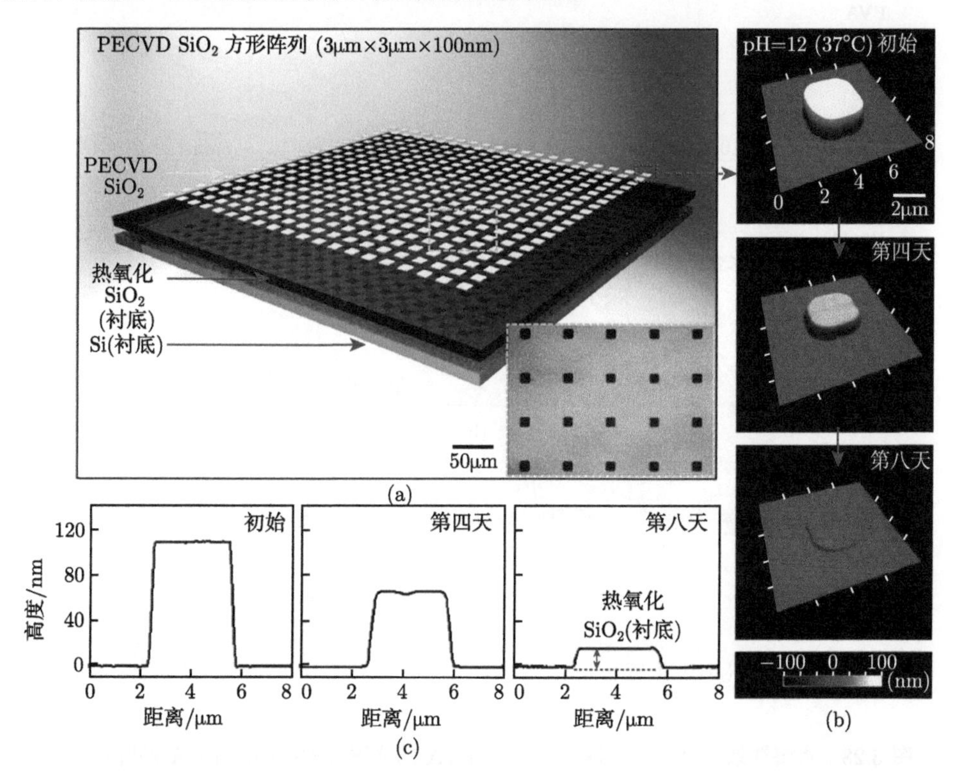

图 3.27 SiO_2 的降解测试：(a) 测试结构示意图，在 350℃ 下生长的热氧化 SiO_2 (tg-氧化物) 上沉积 PECVD SiO_2 方形阵列 (插图为光学显微镜下的照片)；(b) AFM 形貌图；(c) 生理温度 (37℃) 下缓冲溶液 (pH = 12) 中不同降解阶段的高度

柔性可降解绝缘材料另一主要用途是进行电子器件的封装，常用聚乙烯醇 (PVA)、聚乙烯吡咯烷酮 (PVP)、聚乳酸–羟基乙酸共聚物 (PLGA)，聚乳酸 (PLA) 和聚己内酯 (PCL)[167] 以及蚕丝蛋白等 [168]。其中 PVA 通过乙酸乙烯酯聚合成聚乙酸乙烯酯 (PVAc)，再水解生成醇。由于 PVA 在结构中存在羟基，因此它可以溶解于高极性和亲水性溶剂，如 N-甲基吡咯烷酮 (NMP) 和水。PVA 具有无

毒、无致癌性和可溶于多种溶剂的优点，所以成为具有广泛生物医学应用价值的明星材料。Jin 等 [169] 在 30μm 厚的 PVA 衬底上制备单壁碳纳米管场效应晶体管，将其置于去离子水中进行降解测试，可以发现整个衬底大致在 30min 内降解完全 (图 3.28 (a))。对于可降解电子器件而言，实现材料可控的降解对于多种用途可降解电子器件的系统设计至关重要。通常而言，PVA 在水中的溶解度取决于其聚合度 (DP) 和溶液温度，通过控制合成聚合物时每种材料的组分比例可以实现降解时间的调控。

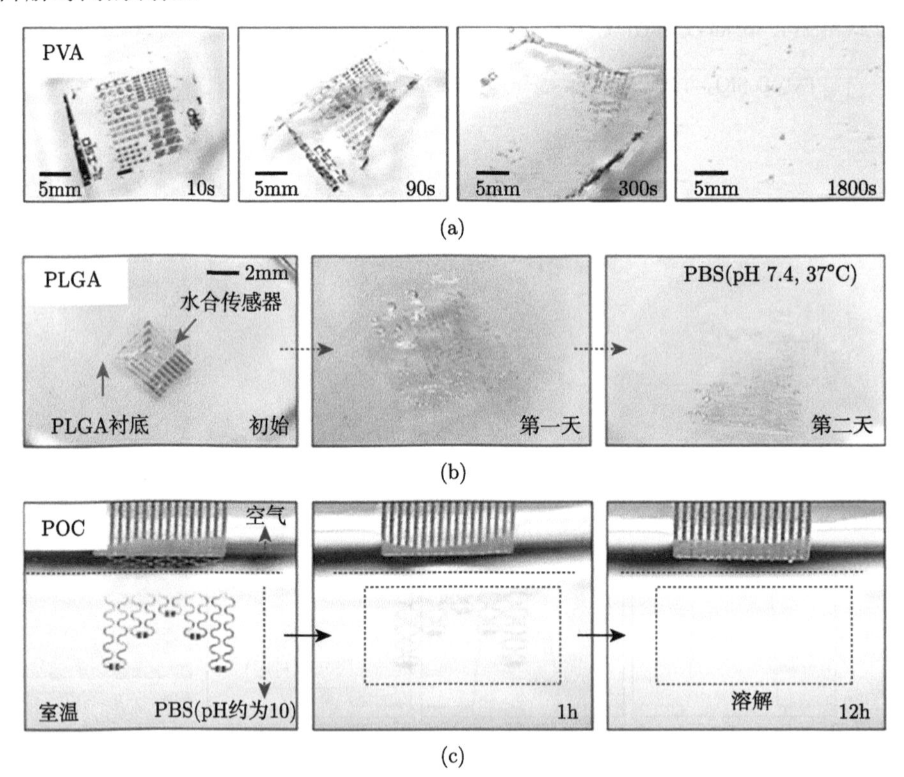

图 3.28　水溶性聚合材料的降解过程：(a) PVA 的降解过程；(b) PLGA 的降解过程；(c) POC 的降解过程

PLGA 作为另一种比较常见的可降解电子器件衬底和封装的水溶性聚合物材料，是由 PLA 和 PGA 共聚而来的，通过调节分子量和组分构成可以很好地实现其降解过程的调控。一般而言，PGA 的比例越高越容易降解。Hwang 等 [170] 将可降解水合传感器置于 PLGA 的衬底上，并放置在生理温度下的磷酸盐缓冲液中 (37°，PBS，1mol/L，pH 约为 7.4)，2 天后，传感器材料的大部分已经溶解，而剩余的 PLGA 衬底也在一个月内基本溶解完全 (图 3.28 (b))。通过静电纺丝制备的 PVP 薄膜被用于可降解可充电锂离子电池的隔膜材料中，该隔膜中的纤维平均直径为 600nm，其多孔结构可用于锂离子的扩散，同时可以在 10min 之内完全溶解于去离子水中，具有很好的瞬时降解特性。

对于可降解柔性电子器件，柔性可延展的特性对于适应人体组织来说是一个非常重要的优点，因此弹性可降解衬底显得尤为重要。Hwang 等 [171] 使用可生物降解的弹性体聚 (1, 8-辛二醇-柠檬酸酯)(POC) 来制备可降解电子器件的衬底，其拉伸率高达 30%，可用于柔性可延展电子器件。在室温下，由磷酸盐缓冲盐水 (PBS，pH = 10) 触发 POC 的降解过程如图 3.28 (c) 所示。电路部分迅速溶解并在 12h 内消失，而部分 POC 基质在数周内仍然可见。与其他聚合物一样，POC 的溶解速率受温度、pH、溶液浓度和材料形态等因素的影响。

另一种比较常见的可降解封装材料是蚕丝蛋白，蚕丝蛋白作为一种天然生物高分子材料，经过一系列加工处理后被广泛应用于各类可降解电子器件中。作为食品药品监督管理局 (Food and Drug Administration, FDA) 批准的生物相容性的生物可降解材料，由于蚕丝蛋白不会引起炎症反应，因此可将基于蚕丝蛋白的柔性电子器件与生物组织进行贴合，用于可穿戴和植入式生物医疗器件 [161,171-174]。同时，蚕丝蛋白制备的薄膜具有光学透明性好和易加工性，为柔性薄膜或者柔性电子器件的微/纳米加工提供便利 [175-177]。蚕丝蛋白的降解时间可以从几分钟到几年不等，从而实现可植入电子器件的可控降解 [162,178]。由于具有以上优良特性，蚕丝蛋白被广泛应用于可降解电子器件的衬底中，如图 3.29 所示。

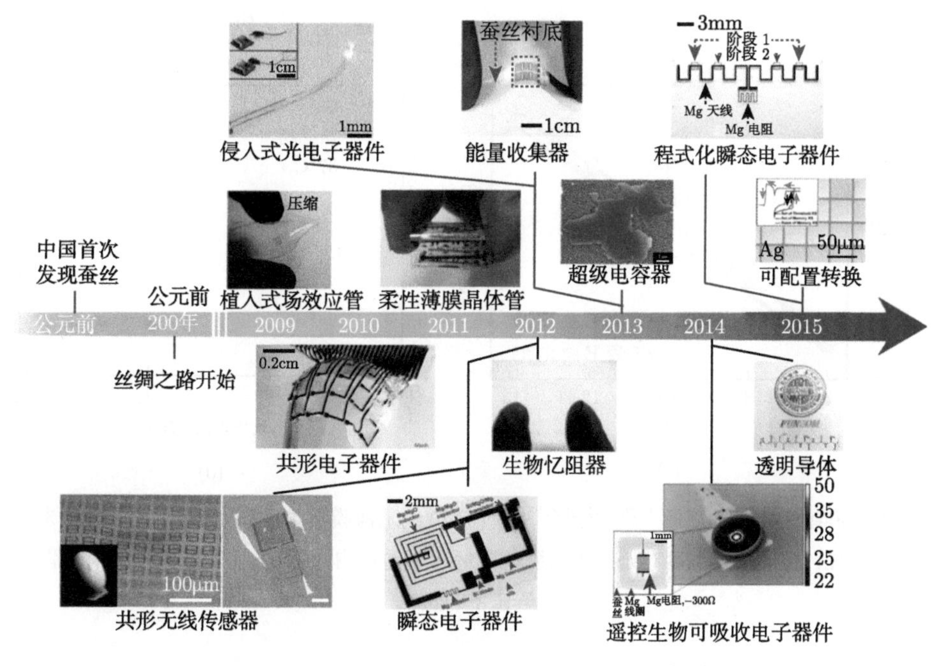

图 3.29 可降解电子器件中的“丝绸之路” [168]

3.5.2　柔性可降解半导体材料

一般而言，传统的无机半导体材料是不可降解的。但是，近年来有文献表明，单晶硅薄膜 (Si-NM，30~300nm)、多晶硅 (poly-Si)、非晶硅 (a-Si)、锗 (Ge)、硅锗合金 (SiGe)、氧化铟镓锌 (a-IGZO) 以及氧化锌 (ZnO) 都可以在生物缓冲液中降解 [162,179-182]。由于硅材料的独特电学特性和广泛应用，学者对硅纳米薄膜材料的降解机理进行了大量的理论和实验研究。通过 AFM 对其降解过程进行表征，可以监测硅纳米薄膜厚度变化与时间的关系 (图 3.30 (a))，并结合密度泛函理论 (DFT) 和分子动力学 (MD) 模拟工具可以发现，在硅的溶解过程中，通过对硅的

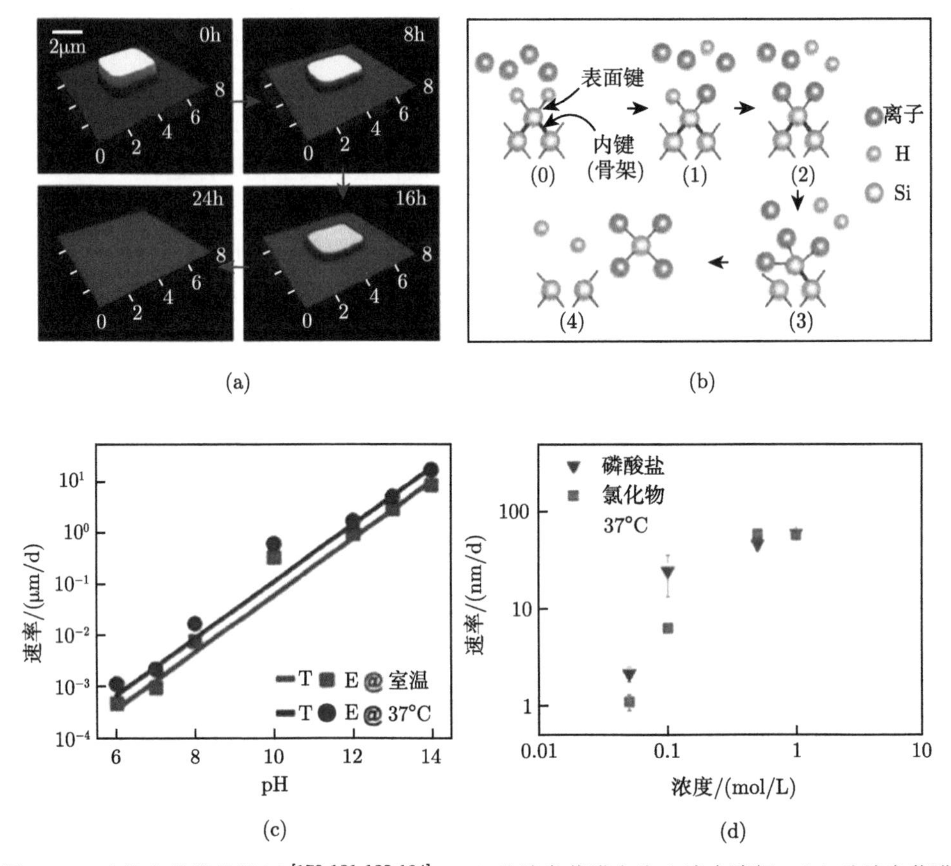

图 3.30　硅纳米薄膜的降解 [179,181,183,184]：(a) 硅纳米薄膜在牛血清中降解；(b) 硅纳米薄膜的降解机理；(c) pH、温度对硅纳米薄膜的降解速率的影响；(d) 离子浓度对硅纳米薄膜的降解速率的影响

表面键进行攻击，硅纳米薄膜内部的背键会被削弱，它们对离子攻击的敏感性进一步增加，从而形成一个链式的降解反应，使得硅纳米薄膜发生降解，降解机理如图 3.30 (b) 所示。

图 3.30 (c) 表明，溶液的 pH、温度均会在一定程度上影响硅纳米薄膜的降解速率，较高的 pH 和温度均可以显著地加快硅纳米薄膜的降解速率。而在 pH 约为 7.5 的溶液中 (图 3.30 (d))，氯化物和磷酸盐浓度的增加，可以有效提高硅纳米薄膜的降解速率 [179,181,183,184]。

3.5.3 柔性可降解金属材料

金属材料常常被用作电子器件中连接各功能单元的导线部分，在电子器件的结构和设计中发挥着举足轻重的作用。相较于传统的导电聚合物，金属材料性能稳定、导电性强、图案化工艺简单，在商业电路中有着很成熟的应用经验。因此，可降解金属仍然是柔性可降解电子器件中互联导线使用最为广泛的材料。

最近，在用于可降解电子器件中功能单元互联结构的可降解金属材料中，研究得比较多的金属有镁 (Mg)、锌 (Zn)、铁 (Fe)、钨 (W)、钼 (Mo) 等。这些金属对于生物体的正常功能代谢具有重要的意义，例如，镁和锌均为人体中比较重要的阳离子，其中镁离子主要存在于线粒体中，同时也参与 300 多种以上的酶促反应，以及促进骨的形成等。金属锌同样也是人体生长发育中不可或缺的阳离子，不仅可以促进伤口愈合，也直接或者间接地参与到 DNA、RNA、蛋白质等的合成。同时由于良好的机械性能，镁、镁合金和铁常被用于制造生物可吸收的植入式医疗器械，如血管支架等。因此，系统研究这些生物可降解的金属材料，对于研究柔性可降解电子器件具有非常重要的意义。

清华大学尹斓等 [185] 在金属降解方面做了系统的研究，并提出了一系列可降解柔性电子器件，如可降解 NO 传感器 [186]、可降解神经修复导管 [187]。图 3.31 的实验结果展示了室温和生理温度下在去离子水 (DI water) 以及模拟体液 (汉克溶液，pH 分别为 5, 7.4 和 8) 中，通过计算过程中的电阻变化来衡量金属材料的降解特性，其中，AZ31B 含有质量分数为 3%的 Al 和 1%的 Zn-Mg 合金。研究发现 Mg、Mg 合金以及 Zn 在汉克溶液中的降解速率高于在去离子水中，造成降解速率增加的主要原因是溶液中的氯化物促进了这些金属的降解，而金属 Mo 则表现出相反的结果。W 在酸性盐溶液中 (pH = 5) 的降解速率远低于在更高的 pH 溶液 (pH = 7.4~8) 中的降解速率。另外，通过化学气相沉积的 W 比溅射的 W 的降解速率低一个数量级。对于 Fe 而言，其在 pH = 5 的酸性环境和 pH = 7.4，37℃ 的碱性环境下表现出极高的降解速率。

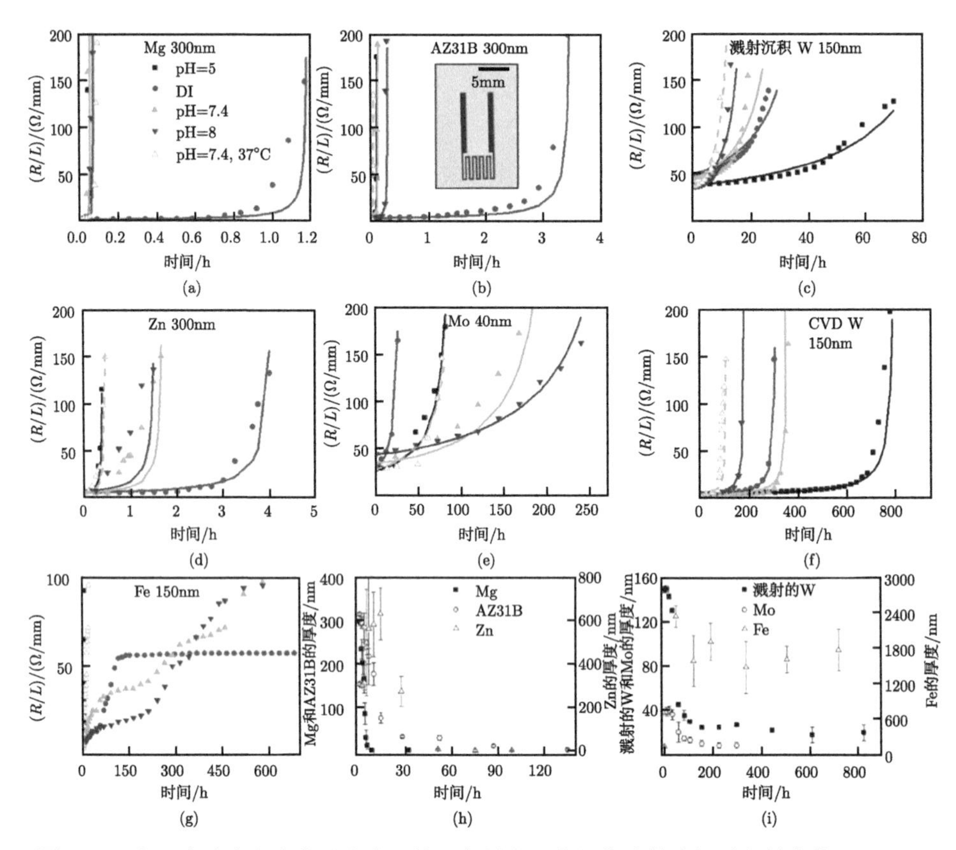

图 3.31 在汉克溶液和去离子水中，蛇形金属电阻的阻值随着降解过程的变化：(a) Mg，300nm；(b) AZ31B 镁合金，300nm；(c) 溅射沉积 W，150nm；(d) Zn，300nm；(e) Mo，40nm；(f) CVD W，150nm；(g) Fe，150nm；(a)~(g) 采用同一个溶液；(h) Mg，AZ31B 镁合金和 Zn 在室温下去离子水溶解过程中厚度随时间的变化；(i) Mo，Fe 和溅射的 W 的厚度随时间的变化

参考文献

[1] 赵伟, 徐勇, 宋超然, 等. 覆铜板用低热膨胀系数聚酰亚胺薄膜研究进展. 现代塑料加工应用, 2018, 30(5): 53-55.

[2] Song G L, Wang S, Wang D M, et al. Rigidity enhancement of polyimides containing benzimidazole moieties. Journal of Applied Polymer Science, 2013, 130(3): 1653-1658.

[3] Hasegawa M, Ishigami T, Ishii J, et al. Solution-processable transparent polyimides with low coefficients of thermal expansion and self-orientation behavior induced by solution casting. European Polymer Journal, 2013, 49(11): 3657-3672.

[4] Park Y J, Yu D M, Choi J H, et al. Effect of diamine composition on thermo-mechanical properties and moisture absorption of polyimide films. Polymer Korea, 2012, 36(3):

275-280.

[5] Miki M, Suzuki T, Yamada Y. Structure-gas transport property relationship of hyperbranched polyimide-silica hybrid membranes. Journal of Photopolymer Science and Technology, 2013, 26(3): 319-326.

[6] Lei Y L, Shu Y J, Peng J H, et al. Synthesis and properties of low coefficient of thermal expansion copolyimides derived from biphenyltetracarboxylic dianhydride with p-phenylenediamine and 4,4 -oxydialinine. e-Polymers, 2016, 16(4): 295-302.

[7] 杨文轲, 刘芳芳, 张恩菘, 等. 热亚胺化过程中气氛和拉力对 BPDA-PDA 聚酰亚胺纤维结构与性能的影响. 高等学校化学学报, 2017, 38(1): 150-158.

[8] Chen Y, Liu F, Lu B W, et al. Skin-like hybrid integrated circuits conformal to face for continuous respiratory monitoring. Advanced Electronic Materials, 2020, 6(7): 2000145.

[9] Kim J, Banks A, Xie Z Q, et al. Miniaturized flexible electronic systems with wireless power and near-field communication capabilities. Advanced Functional Materials, 2015, 25(30): 4761-4767.

[10] Liu F, Chen Y, Song H L, et al. High performance, tunable electrically small antennas through mechanically guided 3D assembly. Small, 2019, 15(1): 1804055.

[11] Khanafer K, Duprey A, Schlicht M, et al. Effects of strain rate, mixing ratio, and stress-strain definition on the mechanical behavior of the polydimethylsiloxane (PDMS) material as related to its biological applications. Biomedical Microdevices, 2009, 11(2): 503-508.

[12] Liu M, Sun J R, Chen Q F. Influences of heating temperature on mechanical properties of polydimethylsiloxane. Sensors and Actuators A: Physical, 2009, 151(1): 42-45.

[13] Kim D H, Ahn J H, Choi W M, et al. Stretchable and foldable silicon integrated circuits. Science, 2008, 320(5875): 507-511.

[14] Kim J, Banks A, Cheng H Y, et al. Epidermal electronics with advanced capabilities in near-field communication. Small, 2015, 11(8): 906-912.

[15] Li H C, Xu Y, Li X M, et al. Epidermal inorganic optoelectronics for blood oxygen measurement. Advanced Healthcare Materials, 2017, 6(9): 1601013.

[16] 郑宁, 黄银, 赵骞, 等. 面向柔性电子的形状记忆聚合物. 中国科学: 物理学力学天文学, 2016, 46(4): 8-17.

[17] Lendlein A, Kelch S. Shape-memory polymers. Angewandte Chemie International Edition, 2002, 41(12): 2034-2057.

[18] Zhou S B, Zheng X T, Yu X J, et al. Hydrogen bonding interaction of poly(d,l-Lactide)/hydroxyapatite nanocomposites. Chemistry of Materials, 2007, 19(2): 247-253.

[19] Dong J, Weiss R A. Shape memory behavior of zinc oleate-filled elastomeric ionomers. Macromolecules, 2011, 44(22): 8871-8879.

[20] Gu X Z, Mather P T. Entanglement-based shape memory polyurethanes: Synthesis and characterization. Polymer, 2012, 53(25): 5924-5934.

[21] Zhang Y C, Zheng N, Cao Y, et al. Climbing-inspired twining electrodes using shape

memory for peripheral nerve stimulation and recording. Science Advances, 2019, 5(4): eaaw1066.

[22] Suo Z G, Ma E Y, Gleskova H, et al. Mechanics of rollable and foldable film-on-foil electronics. Applied Physics Letters, 1999, 74(8): 1177-1179.

[23] Jiang J, Bitla Y, Huang C, et al. Flexible ferroelectric element based on van der Waals heteroepitaxy. Science Advances, 2017, 3(6): e1700121.

[24] Yu H, Chung C C, Shewmon N, et al. Flexible inorganic ferroelectric thin films for nonvolatile memory devices. Advanced Functional Materials, 2017, 27(21): 1700461.

[25] Feng X, Yang B D, Liu Y M, et al. Stretchable ferroelectric nanoribbons with wavy configurations on elastomeric substrates. ACS Nano, 2011, 5(4): 3326-3332.

[26] Lee H J, Won S S, Cho K H, et al. Flexible high energy density capacitors using La-doped $PbZrO_3$ anti-ferroelectric thin films. Applied Physics Letters, 2018, 112(9): 92901.

[27] Tkach A, Okhay O, Reaney I M, et al. Mechanical strain engineering of dielectric tunability in polycrystalline $SrTiO_3$ thin films. Journal of Materials Chemistry C, 2018, 6(10): 2467-2475.

[28] Gao W X, You L, Wang Y J, et al. Flexible $PbZr_{0.52}Ti_{0.48}O_3$ capacitors with giant piezoelectric response and dielectric tunability. Advanced Electronic Materials, 2017, 3(8): 1600542.

[29] Liang R J, Wang Q M. High sensitivity piezoelectric sensors using flexible PZT thick-film for shock tube pressure testing. Sensors and Actuators A: Physical, 2015, 235: 317-327.

[30] Liu H C, Geng J J, Zhu Q F, et al. Flexible ultrasonic transducer array with bulk PZT for adjuvant treatment of bone injury. Sensors (Basel, Switzerland), 2019, 20(1): 86.

[31] Liu S Y, Zou D, Yu X G, et al. Transfer-free PZT thin films for flexible nanogenerators derived from a single-step modified sol-gel process on 2D mica. ACS Applied Materials & Interfaces, 2020, 12(49): 54991-54999.

[32] Khang D Y, Jiang H Q, Huang Y, et al. A stretchable form of single-crystal silicon for high-performance electronics on rubber substrates. Science, 2006, 311(5758): 208-212.

[33] Song J, Jiang H, Liu Z J, et al. Buckling of a stiff thin film on a compliant substrate in large deformation. International Journal of Solids and Structures, 2008, 45(10): 3107-3121.

[34] Crone B, Dodabalapur A, Lin Y Y, et al. Large-scale complementary integrated circuits based on organic transistors. Nature, 2000, 403(6769): 521-523.

[35] Forrest S R. The path to ubiquitous and low-cost organic electronic appliances on plastic. Nature, 2004, 428(6986): 911-918.

[36] Kim D H, Xiao J L, Song J Z, et al. Stretchable, curvilinear electronics based on inorganic materials. Advanced Materials, 2010, 22(19): 2108-2124.

[37] Sun J L, Chen P, Qin F, et al. Modelling and experimental study of roughness in silicon wafer self-rotating grinding. Precision Engineering, 2018, 51: 625-637.

[38] Ruan K Q, Ding K, Wang Y M, et al. Flexible graphene/silicon heterojunction solar cells. Journal of Materials Chemistry A, 2015, 3(27): 14370-14377.

[39] Wang Y, Zhang X J, Gao P, et al. Air heating approach for multilayer etching and roll-to-roll transfer of silicon nanowire arrays as SERS substrates for high sensitivity molecule detection. ACS Applied Materials & Interfaces, 2014, 6(2): 977-984.

[40] Wu L, Li S, He W, et al. Automatic release of silicon nanowire arrays with a high integrity for flexible electronic devices. Scientific Reports, 2014, 4(1): 3940.

[41] Weisse J M, Lee C H, Kim D R, et al. Fabrication of flexible and vertical silicon nanowire electronics. Nano Letters, 2012, 12(6): 3339-3343.

[42] Weisse J M, Kim D R, Lee C H, et al. Vertical transfer of uniform silicon nanowire arrays via crack formation. Nano Letters, 2011, 11(3): 1300-1305.

[43] Plass K E, Filler M A, Spurgeon J M, et al. Flexible polymer-embedded Si wire arrays. Advanced Materials, 2009, 21(3): 325-328.

[44] Saha S, Hilali M M, Onyegam E U, et al. Improved cleaning process for post-texture surface contamination removal for single heterojunction solar cells on ∼ 25mm thick exfoliated and flexible mono-crystalline silicon substrates. Photovoltaic Specialist Conference, IEEE, 2014: 637-640.

[45] Bedell S W, Shahrjerdi D, Hekmatshoartabari B, et al. Kerf-less removal of Si, Ge and III-V layers by controlled spalling to enable low-cost PV technologies. Photovoltaic Specialists Conference, IEEE, 2012: 141-147.

[46] Cruz-Campa J L, Okandan M, Resnick P J, et al. Microsystems enabled photovoltaics: 14.9%14μm efficient thick crystalline silicon solar cell. Solar Energy Materials and Solar Cells, 2011, 95(2): 551-558.

[47] 康仁科, 郭东明, 霍风伟, 等. 大尺寸硅片背面磨削技术的应用与发展. 半导体技术, 2003, 28(9): 33-38, 51.

[48] 袁巨龙, 王志伟, 文东辉, 等. 超精密加工现状综述. 机械工程学报, 2007, 43(1): 35-48.

[49] Fong T E. Recovery Act: Novel Kerf-Free PV Wafering that provides a low-cost approach to generate wafers from 150μm to 50μm in thickness. Office of Scientific & Technical Information Technical Reports, 2013.

[50] Mutschler A S. MIT researchers use plant energy storage system for solar storage innovation. Electronic News, 2008, 54(31) 18-18.

[51] Jeong S, McGehee M D, Cui Y. All-back-contact ultra-thin silicon nanocone solar cells with 13.7%power conversion efficiency. Nature Communications, 2013, 4: 2950.

[52] Li S X, Pei Z B, Zhou F, et al. Flexible Si/PEDOT: PSS hybrid solar cells. Nano Research, 2015, 8(10): 3141-3149.

[53] Wang S, Weil B D, Li Y B, et al. Large-area free-standing ultrathin single-crystal silicon as processable materials. Nano Letters, 2013, 13(9): 4393-4398.

[54] Li Y, Fu P, Li R, et al. Ultrathin flexible planar crystalline-silicon/polymer hybrid solar cell with 5.68%efficiency by effective passivation. Applied Surface Science, 2016, 366(15):494-498.

[55] Shen R, Liu M, Zhou Y, et al. PEDOT:PSS/SiNWs hybrid solar cells with an effective nanocrystalline silicon back surface field layer by low temperature catalytic diffusion. Solar RRL, 2017, 1(11): 1700133.

[56] Lukianov A, Murakami K, Takazawa C, et al. Formation of the seed layers for layer-transfer process silicon solar cells by zone-heating recrystallization of porous silicon structures. Applied Physics Letters, 2016, 108(21): 213904.

[57] Garnett E, Yang P D. Light trapping in silicon nanowire solar cells. Nano Letters, 2010, 10(3): 1082-1087.

[58] Junghanns M, Plentz J, Andrä G, et al. PEDOT: PSS emitters on multicrystalline silicon thin-film absorbers for hybrid solar cells. Applied Physics Letters, 2015, 106(8): 083904.

[59] Baca A J, Meitl M A, Ko H C, et al. Printable single-crystal silicon micro/nanoscale ribbons, platelets and bars generated from bulk wafers. Advanced Functional Materials, 2007, 17(16): 3051-3062.

[60] Berge C, Zhu M, Brendle W, et al. 150-mm layer transfer for monocrystalline silicon solar cells. Solar Energy Materials & Solar Cells, 2006, 90(18-19): 3102-3107.

[61] Chopra K L, Paulson P D, Dutta V. Thin-film solar cells: An overview. Progress in Photovoltaics Research and Applications, 2004, 12(23): 69-92.

[62] Wang A, Zhao J, Wenham S R, et al. 21.5% efficient thin silicon solar cell. Progress in Photovoltaics: Research and Applications, 1996, 4(1): 55-58.

[63] Sharma M, Pudasaini P R, Ruiz-Zepeda F, et al. Ultrathin, flexible organic-inorganic hybrid solar cells based on silicon nanowires and PEDOT: PSS. ACS Applied Materials & Interfaces, 2014, 6(6): 4356-4363.

[64] Ko H C, Stoykovich M P, Song J Z, et al. A hemispherical electronic eye camera based on compressible silicon optoelectronics. Nature, 2008, 454(7205): 748-753.

[65] Yao G, Yan Z C, Liao F Y, et al. Tailoring the energy band in flexible photodetector based on transferred ITO/Si heterojunction via interface engineering. Nanoscale, 2018, 10(2): 3893-3903.

[66] Yang T L, Zhang D H, Ma J, et al. Transparent conducting ZnO: Al films deposited on organic substrates deposited by r.f. magnetron-sputtering. Thin Solid Films, 1998, 326(1-2): 60-62.

[67] Zhang D H, Yang T L, Ma J, et al. Preparation of transparent conducting ZnO: Al films on polymer substrates by r.f. magnetron sputtering. Applied Surface Science, 2000, 158(1-2): 43-48.

[68] Zhang D H, Yang T L, Wang Q P, et al. Electrical and optical properties of Al-doped transparent conducting ZnO films deposited on organic substrate by RF sputtering. Materials Chemistry and Physics, 2001, 68(1-3): 233-238.

[69] Sieber I, Wanderka N, Urban I, et al. Electron microscopic characterization of reactively sputtered ZnO films with different Al-doping levels. Thin Solid Films, 1998, 330(2): 108-113.

[70] Addonizio M L, Antonaia A, Cantele G, et al. Transport mechanisms of RF sputtered Al-doped ZnO films by H_2 process gas dilution. Thin Solid Films, 1999, 349(1-2): 93-99.

[71] Brelle M C, Zhang J Z. Femtosecond study of photo-induced electron dynamics in AgI and core/shell structured AgI/Ag_2S and AgBr/Ag_2S colloidal nanoparticles. The Journal of Chemical Physics, 1998, 108(8): 3119-3126.

[72] BrÄuhwiler D, Leiggener C, Glaus S, et al. Luminescent silver sulfide clusters. The Journal of Physical Chemistry B, 2002, 106(15): 3770-3777.

[73] Hull S, Keen D A, Sivia D S, et al. The high-temperature superionic behaviour of Ag_2S. Journal of Physics Condensed Matter, 2002, 14(1): 9-17.

[74] Kitova S, Eneva J, Panov A, et al. Infrared photography based on vapor-deposited silver sulfide thin films. Journal of Imaging Science and Technology, 1994, 38(5): 484-488.

[75] Shi X, Chen H Y, Hao F, et al. Room-temperature ductile inorganic semiconductor. Nature Materials, 2018, 17(5): 421-426.

[76] Sharma R C, Chang Y A. The Ag-S (Silver-Sulfur) system. Bulletin of Alloy Phase Diagrams, 1986, 7(3): 263-269.

[77] Li G D, An Q, Morozov S I, et al. Ductile deformation mechanism in semiconductor-Ag_2S. Npj Computational Materials, 2018, 4(1):44(1-6).

[78] Wang Y X, Chen Y, Li H C, et al. Buckling-based method for measuring the strain-photonic coupling effect of GaAs nanoribbons. ACS Nano, 2016, 10(9): 8199-8206.

[79] Wojciechowski K, Saliba M, Leijtens T, et al. Sub-150 ℃ processed meso-superstructured perovskite solar cells with enhanced efficiency. Energy & Environmental Science, 2014, 7(3): 1142-1147.

[80] Conings B, Baeten L, Jacobs T, et al. An easy-to-fabricate low-temperature TiO_2 electron collection layer for high efficiency planar heterojunction perovskite solar cells. APL Materials, 2014, 2(8): 081505.

[81] Wang J T W, Ball J M, Barea E M, et al. Low-temperature processed electron collection layers of graphene/TiO_2 nanocomposites in thin film perovskite solar cells. Nano Letters, 2014, 14(2): 724-730.

[82] Yella A, Heiniger L P, Gao P, et al. Nanocrystalline rutile electron extraction layer enables low-temperature solution processed perovskite photovoltaics with 13.7%efficiency. Nano Letters, 2014, 14(5): 2591-2596.

[83] Kim B J, Kim D H, Lee Y Y, et al. Highly efficient and bending durable perovskite solar cells: Toward a wearable power source. Energy & Environmental Science, 2015, 8(3): 916-921.

[84] Bi D Q, Boschloo G, Schwarzmüller S, et al. Efficient and stable CH_3NH_3 PbI_3-sensitized ZnO nanorod array solid-state solar cells. Nanoscale, 2013, 5(23): 11686-11691.

[85] Song J X, Liu L J, Wang X F, et al. Highly efficient and stable low-temperature processed ZnO solar cells with triple cation perovskite absorber. Journal of Materials Chemistry A, 2017, 5(26), 13439-13447.

[86] Han J, Yuan S, Liu L N, et al. Fully indium-free flexible Ag nanowires/ZnO: F composite transparent conductive electrodes with high haze. Journal of Materials Chemistry A, 2015, 3(10): 5375-5384.

[87] Ameen S, Akhtar M S, Seo H K, et al. An insight into atmospheric plasma jet modified ZnO quantum dots thin film for flexible perovskite solar cell: Optoelectronic transient and charge trapping studies. The Journal of Physical Chemistry C, 2015, 119(19): 10379-10390.

[88] Zhou H W, Shi Y T, Wang K, et al. Low-temperature processed and carbon-based ZnO/ $CH_3NH_3PbI_3$/C planar heterojunction perovskite solar cells. Journal of Physical Chemistry C, 2015, 119(9): 4600-4605.

[89] Wang K C, Shen P S, Li M H, et al. Low-temperature sputtered nickel oxide compact thin film as effective electron blocking layer for mesoscopic NiO/$CH_3NH_3PbI_3$ perovskite heterojunction solar cells. ACS Applied Materials & Interfaces, 2014, 6(15): 11851-11858.

[90] Song J X, Zheng E Q, Bian J, et al. Low-temperature SnO_2-based electron selective contact for efficient and stable perovskite solar cells. Journal of Materials Chemistry A, 2015, 3(20): 10837-10844.

[91] Ke W J, Fang G J, Liu Q, et al. Low-temperature solution-processed tin oxide as an alternative electron transporting layer for efficient perovskite solar cells. Journal of the American Chemical Society, 2015, 137(21): 6730-6733.

[92] Wang L, Fu W F, Gu Z W, et al. Low temperature solution processed planar heterojunction perovskite solar cells with a CdSe nanocrystal as an electron transport/extraction layer. Journal of Materials Chemistry C, 2014, 2(43): 9087-9090.

[93] Lee M, Jo Y, Kim D S, et al. Flexible organo-metal halide perovskite solar cells on a Ti metal substrate. Journal of Materials Chemistry A, 2015, 3(8): 4129-4133.

[94] Troughton J, Bryant D, Wojciechowski K, et al. Highly efficient, flexible, indium-free perovskite solar cells employing metallic substrates. Journal of Materials Chemistry A, 2015, 3(17): 9141-9145.

[95] Nyholm L, Nyström G, Mihranyan A, et al. Toward flexible polymer and paper-based energy storage devices. Advanced Materials, 2011, 23(33): 3751-3769.

[96] Kim J, Lee J, You J, et al. Conductive polymers for next-generation energy storage systems: Recent progress and new functions. Materials Horizons, 2016, 3(6): 517-535.

[97] Nambiar S, Yeow J T W. Conductive polymer-based sensors for biomedical applications. Biosensors and Bioelectronics, 2011, 26(5): 1825-1832.

[98] Berggren M, Richter-Dahlfors A. Organic bioelectronics. Advanced Materials, 2007, 19(20): 3201-3213.

[99] Jonsson A, Song Z Y, Nilsson D, et al. Therapy using implanted organic bioelectronics. Science Advances, 2015, 1(4): e1500039.

[100] Root S E, Savagatrup S, Printz A D, et al. Mechanical properties of organic semiconductors for stretchable, highly flexible, and mechanically robust electronics. Chemical

Reviews, 2017, 117(9): 6467-6499.

[101] Takamatsu S, Lonjaret T, Ismailova E, et al. Wearable keyboard using conducting polymer electrodes on textiles. Advanced Materials, 2016, 28(22): 4485-4488.

[102] Xu J, Wang S H, Wang G J N, et al. Highly stretchable polymer semiconductor films through the nanoconfinement effect. Science, 2017, 355(6320): 59-64.

[103] Song E, Kang B, Choi H H, et al. Stretchable and transparent organic semiconducting thin film with conjugated polymer nanowires embedded in an elastomeric matrix. Advanced Electronic Materials, 2015, 2(1): 1500250.

[104] Kallman H, Pope M. Photovoltaic effect in organic crystals. The Journal of Chemical Physics, 1959, 30(2): 585-586.

[105] Tang C W. Two-layer organic photovoltaic cell. Applied Physics Letters, 1986, 48(2): 183-185.

[106] Yu G, Gao J, Hummelen J C, et al. Polymer photovoltaic cells: Enhanced efficiencies via a network of internal donor-acceptor heterojunctions. Science, 1995, 270(5243): 1789-1791.

[107] McCoul D, Hu W L, Gao M M, et al. Recent advances in stretchable and transparent electronic materials. Advanced Electronic Materials, 2016, 2(5): 1500407.

[108] Chung S, Lee J, Song H, et al. Inkjet-printed stretchable silver electrode on wave structured elastomeric substrate. Applied Physics Letters, 2011, 98(15): 153110.

[109] Robinson A P, Minev I, Graz I M, et al. Microstructured silicone substrate for printable and stretchable metallic films. Langmuir, 2011, 27(8): 4279-4284.

[110] Cheng T, Zhang Y Z, Lai W Y, et al. High-performance stretchable transparent electrodes based on silver nanowires synthesized via an eco-friendly halogen-free method. Journal of Materials Chemistry C, 2014, 2(48): 10369-10376.

[111] Zhang Q, Xu J J, Liu Y, et al. *In situ* synthesis of poly(dimethylsiloxane)-gold nanoparticles composite films and its application in microfluidic systems. Lab on a Chip, 2008, 8(2): 352-357.

[112] Goyal A, Kumar A, Patra P K, et al. *In situ* synthesis of metal nanoparticle embedded free standing multifunctional PDMS films. Macromolecular Rapid Communications, 2009, 30(13): 1116-1122.

[113] Cheng T, Zhang Y Z, Lai W Y, et al. Stretchable thin-film electrodes for flexible electronics with high deformability and stretchability. Advanced Materials, 2015, 27(22): 3349-3376.

[114] Na Z K, Pan S J, Uttamchandani M, et al. Discovery of, cell-permeable inhibitors that target the brct domain of brca 1 protein by using a small-molecule microarray. Angewandte Chemie, 2014, 126(32): 8561-8566.

[115] Cao J, Sun T, Grattan K T V. Gold nanorod-based localized surface plasmon resonance biosensors: A review. Sensors and Actuators B: Chemical, 2014, 195(1): 332-351.

[116] Jia G H, Xu S Q, Wang A X. Emerging strategies for the synthesis of monodisperse colloidal semiconductor quantum rods. Journal of Materials Chemistry C, 2015, 3(32):

8284-8293.

[117] Xia Y N, Xiong Y J, Lim B, et al. Shape-controlled synthesis of metal nanocrystals: Simple chemistry meets complex physics? Angewandte Chemie, 2009, 48(1): 60-103.

[118] Lu Y, Jiang J W, Yoon S, et al. High-performance stretchable conductive composite fibers from surface-modified silver nanowires and thermoplastic polyurethane by wet spinning. ACS Applied Materials & Interfaces, 2018, 10(2): 2093-2104.

[119] Kim Y, Zhu J, Yeom B, et al. Stretchable nanoparticle conductors with self-organized conductive pathways. Nature, 2013, 500(7460): 59-63.

[120] Park M, Im J, Shin M, et al. Highly stretchable electric circuits from a composite material of silver nanoparticles and elastomeric fibres. Nature Nanotechnology, 2012, 7(12): 803-809.

[121] Kim T G, Park H J, Woo K, et al. Enhanced oxidation-resistant Cu@Ni core-shell nanoparticles for printed flexible electrodes. ACS Applied Materials & Interfaces, 2018, 10(1): 1059-1066.

[122] Fu Q Q, Li Y D, Li H H, et al. *In Situ* seed-mediated high-yield synthesis of copper nanowires on large scale. Langmuir, 2019, 35(12): 4364-4369.

[123] Niu X Z, Peng S L, Liu L Y, et al. Characterizing and patterning of PDMS-based conducting composites. Advanced Materials, 2007, 19(18): 2682-2686.

[124] Lv R H, Xu W F, Na B, et al. Insight into the role of filler network in the viscoelasticity of a carbon black filled thermoplastic elastomer: A strain dependent electrical conductivity study. Journal of Macromolecular Science Part B, 2008, 47(4): 774-782.

[125] Xu Y D, Zhao G G, Zhu L, et al. Pencil-paper on-skin electronics. Proceedings of the National Academy of Sciences, 2020, 117(31): 18292-18301.

[126] Ishikawa F N, Chang H K, Ryu K, et al. Transparent electronics based on transfer printed aligned carbon nanotubes on rigid and flexible substrates. ACS Nano, 2009, 3(1): 73-79.

[127] Miyata Y, Shiozawa K, Asada Y, et al. Length-sorted semiconducting carbon nanotubes for high-mobility thin film transistors. Nano Research, 2011, 4(10): 963-970.

[128] Takahashi T, Takei K, Gillies A G, et al. Carbon nanotube active-matrix backplanes for conformal electronics and sensors. Nano Letters, 2011, 11(12): 5408-5413.

[129] Park S, Vosguerichian M, Bao Z. A review of fabrication and applications of carbon nanotube film-based flexible electronics. Nanoscale, 2013, 5(5): 1727-1752.

[130] Shin M K, Oh J, Lima M, et al. Elastomeric conductive composites based on carbon nanotube forests. Advanced Materials, 2010, 22(24): 2663-2667.

[131] Hu L B, Pasta M, Mantia F L, et al. Stretchable, porous, and conductive energy textiles. Nano Letters, 2010, 10(2): 708-714.

[132] Fu Q Q, Zhou T, Chen Y, et al. Homogeneity permitted robust connection for additive manufacturing stretchable electronics. ACS Applied Materials & Interfaces, 2020, 12(38): 43152-43159.

[133] Geim A K, Novoselov K S. The rise of graphene. Nature Materials, 2007, 6(3): 183-191.

[134] Morozov S V, Novoselov K S, Katsnelson M I, et al. Giant intrinsic carrier mobilities in graphene and its bilayer. Physical Review Letters, 2008, 100 (1): 016602.

[135] Balandin A A, Ghosh S, Bao W Z, et al. Superior thermal conductivity of single-layer graphene. Nano Letters, 2008, 8(3): 902-907.

[136] Meyer J C, Geim A K, Katsnelson M I, et al. The structure of suspended graphene sheets. Nature, 2007, 446(7131): 60-63.

[137] Nair R R, Blake P, Grigorenko A N, et al. Fine structure constant defines visual transparency of graphene. Science, 2008, 320(5881): 1308.

[138] Zhang Y B, Tan Y W, Stormer H L, et al. Experimental observation of the quantum Hall effect and Berry's phase in graphene. Nature, 2005, 438(7065): 201-204.

[139] Singh V, Joung D, Zhai L, et al. Graphene based materials: Past, present and future. Progress in Materials Science, 2011, 56(8): 1178-1271.

[140] Kim K S, Zhao Y, Jang H, et al. Large-scale pattern growth of graphene films for stretchable transparent electrodes. Nature, 2009, 457(7230): 706-710.

[141] Gao W. The chemistry of graphene oxide//Graphene Oxide: Reduction Recipes, Spectroscopy, and Applications. New York: Springer, 2015: 61-95.

[142] Huang L, Huang Y, Liang J J, et al. Graphene-based conducting inks for direct inkjet printing of flexible conductive patterns and their applications in electric circuits and chemical sensors. Nano Research, 2011, 4(7): 675-684.

[143] Kong D, Le L T, Li Y, et al. Temperature-dependent electrical properties of graphene inkjet-printed on flexible materials. Langmuir, 2012, 28(37): 13467-13472.

[144] Boland C S, Khan U, Ryan G, et al. Sensitive electromechanical sensors using viscoelastic graphene-polymer nanocomposites. Science, 2016, 354(6317): 1257-1260.

[145] Zhan B B, Liu C B, Chen H P, et al. Free-standing electrochemical electrode based on $Ni(OH)_2$/ 3D graphene foam for nonenzymatic glucose detection. Nanoscale, 2014, 6(13): 7424-7429.

[146] Xiao F, Li Y Q, Gao H C, et al. Growth of coral-like PtAu-MnO_2 binary nanocomposites on free-standing graphene paper for flexible nonenzymatic glucose sensors. Biosensors and Bioelectronics, 2013, 41: 417-423.

[147] Zhao A S, Zhang Z W, Zhang P H, et al. 3D nanoporous gold scaffold supported on graphene paper: Freestanding and flexible electrode with high loading of ultrafine PtCo alloy nanoparticles for electrochemical glucose sensing. Analytica Chimica Acta, 2016, 938: 63-71.

[148] Nezakati T, Seifalian A, Tan A, et al. Conductive polymers: Opportunities and challenges in biomedical applications. Chemical Reviews, 2018, 118(14): 6766-6843.

[149] Wallace G, Spinks G. Conducting polymers-bridging the bionic interface. Soft Matter, 2007, 3(6): 665-671.

[150] Kaynak A, Rintoul L, George G A. Change of mechanical and electrical properties of polypyrrole films with dopant concentration and oxidative aging. Materials Research Bulletin, 2000, 35(6): 813-824.

[151] Bettinger C J, Bruggeman J P, Misra A, et al. Biocompatibility of biodegradable semiconducting melanin films for nerve tissue engineering. Biomaterials, 2009, 30(17): 3050-3057.

[152] Lipomi D J, Lee J A, Vosgueritchian M, et al. Electronic properties of transparent conductive films of PEDOT: PSS on stretchable substrates. Chemistry of Materials, 2012, 24(2): 373-382.

[153] Collier J H, Camp J P, Hudson T W, et al. Synthesis and characterization of polypyrrole-hyaluronic acid composite biomaterials for tissue engineering applications. Journal of Biomedical Materials Research, 2000, 50(4): 574-584.

[154] Serra Moreno J, Panero S, Artico M, et al. Synthesis and characterization of new electroactive polypyrrole-chondroitin sulphate A substrates. Bioelectrochemistry, 2008, 72(1): 3-9.

[155] Gelmi A, Higgins M J, Wallace G G. Physical surface and electromechanical properties of doped polypyrrole biomaterials. Biomaterials, 2010, 31(8): 1974-1983.

[156] Odent J, Wallin T J, Pan W Y, et al. Highly elastic, transparent, and conductive 3D-printed ionic composite hydrogels. Advanced Functional Materials, 2007, 27(33): 1701807.

[157] Zhou Y, Wan C J, Yang Y S, et al. Highly stretchable, elastic, and ionic conductive hydrogel for artificial soft electronics. Advanced Functional Materials, 2019, 29(1): 1806220.

[158] Jason N N, Ho M D, Cheng W L. Resistive electronic skin. Journal of Materials Chemistry C, 2017, 5(24): 5845-5866.

[159] Jagota M, Tansu N. Conductivity of nanowire arrays under random and ordered orientation configurations. Scientific Reports, 2015, 5(1): 10219.

[160] 张颖, 陆炳卫, 徐航勋, 等. 瞬态电子器件研究最新进展. 中国科学: 物理学力学天文学, 2016, 46(4): 044605.

[161] Fu K K, Wang Z Y, Dai J Q, et al. Transient electronics: Materials and devices. Chemistry of Materials, 2016, 28(11): 3527-3539.

[162] Hwang S W, Tao H, Kim D H, et al. A physically transient form of silicon electronics. Science, 2012, 337(6102): 1640-1644.

[163] Kang S K, Hwang S W, Cheng H Y, et al. Dissolution behaviors and applications of silicon oxides and nitrides in transient electronics. Advanced Functional Materials, 2014, 24(28): 4427-4434.

[164] Knauss K G, Wolery T J. The dissolution kinetics of quartz as a function of pH and time at 70 °C. Geochimica et Cosmochimica Acta, 1988, 52(1): 43-53.

[165] House W A, Hickinbotham L A. Dissolution kinetics of silica between 5 and 35°C. Application of a titrimetric method. Journal of the Chemical Society, Faraday Transactions, 1992, 88(14): 2021-2026.

[166] Worley W G. Dissolution Kinetics and Mechanisms in Quartz-and Grainite-Water Systems. Boston: Massachusetts Institute of Technology, 1994.

[167] Hwang S W, Song J K, Huang X, et al. High-performance biodegradable/transient electronics on biodegradable polymers. Advanced Materials, 2014, 26(23): 3905-3911.

[168] Zhu B W, Wang H, Leow W R, et al. Silk fibroin for flexible electronic devices. Advanced Materials, 2016, 28(22): 4250-4265.

[169] Jin S H, Shin J, Cho I T, et al. Solution-processed single-walled carbon nanotube field effect transistors and bootstrapped inverters for disintegratable, transient electronics. Applied Physics Letters, 2014, 105(1): 013506.

[170] Hwang S W, Lee C H, Cheng H Y, et al. Biodegradable elastomers and silicon nanomembranes/nanoribbons for stretchable, transient electronics, and biosensors. Nano Letters, 2015, 15(5): 2801-2808.

[171] Tao H, Hwang S W, Marelli B, et al. Silk-based resorbable electronic devices for remotely controlled therapy and in vivo infection abatement. Proceedings of the National Academy of Sciences of the United States of America, 2014, 111(49): 17385-17389.

[172] Tang-Schomer M D, Hu X, Hronik-Tupaj M, et al. Film-based implants for supporting neuron electrode integrated interfaces for the brain. Advanced Functional Materials, 2014, 24(13): 1938-1948.

[173] Kim D H, Viventi J, Amsden J J, et al. Dissolvable films of silk fibroin for ultrathin conformal bio-integrated electronics. Nature Materials, 2010, 9(6): 511-517.

[174] Koh L D, Cheng Y, Teng C P, et al. Structures, mechanical properties and applications of silk fibroin materials. Progress in Polymer Science, 2015, 46: 86-110.

[175] Irimia-Vladu M, Troshin P A, Reisinger M, et al. Biocompatible and biodegradable materials for organic field-effect transistors. Advanced Functional Materials, 2010, 20(23): 4069-4076.

[176] Muskovich M, Bettinger C J. Biomaterials-based electronics: Polymers and interfaces for biology and medicine. Advanced Healthcare Materials, 2012, 1(3): 248-266.

[177] Hota M K, Bera M K, Kundu B, et al. A natural silk fibroin protein-based transparent bio-memristor. Advanced Functional Materials, 2012, 22(21): 4493-4499.

[178] Hwang S W, Kim D H, Tao H, et al. Materials and fabrication processes for transient and bioresorbable high-performance electronics. Advanced Functional Materials, 2013, 23(33): 4087-4093.

[179] Hwang S W, Park G, Cheng H Y, et al. 25th anniversary article: Materials for high performance biodegradable semiconductor devices. Advanced Materials, 2014, 26(13): 1992-2000.

[180] Kang S K, Park G, Kim K, et al. Dissolution chemistry and biocompatibility of silicon- and germanium-based semiconductors for transient electronics. ACS Applied Materials & Interfaces, 2015, 7(17): 9297-9305.

[181] Yin L, Farimani A B, Min K, et al. Mechanisms for hydrolysis of silicon nanomembranes as used in bioresorbable electronics. Advanced Materials, 2015, 27(11): 1857-1864.

[182] Dagdeviren C, Hwang S W, Su Y W, et al. Transient, biocompatible electronics and energy harvesters based on ZnO. Small, 2013, 9(20): 3398-3404.

[183] Hwang S W, Park G, Edwards C, et al. Dissolution chemistry and biocompatibility of single-crystalline silicon nanomembranes and associated materials for transient electronics. ACS Nano, 2014, 8(6): 5843-5851.

[184] Lee Y K, Yu K J, Song E, et al. Dissolution of monocrystalline silicon nanomembranes and their use as encapsulation layers and electrical interfaces in water-soluble electronics. ACS Nano, 2017, 11(12): 12562-12572.

[185] Yin L, Cheng H Y, Mao S M, et al. Dissolvable metals for transient electronics. Advanced Functional Materials, 2014, 24(5): 645-658.

[186] Li R F, Qi H, Ma Y, et al. A flexible and physically transient electrochemical sensor for real-time wireless nitric oxide monitoring. Nature Communications, 2020, 11(1): 3207.

[187] Wang L, Lu C F, Yang S H, et al. A fully biodegradable and self-electrified device for neuroregenerative medicine. Science Advances, 2020, 6 (50): eabc6686.

第 4 章　柔性电子关键制备技术

4.1　图案化制备技术

柔性电子器件常用的图案化制备技术包括光刻、软刻蚀、喷墨打印等。其中，光刻技术具有较高分辨率，在柔性电子器件图案化中广泛使用，但是工艺流程复杂、对环境要求苛刻；软刻蚀技术不需要复杂设备和特殊环境，可以在非平面上进行精细图案化设计与加工；喷墨打印技术是一种非接触式图案化方法，可以实现复杂结构的快速设计与加工。卷对卷印刷技术可以将柔性电子器件制备过程的材料制备、沉积、图案化和封装几个步骤进行集成，以提高柔性电子器件制备效率。下面将对这几种技术进行详细阐述。

4.1.1　光刻技术

光刻技术是指光刻胶在特殊波长的光线或者粒子束作用下发生化学变化，通过曝光、显影、刻蚀等工艺过程，将设计在掩模版上的图形转移到衬底上的精细加工技术 [1]，如图 4.1 所示。制备时首先将光刻胶涂在需要进行图案化的衬底表

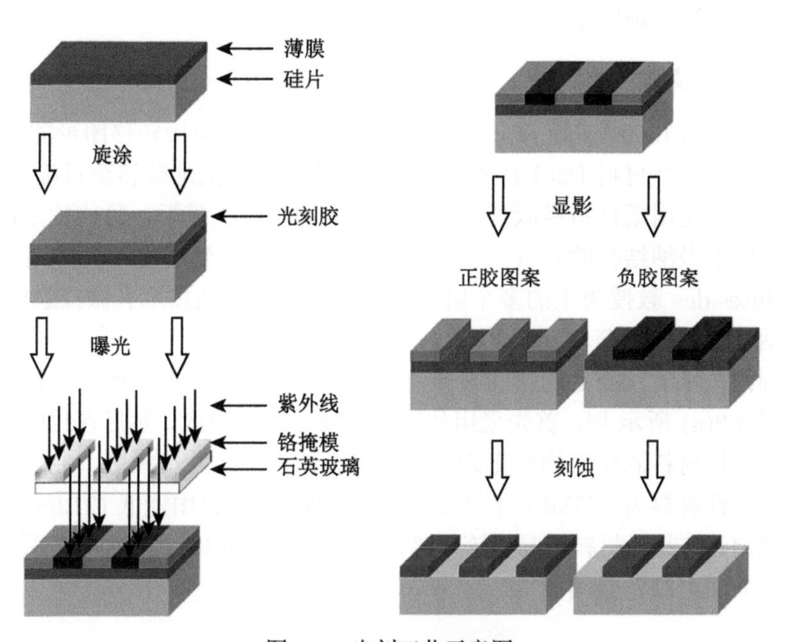

图 4.1　光刻工艺示意图

面形成光刻胶涂层；然后将紫外线通过掩模版照射在光刻胶上，引起曝光区域发生化学反应，进行光分解 (正性光刻胶) 或者光交联 (负性光刻胶) 反应；再通过显影技术溶解去除曝光区 (正性光刻胶) 或者非曝光区 (负性光刻胶) 的光刻胶，使掩模版上的图案被复制到光刻胶涂层上；最后通过刻蚀将图案转移到衬底上，得到需要的图案。光刻的原理与印刷技术的照相制版类似，可以在平面上加工形成微纳米图形。

光刻技术按照曝光光源种类主要分为光学光刻和粒子束光刻。目前，光学光刻是最主要的光刻技术，在今后几年内仍将处于主流地位。粒子束光刻中的电子束光刻和离子束光刻技术不需要掩模版就可以直接把图形写到硅片上 [2]。由于增加电子束和离子束的能量可以使其波长缩短，所以制备所得图案的分辨率非常高，能达到 10nm 以下。光刻在目前已有的图案化技术中具有最高的分辨率能力和较好的对位精度，因此在制备高密度、高性能柔性电子器件，或者需要层层对准的多功能层柔性器件时，仍然多选用光刻作为图案化方法。虽然光刻是一种高水平的图案化制备方法，但用它实现柔性电子器件功能层图案化时，在某些情况下适用性较差。比如由于曝光面积有限，所以光刻无法制备大面积图案；由于掩模版需要与待曝光材料紧密接触，且光刻胶固化需要加热到一定温度，所以在柔性衬底如 PDMS、Ecoflex 等聚合物材料衬底上无法直接光刻实现高质量图案化制备。另外，光刻工艺的原材料价格和光刻设备成本都较高，且要求环境具有一定的洁净度，不适合用于生产低成本柔性电子器件。因此，在柔性电子器件制备流程中，也时常选择其他几种图案化制备方法。

4.1.2 软刻蚀技术

软刻蚀技术 (soft lithography) 也称软光刻，是一种间接转移图形的制作方法，其特点是通过柔性材料 (如 PDMS) 作为弹性印章将微图形转移至目标衬底上 [3]。软光刻的特点是用柔性掩模版代替传统光刻中的硬质掩模版，目前软刻蚀技术已经广泛应用于微纳结构的制备，加工图形的分辨率能达到 30nm～100μm。以哈佛大学 Whitesides 教授为主的多个研究集体发展的软刻蚀技术有微接触印刷技术、软压印纳米刻蚀技术等。

软刻蚀技术的核心是制作图案转移用的柔性掩模版，典型的柔性掩模版制作过程如图 4.2(a) 所示 [4]，首先采用传统光刻技术得到母版，然后在母版上浇筑柔性材料，柔性材料固化后撕取下来得到具有微结构的柔性掩模版。制作柔性掩模版最佳的柔性材料为 PDMS，主要是因为 PDMS 表面自由能低 (21.6mN/m)，化学性质稳定，与其他材料不易黏连，容易脱模，且 PDMS 具有很好的弹性，易变形，可在曲面上制备微纳图案。

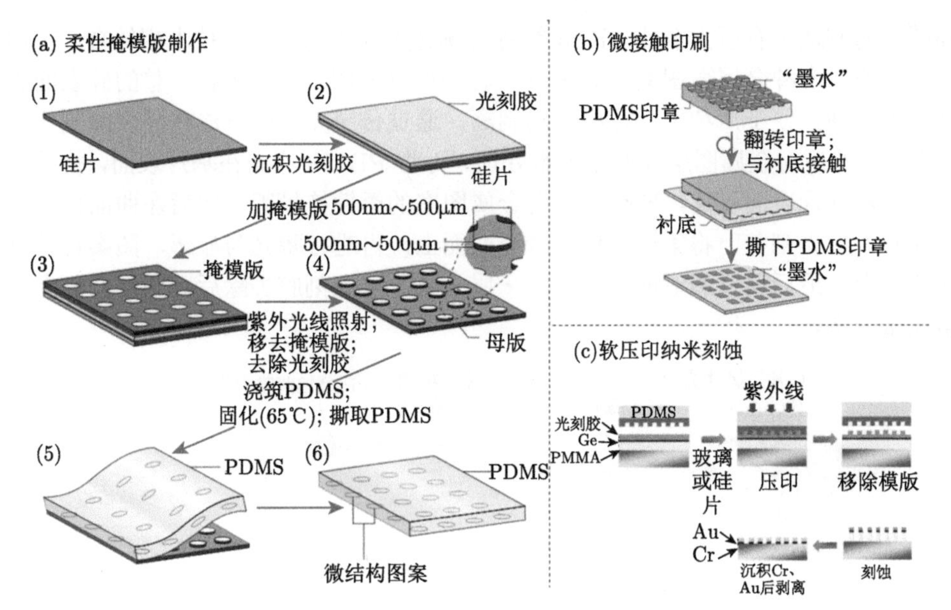

图 4.2 (a) 软刻蚀技术柔性掩模版流程图；(b) 微接触印刷流程图；(c) 软压印纳米刻蚀流程图

柔性掩模版制作后可以通过微接触印刷、软压印纳米刻蚀等图案化技术进行微纳图案的制备。微接触印刷是最具代表性的软刻蚀技术，印刷过程如图 4.2(b) 所示。首先在高分子弹性图章表面涂布一层自组装单分子层 (SAM)“墨水”，然后将这层 SAM 转移到目标衬底上 [4]。SAM“墨水”通常采用烷基硫醇，在镀有金箔的衬底表面上盖印，与金表面接触 10~20s，“墨水”中的硫醇基与金反应，形成的 SAM 作为抗蚀剂掩蔽层，进一步通过刻蚀工艺实现抗蚀剂图形化。未被 SAM 覆盖的部分则可继续吸附含另一种末端基的烷基硫醇。微接触印刷可直接应用于制作大面积的简单图案，适用于微米至纳米级图形的制作，最小分辨率可达 35nm。在微制造、生物传感器、表面性质研究等方面有很大的应用前景 [5]。

软压印纳米刻蚀技术是指通过光刻胶辅助，将柔性掩模版上的微纳结构转移到所需衬底上的技术 [6]，制备流程如图 4.2(c) 所示。首先将柔性掩模版压在涂有光刻胶的衬底表面，采用加压的方式将掩模版上的图案转移到光刻胶上；然后通过紫外线照射使光刻胶固化，之后移去柔性掩模版进行刻蚀，露出具有图案的衬底表面；最后沉积所需材料后剥离残余光刻胶，在衬底表面得到所需材料的图案。软压印纳米刻蚀技术的特点是使用柔性掩模版和轻微压力进行图案化，但柔性掩模版表面的微结构在压力的作用下容易变形，所以这项技术不太适合于需要对微结构进行高精度空间定位的应用。

软光刻技术中转印图形的模版柔软且富有弹性，可延展、可弯曲，在曲面微细图形的制造上有巨大潜能。Kim 等将传统光刻技术与软光刻技术相结合，在曲面上制作了多种金属微图案 [7]，操作流程如图 4.3 所示，首先将平整的硅表面进行疏水处理，便于后续柔性掩模版的剥离。通过传统光刻的方法在硅表面制作金属图案，然后对金属图层表面做亲水处理。再将 PDMS 涂布在基片表面，待其固化后，从基片表面剥离，即获得带有金属图案的柔性掩模版。然后在曲面样品表面涂布一层光刻胶，将柔性掩模贴合至曲面上，再进行曝光与显影，图案转移到光刻胶上，最后通过溅射或电镀沉积一层金属，将光刻胶去除后，获得曲面上的金属微图案。

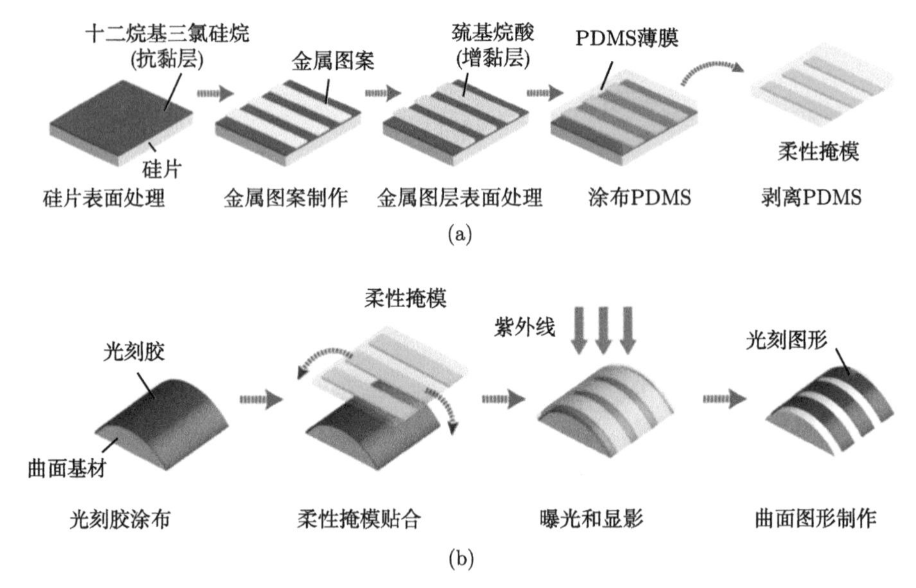

图 4.3　软刻蚀技术制作曲面微结构：(a) 柔性掩模制作过程；(b) 曲面软光刻过程

4.1.3　喷墨打印技术

喷墨打印是一种数字化按需打印技术，特点是无须制版，可以直接将计算机内部的器件设计方案转化为电子器件，喷绘在适当承印物/载体上。由于在喷绘过程中喷头与承印物不接触，承印物的选择范围更宽，只要保证与油墨兼容，承印物基本不受限制。但是，喷墨系统分辨率和输出速度不高，在制备高分辨率器件时必须使用特别制造的高分辨率喷头。目前常规喷墨系统墨滴体积一般都在 1~10pL 的范畴，墨滴直径一般在 1~20μm 的范围 [8]。如果要制作亚微米甚至更小直径的墨滴，必须开发能够喷射更小体积墨滴的技术。在以 RFID 为代表的智能标签领域，使用有机电子材料和喷墨打印方法已经可以构建所需要的所有电子器件，包括有机半导体、天线等，使全印刷 RFID 标签成为现实 [9]，喷墨打印在有机场效应晶体管 [10]、有机发光器件及显示器件 [11,12]、集成电路、太阳能电池 [13,14] 的制备方面也被证实非常有效。

根据不同的喷墨方式，喷墨打印技术还可分为连续喷墨技术 (CIJ) 和按需喷墨技术 (DOD)[8]。连续喷墨技术主要是通过墨滴驱动装置对喷头中的墨水施加高频压力，使墨滴形成并在压力作用下，由喷嘴高速连续不断地喷射出来，并在充电电极和偏转电场作用下，使高速喷射的带电荷墨滴发生偏转落到承印物表面形成图文信息，不带电荷的墨滴不发生偏转，进入墨水回收装置以循环使用，原理结构示意见图 4.4(a)。该喷墨打印技术流体处理系统比较复杂，频率响应高，大多在低精度和高速的场合使用。

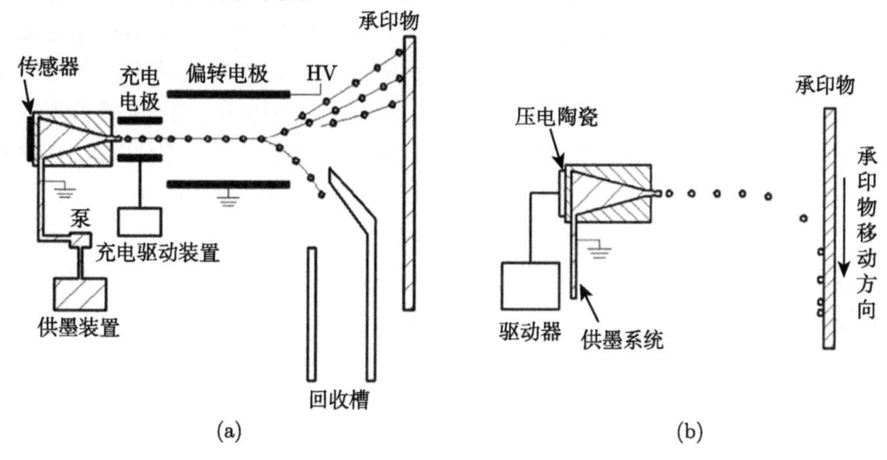

图 4.4　连续喷墨技术原理 (a) 和按需喷墨技术原理 (b)

按需喷墨技术是根据图文信息的实际需要，将其转化成脉冲电信号，通过驱动器驱动压电陶瓷，使喷头内部腔体变形并产生压力波，从而按需将墨滴喷射出来，其结构原理示意见图 4.4(b)。按需喷墨技术根据驱动方式的不同可分为热喷墨技术、压电喷墨技术、静电喷墨技术和超声波喷墨技术四大类。热喷墨技术主要是通过墨腔内安装的加热元件加载电流，产生瞬间高热，使墨腔内的油墨部分膨胀形成气泡并产生高压，将墨水推挤出喷嘴，到达承印物表面形成图文信息。这种技术存在一些不足，主要是因为墨水受热易使墨性发生变化，墨滴方向、形状不易控制，从而影响喷印质量。压电喷墨技术是利用电脉冲信号驱动压电陶瓷元件，使其体积发生瞬间变化，进而使腔室体积瞬间变化，腔室瞬间增大或缩小所产生的负压或正压，促使油墨从喷孔回缩或喷出，压电陶瓷的变形量可控制喷墨量的多少。由于压电喷墨技术具有反应速度快、精度高、墨水要求低等特点，在工业领域得到了广泛应用。与连续喷墨相比，按需喷墨技术具有设备结构简单、成本低、可靠性高等优点，无需充电电极、偏转电场和墨水回收装置，节约环保，随着相关技术不断发展，已逐渐成为喷墨打印的主要方式 [15]。

喷墨打印直接在柔性衬底上形成需要的图案，进一步制备成具有相应功能的柔性器件，目前已经用于多种材料的打印，如 PEDOT:PSS、银纳米颗粒、液态金属等。Malliaras 课题组采用喷墨打印技术将 PEDOT:PSS 打印在可拉伸衬底上 [16]，贴在人体手臂上作为电极，记录心电信号 (图 4.5(a))。Virgilio Mattoli 课题组通过喷墨打印将 PEDOT:PSS 打印在商用贴花转印纸上 [17]，制备的电极和电极阵列很容易转移到皮肤上形成电子纹身 (图 4.5(b))，记录肌电信号，人体毛发可以通过这种电极生长，不影响肌电信号的记录。Wolfrum 课题组通过调节打印速度和温度，控制相邻电极之间溶剂的挥发，使电极之间的间距精度提高到 1μm[18]。他们用这种打印方法制备了柔性电化学生物传感器阵列 (图 4.5(c))，用于检测人类免疫缺陷病毒相关的单链 DNA。Tavakoli 等通过喷墨打印在柔性衬底上打印银纳米颗粒 [19]，再与液态金属反应形成具有较高机械强度的导电电路 (图 4.5(d))，在拉伸 80%或弯曲时仍然保持低电阻。2019 年，Bhat 等开发了一种用于打印的低成本银墨水，并利用喷墨打印技术分别在柔性的 PET 和 PI 基材表面打印出银线路，其在 70~100°C 下固化后，拥有接近银块的电导率 (10^7S/m)[20]。清华大学化学系张莹莹研究团队最近在织物上直接打印出同轴皮芯导电纤维，他们通过对喷墨打印机进行改装，可同时利用碳纳米管溶液和蚕丝蛋白溶液两种墨水分别作导电芯层和介电皮层，直接打印出柔性电子纤维 [21]。

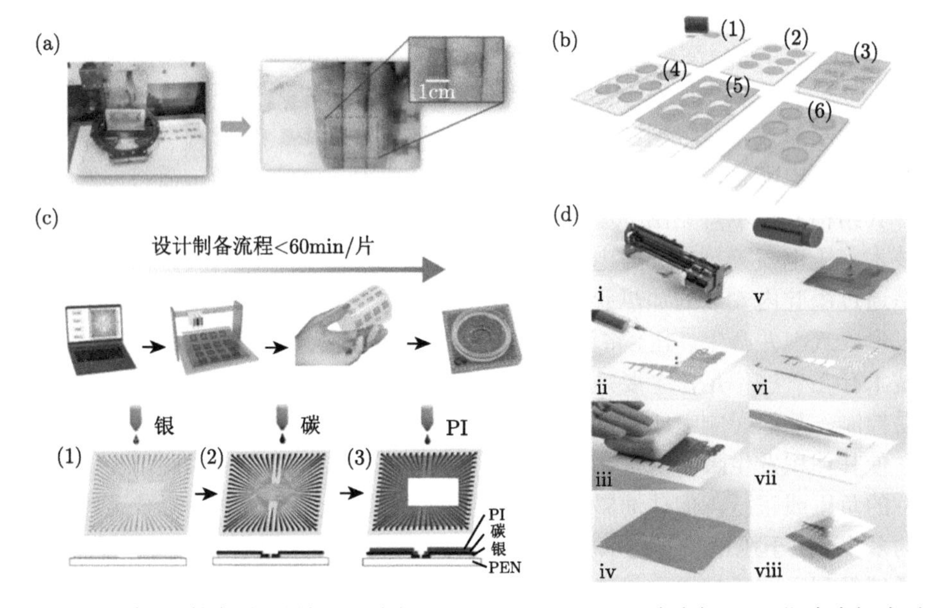

图 4.5　喷墨打印技术用于制备不同电极：(a) PEDOT:PSS 心电电极；(b) 肌电电极阵列；(c) 电化学生物传感器；(d) 与液态金属反应的银纳米颗粒电极

4.1.4 卷对卷印刷技术

卷对卷 (roll to roll, R2R) 印刷技术是指在柔性薄膜上通过连续成卷的方式生产柔性电子产品的技术 [22]，是一种重要的生产制造技术，广泛用于许多跨行业的产品和应用，包括柔性电子 [23]、柔性薄膜电池 [24]、光伏 [25] 和显示 [26] 等。目前没有适用于所有产品的统一标准工艺流程，可根据特定的产品及设备要求决定使用印刷还是其他图案化工艺。典型的卷对卷印刷产品线包含涂布、干燥和贴合几个步骤，如图 4.6 所示。

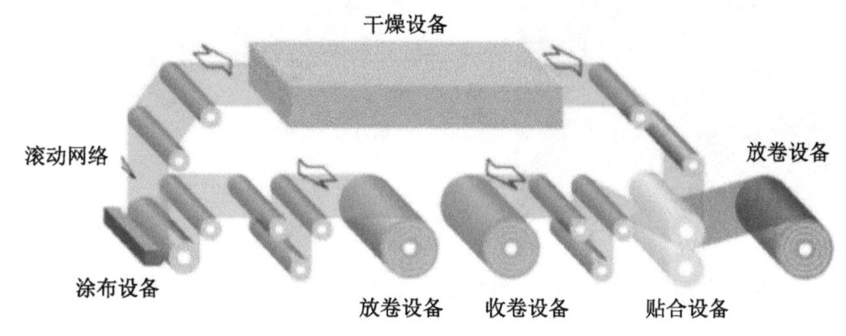

图 4.6 典型的卷对卷印刷技术产品线示意图

相对薄且平的薄膜结构在一个移动的网上进行连续加工，该网以一定的速度在两个或多个旋转的滚筒之间传递，网上包括惰性和柔性衬底，通过一定印刷涂布方式在薄膜上涂覆一层或几层功能层。卷对卷印刷技术可以用于多种功能层的制备，例如，各种印刷线路的油墨层和导电层、柔性太阳能电池的光伏层、柔性显示器光学薄膜的光折变层和扩散层、各种包装材料的阻挡层等。功能层通过常见的涂覆方式在滚动的薄膜上制备，光刻 [27]、激光打印 [28]、纳米压印 [29] 等微纳米图案的制备方法与卷对卷技术高度兼容，被广泛应用于卷对卷技术功能层制备中。

在柔性电子制备工艺中，卷对卷印刷将材料制备、沉积、图案化和封装等主要工艺流程集成在一起，可以有效降低生产成本、提高生产效率，逐渐成为工业生产采用的主流工艺技术。Jochem 等首先制备了柔性微米级凸版，然后采用卷对卷凸版印刷实现了高分辨率金属电极及互联结构的大规模连续制备 [30] (图 4.7(a))。Liedert 等开发了用于一次性微流控器件大规模制造的卷对卷印刷工艺 [31]，采用该工艺可以在一小时内制备 60 个微流控器件 (图 4.7(b))，器件能够从 20μL 全血中快速 (10min)、灵敏 (2μg/ml) 地检测出基于荧光免疫的 C-反应蛋白。Mallika Bariya 等对传统油墨流变性、设备印刷条件和电极形态进行改进，通过卷对卷凹版印刷制备了柔性电极 [32]，电极的三层结构均采用卷对卷一次印刷制备 (图

4.7(c))，该电极可以在电化学传感器中长时间稳定地使用，用于生理指标的连续、原位监测。

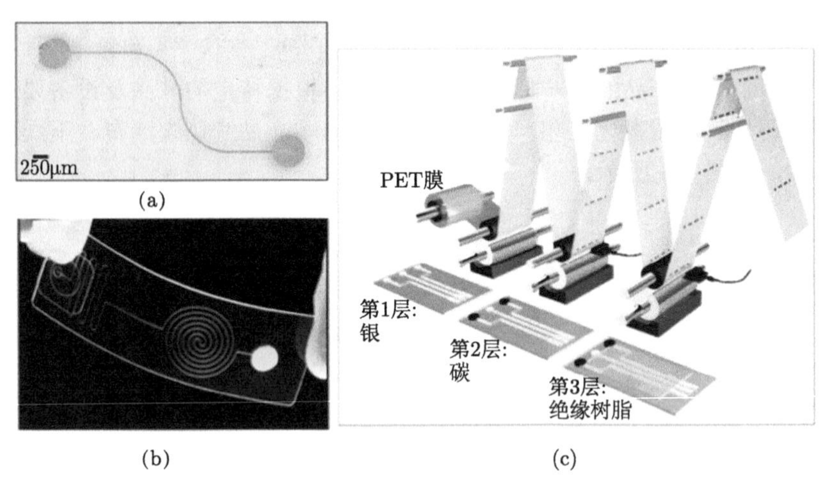

图 4.7　卷对卷印刷产品图：(a) 金属电极；(b) 微流控器件；(c) 三层结构柔性电极

4.2　转印技术

广义的转印技术 (transfer printing，以下简称转印) 是指将微纳米材料集成为空间有序的二维或三维功能模块的技术 [33]，此技术的核心是能够高效并行地将功能单元集成为器件所需要的精确结构。本书重点介绍制备柔性可延展无机集成器件的转印，即用柔性印章将不同类型的功能单元器件从施主衬底 (刚性衬底) 转移印制到受主衬底 (柔性衬底)，并最终形成功能器件的技术。转印是实现无机集成器件柔性和可延展性的关键工艺，通常包括剥离 (pick up) 与印制 (printing) 两个关键过程，剥离过程指的是用柔性印章将功能单元器件从刚性的施主衬底上撕起，印制过程指的是在经过对准后，将柔性印章上所黏附的功能单元器件精准地印制到柔性的受主衬底上，如图 4.8 所示。

转印技术的引入实现了无机集成器件的柔性和可延展性，其良好的电学和力学性能突破了传统无机集成器件硬脆的局限性，应用范围得到了极大拓展。如图 4.9 所示，研究者采用转印技术制备了种类繁多的柔性电子器件，如柔性太阳能电池 [34]、柔性可拉伸电池 [35]、量子点显示器 [36]、仿生电子眼 [37]、柔性神经电极 [38]、表皮电子 [39] 等。

转印技术最大的贡献在于解决了柔性衬底上无法外延生长功能单元器件的矛盾，该技术具备以下几个方面的明显优势。

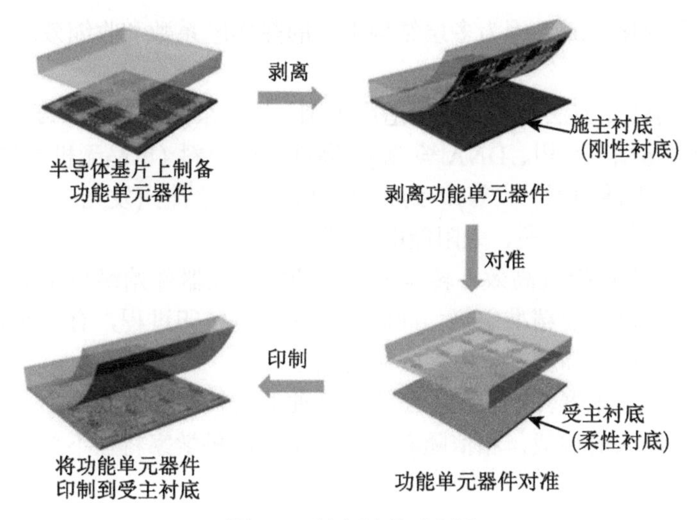

图 4.8 转印过程示意图

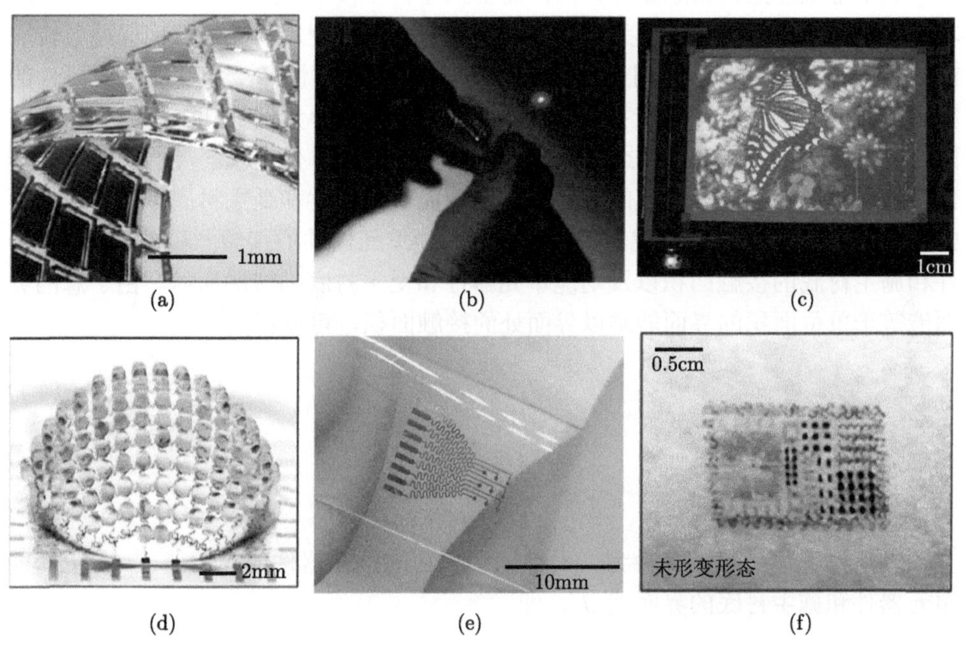

图 4.9 转印技术应用：(a) 柔性太阳能电池 [34]；(b) 柔性可拉伸电池 [35]；(c) 量子点显示器 [36]；(d) 仿生电子眼 [37]；(e) 柔性神经电极 [38]；(f) 表皮电子 [39]

(1) 转印过程中无须承受高温和化学溶液等苛刻环境。转印通常是在较低的温度下将功能单元器件转移到柔性衬底上，可以避免柔性衬底和印章在承受高温时发生化学变化，或者因为多层结构不同的热膨胀系数和收缩效应而造成器件失效。

(2) 广义的转印方法具有广泛的适用范围，从复杂的单分子尺度材料 (自组织单分子层 [40]、纳米管 [41]、DNA[42] 等)，高性能硬材料 (单晶无机半导体 [43]、金属薄膜 [44]、压电薄膜 [45,46] 等)，到完全集成的器件结构 (发光二极管 [47]、互补金属氧化物半导体回路 [48]、太阳能电池 [49] 等)。

(3) 转印过程可控且高效。转印过程中功能单元器件始终与印章或者衬底保持机械接触，可以实现精准定位。同时，多次重复转印过程，有望实现二维、三维阵列和异质材料的高精度、大规模快速集成。

但是目前在纳米器件的转印，三维复杂曲面的转印和大规模、高效、精准转印方面仍存在巨大的挑战，相信随着科技的发展，科学家将在不久的将来攻克掉这些难题。

4.2.1　转印的原理

以制备柔性无机集成器件为例，简要描述转印技术中所涉及的力学原理。成功的转印过程指的是功能单元器件经过剥离与印制过程后仍然完好地保持着转印前的结构和功能。本书中用 J_1，J_2 和 J_3 分别代表柔性印章和功能单元器件的界面能、功能单元器件和施主衬底的界面能以及功能单元器件和受主衬底的界面能，γ_1，γ_2 和 γ_3 分别代表柔性印章和功能单元器件单位面积的界面能、功能单元器件和施主衬底单位面积的界面能以及功能单元器件和受主衬底单位面积的界面能，A_1，A_2 和 A_3 分别代表柔性印章和功能单元器件的接触面积、功能单元器件和施主衬底的接触面积以及功能单元器件和受主衬底的接触面积。由于总的界面能等于单位面积的界面能乘以界面处的接触面积，可以得到

$$J_1 = \gamma_1 A_1 \tag{4.1}$$

$$J_2 = \gamma_2 A_2 \tag{4.2}$$

$$J_3 = \gamma_3 A_3 \tag{4.3}$$

剥离过程需满足的条件为：柔性印章和功能单元器件的界面能 J_1 大于功能单元器件和施主衬底的界面能 J_2，即

$$\gamma_1 A_1 > \gamma_2 A_2 \tag{4.4}$$

印制过程需满足的条件为：柔性印章和功能单元器件的界面能 J_1 小于功能单元器件和受主衬底的界面能 J_3，即

$$\gamma_1 A_1 < \gamma_3 A_3 \tag{4.5}$$

由此可见，转印过程可以通过减弱功能单元器件和施主衬底的界面、增强功能单元器件和受主衬底的界面以及调控柔性印章和功能单元器件的界面 (剥离过程中增强界面、印制过程中弱化界面) 等措施来实现。界面的强弱又可以通过调控单位面积的界面能和界面处的接触面积两种方式来实现。

减弱功能单元器件和施主衬底的界面通常采用牺牲层技术，即利用同一种腐蚀液 (腐蚀气) 对不同材料的腐蚀速度具有差异的特点，选择性地将功能单元器件与施主衬底之间的材料 (即牺牲层材料) 刻蚀掉，在两者之间形成空腔以减少两者间的界面能。增强功能单元器件和受主衬底界面的方法目前并不常见，少量文献报道中提到可用紫外臭氧的方法增强受主衬底 (硅橡胶) 表面的黏附 [50]。

研究者在柔性印章和功能单元器件界面的调控方面进行了大量的研究工作。围绕着调控单位面积的界面能和界面处的接触面积这一目的，研究者从材料、表面微结构和力学变形的角度，发展了大量的转印方法。从控制方式来看，转印过程可通过控制剥离和印制过程中的速度 (黏弹性印章 [51]、表面金字塔型微结构印章 [52])、温度 (形状记忆聚合物印章 [53]、热释放胶带 (thermal release tape, TRT) 印章 [38]、微球印章 [54] 和激光驱动的接触面积可控印章 [55])、气压 (气压驱动的接触面积可控印章 [56]) 和液体 (水溶性胶带印章 [57] 和液滴印章 [58]) 等方式来实现。从调控机理来看，黏弹性印章和热释放胶带印章可以控制剥离和印制过程中单位面积的界面能，形状记忆聚合物印章、微球印章、激光或者气压驱动的接触面积可控印章和水溶性胶带印章可以控制剥离和印制过程中界面处的接触面积。

下面从控制方式的角度分别介绍速度控制转印、温度控制转印、气压控制转印和液体控制转印四类方法。

4.2.2 速度控制转印

速度控制转印方法包括黏弹性印章转印和表面金字塔型微结构印章转印。这类转印方法的特点是柔性印章具有黏弹性，通过控制转印的速度可以实现柔性印章与功能单元器件之间界面能量的转变，剥离过程中柔性印章与功能单元器件具有强界面，便于功能单元与施主衬底分离，而印制过程中柔性印章与功能单元器件界面转换为弱界面，便于功能单元印制到受主衬底。

首先介绍黏弹性印章转印 [51,59]。黏弹性材料具有率相关特性，与功能单元器件黏合后，两者间的界面强度取决于该界面断裂的速度，基于此，研究者发展了基于率相关的黏弹性印章转印。如果将功能单元器件、柔性印章、施主衬底/受主衬底所组成的系统简化为薄膜、印章和衬底组成的平面模型，则剥离过程中，印章和薄膜从一端以一定的速度沿着薄膜与衬底的界面开裂，如图 4.10(a) 所示；印制过程中，印章从一端以一定的速度沿着印章和薄膜的界面开裂，如图 4.10(b) 所示。由于印章的黏弹性，剥离和印制过程中界面的临界能量释放率 $G_{\text{临界}}^{\text{印章/薄膜}}$ 与界

面裂纹扩展的速度 v 有关 (可表示为 $G_{临界}^{印章/薄膜}(v)$)。因此，通过控制印章撕起的速度就可以调控印章与功能单元器件界面的临界能量释放量，进而实现剥离和印制过程。冯雪等 [59] 采用幂指数形式来描述印章与薄膜的临界能量释放率，即

$$G_{临界}^{印章/薄膜}(v) = G_0\left[1+\left(\frac{v}{v_0}\right)^n\right] \tag{4.6}$$

其中，G_0 为撕起速度为零时的临界能量释放率；v_0 为参考撕起速度 (即当临界能量释放率为两倍 G_0 时的撕起速度)，指数 n 是与材料和结构相关的参数，可通过剥离实验测定。而薄膜和衬底不具有黏弹性，因此薄膜与衬底界面的临界能量释放率 $G_{临界}^{薄膜/衬底}$ 不随撕起速度的变化而改变。剥离或者印制过程中，存在一个撕起速度的临界值 $v_{临界}$，此时 $G_{临界}^{印章/薄膜}(v_{临界}) = G_{临界}^{薄膜/衬底}$，当撕起速度满足 $v > v_{临界}$ 时，印章与薄膜界面的临界能量释放率 $G_{临界}^{印章/薄膜}$ 大于薄膜与衬底界面的临界能量释放率 $G_{临界}^{薄膜/衬底}$，薄膜与衬底界面更容易发生分离，实现薄膜的剥离，如图 4.10(a) 所示；而当撕起速度 $v < v_{临界}$ 时，印章与薄膜界面的临界能量释放率 $G_{临界}^{印章/薄膜}$ 小于薄膜与衬底之间的临界能量释放率 $G_{临界}^{薄膜/衬底}$，印章与薄膜界面发生分离，实现薄膜的印制，如图 4.10(b) 所示。剥离和印制过程与撕起速度之间的关系可以用图 4.10(c) 表示。对于图 4.10(c) 中的两种特殊情况，即强薄膜/衬底界面与弱薄膜/衬底界面，若薄膜与衬底间的界面能很弱，薄膜总是发生剥离过程，若薄膜与衬底间的界面能很强，薄膜总是发生印制过程。

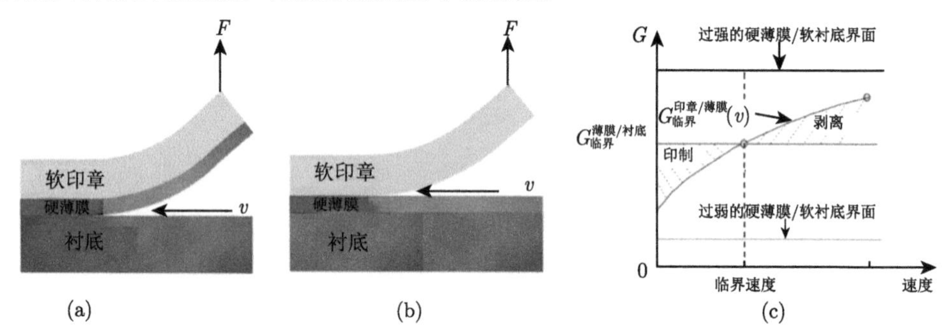

图 4.10　黏弹性印章转印 [59]：(a) 剥离过程；(b) 印制过程；(c) 临界能量释放率与撕起速度间的关系

黏弹性印章转印是最早发展起来也是应用最广泛的转印方法，图 4.11 展示了该方法可以用于硅微阵列的转印 [51]、选择性转印 [47] 和球形表面的转印 [51]。

受材料黏弹性的制约，基于率相关的黏弹性印章转印方法的界面黏附调控范围是有限的，因此转印的成功率也有限，例如，强界面的薄膜/衬底界面无法实现剥离过程，弱界面的薄膜/衬底界面无法实现印制过程。基于此，Kim 等 [52] 在黏弹性印章的表面引入了金字塔型微结构，即表面金字塔型微结构印章，如图 4.12(a)

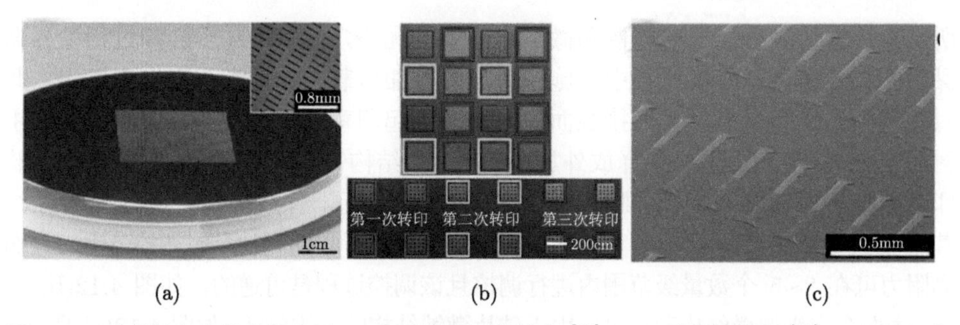

图 4.11 黏弹性印章转印的应用：(a) 硅微阵列的转印 [51]；(b) 选择性转印 [47]；(c) 球形表面的转印 [51]

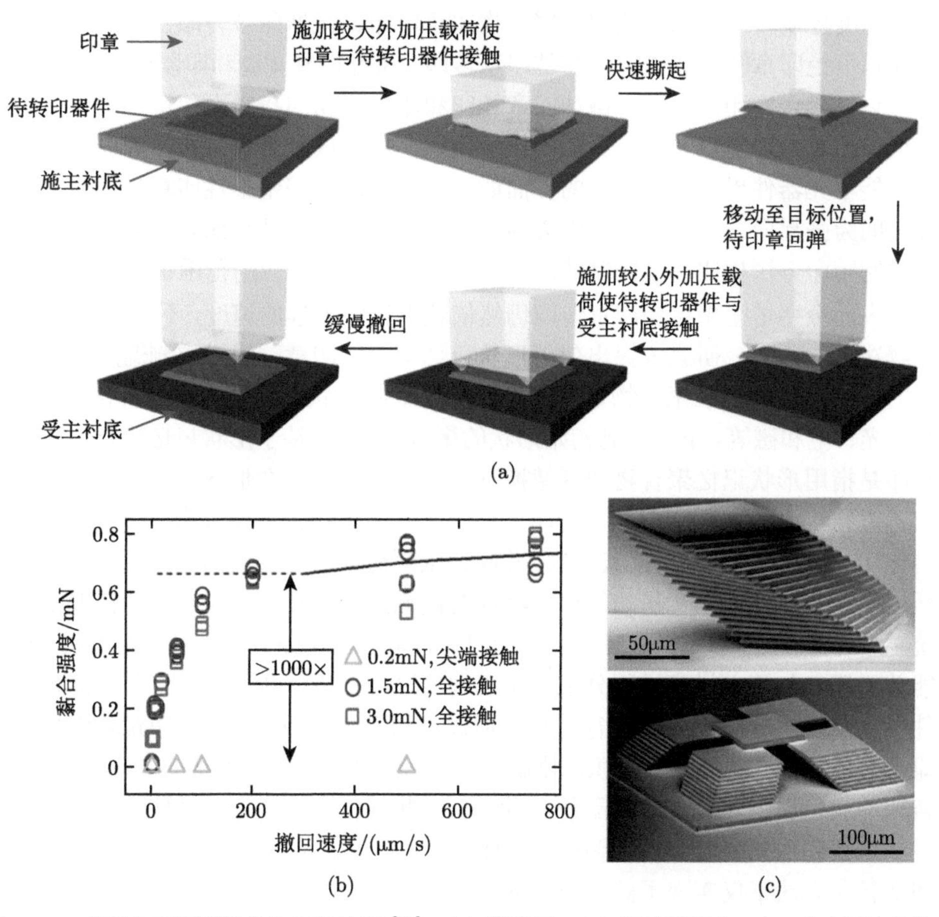

图 4.12 表面金字塔型微结构印章转印 [52]：(a) 流程图；(b) 界面黏附力；(c) 硅片微纳结构的三维转印

所示。该方法结合了速度控制和微结构控制的优势，大大增加了转印过程中界面黏附的调控范围。剥离过程中，施加适当的外加压载荷使印章表面发生坍塌，此时，薄膜与印章具有较大的接触面积，快速撕起印章后可将功能单元器件从施主衬底上分离；印制过程中，释放外加压载荷，微结构恢复初始形状，此时薄膜与软印章的接触面积骤减，慢速撕起印章后可将功能单元器件成功转移到柔性衬底上。基于表面金字塔型微结构印章的转印方法大大增加了界面间的黏附调控范围，界面黏附力可在 2~5 个数量级范围内进行调控且该调控过程是可逆的，如图 4.12(b) 所示。表面金字塔型微结构印章可以用于硅片微纳结构的三维转印，如图 4.12(c) 所示。

4.2.3　温度控制转印

温度控制转印包括形状记忆聚合物印章转印、微球印章转印、激光驱动的接触面积可控印章转印和热释放胶带印章转印。通过控制剥离和印制过程中的温度，形状记忆聚合物印章转印、微球印章转印和激光驱动的接触面积可控印章转印可以调控印章与功能单元器件界面的接触面积，热释放胶带印章转印可以调控印章与功能单元器件界面单位面积的界面能，实现剥离过程中柔性印章与功能单元器件之间为强界面，而印制过程中柔性印章与功能单元器件界面转换为弱界面。温度控制转印方法相比速度控制转印方法，操作性更强，应用范围也更广泛。

表面金字塔型微结构印章转印仍然依赖于转印过程的速度，不便于实际操作。为解决这一问题，研究者提出使用形状记忆聚合物印章，通过控制温度来提高转印的效率。形状记忆聚合物是一类能够记忆临时形状，并可在特定外部刺激 (如热、光、电和磁等) 下恢复到初始形状的聚合物 [60]。基于形状记忆聚合物印章的转印是指用形状记忆聚合物印章替换黏弹性印章，同时在形状记忆聚合物的表面制备微结构 (如金字塔形状)。转印过程中，先将形状记忆聚合物印章升温至其玻璃化转变温度 (T_g) 以上使其变软, 并施加压载荷使印章表面的微结构发生变形甚至坍塌，从而增大印章与功能单元器件的接触面积，在保持压载荷的情况下将系统温度冷却至 T_g 以下，此时卸掉外加载荷，印章表面仍保留变形后的形状，将功能单元器件与施主衬底进行分离，完成剥离过程；进一步，将印章与功能单元器件转移至受主衬底上方并进行对准，通过再次升温至 T_g 以上，印章表面恢复到原来的形状，界面处接触面积急剧减小，此时可将功能单元器件印制到受主衬底，转印的流程如图 4.13(a) 所示 [53]。此外，形状记忆聚合物印章转印方法还可以通过激光控制加热区域实现可编程的转印，如图 4.13(b) 所示 [61]。形状记忆聚合物印章转印方法不仅实现了硅片的三维转印，而且可进行图案化转印，如图 4.13(c) 所示。形状记忆聚合物印章转印过程不再依赖于转印的速度，可操作性强，具有很好的应用前景。

微球印章转印方法也是一种通过控制温度来调控印章与功能单元器件接触面

积的方法，其选择性转印过程的工艺流程如图 4.14(a) 所示 [54]。该方法的创新之处是引入了内嵌有热膨胀微球的柔性印章，该印章的制备方法是先将碳氢化合物包裹在热塑性的聚合物中获得热膨胀微球，然后将热膨胀微球均匀混合到热释放胶带的黏结层表面。如图 4.14(b) 所示，较低温度下 (25℃)，微球具有很小的初始体积，柔性印章的表面是相对光滑的，此时功能单元器件与印章保持良好的接触，可实现剥离过程；温度升高后 (90℃)，微球发生膨胀，体积大幅度增大，柔性印章的表面不再平整，功能单元器件与印章的接触面积锐减，此时可实现印制过程。通过对微球加热区域进行调控，可以实现选择性的转印过程。如图 4.14(c) 所示，王成军等 [54] 采用微球印章转印方法实现了浙江大学的英文名称简写 ZJU 的转印。

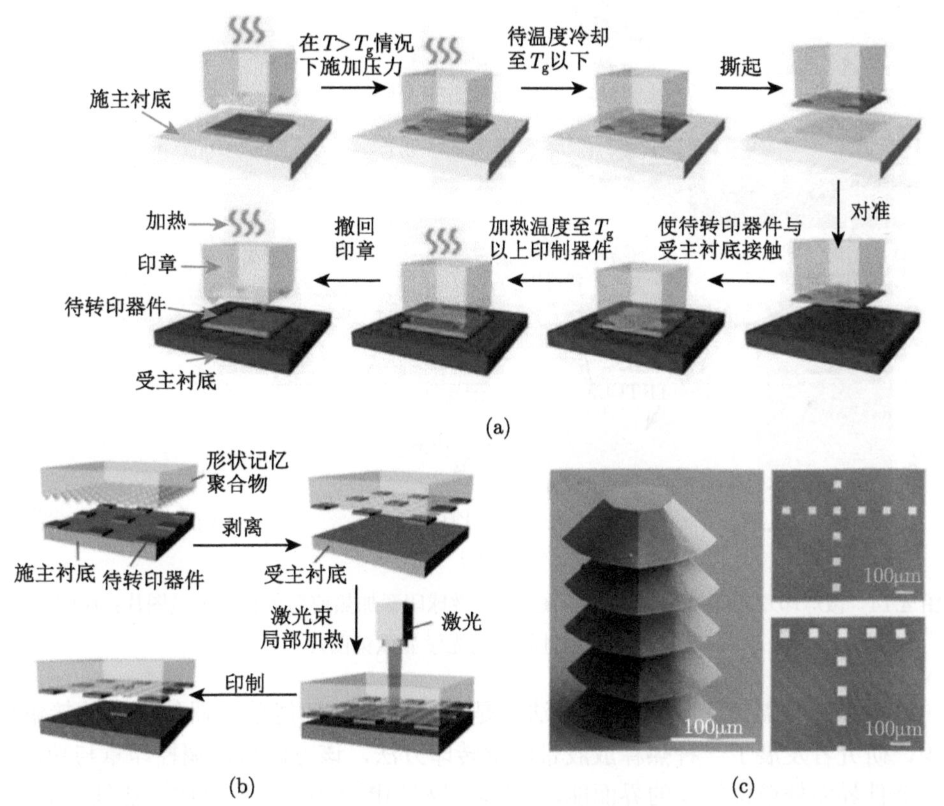

图 4.13 形状记忆聚合物印章方法 [53,61]：(a) 流程图；(b) 选择性转印流程图；(c) 转印效果

以上两种温度控制转印方法都引入了表面微结构，这里介绍一种利用激光加热引起界面热失配进行转印的方法。柔性印章 (聚合物材料) 与功能单元器件 (半导体材料) 的热力学性质 (如弹性模量、热传导系数、热膨胀系数等) 存在着很大的差异，因此，柔性印章和功能单元器件构成的系统在受热后会由于热失配在界

面处产生很大的应力集中甚至导致界面失效，基于此，研究者发展了激光驱动的接触面积可控印章转印方法，其原理如图 4.15(a) 所示 [55]。当印章从施主衬底上剥离功能单元器件后，将印章移动至受主衬底上方并靠近但不接触受主衬底，然后用脉冲激光束照射功能单元器件，器件吸收热量后导致界面处升温并产生热失配，器件从印章表面脱落并印制到受主衬底上。印制过程中，印章与受主衬底不发生接触，可以消除受主衬底对转印的限制。该方法可将器件转印至各种三维表面甚至液体表面，应用范围广泛，其转印效果如图 4.15(b) 所示。然而，激光加热可能导致界面处温度过高，损伤器件。

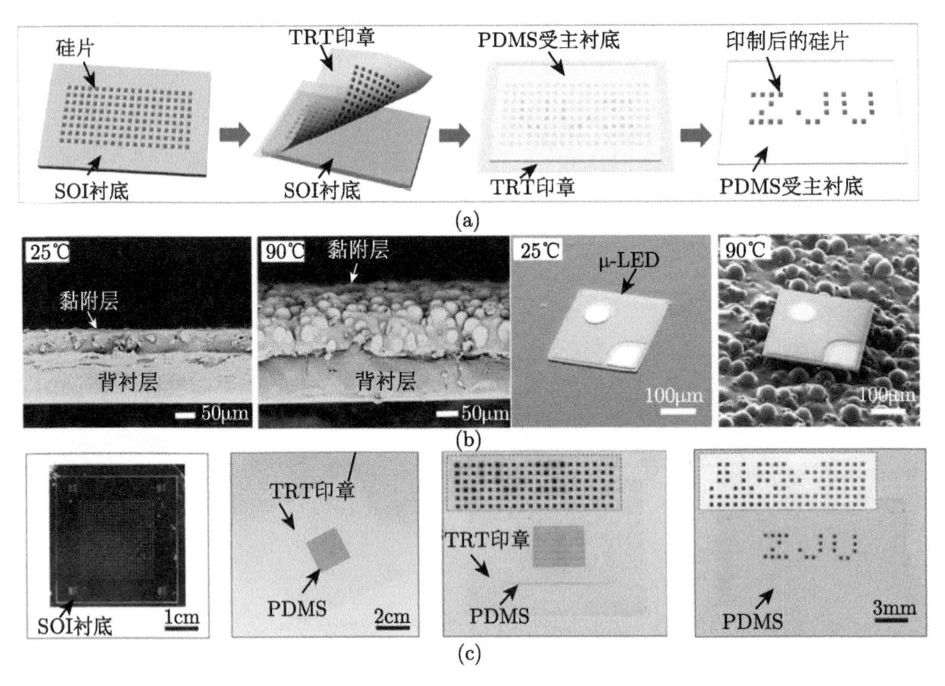

图 4.14　微球印章转印 [54]：(a) 流程图；(b) 微球印章加热前后的扫描电镜图片；(c) 微球印章选择性转印的光学显微镜图片

以上几种温度控制的转印方法都是调控印章与功能单元器件界面的接触面积，研究者发展了一种热释放胶带印章转印方法，该方法可以调控印章与功能单元器件界面处单位面积的界面能，其转印过程如图 4.16(a) 所示 [38]。热处理前，热释放胶带表面具有很强的黏附能，可将功能单元器件从施主衬底表面剥离；热处理后，热释放胶带的界面或胶带本身发生了化学反应，黏附变得很弱，可将器件印制到受主衬底。图 4.16(b) 给出了热释放胶带印章与器件 (PI) 以及 PI 与 PDMS 界面的临界能量释放率与温度的关系，当温度达到某一温度 (T_r) 时，热释放胶带与 PI 之间的临界能量释放率几乎为零，而 PI 与 PDMS 界面的临界能量释放率未发生显著改变，有利于完成印制过程 [38]。热释放胶带印章转印方法简单易行，可大面积、高保真地转印薄膜器件，但热处理过程也可能会导致器件表面有胶带的残留物，进而影响器件的性能。

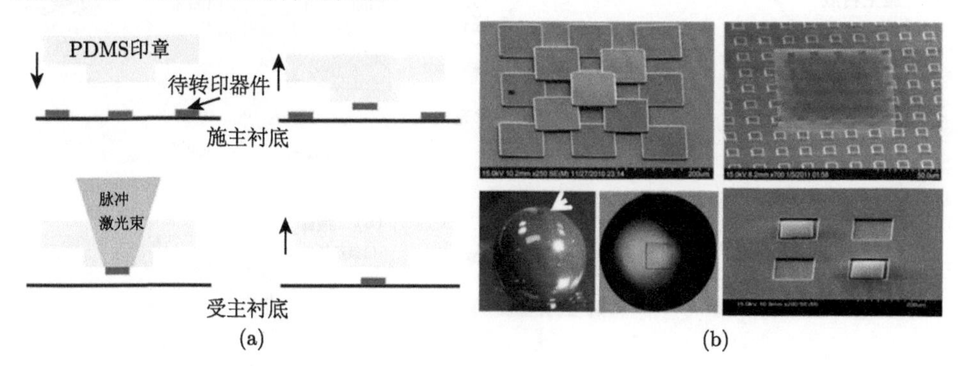

图 4.15 激光驱动的接触面积可控印章转印：(a) 流程图 [55]；(b) 转印效果，硅片 (100μm × 100μm × 3μm) 堆叠的小金字塔 [53]，超薄硅片 (100μm × 100μm × 0.32μm) 转印至有表面微结构的衬底 [53]，硅片转印至曲面上 [57]，硅片转印至表面凹陷处 [57]

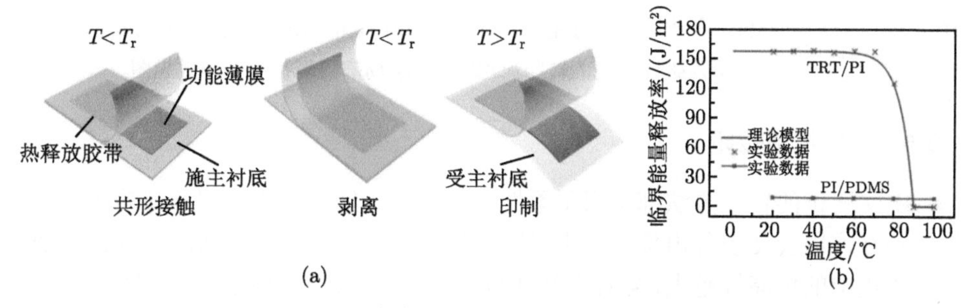

图 4.16 热释放胶带印章转印 [38]：(a) 流程图；(b) 临界能量释放率与温度的关系

4.2.4 气压控制转印

下面介绍通过控制气压来调控柔性印章与功能单元器件接触面积的方法，即气压控制转印 [56]。如图 4.17(a) 所示，气压控制转印采用具有内部空腔的柔性印章，剥离过程中，印章内部空腔处于未充气状态，印章表面与器件有相对大的接触面积，可实现器件的剥离；印制过程中，印章内部空腔处于充气状态，随着内部气压的增大，印章表面发生凸起，与器件接触面积减小，可实现器件的印制。如图 4.17(b) 所示，气压控制转印可将硅片转印至聚酯薄膜 (polyethylene terephthalate，PET)、卡片、光子晶体以及树叶上。上述气压控制转印方法中印章的制备较为复杂，使用时需要连接外置气压装置且无法在低气压下工作 [56]。在此基础上，研究者提出了在印章的空腔中添加铁颗粒，并通过外界磁场控制薄膜的变形来实现转印过程，如图 4.17(c) 所示 [56]。引入磁性颗粒后的转印方法响应快且效率高，可实现局部磁场控制的单点转印，如图 4.17(d) 所示。

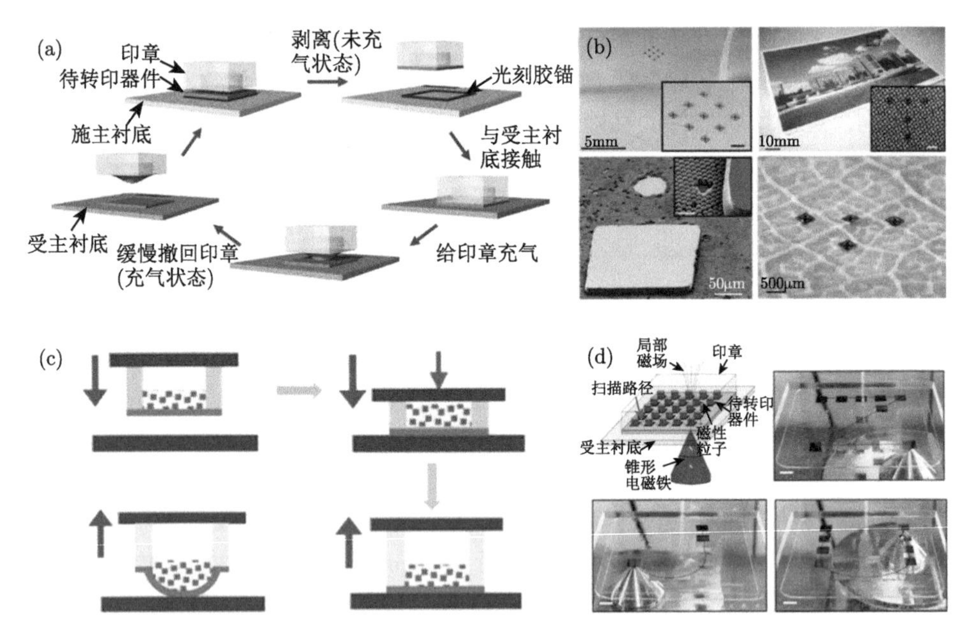

图 4.17 气压控制转印 [56,62]：(a) 可充气印章转印的流程图；(b) 可充气印章方法的转印效果图；(c) 引入磁性颗粒的转印流程图；(d) 局部磁场控制转印效果图

4.2.5 液体控制转印

上文所讲的转印方法都采用了柔性固体印章，转印过程中印章与功能单元器件的相互作用会使器件内部产生不可回复的应力场，且印章表面的结构越复杂产生应力集中的可能性越大，器件在转印过程中被破坏的可能性也就越大。此外，传统的固体印章形态固定，难以将器件转印到锥面和球面等大曲率表面，应用范围受到了限制。针对固体印章的这两个缺点，冯雪课题组提出了一种利用液固界面原理进行转印的方法，即采用液滴印章进行转印 [58]。液滴印章可通过去离子水制备，也可以采用浓度约 20%的乙醇制备，乙醇与去离子水相比具有更快的挥发速度，可加快转印的效率。图 4.18(a) 展示了液滴印章转印的流程图，首先在表面光滑且干净的载玻片表面涂覆半径为 2mm 的疏水硅脂圆环，并采用移液枪将具有一定体积的液滴放置到此疏水材料表面获得液滴印章，利用液滴印章与器件的毛细力可将器件从施主衬底上剥离；然后，在受主衬底表面制备具有更小半径的液滴 (若有导电需求，也可以用银胶代替液滴)，半径越小，固液界面的毛细力越强，此时可将器件印制到受主衬底表面。液滴印章转印取决于液滴与器件之间的毛细力，不会在器件内部形成残余应力场。

图 4.18(b) 对比了液滴印章转印和 PDMS 印章转印后的半导体器件，液滴印章转印可实现 100%的成功率且不会对器件造成损坏。液滴印章转印还可用于异

质集成，例如，可将不同的超薄半导体器件，包括绿光 LED (衬底为 Al_2O_3)、红光及近红外 LED(衬底为 GaAs) 和硅 (光电探测器) 集成在同一柔性衬底，得到柔性可延展混合集成血压监测器件，如图 4.18(c)，(d) 所示。该器件在测试者的手腕处进行了 12h 血压测量，同时用电子血压计同步测量测试者的另一个手腕的血压，两种血压测量装置测得的血压误差保持在 10%以内且血压升高或降低趋势保持相同，该结果验证了液滴印章转印后的柔性可延展混合集成血压监测器件的有效性，如图 4.18(e) 所示。

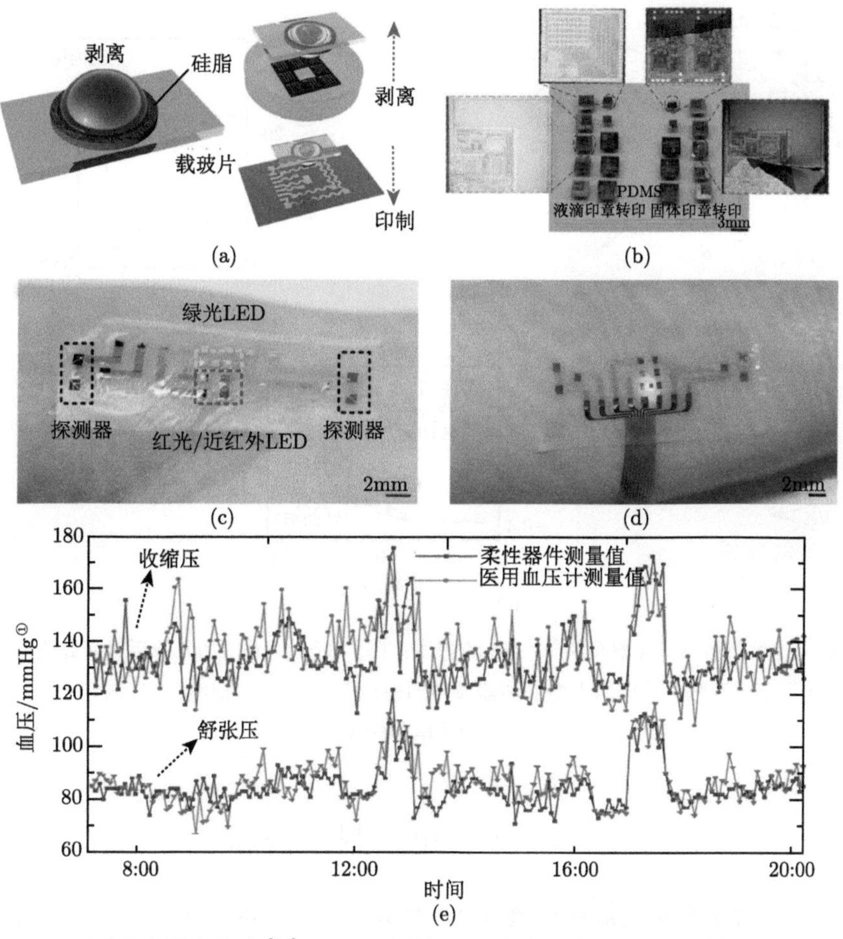

图 4.18 液滴印章转印方法 [58]：(a) 流程图；(b) 液滴印章和固体印章转印效果对比；(c)，(d) 转印后的类皮肤血压传感器；(e) 类皮肤血压传感器监测信号

① 1mmHg = 1.33322×10^2Pa。

液体控制转印还包括水溶性胶带印章转印，水溶性胶带印章的特点是遇到丙酮试剂会发生溶解。图 4.19(a) 给出了水溶性胶带印章转印的流程图 [53]，水溶性胶带溶解前具有很强的黏附性，可以轻而易举地实现器件的剥离过程，然后采用丙酮溶解水溶性胶带完成印制过程。图 4.19(b) 给出了加入丙酮前后水溶性胶带的黏附强度，可以看出加入丙酮后水溶性胶带几乎不具有黏附能力。使用水溶性胶带印章转印可以将硅基光电探测器转印至聚酰亚胺 (polyimide，PI) 薄膜衬底上 (图 4.19(c))，以及将肌电传感器转印至共聚酯 Ecoflex 上 (图 4.19(d))[57]。

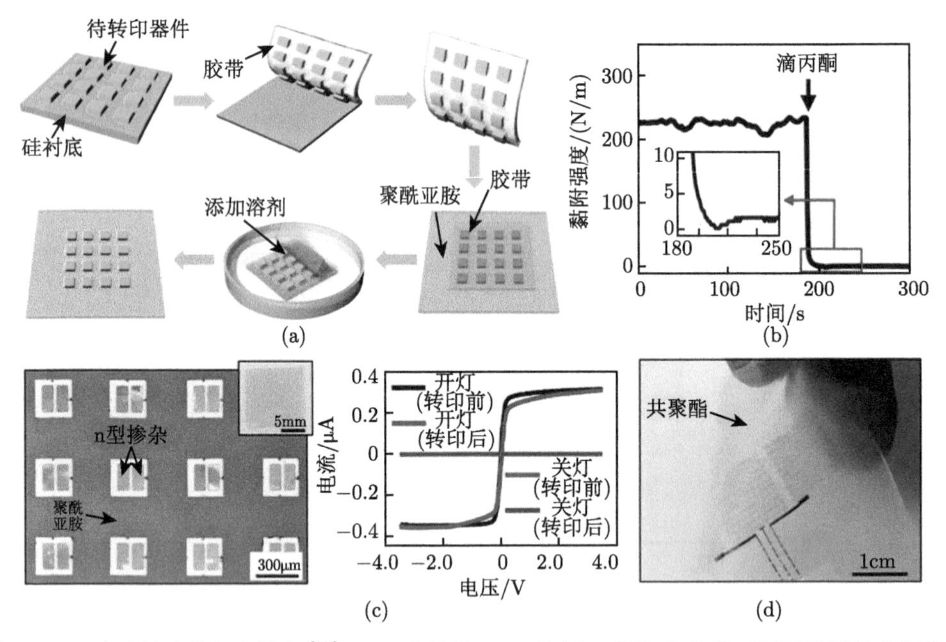

图 4.19　水溶性胶带印章转印 [57]：(a) 流程图；(b) 溶剂 (丙酮) 加入前后界面黏附强度变化；(c) 转印至聚酰亚胺上的硅基光电探测器及转印前后器件的 I-V 曲线；(d) 转印至 Ecoflex 上的肌电传感器

4.3　柔性电子封装技术

柔性电子器件的衬底材料通常具有优异的柔性与可延展特性，但这类材料的致密性往往较差，导致电子器件暴露在有害环境气氛中，容易使功能层发生氧化、侵蚀等各类反应，最终导致器件失效。对于柔性电子器件制备来说，在完成器件的功能构建后，最为重要的就是对器件进行封装，实现对水和氧气等外部环境因素和内部热量等的选择性阻隔或透过。传统的封装技术大多使用硬质材料直接封盖，影响器件的柔性和可延展性，不适合柔性电子器件的封装，为此研究者发展了相应的柔性电子封装技术，主要有液体封装 [63-66]、防水透气封装 [67-72]、散热封装 [73-80] 等，以下将分别阐述这些封装技术。

4.3.1 液体封装

液体封装就是用液体形成密封，利用液体优异的流动性，与被保护材料紧密接触，隔绝外部环境的同时还不影响器件的柔性与可延展性，特别适用于柔性电子封装。封装所用的液体需遵循一定的准则 [63]：① 与电子器件、衬底材料和覆盖层材料有较好的润湿性，以便于液体全面铺展开；② 具有较大的体积电阻率 ($>1\times10^{14}\Omega\cdot$cm)，避免电信号串扰；③ 具有较大的介电强度 (>10kV/mm)，避免电击穿；④ 具有适当的黏度 (>5Pa·s)，以增强抗冲击性；⑤ 具有良好的热稳定性，确保长久有效；⑥ 具有较小的介电常数 (<3)，以减小对射频工作的影响；⑦ 具有较高的化学稳定性，以避免化学反应；⑧ 具有疏水特性，以排出水汽；⑨ 具有较好的透明性，以便实时观察电子器件。

清华大学张一慧研究团队通过软微流体、结构化黏结表面和可控屈曲等设计和制备方法，实现集成高模量、刚性、先进功能元件的超低模量、高延展性的传感系统 [63]。他们使用一种高分子量的有机硅低聚物 (Sylgard 184，无固化剂) 作为封装液体，通过注入的方式将此液体注入器件功能层，Ecoflex 作为衬底和覆盖层材料，将器件功能层包埋进去，如图 4.20(a)，(b) 所示。

通过浮桥结构设计和液体封装技术，互联导线网络可以随着整个器件的变形而在功能器件层面内或面外发生屈曲、弯扭等无约束变形。基于流体的应变隔离策略允许基板/覆盖层有更大的运动变形范围，且与器件组件的耦合最小，进一步地增加器件的可延展性，同时保证了电子器件与空气、水分等外部因素完全隔离。图 4.20(c)~(e) 展示了该液体封装器件系统及其在拉伸和弯扭情况下，封装液体的流动性，既保证了封装效果，又不影响器件的可延展柔性。

在柔性光电器件中，光信号对外部变形极为敏感，当柔性可延展光电器件贴附在皮肤表面时，随着皮肤变形，光电子器件间的距离会发生改变，使得光路动态变化，影响光学信息的精准测量。李海成等 [64] 设计了一种自适应变形的自由浮岛桥结构，从而使柔性可延展光电器件变形时保持光路稳定。整个结构是“三明治”式结构、由衬底层、功能层以及封装层构成，如图 4.21 所示，功能层上集成光电子器件和金互联导线，功能层上下两层使用 PDMS 进行保护，再使用具有良好绝缘性能的液体 PDMS 进行封装，使功能层类似一个“浮岛”悬浮在液态的 PDMS 中，从而为功能层提供应变隔离环境。

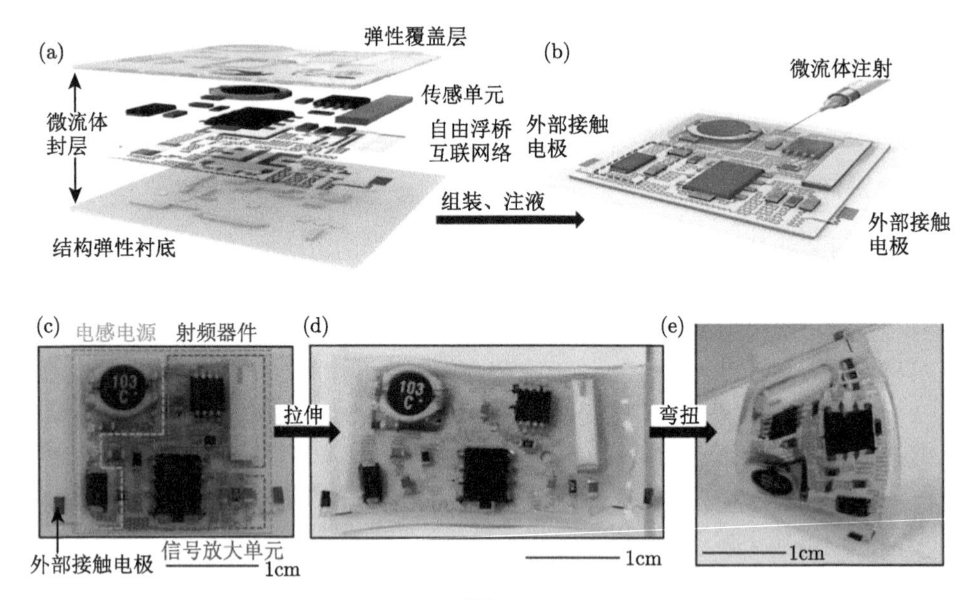

图 4.20　柔性可延展液体封装电子器件系统 [63]：(a) 系统关键部件结构示意图；(b) 使用注射器注入微流体；(c) 子系统组件分布区域，灰线区域是与覆盖层黏合区域；(d) 柔性电子系统拉伸和 (e) 弯扭演示

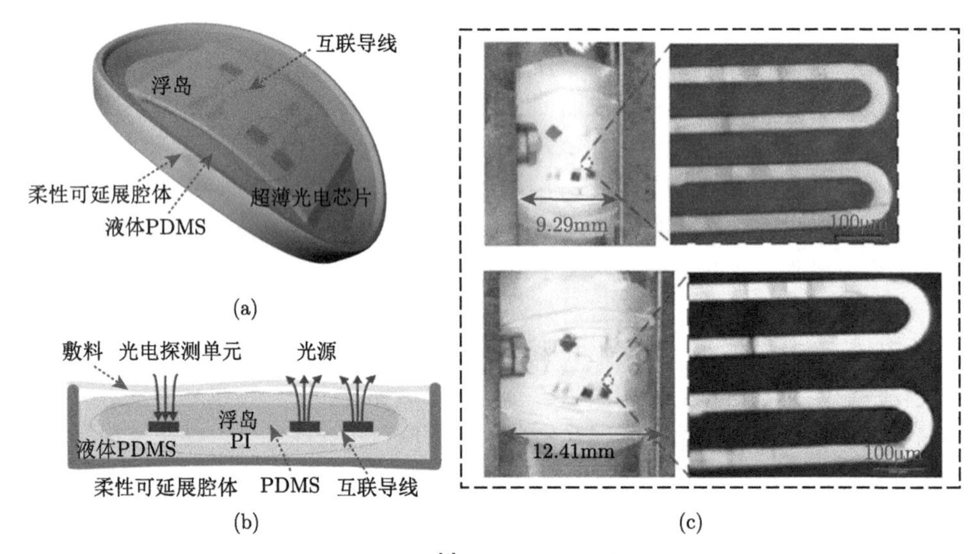

图 4.21　柔性可延展光电器件液体封装 [2]：自由浮桥结构示意图 (a) 三维图和 (b) 截面图；(c) 器件拉伸前后功能层导线对比结果

当整个器件受到拉伸应力时，由于液态 PDMS 的存在，功能层因应变隔离而不会受到拉伸或变形，仅外部的封装腔受力变形，如此使得各个光电子器件间的距离保持不变，进而提高光信号的稳定性 [64]。如图 4.21(c) 所示，使用单轴拉伸实验测试液体封装器件的应变隔离效果，整个器件的长度由 9.29mm 拉伸至 12.41mm，最高应变达 33.58%。而应力加载前后互联导线的形貌基本不变，进一步验证了该封装结构对于功能层有很好的应变隔离效果。因此，这种液体封装的柔性光电子器件在贴附皮肤表面进行测量，与皮肤一同变形时，不会引起光电子器件的位移，确保了光路的稳定性。

液体封装技术利用液体流动缓冲能力，隔离应力应变，同时能充分包覆被保护层，隔绝空气与水分等，既不影响整体器件的柔性可延展能力，又能在柔性器件变形的情况下起到优异的封装效果，因此在柔性电子封装中有广泛的应用前景，极大地推动了柔性电子技术的快速发展。

4.3.2 防水透气封装

柔性电子器件在生物医疗领域有广泛的应用场景，对于贴附在人体皮肤表面的柔性可延展电子器件而言，不仅要考虑整体器件随着皮肤变形的性能稳定性，还要考虑器件与人体环境特质的生物兼容性。人体皮肤具有分泌汗液和气体交换的功能，长久封闭状态下，不仅会影响舒适度，严重时还会导致皮肤损伤，同时器件还能抵抗汗液的影响。因此，对于类皮肤电子器件，防水透气封装十分必要。

陈颖等 [67,68] 提出了一种利用半透膜封装的超柔性、可拉伸且具有防水透气性的温度传感器，该传感器是由温度敏感材料与半透膜集成的，其中衬底材料和封装层材料均由半透膜组成，如图 4.22 所示，温敏传感组件、蛇形导线和外接电极等通过转印技术转移至半透膜上，并在其上覆盖一层半透膜材料进行封装。这种半透膜是具有多孔结构的聚氨酯材料 (厚度约 50μm)，其横截面如图 4.22(b)~(d) 所示，可以看出半透膜中有大量的微孔结构，微孔尺寸从几十纳米到几微米不等，这些微孔尺寸大于气体分子和水蒸气分子的尺寸，但小于液体水滴和细菌的尺寸。

因此，将这种半透膜封装的器件贴附于皮肤时，皮肤分泌的汗液能以水蒸气的形式通过半透膜封装器件排出，避免汗液堆积形成浸渍；并且外部气体 (如氧气) 可穿过器件到达皮肤表面，供皮肤表皮细胞新陈代谢，避免细胞损伤。此外，该器件还可以防水，汗液与外部液体均无法渗入器件功能层，避免造成电路短路而失效。图 4.22(e)，(f) 演示了该温度传感器穿戴于手臂上 24h，并淋浴 2 次的效果，器件下层的皮肤无明显浸渍或过敏反应，验证了半透膜封装具有良好的防水透气性。

Guo 等 [69] 在天线功能层的上下层均使用多孔薄膜黏合封装，获得了较好的防水透气性能，同时还具有较好的柔性，可以用于可穿戴式的无线通信系统，如图 4.23(a)，(b) 所示。他们使用的多孔薄膜具有几十纳米到几微米尺寸的微孔 (图 4.23(c))，正是这些微孔使得气体、水蒸气等小尺寸分子可以顺利通过，而汗液、水滴等大尺寸液滴无法通行，实现既防水又透气的性能。Chen 等 [70] 同样使用类似的多孔薄膜对功能层上下贴合封装，使柔性电子器件达到防水透气的效果 (图 4.23(d))。他们将这种封装结构的应变传感器贴合于人体手臂肱动脉处，可长久地监测人体运动和脉搏信号，且具有较好的防水性能 (图 4.23(e)，(f))。

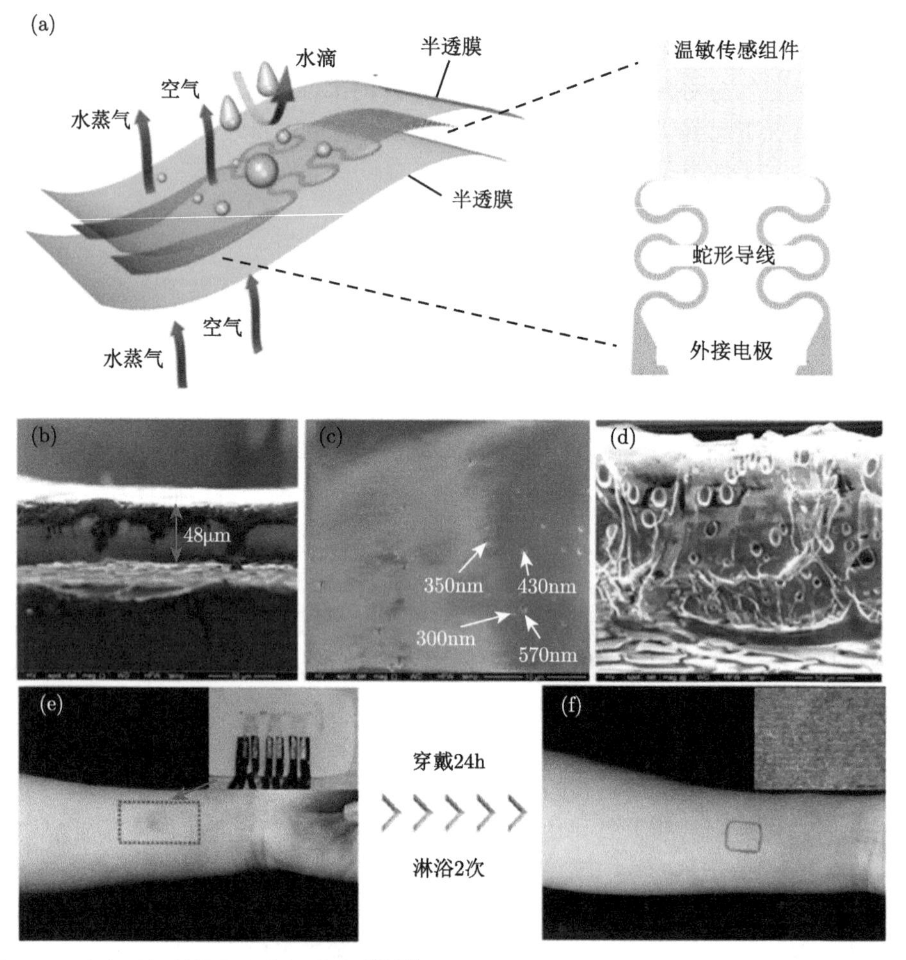

图 4.22　防水透气封装的温度传感器 [67,68]：(a) 防水透气封装结构示意图；(b) 半透膜横截面 SEM 图；(c) 半透膜表面的微孔结构；(d) 放大的微孔结构；(e) 温度传感器件穿戴在手臂上；(f) 穿戴 24h 和 2 次淋浴后的皮肤

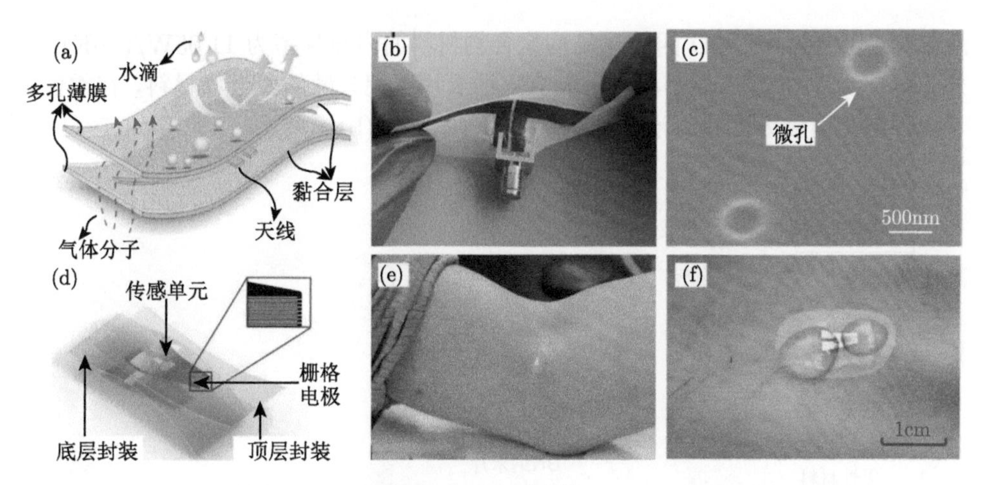

图 4.23 防水透气封装的柔性天线和应变传感器 [69,70]：(a) 防水透气结构示意图；(b) 柔性射频天线，展示良好的柔性；(c) 多孔薄膜中微孔 SEM；(d) 应变传感器结构示意图；(e) 应变传感器贴于肱动脉；(f) 应变传感器防水效果

防水透气封装对于与人体直接集成的生物传感器十分必要，它决定了柔性电子器件的长时连续监测与生物兼容性。参照皮肤水气交换和液滴屏障的特性，发展类皮肤式的防水透气封装技术，利用多级微孔的半透薄膜封装功能器件，实现防水透气性能，在生物医疗传感领域有着广泛的应用前景。

4.3.3 散热封装

柔性电子功能部件在运行过程中会产生热量，由于柔性聚合物基材导热率低，积累的热量不仅会使器件失效，影响器件的使用寿命，还会有热量传递到人体皮肤表面引起不适，甚至造成灼伤 [73-75]。因此，柔性电子器件使用过程中的散热问题是制约柔性电子技术应用的关键之一，发展柔性电子散热封装技术对拓展柔性电子器件的应用范围具有重要的意义。

通过对柔性基材、封装材料的改性以及结构设计，提高材料的热传导系数是提高柔性电子器件散热性的重要途径。已有研究工作者将高导热率材料与聚合物衬底材料结合，或者通过高导热率材料结构设计实现柔性电子器件散热能力的调控 [76,77]。北京航空航天大学李宇航等 [78] 分析了柔性无机发光二极管 (μ-ILED) 与人体皮肤表面热力学耦合模型，提出了利用材料各向异性传热原理，通过引入分层正交异性衬底设计的方法，使得产生的热量主要沿着材料面内扩散，阻止热量扩散到人体皮肤表面，从而实现热防护效果。成均馆大学 Kim 等 [79] 制备了氮化硼 (BN) 纳米片无规分散的聚合物材料和 BN 纳米片覆盖的 3D 四面体结构聚合物材料，并对两种材料的热传导性能进行了研究 (图 4.24(a))。BN 纳米片覆盖的 3D 四面体结构衬底具有良好的弯曲、拉伸以及各向异性热传导性能，当 BN

质量分数为 16%时，3D 四面体结构聚合物材料面内热导率为 11.05W/(m·K)，面外热导率为 1.15W/(m·K)，均高于 BN 纳米片无规分散的聚合物材料，在柔性电子器件散热封装方面具有潜在的应用前景 (图 4.24(b)~(e))。

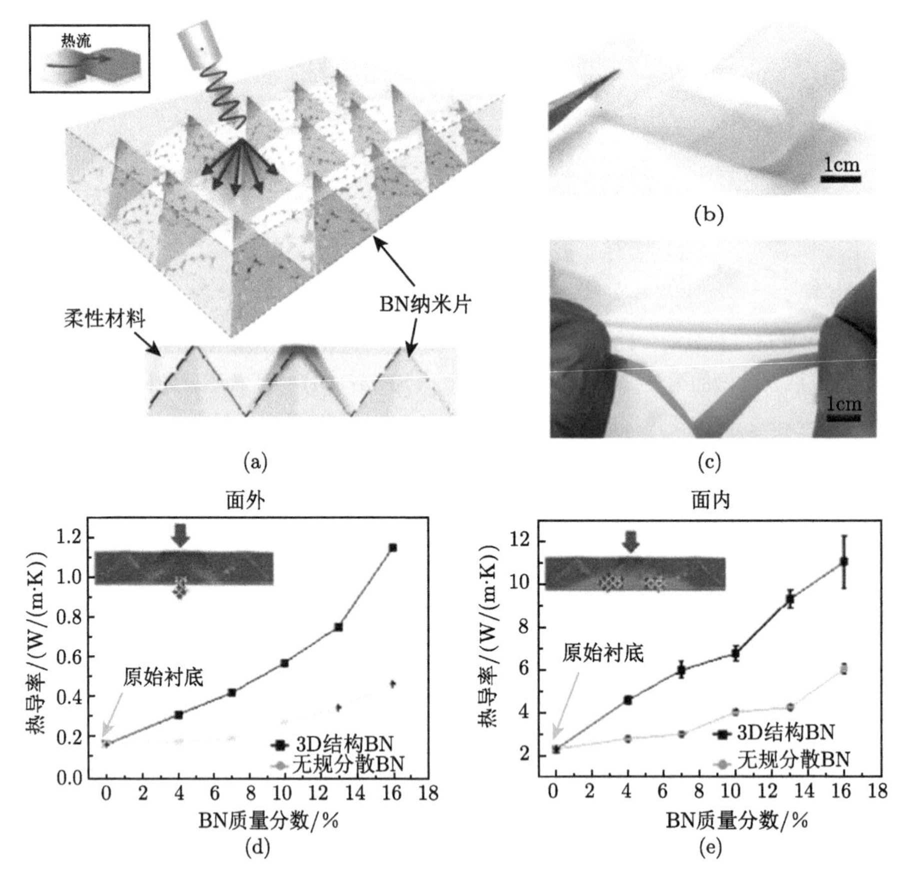

图 4.24　(a) PDMS 衬底中制备 3D 结构 BN 纳米片；(b), (c) 衬底材料的弯曲和拉伸性能；(d), (e) 衬底材料热导率与 BN 质量分数关系曲线

上述材料和结构设计具有一定的散热功能，但是这些设计方法会不同程度地降低衬底的柔性，同时复杂的制备过程限制了其在实际中的应用。对此，北京航空航天大学李宇航和浙江大学宋吉舟等 [80] 设计了一种新型功能复合材料作为柔性电子器件的热防护衬底，与传统衬底设计不同的是，该功能材料主要由金属薄膜、相变材料和柔性高分子材料组成，金属薄膜会促使热量沿着面内方向传输并减少沿面外方向传输的热量，同时相变材料的加入可以吸收多余的热量并保持温度相对稳定 (图 4.25(a)~(c))。他们还研究了金属薄膜和相变材料的厚度对散热能力的影响并对实际散热效果进行了分析，与传统柔性电子衬底相比，由该功能

材料制备的热防护衬底可以将温度峰值降低 85%以上，有效地解决了柔性电子器件运行过程中的散热难题，如图 4.25(d) 所示。

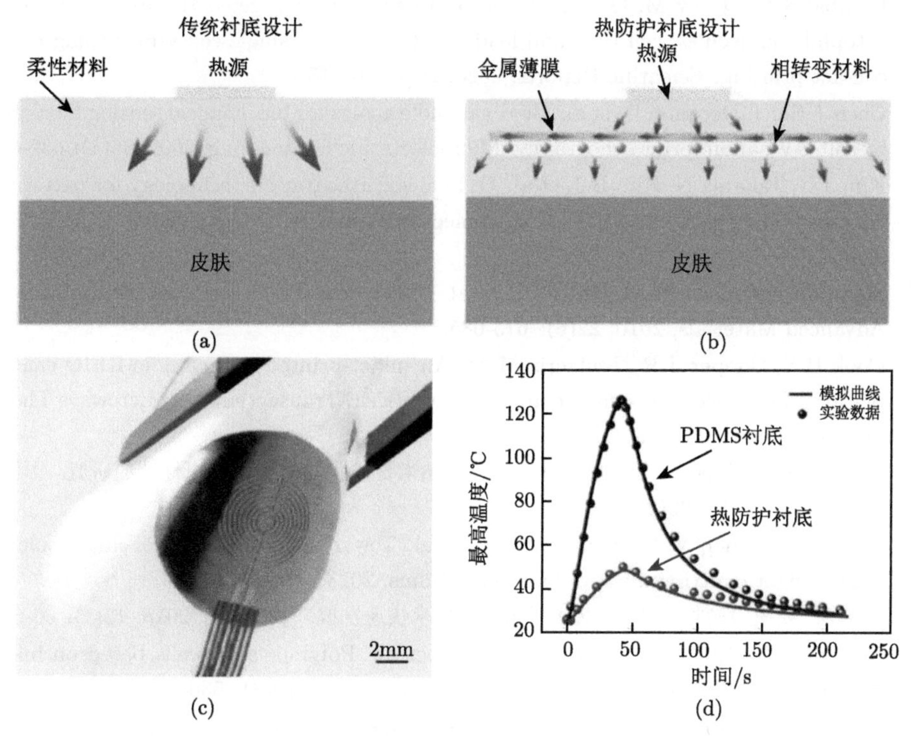

图 4.25　(a) 传统衬底设计；(b) 热防护衬底设计；(c) 弯曲状态下柔性电子器件；(d) 衬底最高温度随时间变化

总体来说，柔性电子封装技术经过几十年的发展，在防水、透气以及散热等方面取得了不错的成果，极大地提高了柔性电子器件的使用寿命和安全性，拓宽了柔性电子技术的功能和应用范围。但是，目前柔性电子封装技术仍然处于起步阶段，随着力学、电子学以及材料学等科学技术的发展，柔性电子封装技术将会取得新的突破，为推动柔性电子技术的广泛应用提供可靠保障。

参 考 文 献

[1] Lawson R A, Robinson A P G. Chapter 1 - Overview of materials and processes for lithography. Frontiers of Nanoscience, 2016, 11:1-90.

[2] Altissimo M. E-beam lithography for micro-nanofabrication. Biomicrofluidics, 2010, 4(2): 026503.

[3] Xia Y N, Whitesides G M. Soft lithography. Annual Review of Materials Science, 1998, 28(1): 153-184.

[4] Weibel D B, Diluzio W R, Whitesides G M. Microfabrication meets microbiology. Nature Reviews Microbiology, 2007, 5(3): 209-218.

[5] Bhujbal S V, Dekov M, Ottesen V, et al. Effect of design geometry, exposure energy, cytophilic molecules, cell type and load in fabrication of single-cell arrays using microcontact printing. Scientific Reports, 2020, 10(1): 15213.

[6] Chen J, Shi J, Decanini D, et al. Gold nanohole arrays for biochemical sensing fabricated by soft UV nanoimprint lithography. Microelectronic Engineering, 2009, 86(4): 632-635.

[7] Kim J G, Takama N, Kim B J, et al. Optical-softlithographic technology for patterning on curved surfaces. Journal of Micromechanics and Microengineering, 2009, 19(5): 055017.

[8] Singh M, Haverinen H M, Dhagat P, et al. Inkjet printing-process and its applications. Advanced Materials, 2010, 22(6): 673-685.

[9] Cook B S, Cooper J R, Tentzeris M M. An inkjet-printed microfluidic RFID-enabled platform for wireless lab-on-chip applications. IEEE Transactions on Microwave Theory and Techniques, 2013, 61(12): 4714-4723.

[10] 刘停停, 朱天翔, 邵琳, 等. 喷墨打印构建碳纳米管薄膜晶体管及其电性能的研究. 影像科学与光化学, 2018, 36(3): 245-253.

[11] Gorter H, Coenen M J J, Slaats M W L, et al. Toward inkjet printing of small molecule organic light emitting diodes. Thin Solid Films, 2013, 532: 11-15.

[12] 李寒东. 喷墨印刷将推动 OLED 显示制造技术快速发展. 印刷工业, 2018, 13(1): 60-61.

[13] Eom S H, Senthilarasu S, Uthirakumar P, et al. Polymer solar cells based on inkjet-printed PEDOT: PSS layer. Organic Electronics, 2009, 10(3): 536-542.

[14] 冯月. 喷墨打印钙钛矿太阳能电池的应用研究. 安徽理工大学硕士学位论文, 2017.

[15] 宁布, 张睿, 刘忠俊, 等. 喷墨印刷技术研究现状与发展对策. 包装工程, 2018, 39(17): 236-242.

[16] Bihar E, Roberts T, Ismailova E, et al. Fully printed electrodes on stretchable textiles for long-term electrophysiology. Advanced Materials Technologies, 2017, 2(4): 1600251.

[17] Ferrari L M, Sudha S, Tarantino S, et al. Ultraconformable temporary tattoo electrodes for electrophysiology. Advanced Science, 2018, 5(3): 1700771.

[18] Schnitker J, Adly N, Seyock S, et al. Rapid prototyping of ultralow-cost, inkjet-printed carbon microelectrodes for flexible bioelectronic devices. Advanced Biosystems, 2018, 2(3), 1700136.

[19] Tavakoli M, Malakooti M H, Paisana H, et al. EGaIn-assisted room-temperature sintering of silver nanoparticles for stretchable, inkjet-printed, thin-film electronics. Advanced Materials, 2018, 30(29): 1801852.

[20] Bhat K S, Nakate U T, Yoo J Y, et al. Cost-effective silver ink for printable and flexible electronics with robust mechanical performance. Chemical Engineering Journal, 2019, 373: 355-364.

[21] Zhang M C, Zhao M Y, Jian M Q, et al. Printable smart pattern for multifunctional energy-management e-textile. Matter, 2019, 1(1): 168-179.

[22] Greener J, Pearson G, Cakmak M. Roll-to-roll Manufacturing:An overview. John Wiley & Sons, Inc., 2018: 1-17.

[23] Logothetidis S. Flexible organic electronic devices: Materials, process and applications. Materials Science and Engineering B, 2008, 152: 96-104.

[24] Oakes L, Hanken T, Carter R, et al. Roll-to-roll nanomanufacturing of hybrid nanostructures for energy storage device Design. ACS Applied Materials & Interfaces, 2015, 7(26): 14201-14210.

[25] Dou B J, Whitaker J B, Bruening K, et al. Roll-to-roll printing of perovskite solar cells. ACS Energy Letters, 2018, 3(10): 2558-2565.

[26] Yeh Y H , Cheng C C , Lai B C M , et al. Flexible hybrid substrates of roll-to-roll manufacturing for flexible display application. Journal of the Society for Information Display, 2013, 21(1): 34-40.

[27] Bae S, Kim H, Lee Y, et al. Roll-to-roll production of 30-inch graphene films for transparent electrodes. Nature Nanotechnology, 2010, 5(8): 574-578.

[28] Kang S, Lim K, Park H, et al. Roll-to-roll laser-printed graphene - graphitic carbon electrodes for high-performance supercapacitors. ACS Applied Materials & Interfaces 2018, 10(1): 1033-1038.

[29] Shneidman A V, Becker K, Lukas M, et al. All-polymer integrated optical resonators by roll-to-roll nanoimprint lithography. ACS Photonics, 2018 5(5): 1839-1845.

[30] Jochem K S, Suszynski W J, Frisbie C D, et al. High-resolution, high-aspect-ratio printed and plated metal conductors utilizing roll-to-roll microscale UV imprinting with prototype imprinting stamps. Industrial & Engineering Chemistry Research, 2018, 57(48): 16335-16346.

[31] Liedert C, Rannaste L, Kokkonen A, et al. Roll-to-roll manufacturing of integrated immunodetection sensors. ACS Sensors, 2020, 5(7): 2010-2017.

[32] Bariya M, Shahpar Z, Park H, et al. Roll-to-roll gravure printed electrochemical sensors for wearable and medical devices. ACS Nano, 2018, 12(7): 6978-6987.

[33] Carlson A, Bowen A M, Huang Y G, et al. Transfer printing techniques for materials assembly and micro/nanodevice fabrication. Advanced Materials, 2012, 24(39): 5284-5318.

[34] Lee J, Wu J, Shi M X, et al. Stretchable GaAs photovoltaics with designs that enable high areal coverage. Advanced Materials, 2011, 23(8): 986-991.

[35] Xu S, Zhang Y H, Cho J, et al. Stretchable batteries with self-similar serpentine interconnects and integrated wireless recharging systems. Nature Communications, 2013, 4(1): 1543.

[36] Kim T H, Cho K S, Lee E K, et al. Full-colour quantum dot displays fabricated by transfer printing. Nature Photonics, 2011, 5(3): 176-182.

[37] Song Y M, Xie Y Z, Malyarchuk V, et al. Digital cameras with designs inspired by the arthropod eye. Nature, 2013, 497(7447): 95-99.

[38] Yan Z C, Pan T S, Xue M M, et al. Thermal release transfer printing for stretchable

conformal bioelectronics. Advanced Science, 2017, 4(11): 1700251.

[39] Kim D H, Lu N S, Ma R, et al. Epidermal electronics. Science, 2011, 333(6044): 838-843.

[40] Menard E, Meitl M A, Sun Y G, et al. Micro- and nanopatterning techniques for organic electronic and optoelectronic systems. Chemical Reviews, 2007, 107(4): 1117-1160.

[41] Baughman R H, Zakhidov A A, de Heer W A. Carbon nanotubes - the route toward applications. Science, 2002, 297(5582): 787-792.

[42] Björk P, Holmström S, Inganäs O. Soft lithographic printing of patterns of stretched DNA and DNA/electronic polymer wires by surface-energy modification and transfer. Small, 2006, 2(8-9): 1068-1074.

[43] Khang D Y, Jiang H Q, Huang Y S, et al. A stretchable form of single-crystal silicon for high-performance electronics on rubber substrates. Science, 2006, 311(5758): 208-212.

[44] Smythe E J, Dickey M D, Whitesides G M, et al. A technique to transfer metallic nanoscale patterns to small and non-planar surfaces. ACS Nano, 2009, 3(1): 59-65.

[45] Lu B W, Chen Y, Ou D P, et al. Ultra-flexible piezoelectric devices integrated with heart to harvest the biomechanical energy. Scientific Reports, 2015, 5(1): 16065.

[46] Dagdeviren C, Yang B D, Su Y W, et al. Conformal piezoelectric energy harvesting and storage from motions of the heart, lung, and diaphragm. Proceedings of the National Academy of Sciences of the United States of America, 2014, 111(5): 1927-1932.

[47] Park S I, Xiong Y J, Kim R H, et al. Printed assemblies of inorganic light-emitting diodes for deformable and semitransparent displays. Science, 2009, 325(5943): 977-981.

[48] Kim D H, Ahn J H, Choi W M, et al. Stretchable and foldable silicon integrated circuits. Science, 2008, 320(5875): 507-511.

[49] Yoon J, Jo S, Chun I S, et al. GaAs photovoltaics and optoelectronics using releasable multilayer epitaxial assemblies. Nature, 2010, 465(7296): 329-333.

[50] Sun Y G, Rogers J A. Structural forms of single crystal semiconductor nanoribbons for high-performance stretchable electronics. Journal Materials Chemistry, 2007, 17(9): 832-840.

[51] Meitl M A, Zhu Z T, Kumar V, et al. Transfer printing by kinetic control of adhesion to an elastomeric stamp. Nature Materials, 2006,5(1): 33-38.

[52] Kim S, Wu J, Carlson A, et al. Microstructured elastomeric surfaces with reversible adhesion and examples of their use in deterministic assembly by transfer printing. Proceedings of the National Academy of Sciences of the United States of America, 2010, 107(40): 17095-17100.

[53] Eisenhaure J D, Rhee S I, Al-Okaily A M, et al. The use of shape memory polymers for microassembly by transfer printing. Journal of Microelectromechanical Systems, 2014, 23(5): 1012-1014.

[54] Wang C J, Linghu C H, Nie S, et al. Programmable and scalable transfer printing with high reliability and efficiency for flexible inorganic electronics. Science Advances, 2020, 6(25): eabb2393.

[55] Saeidpourazar R, Li R, Li Y H, et al. Laser-driven micro transfer placement of prefabricated microstructures. Journal of Microelectromechanical Systems, 2012, 21(5): 1049-1058.

[56] Carlson A, Wang S D, Elvikis P, et al. Active, programmable elastomeric surfaces with tunable adhesion for deterministic assembly by transfer printing. Advanced Functional Materials, 2012, 22(21): 4476-4484.

[57] Sim K, Chen S, Li Y H, et al. High fidelity tape transfer printing based on chemically induced adhesive strength modulation. Scientific Reports, 2015, 5(1): 16133.

[58] Li H C, Wang Z H, Cao Y, et al. High-efficiency transfer printing using droplet stamps for robust hybrid integration of flexible devices. ACS Applied Materials & Interfaces, 2020, 13(1): 1612-1619.

[59] Feng X, Meitl M A, Bowen A M, et al. Competing fracture in kinetically controlled transfer printing. Langmuir, 2007, 23(25): 12555-12560.

[60] Zhao Q, Qi H J, Xie T. Recent progress in shape memory polymer: New behavior, enabling materials, and mechanistic understanding. Progress in Polymer Science, 2015, 49-50: 79-120.

[61] Huang Y, Zheng N, Cheng Z Q, et al. Direct laser writing-based programmable transfer printing via bioinspired shape memory reversible adhesive. ACS Applied Materials & Interfaces, 2016, 8(51): 35628-35633.

[62] Linghu C H, Wang C J, Cen N, et al. Rapidly tunable and highly reversible bio-inspired dry adhesion for transfer printing in air and a vacuum. Soft Matter, 2019, 15(1): 30-37.

[63] Xu S, Zhang Y H, Jia L, et al. Soft microfluidic assemblies of sensors, circuits, and radios for the skin. Science, 2014, 344(6179): 70-74.

[64] Li H C, Xu Y, Li X M, et al. Epidermal inorganic optoelectronics for blood oxygen measurement. Advanced Healthcare Materials, 2017, 6(9): 1601013.

[65] Frutiger A, Muth J T, Vogt D M, et al. Capacitive soft strain sensors via multicore-shell fiber printing. Advanced Materials, 2015, 27(15): 2440-2446.

[66] Huang Y A, Wu H, Xiao L, et al. Assembly and applications of 3D conformal electronics on curvilinear surfaces. Materials Horizons, 2019, 6(4): 642-683.

[67] Chen Y, Lu B W, Chen Y H, et al. Breathable and stretchable temperature sensors inspired by skin. Scientific Reports, 2015, 5(1): 11505.

[68] 陈颖, 陈毅豪, 李海成, 等. 超薄类皮肤固体电子器件研究进展. 中国科学: 信息科学, 2018, 48(6): 605-625.

[69] Guo X H, Huang Y, Wu C, et al. Flexible and reversibly deformable radio-frequency antenna based on stretchable SWCNTs/PANI/Lycra conductive fabric. Smart Materials and Structures, 2017, 26(10): 105036.

[70] Chen Y H, Lu B W, Chen Y, et al. Biocompatible and ultra-flexible inorganic strain sensors attached to skin for long-term vital signs monitoring. IEEE Electron Device Letters, 2016, 37(4): 496-499.

[71] Han Z Y, Li H F, Xiao J L, et al. Ultralow-cost, highly sensitive, and flexible pressure

sensors based on carbon black and airlaid paper for wearable electronics. ACS Applied Materials & Interfaces, 2019, 11(36): 33370-33379.

[72] Huang Y, Zhang J Y, Pu J F, et al. Resistive pressure sensor for high-sensitivity e-skin based on porous sponge dip-coated CB/MWCNTs/SR conductive composites. Materials Research Express, 2018, 5(6): 065701.

[73] Yang H, Qi D P, Liu Z Y, et al. Soft thermal sensor with mechanical adaptability. Advanced Materials, 2016, 28(41): 9175-9181.

[74] Song J Z, Feng X, Huang Y G. Mechanics and thermal management of stretchable inorganic electronics. National Science Review, 2016, 3(1): 128-143.

[75] Cui Y, Li Y H, Xing Y F, et al. One-dimensional thermal analysis of the flexible electronic devices integrated with human skin. Micromachines, 2016, 7(11): 210.

[76] Zeng X L, Sun J J, Yao Y M, et al. A combination of boron nitride nanotubes and cellulose nanofibers for the preparation of a nanocomposite with high thermal conductivity. ACS nano, 2017, 11(5): 5167-5178.

[77] Jung H H, Song J, Nie S, et al. Thin metallic heat sink for interfacial thermal management in biointegrated optoelectronic devices. Advanced Materials Technologies, 2018, 3(11): 1800159.

[78] Li Y H, Chen J, Xing Y F, et al. Thermal management of micro-scale inorganic light-emittng diodes on an orthotropic substrate for biointegrated applications. Scientific Reports, 2017, 7(1): 6638.

[79] Hong H, Jung Y H, Lee J S, et al. Anisotropic thermal conductive composite by the guided assembly of boron nitride nanosheets for flexible and stretchable electronics. Advanced Functional Materials, 2019, 29(37): 1902575.

[80] Shi Y L, Wang C J, Yin Y F, et al. Functional soft composites as thermal protecting substrates for wearable electronics. Advanced Functional Materials, 2019, 29(45): 1905470.

第 5 章　柔性固体器件

5.1　薄膜晶体管

半导体是现代信息社会的基石，随着半导体大规模集成电路、半导体光电子器件等各种半导体器件的发明，引发了一场全新的产业革命。晶体管是半导体器件的重要基本单元，它通过改变电场来控制晶体管电流，是集成电路最重要的逻辑单元 [1]。随着人们对信息存储、传递以及处理需求的快速增加，集成电路技术发展了薄膜晶体管 (thin film transistor，TFT) 等新的内容。和传统的硅基 CMOS 晶体管相比，TFT 的优点是可以在较低温度、较低单位面积成本下实现与大面积柔性衬底的集成。随着柔性电子等新技术的进一步发展，超薄超柔 TFT 在物联网、可穿戴柔性电子等多个领域具有颠覆性应用 (图 5.1)[2]。按

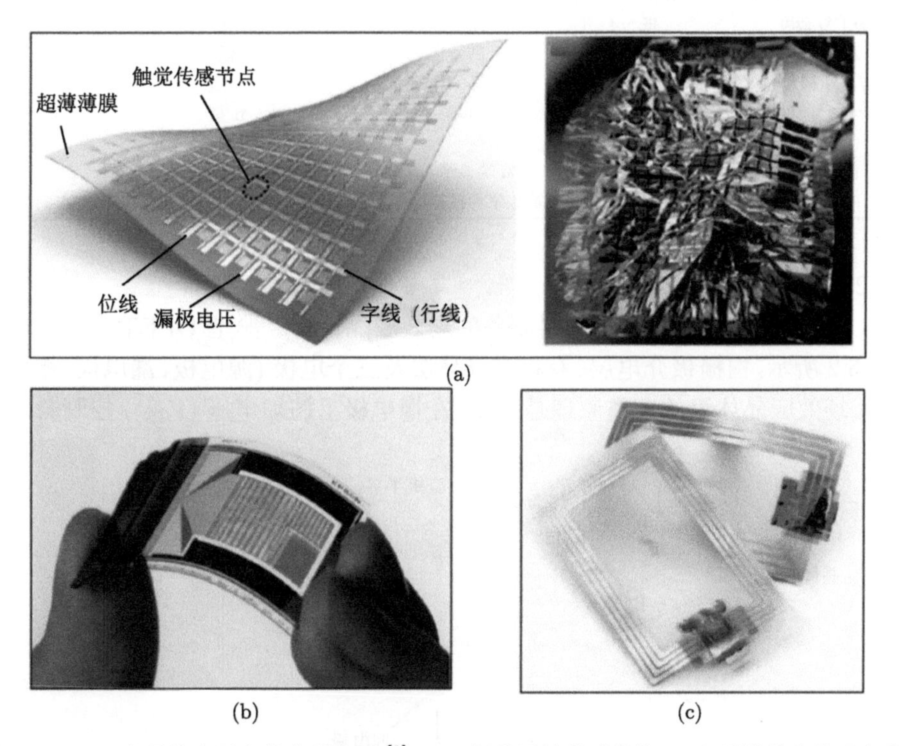

图 5.1　TFT 在柔性电子中的典型应用 [2]：(a) 超薄柔性传感结构；(b) 柔性信息处理电路；(c) 柔性无线通信器件

照半导体材料种类的不同，TFT 可分为无机 TFT 和有机场效应晶体管 (OFET)。

1) 无机 TFT

无机 TFT 是由无机半导体制造的 TFT。无机 TFT 技术发展较早，商业化液晶显示已经有 30 多年的发展历史，主要用于像素驱动和转换。常见消费类电子所使用的 TFT 器件材料类型有：无定型硅基 (a-Si)、低温多晶硅 (LTPS) 和无定型金属氧化物半导体 (常见的有铟镓锌氧化物 (IGZO)) 几种。根据材料的电学参数、生长条件、加工难度不同，TFT 的应用场景也有明显差异，金属氧化物 TFT 功能薄膜可在较低温度下生长，同时保持较高载流子迁移率 (约 10 $cm^2/(V\cdot s)$)，这使得它具有较短的沟道长度从而更利于小型化，与柔性衬底集成，变形能力更大，发展潜力较大。LTPS 晶体管的迁移率比较高 (50~100 $cm^2/(V\cdot s)$)，但它通常需要较高的加工温度和更为复杂的制备工艺。几种常用 TFT 材料的主要参数对比如表 5.1 所示。

表 5.1　四种 TFT 材料的性能和应用对比

参数	a-Si	LTPS	氧化物	有机
迁移率/($cm^2/(V\cdot s)$)	0.5~1	50~100	10~40	0.1~10
加工复杂度	低	高	低	低
制造成本	低	高	低	低
电/光学稳定性	差	好	一般	差
半导体特性	n 型	CMOS	n 型	p 型或 n 型
均匀性	好	差	好	差
背板应用	低端大面积显示	高端显示	低高端显示	低端显示
电路应用	低端应用	高端数字和模拟电路	低高端数字电路、低中端模拟电路	低端应用

2) OFET

OFET 是由有机半导体材料制备的场效应晶体管。典型 OFET 的基本结构，如图 5.2 所示，由栅极介电层、有机半导体层及三个电极 (源电极、漏电极、栅电极) 组成。场效应晶体管的工作原理是：通过在栅电极上施加电压 (V_{GS})，控制漏–源极

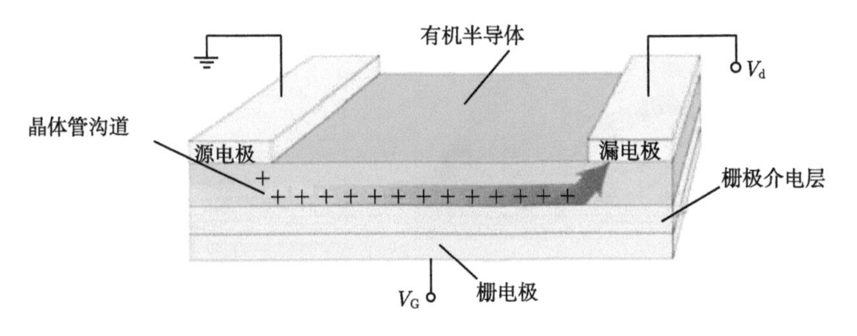

图 5.2　OFET 的基本结构示意图

之间的沟道电流 (I_{DS}) 在高通道电流 (开) 和低通道电流 (关) 两种电流状态之间切换。OFET 是集成电路中的重要组成部分，可以用于组建逆变器、环形振荡器、整流器、放大器或者较为复杂的微处理器等电路系统。

同传统的硅基 CMOS 晶体管相比，OFET 的有机功能层可基于有机衬底通过低温溅射、蒸发沉积、溶液旋涂或打印印刷等方法在较低温度条件下生长制备，工艺简单，易于实现大面积柔性阵列制备。如图 5.3(a) 所示，n 型和 p 型有机半导体可以通过印刷的方式，在柔性衬底上集成大面积的 OFET 阵列 [3]。基于该技术制备的 RFID 已经被广泛地应用于访问控制和食品安全追溯系统，不仅可以提供物品的身份信息，而且还能动态地提供它附着的物品状态或所处环境的条件状况。另外，OFET 通常被广泛地应用于柔性显示领域，有源矩阵 OLED(AMOLED) 像素点的亮度与电流成正比，而像素点的驱动和转换通常需要借助 OFET 来实现。用于柔性显示的 OFET 器件，通常要求在双向弯折过程中载流子迁移率等参数的变

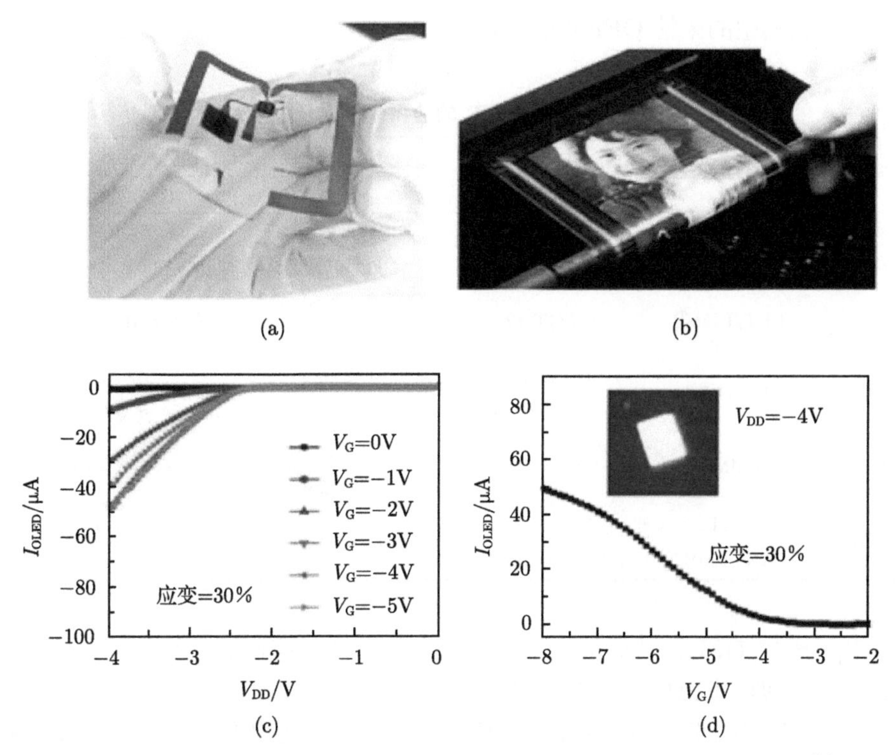

图 5.3 (a) 塑料衬底上采用卷对卷全印刷工艺制备的 1 bit RFID 标签的光学照片 [3]；(b) 可弯折 OFET 驱动的柔性 OLED 显示 (弯曲半径 $r = 4$ mm)[4]；由可拉伸单壁碳纳米管–银纳米线场效应晶体管 (SWCNT-Ag NW FET) 控制的 OLED 在 30%拉伸时的 (c) 输出特性和 (d) 转移特性曲线 [5]

化量控制在 5%以内，从而才能保证柔性显示器在动态变形过程中亮度均匀可控。日本科学家开发出一种由 OFET 驱动的可卷曲的 AMOLED，器件在 4mm 的弯曲半径下经过 1000 次循环测试，依然能保持原始的电学性能和图像质量 (图 5.3(b))[4]。采用何种材料、结构来实现工艺更简单、工业化成本更低的 OFET 一直是研究的热点。有研究者开发了一种基于银纳米线、碳纳米管和介电弹性体组成的透明、可拉伸的晶体管，拉伸变形达 30%时依然保持 AMOLED 驱动性能稳定 (性能测试曲线参见图 5.3(c), (d))，显示出了很好的应用前景 [5]。

由于信号传导/放大原理简单、可溶液成型、易于有机集成化加工等优势，除柔性显示应用外，OFET 还可用于高性能生物传感、光电传感以及气体传感等领域。其传感机理为：当器件与待测物、场环境等 (包容固体、液体、气体等形式的物体或声、光、电、磁等场环境) 接触时，受到待测物理、化学或生物量的影响导致 OFET 沟道电流的变化。传感器的性能 (包括敏感度、检测极限 (LOD)、响应时间等) 通常与器件结构、活性层成分以及沟道界面有关。表 5.2 归纳对比了文献报道中较典型的柔性 OFET 的结构和性能 [6]。

表 5.2 柔性 OFET 的应用举例以及性能对比

传感器类型	衬底/介电层	活性层成分	传感性能	
			柔性	灵敏度
生物	PET	PEDOT:PSS	内弯/外弯 5%	DNA(LOD 10×10^{-12}mol/L)
生物	PET	PEDOT:PSS	1000 次弯曲循环	尿酸 (LOD 10×10^{-9}mol/L)
光	PET/PDMS	PQT-12	r = 0.75mm 1000 次弯曲	蓝光下 R = 930 mA/W
光	PAN/PPO	并五苯 (沟道) PDI-C8/Pc (电阻)	470 nm， 0.75mm	开关比 10^8 放大倍数 10^4
气体	PMMA	TIPS-并五苯	高透明度 (> 80%) r = 2.5mm	氨气：0~100 ppm
气体	PET (PAN+PMSQ)	NDI(2OD) (4tBuPh)-DTYM2	4 nm，透明	氨气：10 ppm 响应时间小于 20 s

基于柔性 OFET 传感器开发可穿戴在线传感健康监测系统，对人体生物质 (DNA、葡萄糖、蛋白质、细胞等) 或者生物信号 (脉搏、血压、细胞活性、神经脉冲等) 进行实时在线监测，是 OFET 在生物领域的重要应用方向。比如，基于电解液栅极的 OFET 具有较强的离子敏感强度，工作电压较低，可用于穿戴式或植入式 DNA 检测 [7,8]。基于 OFET 的气体传感器，可将危险气体 (如二氧化氮 (NO_2)、氨气 (NH_3)、硫化氢 (H_2S) 等 [9-11]) 的状态信息 (如气体种类、浓度等) 转换为多种晶体管参数的变化 (包括漏–源电流 (I_{DS})、迁移率 (μ) 以及阈值电压 (V_{Th}) 等 [12,13])，

相比于传统电阻型气体传感器，其传感信号可通过施加更高的 VGS 来实现放大，灵敏度更高。OFET 对气体探测的关键参数，如气体特异性、敏感度、检测下限、响应时间等得到广泛的研究。根据文献报道，OFET 已经实现了 10^{-6} 级以及 sub-ppm(10^{-7}) 级气体浓度的检测。柔性 OFET 可以模拟人体皮肤丰富的触感器官功能，则可能以电子皮肤的形式成为重要的人机接口部分。以碳元素为主体的有机薄膜晶体管，具有质轻薄柔软、可拉伸、灵敏度高、生物兼容性好等优点，是构筑柔性电子皮肤的理想载体之一。比如，东京大学 Takao Someya 课题组设计出一种超柔压力传感器图 5.4)[14]，传感器基于 OFET 结构实现压力传感，对弯曲变形不敏感，即使在弯曲半径达到 80 μm 以下时器件性能仍然保持不变，而且能够准确测出 3D 表面的法向应力分布，如图 5.4(c), (d) 所示。斯坦福大学鲍哲南课题组综合运用半导体光刻工艺和打印方法，研制出类皮肤属性的可拉伸有机晶体管阵列器件(图 5.5)[15]，晶体管阵列密度达 $347\mathrm{cm}^{-2}$，压力传感灵敏度高，可贴附在手心准确识别人造瓢虫的停驻位置。这些研究有望赋予柔性有机电子皮肤“超越”柔软性和可拉伸性等更多的功能特点。

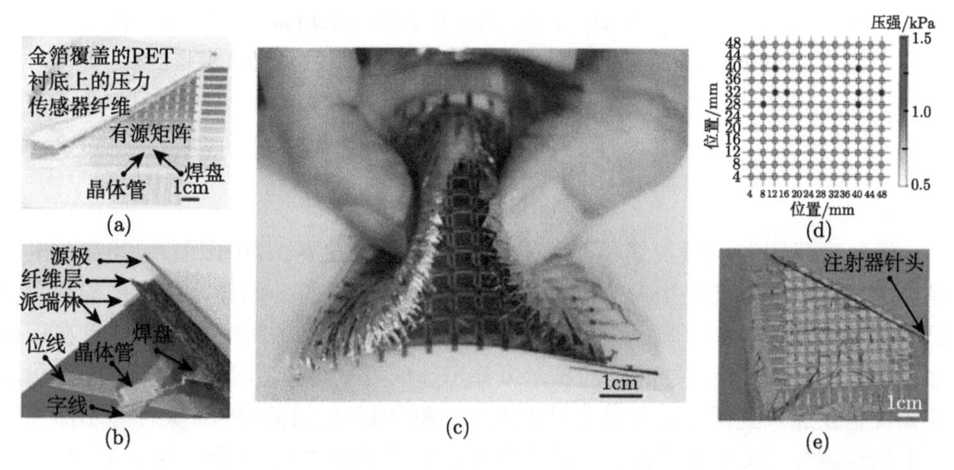

图 5.4 (a) 与 OFET 驱动的有源矩阵集成的压力传感器阵列照片；(b) 单个传感器的结构示意图；(c) 压力传感器阵列附着在弯曲表面上的照片；(d) 弯曲状态下的压强测量数据；(e) 卷曲在注射器针头上的压力传感器阵列照片 [14]

尽管 OFET 具有诸多优势，但依然存在诸多问题待解决，比如载流子迁移率依然较低，驱动电压过高，n 型沟道的 OFET 材料稳定性较差，器件制备流程相对复杂等。同时，OFET 的相关理论研究也有待于进一步总结和完善。

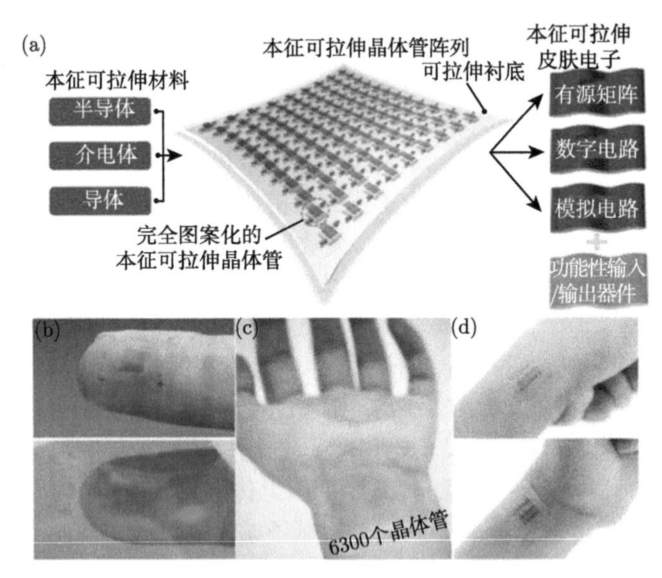

图 5.5　(a) 可拉伸晶体管阵列作为类皮肤电子器件的核心部分的三维示意图；(b) 指尖上包含 108 个可拉伸晶体管阵列；(c) 粘贴在手腕上面积为 4.4cm×4.4 cm，包含 6300 个可拉伸晶体管的大面积阵列；(d) 可拉伸晶体管阵列与人体弯曲手腕皮肤的共形接触 [15]

5.2　柔性显示器件

近年来我国在积极规划和推动柔性显示技术的发展。《中国制造 2025》里明确提出，柔显技术已经上升为国家电子信息崛起战略的一部分，这也是推动我国显示产业向价值链中高端跃升的重要举措。放眼全球，各国的显示企业也在积极部署，其中以亚洲为主导的柔性显示风暴迅速席卷全球，韩国、日本、中国等国家的大批企业加入到柔性显示技术开发之中。据 IHS 公司的报告“柔性显示器技术与市场预测”，2020 年柔性显示器的全球出货量增至 7.92 亿台，相对于 2013 年的 320 万台，同比增长 200 多倍 [16]。随着 5G、物联网技术的飞速发展，“万物互联”的时代即将开始。海量的信息、数据伴随着巨大的显示需求，“万物显示”也将随之而来，未来，显示屏幕将无处不在。柔性显示器件必将在其中发挥重大的作用。

柔性显示器件是指在塑料、金属或者玻璃薄板等柔性衬底上制备的，具有可拉伸、扭转、弯曲或折叠等变形能力的发光显示器件。柔性显示器件通常由超薄发光半导体单元阵列作为显示像素点，依附在非平面衬底或可拉伸衬底表面。由于器件结构可变形，柔性显示器件/结构可与非规则曲面共形贴合，并可在动态变形的表面实现显示功能，从而充分利用环境空间表面，并通过自适应调节几何形态匹配环境形貌，达到随处皆可显示、显示画面可三维重构的效果。

柔性显示器件的提出和发展，依赖于柔性材料、柔性器件结构设计及相关制造工艺的发展。从技术构架来看，柔性显示器件在发光显示原理上，与传统液晶显示没有区别，都是通过程序化驱动发光二极管 (LED) 阵列有序发光来实现图案、文字信息的视觉呈现，实质都是 LED 阵列。柔性无机显示器件是在柔性衬底上实现的无机 LED 阵列；柔性有机显示器件则是在柔性衬底上实现的有机 LED 阵列。

1) 柔性 micro-LED 显示器件

从性能和可靠性的角度来看，无机 LED 具有效率高、寿命长的优点，无机半导体的 LED 仍然是照明和显示的重要发展方向。基于 InGaN 的 LED 具有较高的内部量子效率 (IQE) 和外部量子效率 (EQE)(IQE 和 EQE 分别大于 70%和 60%)[17]，长寿命 (> 50000h)[18] 和高效率 (> 200 lm/W)[19] 的特点。根据无机柔性器件设计思路，柔性无机显示器件采用小型化薄膜 LED 单元阵列与柔性衬底集成的方式，LED 单元与可延展导线互联。在柔性衬底变形过程中变形很小或应变很小。

由于无机薄膜材料生长对衬底晶格结构、高温、高真空的严格要求，柔性无机显示器件的 LED 发光阵列通常需要在硬衬底上生长。在制备技术上，需要解决器件从外延生长衬底到柔性衬底的转移集成、在柔性衬底上进行电路互联以及进行有效封装的难题。解决这些问题是开展柔性无机显示设备研发的前提。当前的研究多数针对以上一个或两个难点开展技术探索，不断开发和验证技术的可行性，提升可靠性。

2009 年，Rogers 课题组在 GaAs 外延生长衬底上生长无机发光 LED 阵列 (16×16)，然后将 LED 阵列转印到生长了网格状底电极的暂存硬衬底上完成 LED 单元的互联，最后二次转印集成到预拉伸的 PDMS 衬底，形成可拉伸显示阵列 [20]。该研究展示了：① 柔性无机显示器件解决 LED 功能单元从外延生长衬底到目标衬底的转移策略——转印；② 显示发光单元的互联实现方案，即先在暂存硬衬底 (可剥离) 上制备多层行列互联线，形成一体集成的网状发光显示薄膜层，最后整体转印到柔性衬底上。该技术策略原理是可行的，也被普遍认可。基于该技术方案，通过传统微纳刻蚀技术，制备超小单元尺寸 LED 发光矩阵，转印到柔性衬底构建 LED 岛–蜿蜒可拉伸互联桥的显示阵列器件，是柔性 micro-LED 最可能的发展方向。

2) 柔性 OLED 显示器件

有机发光显示器件是以 OLED 为基本发光单元的显示器件。由于 OLED 的半导体材料可通过真空沉积、成膜等多种方式制备。OLED 的工作原理如图 5.6 所示，外部电压驱动下电子和空穴分别从阴、阳极注入电子传输层和空穴传输层，然后迁移至有机发射层，通过电子和空穴的复合激发电致发光层辐射发光。根据电致发光层材料的不同，有机显示器件可以分为高分子发光二极管 (polymer light-emitting diode，PLED) 和有机小分子电致发光显示。

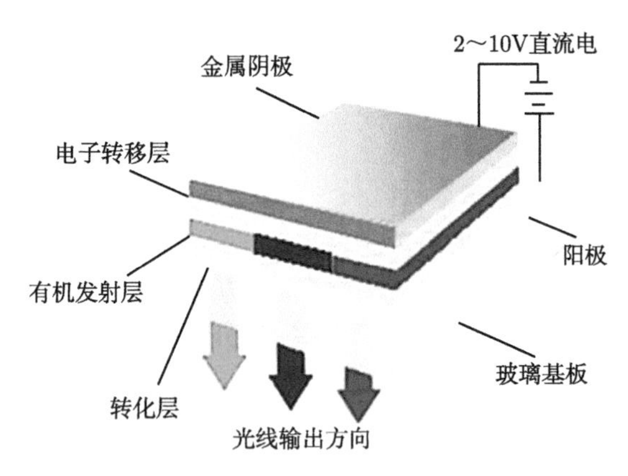

图 5.6　OLED 结构示意图

对于高分子电致发光显示，由于其材料的优秀可加工性能，易于实现大屏化和柔性化。CDT 公司一直致力于 PLED 显示技术的研发工作，并相继展出了多款 PLED 样品，飞利浦已将其研发的 PLED 应用于其剃须刀上。有机小分子电致发光显示的应用则更加广泛，Sony 公司在 SID 2008 展会上展出了柔性、全彩、有源驱动的 2.5in OLED 显示器件，同年台湾工业技术研究院展示了 0.2mm 的超薄柔性 OLED 显示器件。2012 年，美国亚利桑那州立大学开发出 7.4in 的柔性 OLED 器件。2013 年初，LG 率先推出了全球第一款 55in 柔性 OLED 电视产品，这是全世界第一款得以量产的大屏幕柔性显示器件。2013 年 8 月，华南理工大学发布了 4.8in 的全彩柔性 OLED 显示器件。LG 在 IFA 2013 展会上展出了厚度为 4.3mm 的 77in 的柔性 OLED 电视，三星则展出了 98in 的柔性 OLED 电视。随着美国苹果公司在产品线中使用 OLED 屏幕，OLED 显示屏的竞争变得更加激烈。华为、vivo 和 OPPO 等公司也在自己的智能手机中大量使用 OLED 显示屏。随着显示产业的进一步推进，中国 OLED 电视产业已形成完整的产业链布局，国产屏幕厂商如京东方、华星光电、维信诺、天马等公司已经实现了 OLED 屏幕的量产，为各大手机、电视厂商提供较为稳定的货源。图 5.7 展示了近年来面市的一些基于有机电致发光的柔性显示屏幕。

上述的这些柔性 OLED 显示屏其实只能形成固定形状的曲面屏，并不能实现完全的弯曲。为了兼顾大屏信息输出与产品轻薄化之间的平衡，各大手机厂商都发力可折叠手机。和传统的拼接屏幕不同的是，可折叠一体屏可以在视觉上消除拼接屏幕带来的割裂感，展开又可获得较大屏幕尺寸，在享受海量信息输出的同时，厚度也比当下主流智能手机更加轻薄，同时实现了消费者对大尺寸屏幕和便携性的产品需求。尽管之前早有报道透露，苹果和三星公司都在加紧柔性电子设备的开发。2019 年中国的柔宇科技公司率先发布了全球首款可折叠柔性手机——柔派 FlexPai 手机 (图 5.8(a))。随后，三星公司也在新品发布会上展示了可折叠的手机，华为公司也在世界移动通信大会 (MWC) 上发布了自己最新款的折叠屏手机 (图 5.8(b))。在全球智能手机创新乏力的背景下，可折叠柔性屏手机有望带领智能手机冲出困境。

图 5.7 有代表性的有机柔性显示器件

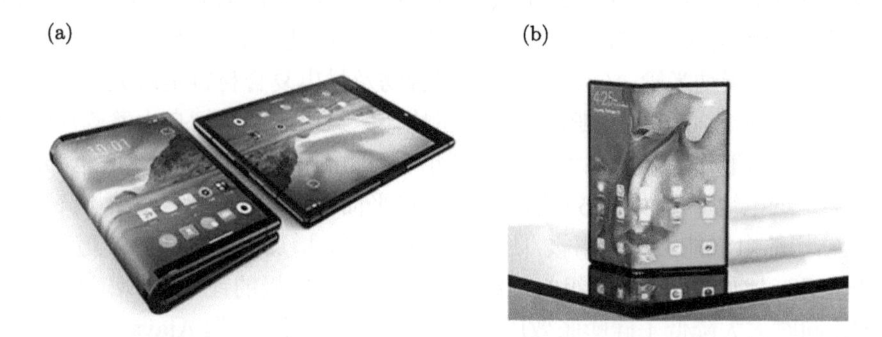

图 5.8 代表性折叠屏手机：(a) FlexPai 折叠屏手机；(b) 华为 Mate X 折叠屏手机

柔性 OLED 显示具有画面质量高、响应速度快、加工工艺简单、抗挠曲性优良、驱动电压低等优点，已经实现了产品的量产化。未来为了适应柔性屏幕的可折叠要求，在柔性显示的研发方向上除了开发更高效率的电致发光材料及电子、空穴传输等功能材料，手机内部的电路板、电池等都需要具备相关的柔性。

5.3　柔性能源器件

柔性能源器件是柔性电子器件的重要组成部分。柔性能源技术主要包括两个方面的内容，一方面要发展柔性电池、柔性超级电容器等能量存储部件，另一方面要发展柔性能量传输、能量补给器件，比如无线充电、能量收集等器件，提升器件的稳定续航性能。

5.3.1　柔性电池

可穿戴设备和物联网技术的兴起推动了便携式电子设备的快速迭代，未来的电子设备将逐渐朝着智能化、柔性化和小型化的方向发展。各种新型的柔性电子产品包括柔性显示器、柔性 RFID 电子标签、可穿戴传感器等已经出现在人们的视线中。但是，柔性电子器件中其他部分依然具有较大的体积和刚性，极大地限制了柔性电子器件的应用场景。为了实现与人体完全兼容的柔性电子器件，实现柔性电子器件供能系统的柔性化显得十分迫切和必要，可以说柔性电子产品的发展离不开与之匹配的柔性能源的发展。所谓的柔性电池，是指能够承受弯曲、扭曲、拉伸甚至可折叠等形变的电池。这里，我们主要介绍研究较多的柔性锂电池、柔性太阳能电池。

1) 柔性锂电池

柔性锂电池具有能量密度高、循环次数高、电压高等优点，是柔性电池最重要的发展方向。从锂电池组成要素 (电极、电解质) 出发，柔性锂电池研究主要围绕电极和电解质的材料、结构以及工艺等难点来展开。

柔性锂电池电极可采用二维层状薄膜电极或三维柔性电极。层状薄膜电极是独立的电极薄膜层或者是在柔性衬底表面涂布的电极层，具有轻、薄、大面积等特点。碳纳米线、碳纳米管、石墨烯、导电聚合物及导电复合材料是研究较多的柔性电极材料。比如，2010 年，斯坦福大学崔屹课题组以碳纳米管自由薄膜层作为电极，以普通打印纸作为隔膜制备了总厚度小于 0.3mm，弯曲曲率半径低至 6mm 的变形柔性 “纸电池”[21]，如图 5.9 所示。与层状平面电极相比，三维微结构阵列或三维编织结构的电极能够增加阳极/阴极的配对面积，增加离子的迁移通道，提升电池能量密度。比如，崔屹课题组将硅纳米线阵列作为电极的锂电池，增大了有效电子传输，同时大大降低了硅膨胀效应产生的疲劳断裂问题 [22]。Ajayan 课题组将垂直生长的碳纳米管阵列通过浸入聚合物电解液 (PVDF-HFP-SiO_2) 的方式形成三维结构薄膜电极，使得电池放电容量较单纯碳纳米管薄膜电极电池提升了将近一倍。双绞线结构电极是一种可全向变形的三维柔性电极结构，作为锂电池电极可实现可拉伸形式锂电池 [23]。Kwon 等采用被盘绕成同轴中空的螺旋结构电极 (阳极、阴极) 构建线缆型锂电池结构，基于螺旋结构的可拉伸特性实现锂电池的可拉伸、弯曲变形能力 [24]，如图 5.10 所示。复旦大学彭慧胜课题组分别采用一致扭绕排列的多壁碳纳米管/硅 (MWCNT/Si) 复合纤维、碳纳米管/硅 (CNT/Si) 复合纤维作为双绞线电池阳极，实现可拉伸柔性锂电池，其中以 MWCNT/LTO(钛酸锂) 和 MWCNT/LMO(锰酸锂) 配对的阳极、阴极的柔性电池结构拉伸率高达 100%[25,26]。

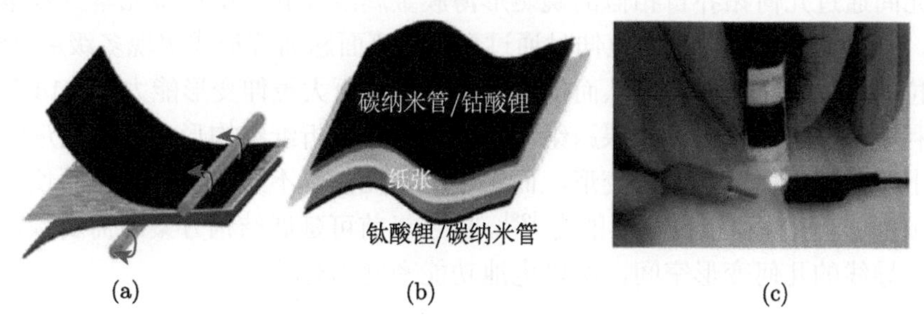

图 5.9 (a) 层压制备工艺示意图；(b) 柔性锂离子纸电池结构示意图；(c) 纸电池在弯曲变形情况下驱动 LED 工作 [21]

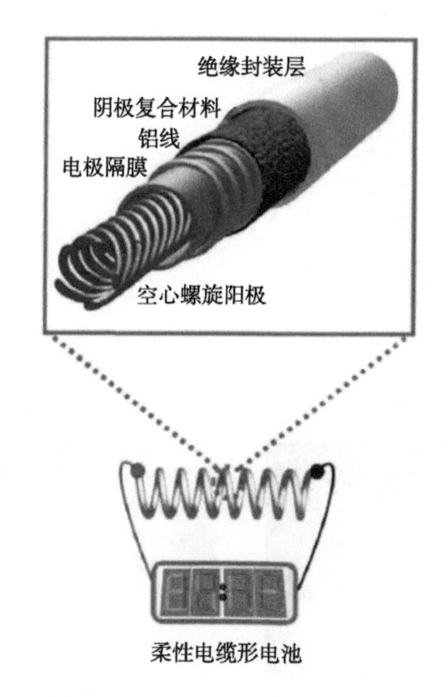

图 5.10 双绞线形式的柔性电极结构 [24]

基于薄膜电极、电解质、封装可实现可弯曲柔性电池。要实现柔性电池拉伸性能，需要对电池结构进行可延展结构设计。其主要实现途径是：对电解质层进行小型离散化设计，将电池整体离散为一系列独立小电池微元阵列，微元间通过可弯曲或可拉伸薄膜导线互联，它们依附/埋置于柔性可拉伸衬底/封装内，变形时柔性导线变形而电池微元基本不变形。比如，Rogers 课题组 2013 年基于锂电池微元阵列与蜿蜒形状的互联导线互联的结构设计，展示了可拉伸率达 300%的柔性锂电池 [27]，如图 5.11 所示。该柔性锂电池由 100 个电池微元组成，每个电池微元间通过几何拓扑自相似的蜿蜒形薄膜金属线互联。电池微元本身基本不可拉伸，但蜿蜒形互联导线被拉伸时通过弯曲、离面翘曲等形式实现多级展开变形，最大拉伸量超过原长 3 倍，从而使电池整体具备巨大拉伸变形能力。2014 年，美国亚利桑那州立大学姜汉卿课题组将锂电池设计成折纸结构形式，在变形时折叠边界上的柔性电极发生弯曲变形，而锂电池微元基本不发生变形，从而使锂电池具备可弯曲、折叠和扭转变形能力 [28]。由于当前可延展结构方案中需要预留蜿蜒形互联导线的几何变形空间，所以电池功能密度相对较低。

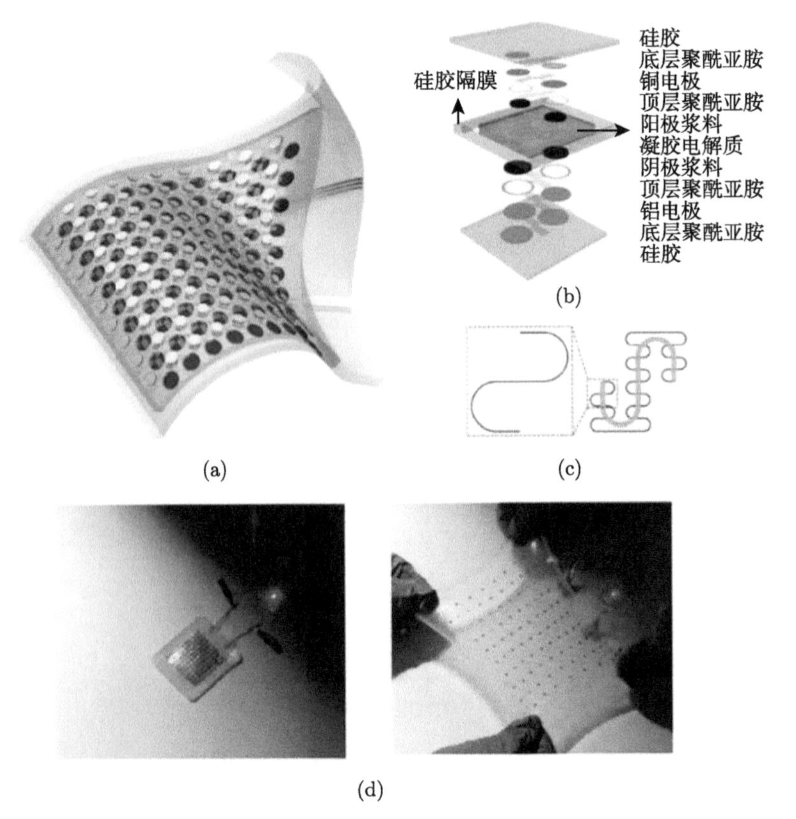

图 5.11 可延展锂电池结构 [27]：(a) 器件结构示意图；(b) 层级结构示意图；(c) 互联导线结构示意图；(d) 电池在初始状态下和拉伸状态下驱动 LED 发光

2) 柔性太阳能电池

太阳能电池 (也称光伏电池) 是将光 (包括自然光和人工光) 转换成电的装置。太阳能电池产生电的基础是半导体的光电效应，即入射光子导致了半导体材料中的载流子定向移动形成光电流，产生电势差。根据所使用的半导体材料种类不同，太阳能电池也可主要分为无机太阳能电池和有机太阳能电池。

无机太阳能电池采用无机半导体材料作为光电转换介质。常见的无机光伏半导体材料有单晶硅、多晶硅、无定型硅、Ⅲ-V 化合物 (比如砷化镓)、硫化镉、铜铟硒等。无机半导体的光电转换过程，依靠光伏半导体异质结 (pn 结) 来完成。pn 结是在 p 型半导体 (空穴为多数载流子) 和 n 型半导体 (电子为多数载流子) 的接触界面上形成的空间电荷区：n 型半导体一侧由于自由电子浓度高，向 p 区扩散留下正价原子显正电势，构成 pn 结 n 区；p 型半导体一侧由于空穴浓度高，向 n 区扩散留下不可移动负价原子显负电势，构成 pn 结 p 区。pn 结的空间电荷区形成内电场，电场方向由 n 区指向 p 区，阻止 p 区和 n 区的载流子自由扩散。对于光伏半导体异质结，当光照射到 pn 结时会在 pn 结附近产生空穴–电子对，在 pn 结内电场吸引下，n 区的空穴向 p 区定向移动，p 区的电子向 n 区定向移动，使得 p 区正电荷积累呈正电势，n 区负电荷积累呈负电势，p 区和 n 区之间形成可向外电路输出电流的电势差。以硅基太阳能电池结构为例，其制备过程包括硅基板制备、p 掺杂区制备、n 掺杂区制备、电极制备等主要步骤。

实现柔性无机太阳能电池的主要方法可以总结为：① 将无机太阳能电池光电转换进行薄膜化设计，减小无机器件层厚度以降低抗弯模量，保证其与柔性衬底集成时具有一定弯曲变形能力；② 将电池进行离散化设计，采用小型化电池单元阵列通过蜿蜒形可拉伸导线互联的方式构建可拉伸电池整体，提升电池可延展能力。2010 年，Rogers 课题组通过转印方法将在硅衬底上制备的单晶硅光伏转换薄膜条带阵列集成到光固化聚氨酯 (NOA61) 薄膜上，最后进行有机封装，形成高性能可弯曲柔性无机太阳能电池单元 [29]，如图 5.12(a) 所示。2011 年，Rogers 课题组基于图案化可拉伸衬底通过岛桥结构实现可延展 GaAs 太阳能电池，双轴拉伸率可达 20%[30]，如图 5.12(b) 所示。其实现过程如下：在硅衬底上制备出 GaAs 光伏电池微元阵列 (光伏电池薄膜层与硅衬底之间隔着聚甲基丙烯酸甲酯 (PMMA) 牺牲层)，并制备出金薄膜互联线，形成网状电池网络；腐蚀网状薄膜电池层底部的 PMMA 牺牲层，将预拉伸的表面为方形凸台图案的 PDMS 衬底倒置并使方形凸台阵列正好对准光伏电池方形微元，压紧后将光伏电池黏结集成到预拉伸的表面凸台阵列的 PDMS 衬底表面；释放 PDMS 衬底的预拉伸应变，黏在凸台上的光伏电池微元保持平直 (即为岛)，悬空在凸台之间沟壑位置的金薄膜互联导线发生屈曲 (即为桥)，即得到可拉伸的光伏电池器件。

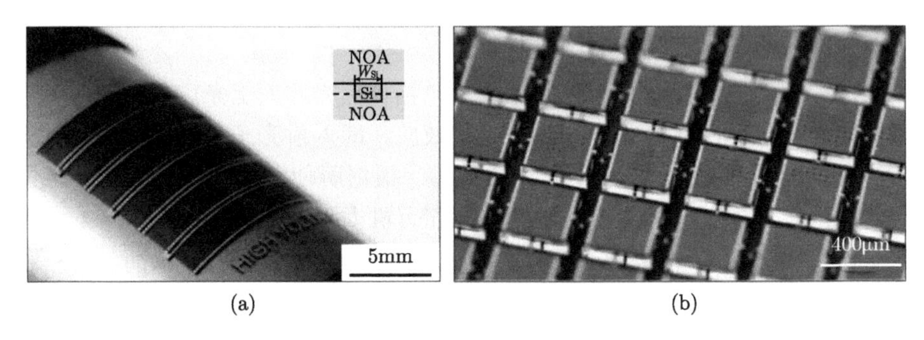

(a)　　(b)

图 5.12　柔性无机太阳能电池示例：(a) 硅基柔性太阳能电池共形贴合在半径 7mm 玻璃棒表面 [29]；(b) 基于表面凸台图案的可拉伸 GaAs 太阳能电池 [30]

柔性有机太阳能电池是以有机半导体为活性材料，在柔性衬底上制备的可弯曲的太阳能电池。根据有机半导体光电转换原理的不同，包括肖特基型太阳能电池、pn 异质结型太阳能电池、混合异质结 (bulk-heterojunction，或称体异质结) 型太阳能电池。混合异质结型的光电转换效率最高，是研究的热点。它可通过将有机半导体给体材料和受体材料混合配置成共混溶液，再经旋涂、打印成膜。混合异质结型半导体薄膜光电转换过程实际上是一系列空间交错的 pn 异质结的光伏转换过程。如图 5.13 所示，其光电转化过程可总结为：① 当外界光入射到吸光层时，处于 HOMO(最高能量占据轨道) 能级上的电子吸收光子能量跃迁至 LUMO(最低能量未占据轨道) 能级上，同时在原来 HOMO 能级处形成空穴；② 电子、空穴在库仑力的作用下以束缚电子/空穴对 (也称激子) 的形式扩散传播；③ 部分激子在复合前到达给/受体界面形成的 pn 异质结处时，在 pn 结内的电场驱动下发生激子解离，生成自由载流子 (电子和空穴)；④ 分离的电子和空穴在电极功函数之差 (内建电场) 和浓度梯度的作用下沿着给、受体形成的互穿网络，发生迁移和扩散运动，最终

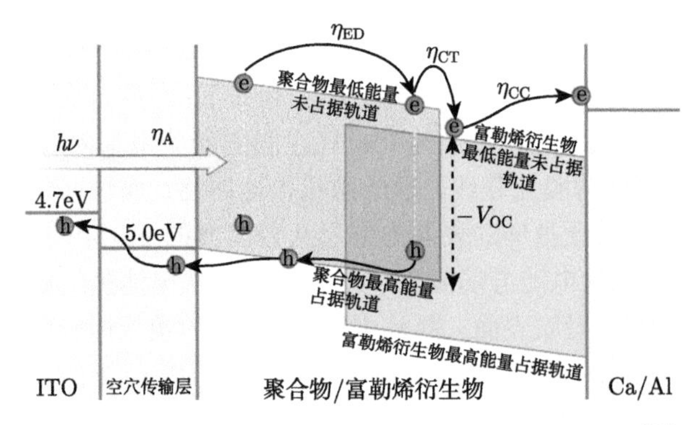

图 5.13　混合异质结聚合物太阳能电池的工作原理图 [31]

传输至各自电极而被外电路收集。近年来，随着高效给体和受体材料的开发以及新的器件结构和界面修饰策略的应用，基于体异质结的聚合物太阳能电池的研究取得了快速的发展，基于非富勒烯受体的单节有机太阳能电池器件效率达到 16%，叠层有机太阳能电池的器件效率达到了 17.8% 。

由于有机光伏半导体可低温溶液制备，有机太阳能电池可直接在柔性衬底上制备成型，因此在较薄或较软衬底上制备的有机太阳能电池具备一定的可弯曲柔性。柔性有机太阳能电池主要围绕柔性透明电极设计、高性能光活性层材料以及新型器件结构的优化等方面开展研究。用于有机太阳能电池的柔性透明电极材料主要有 ITO、导电高分子、银纳米线、石墨烯、碳纳米管以及超薄金属等，并通过结构设计来降低表面电阻，提高光透过率。在有机半导体吸光层中引入高稳定性、耐弯曲、高性能非富勒烯或全聚合物活性材料，可以实现高性能柔性有机太阳能电池的制备。比如，日本东京大学 Someya 课题组采用双光栅图案制备了超柔性有机太阳能电池，实现 10.5%的转化效率 [32]，如图 5.14 所示。其开发可拉伸柔性有机太阳能电池器件，集成在衣物上进行洗涤也能保持较好的稳定性 [33]。苏州大学李耀文等采用银纳米线对导电聚合物的组分进行调节，制备基于非富勒烯的柔性有机太阳能电池，实现了 12.94%的转化效率 [34]。

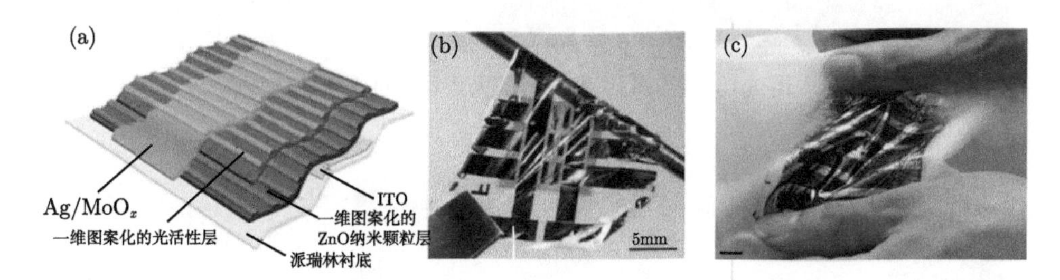

图 5.14 基于双光栅图案的超柔性有机太阳能电池 (OPV)：(a) 超柔性 OPV 结构示意图；(b) 超柔性 OPV 器件缠绕在棒上的光学照片 [32]；(c) 集成在衣服上 OPV 的洗涤过程 [33]

柔性有机太阳能电池一般采用卷对卷制备工艺进行商业化生产，具有质轻，可大面积、高通量制备，成本相对较低等优点，在光伏建筑一体化方面具有广阔的应用前景，如图 5.15 所示。2008 年，美国 Konarka 公司采用卷对卷喷墨印刷技术制备 pn 异质结型柔性有机太阳能电池，效率为 3%；他们于 2012 年发布了有机太阳能薄膜电池 (power plastic)，并通过了莱茵认证。遗憾的是，Konarka 公司随后宣告破产。日本三菱化学在柔性有机太阳能电池的大面积生产方面也有较多技术积累，他们在 2011 年报道了 9.2%的柔性太阳能电池。德国 Heliatek 一直致力于推进柔性有机太阳能电池的商业化进程，他们在 2013 年制造的有机太阳能电池效率已经达到 12.0%。德国 Belectric 是光伏系统集成厂商 (2012 年收购破产的 Konarka)，并负责 2015 年意大利米兰世博会德国馆先进有机光伏系统的设计制造，在实现有机光伏组件基本功能的同时，对柔性有机太阳能电池进行了艺术设计与裁剪加工，使柔性、透明、多彩的有机光伏模块与建筑完美地结合起来，柔性光伏电池与建筑物、环境融为一体，如图 5.16 所示。

图 5.15 卷对卷工艺制备的大面积有机光伏器件

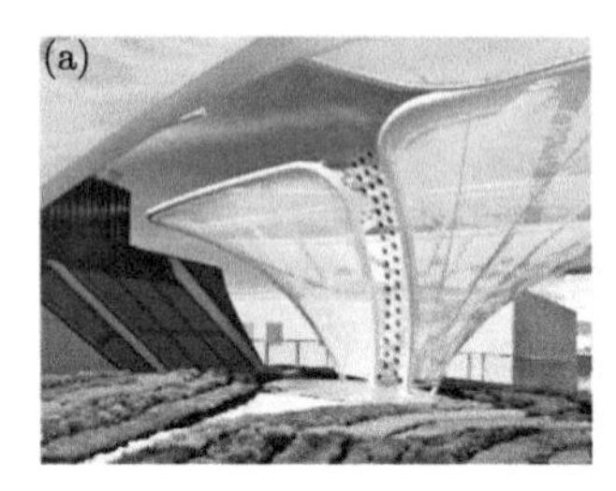

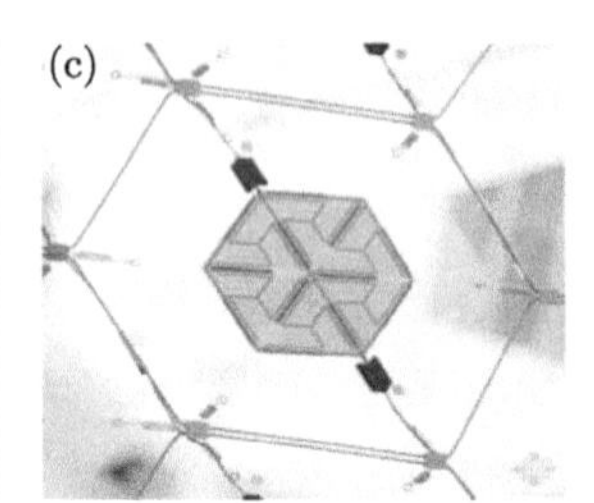

图 5.16 米兰世博会德国馆的有机光伏系统

5.3.2 柔性超级电容器

电容是电子电路的三大基本元件之一，可实现电荷的存储或释放。超级电容器具有寿命长、充放电速度快、可靠性和安全性高的优点，是电容研究方面的热点方向，因此柔性超级电容器是柔性能源的研究热点之一。

柔性超级电容器在结构形式方面的直观解决策略是：将原本硬质的电容器结构进行小型化、薄膜化结构设计，通过薄膜电容结构与柔性衬底/封装的复合来实现电容的变形能力。柔性超级电容器的研究主要集中在电极材料/结构研究以及电介质研究。柔性超级电容器对于电极的要求包括：一是具有较高电导率，二是电极与电解质有较大的接触面积，从而保证较高的充放电速度。针对柔性超级电容器电极材料的研究主要集中在碳纳米结构、聚合物和复合材料。碳纳米结构材料主要包括碳纳米管、碳纳米纤维、石墨烯、氧化石墨烯等，这些微结构材料被制备成薄膜结构、编织薄膜结构、多孔交联结构、三维结构等，通过提升电极对的有效配对面积提升电容量，通过微观材料修饰提升电导率，从而提升电荷充放速度。2009 年，美国亚利桑那州立大学姜汉卿课题组通过预应变控制，在柔性 PDMS 衬底上制备了双层屈曲结构的单壁碳纳米管薄膜超级电容器，该电容器在 30%的拉伸变形下保持性能不变 [35]。2010 年，美国斯坦福大学崔屹课题组通过把多孔编织物浸入碳纳米管墨水中“染碳”并烘干后获得电导率很高 (125 S/cm) 的柔性导电编织物，以此导电编织物为电极制备了柔性超级电容器，在 120%拉伸变形情况下电容性能不变 [36]。2013 年，Niu 等通过预应变控制在 PDMS 柔性衬底表面制备网状屈曲可拉伸碳纳米管电极，并以此电极制备可拉伸超级电容器，电容可拉伸量达到 140%[37]。2014 年，MIT 的 Zhao 课题组以褶皱的石墨烯纸作为电极制备可拉伸超级电容器，单向拉伸率达 300%[38]。

超级电容器的缺点是输出电压随着放电过程的进行不断下降，而不能像柔性电池一样保持稳定的电压输出值。这限制了其在许多场景直接作为功能部件的应用，主要用于整流电路、无线充电能量的临时存储等。

5.3.3 柔性能量收集器

柔性能量收集器从柔性电子器件工作环境中将光、电磁辐射、机械振动和变形等可能的能源转换为电能，用于为电子器件、电路供电的柔性能量转换装置。柔性光伏电池就是最具代表性的柔性能量收集器件，具有能量转换效率高、功率大的优点，缺点是必须在光亮环境中才能发挥作用，植入人体时没有光入射将无法使用。柔性无线天线及电路是将电磁辐射波转换为电能的装置，其功率、效率受到电磁波频率、方向的影响，是柔性无线充电技术的重要研究内容。不过，这里介绍的柔性能量收集器，主要是将机械能转换为电能的类型。特别对于穿戴式柔性器件，工作环境时常伴随着运动变形，因此可通过柔性能量收集器将机械动能转换为电能。根据工作原理的不同，能量收集器可分为静电式、磁电式和压电式。压电式能量收集器工作原理较为简单，只需压电材料发生变形即可产生电荷输出，被广泛研究。柔性压电能量收集器可顺从应用环境表面/体变形，同时不影响发电过程，在人体穿戴、植入等应用方向上适用性最强。

有机压电聚合物薄膜 (比如聚偏氟乙烯 (PVDF))，模量较低，塑性较好，可直接用于制备薄膜式柔性压电能量收集器。但由于有机压电薄膜压电系数较无机压电材料低很多，因此研究重点多集中在无机压电材料上。柔性压电能量收集器研究比较多的材料包括 ZnO、PZT、$BaTiO_3$、铌镁酸铅–钛酸铅 (PMN-PT) 等。其中，PMN-PT 压电系数最高，PZT 压电系数仅次于 PMN-PT，是工程中广泛应用的压电材料。由于无机压电材料比较脆，需要采用非常薄的压电层来构建压电换能器单元，并对压电层、柔性衬底的空间结构尺寸进行特殊设计以保证换能器发生弯曲变形时不破坏。在衬底模量比较低、压电薄膜比较薄的情况下，即使器件发生比较大的变形，压电薄膜的应变也低于断裂应变。比如，Rogers 课题组制备基于 PZT 薄膜 (厚度仅 500 nm) 的可弯曲柔性压电能量收集器，如图 5.17(a)，(b) 所示。该器件可缝合在牛心脏表面、肺隔膜上收集器官运动的能量并输出较大电压 (图 5.17(c))[39]。清华大学冯雪课题组基于 PZT 薄膜实现柔性压电能量收集器件，并将其缝合在猪心脏表面测量了开胸–关胸–苏醒等状态下的能量输出特性，观察到柔性压电能量收集器件在开胸、关胸、苏醒过程都可以正常发电，但是关胸后环境约束的变化导致能量输出降低 [40]，如图 5.17(d)，(e) 所示。这些研究表明，柔性压电能量收集器对人体穿戴、植入等应用条件适用性强，可作为人体长期穿戴或植入的柔性器件的补充能源来源。

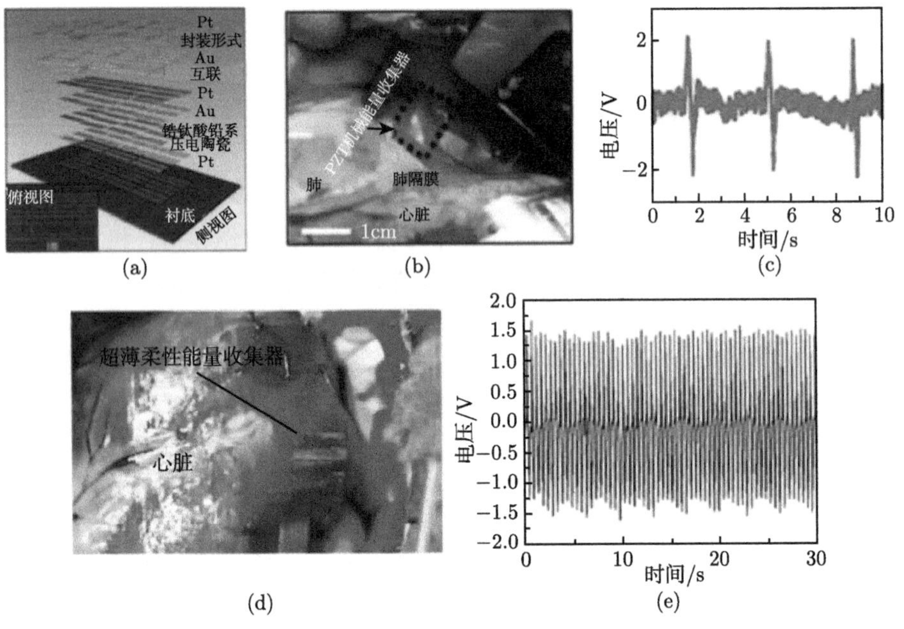

图 5.17　柔性压电能量收集器：(a) 器件结构示意图 [39]；(b) 缝合在牛肺隔膜表面的实验照片 [39]；(c) 缝合在牛肺隔膜上的输出电压曲线 [39]；(d) 缝合在猪心脏表面的实验照片 [40]；(e) 缝合在猪心脏上的输出电压曲线 [40]

5.4 柔性传感器件

5.4.1 柔性生物传感电极

人体各种生命活动伴随着身体相关部位/组织电信号的变化，这些与生理活动相关的电信号被称为生理电信号。比如，心脏活动与心电信号密切相关，大脑活动与脑电信号密切相关，肌肉运动与肌电信号密切相关。这些生理电信号在机体中枢神经系统中与运动、感觉终端双向传导，构成生命体活动的控制基础。精确测量心电、脑电、肌电、眼电等生理电信号，对于认识和改善人体生理功能具有重大意义。一方面，这些生理电信号是生命体健康状态的客观反映，基于这些数据可以对健康及疾病开展客观的评价；另一方面，电信号介入调控生理功能是健康修复、疾病治疗的重要和有效途径，可用于改善机体紊乱或损伤，以及治疗一些药物难治的疾病。生物传感电极，是实现生理电信号测量的必要工具。

生物传感电极通常包含一对或多个导体，通过与生物体表面接触或植入体内测量相应位置的电势。影响传感效果的因素包括传感电极与被测量生物体界面的接触稳定性，以及是否有界面电阻等。生活中一些电路、环境的某些电路节点或端口需要进行持续电压监测时，可以通过焊接、黏结或外力施压后紧固等方式将电位传感接头/装置与被测对象连接。但由于人体皮肤、组织柔软易变形、常变形，同时生理电信号十分微弱，因此要求生物传感电极具备柔软、可变形、易于与生物表面贴合的特征。现在进行某些单项身体检查时所接触到的块状金属电极、吸盘湿电极等，它们在人体保持静止的状态下能够短时间进行测量，但是长期测量会导致身体不舒适，在活动情况下，传感准确性降低甚至数据完全不可用。

柔性生物传感电极可贴合在组织表面实现生理电信号的长期测量。针对人体组织环境特征，从传感电极结构、材料和工艺方面逐个攻克各个难点，是柔性生物传感电极的主要技术途径。本小节将针对脑电极、外周神经电极、皮肤电极等三个代表性应用介绍柔性生物传感电极的一些特点和思路。

1) 柔性脑电极

大脑是最高级的神经中枢，控制着人体的所有生命活动。自从 1929 年 Berger 教授首次在人头皮上测得脑电信号，脑电图就成为研究大脑活动的有力工具。通过测量脑电信号可解析大脑功能，从而对癫痫、肿瘤等脑内疾病进行诊断和定位，同时在充分认知脑电信号与脑生理关系的基础上对大脑活动进行主动调控。

脑电图可分为两类，即头皮脑电图 (electroencephalography，EEG) 及皮层脑电图 (electrocorticography，ECoG)。前者是一种无创的脑电监测方法，通过将脑电极置于大脑头皮，透过颅骨对大脑活动进行监测；而后者是一种可获得高质量脑电图但有创的方法，需要将脑电极置于颅骨内的大脑皮层上。传统的 EEG 电极为表面贴附式的盘状电极，需要借助导电膏、水凝胶等电解质以降低电极与头皮间的界面阻抗。缺点是电解质会随着使用时间而干化，使得性能逐渐降低而增加界面阻抗。此外，电解质也会引起皮肤红肿等过敏反应，无法适用于长期动态测量。传统的 ECoG 测量采用针状电极刺穿脑表层，不可避免地对脑组织产生机械损伤，存在一定健康风险，目前多用于基础科学研究。要实现脑电极与待测区域的共形接触并获得高信噪比的脑电信号，脑电极应具备以下基本性质：一是，电极体高度柔性，便于与皮/脑组织共形贴合，降低界面阻抗；二是，电极体材料生物兼容性好，保证长期使用的稳定性。

基于上述指导思想，基于柔性器件结构设计及制备技术，可实现厚度为微米量级的超薄 EEG 电极，实现脑电传感电极与头部、脑皮层的高效贴合。比如，研究者制备出厚度仅有 6μm 的超薄 EEG 电极，其采用的自相似蜿蜒形金属电极结构使器件等效弹性模量 (130 kPa) 与人体皮肤相接近，从而保证柔性脑电极仅依赖范德瓦耳斯力便可与皮肤实现良好的共形贴合 [41]，如图 5.18(a) 所示。更进一步的，研究者还制备出了高精度、大面积的超薄 EEG 电极，可实现整个大脑的 EEG 信号监测 [42]，如图 5.18(b) 所示。分形结构的脑电极设计同时还显著减小了金属电极与磁场的相互作用，使脑电监测与磁共振成像 (magnetic resonance imaging，MRI) 可同步进行。

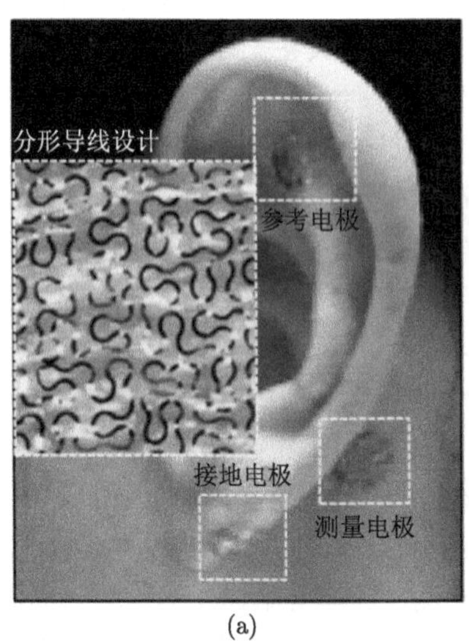

(a)

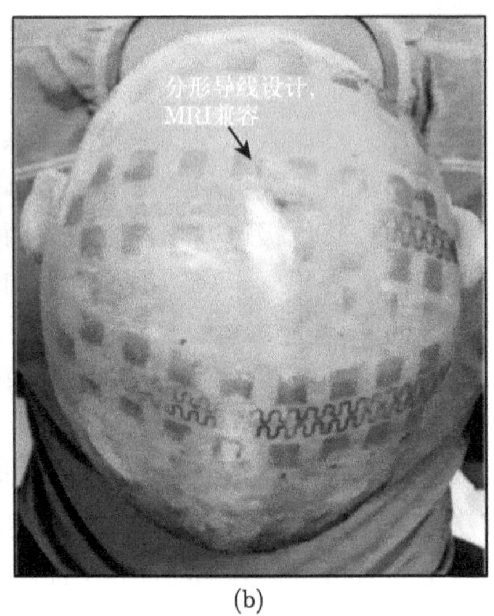

(b)

图 5.18 (a) 超薄 EEG 电极 [41]；(b) 高精度、大面积的超薄 EEG 电极 [42]

大脑皮层表面充满着起伏不平的沟回结构，而大量研究表明，沟回区域的脑电信号与脑功能活动密切相关。柔性 ECoG 电极的厚度，直接影响柔性脑电极与凹凸起伏表面的共形贴合程度，进而影响脑电传感精度。如图 5.19(a) 所示，有研究者研究了基于不同厚度 PI 薄膜衬底的柔性脑电极与 3D 大脑模型的贴合状况，发现当厚度减小至 2.5μm 时，脑电极可与皮层曲面实现较好的共形贴合 [43]。为进一步提升脑电极体与大脑皮层沟回的贴合度，研究者提出基于网格状 PI 衬底的超薄脑电极 (2.5μm)，相较于同厚度的连续 PI 薄膜，柔性电极体的抗弯刚度降低，更易于贴合大脑皮层沟回，如图 5.19(b) 所示。由于电极结构非常薄、刚度低，制备过程以及从制备到临床应用的过程中器件的夹持、载运是一个新的难题。研究者在电极结构之外，引入一层可溶解在水、组织液中的蚕丝蛋白层，进行结构加固。在将脑电极对准接触大脑皮层时通过溶液溶解蚕丝蛋白可自然释放超柔脑电极结构，使其自然贴合大脑皮层。

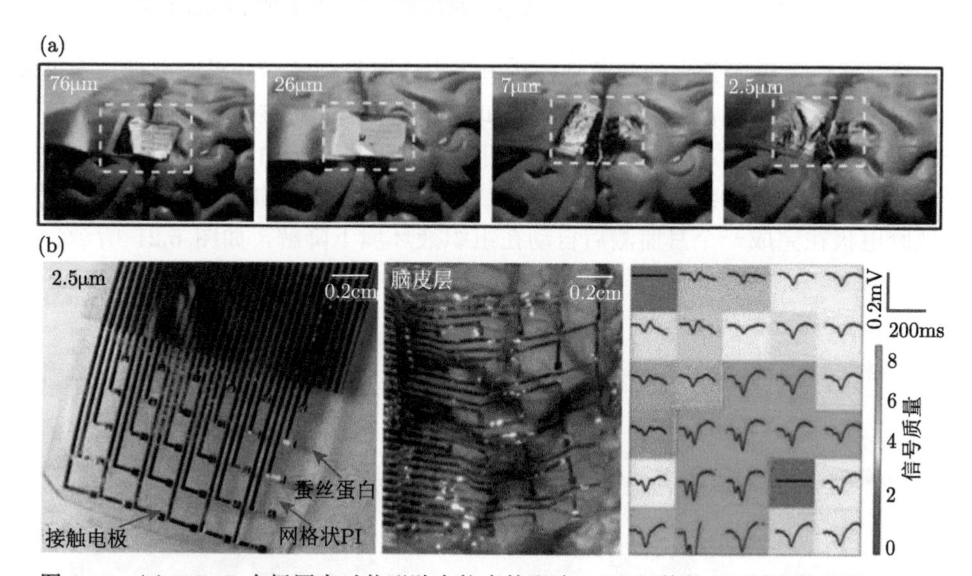

图 5.19 (a) ECoG 电极厚度对共形贴合能力的影响；(b) 网格状 PI 衬底的超薄 ECoG 电极 [43]

对于脑电图谱测量，提高 ECoG 电极密度具有重大意义，特别在癫痫病灶的高精度边界定位、高级语言中枢的脑功能解析等方面有着迫切需求。传统的 ECoG 电极是被动式的，电极数与外连导线数目相等，受空间位置的限制，很难实现大测量面积与电极密度兼得。借助柔性场效应晶体管构建主动开关电极，减小外连导线数量，可以实现高密度柔性脑电极。例如，对于 16×16 规模的传统被动式电极需要 256 条外连导线，而借助场效应晶体管技术仅需 30 条外连导线即可，这说明主动电极提升空间分辨率更加容易。比如，研究者在 25μm 厚柔性衬底上制备包含 720 个薄膜晶体管的脑电极阵列，在实现微米级空间分辨率的同时保证了脑电信号的高质量 [44]，如图 5.20 所示。

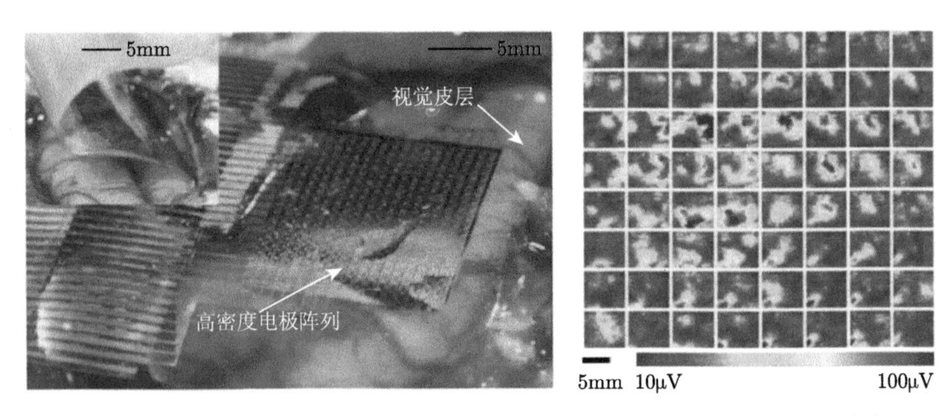

图 5.20　基于场效应晶体管的高密度脑电极阵列及其采集到的 ECoG 信号 [44]

植入式脑电极所带来的问题是：待电极完成服役任务后，需要进行二次手术取出电极，这给使用者带来了二次创伤和健康风险。针对该问题，研究者开辟了一个新的脑电极研究方向，被称为生物可降解脑电极。比如，研究者基于可降解聚合物衬底，采用由纳米硅薄膜电极、二氧化硅封装层构筑脑电传感电极结构，实现脑电极在完成一个月监测后自动在组织液环境下降解，如图 5.21 所示。如

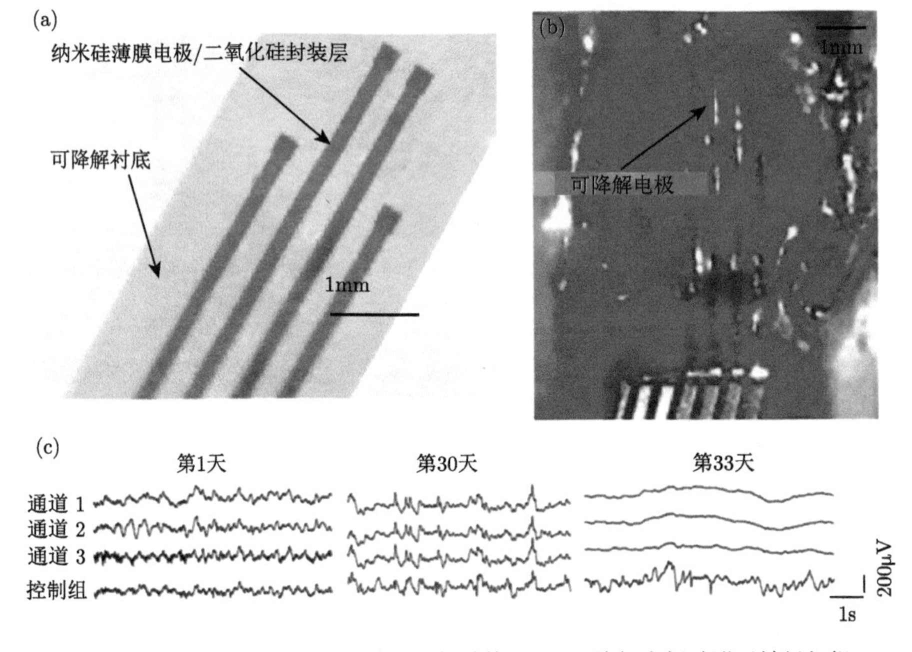

图 5.21　可降解 ECoG 电极：(a) 可降解电极结构；(b) 可降解电极贴附于神经组织；(c) 可降解电极在不同时间采集到的 ECoG 信号 [45]

图 5.21(c) 所示，服役 1 个月之内柔性脑电极信号正常，第 33 天已经采集不到正常的脑电信号，电极结构已经在生物体内逐步降解 [45]。

2) 柔性外周神经电极

外周神经是连接中枢神经系统与人体运动/感觉终端的通信通道。外周神经系统所传导的电信号具有双向性：一方面，中枢神经系统下达指令，将神经冲动信号传导至外周神经系统，并进而传导至人体运动终端，如引起骨骼肌主动收缩；另一方面，人体感觉终端将外界信息，诸如触觉、热觉、痛觉、视觉等信号经外周神经系统传导至中枢神经系统，并交由中枢神经系统进行分析、处理和判断 [46]。外周神经系统自身还是一个固有的平衡系统，如交感神经系统与副交感神经系统间的拮抗作用维持着人体心率、血压等指标始终处于动态平衡中。外周神经电刺激与信号采集在治疗一些药物难治性疾病如癫痫、抑郁、心衰等方面具有十分重要的临床意义，如迷走神经电刺激治疗部分癫痫、抑郁，骶神经电刺激治疗尿失禁等 [47]。

现有的外周神经电极主要可分为三大类，即表面电极、侵入式电极与神经再生电极。应用外周神经调控的电极同样具有空间选择性与侵入性正相关的特性 [48]，如图 5.22 所示。其中侵入式神经电极又可分为：① 轴向侵入式电极，即电极沿着神经束轴向植入，其采集位点也沿着神经束轴向分布；② 横向侵入式电极，电极沿着神经束轴向垂直方向植入，其采集位点沿着半径方向分布；③ 侵入式电极阵列，其采集位点在空间点阵分布。侵入式神经电极虽然能够获得较高的神经电刺激效率，以及高信噪比、高空间分辨率的神经电信号，但由于其对神经束会造成不可逆的损伤，因而在临床上应用较少。神经再生电极则为特制电极，主要用于神经束再生，以恢复受损的神经束。

表面电极仅贴附在神经束表面而不刺入神经束，其对神经束的损伤较少，在临床上应用前景较大。神经表面电极又可进一步分为三维电极和平面电极。传统三维神经电极主要有平面挤压神经电极 [49]、Cuff 电极 [50] 和传统螺旋电极 [51]，如图 5.23(a)~(c) 所示。传统的三维电极结构主要包含硅胶软衬底和金属电极薄片，主要通过模具注塑工艺制备。受制备工艺的限制，电极衬底厚度一般为毫米量级，金属电极薄片厚度为微米量级，刚度较大，制备成型后使其变形需要较大的力。三维电极尺寸与神经束尺寸存在误差时不可避免地会发生过盈或间隙配合。在过盈配合情况下，电极会对神经束造成过大的卡压损伤；在间隙配合情况下，电极与神经表面接触不稳定，影响传感效果。基于超薄薄膜电极结构设计，大幅度降低神经电极的抗弯刚度，是解决上述问题的有效途径。比如，有研究者在 PI 衬底上制备高精度的平面电极阵列，厚度在微米量级 [52](图 5.24(a))，抗弯刚度大幅度降低。但平面电极阵列难以自动与外周神经束自然贴合，仅靠界面黏附不足以保证稳定的界面贴合，在临床手术固定时过程复杂。

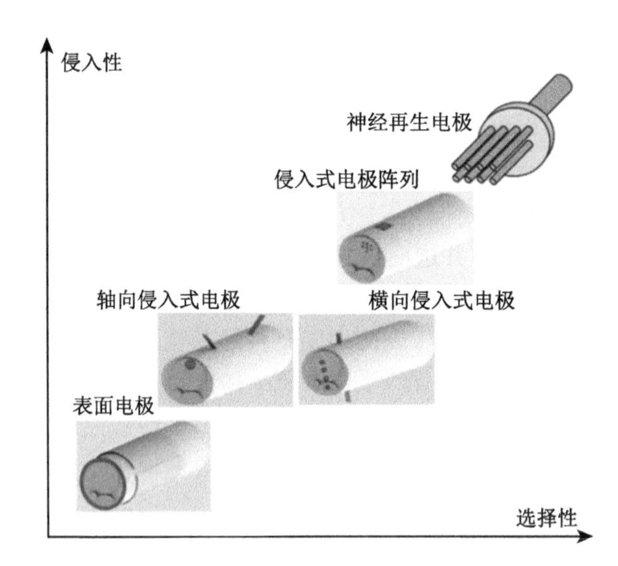

图 5.22　外周神经电极的空间选择性与侵入性正相关特性

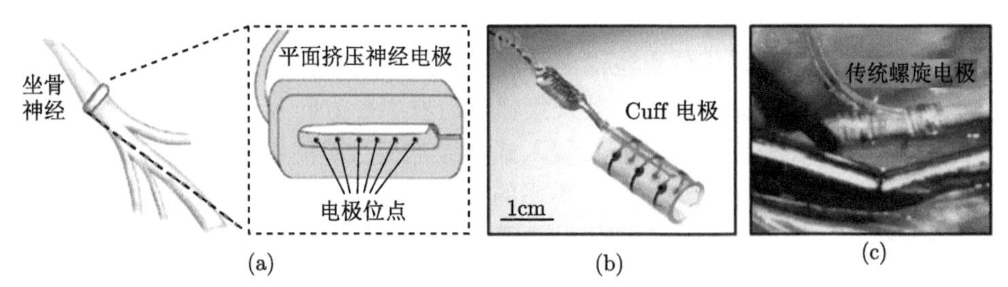

图 5.23　应用于外周神经调控的三维神经电极：(a) 平面挤压神经电极 [49]；(b) Cuff 电极 [50]；(c) 传统螺旋电极 [51]

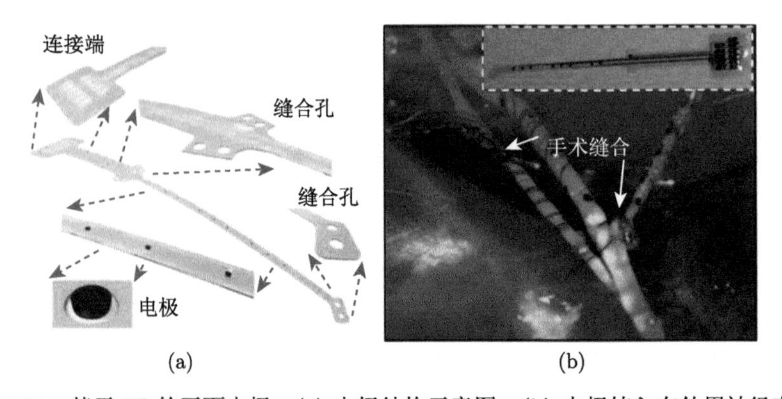

图 5.24　基于 PI 的平面电极：(a) 电极结构示意图；(b) 电极植入在外周神经表面

总结起来，理想神经电极应具有以下特点：① 神经电极在几何结构上能够与三维神经束匹配，可与神经束表面形成自然黏附，而无需额外的复杂手术固定，且该界面在神经束动态变形时能够保持稳定而不发生脱黏、滑移等失效；② 神经电极在力学性质上应与外周神经束匹配，即具有低拉伸刚度和弯曲刚度，可适应外周神经束的动态变形 (如膨胀、拉伸、弯曲) 而不对其造成过大卡压、剪切损伤。

借鉴牵牛花等缠绕植物以螺旋形式攀爬生长的规律，清华大学冯雪课题组在外周神经电极的结构及制备工艺方面提出新的解决思路。他们采用蜿蜒形可拉伸电极图案设计，通过微纳制备技术在形状记忆聚合物智能衬底上制备出具有平直状和螺旋状两个状态的柔性传感电极。通过控制温度可实现该电极在二维平直态与三维螺旋态的自由转换，在临床安装时可对平直态电极滴加热水或通过加温方式使电极智能变形缠绕到外周神经管上，如图 5.25 所示 [53]。另外，螺旋电极的径向抗弯模量、螺旋方向抗拉模量都很低，可以工作在过盈配合的状态，同时电极不会对神经束产生压迫。

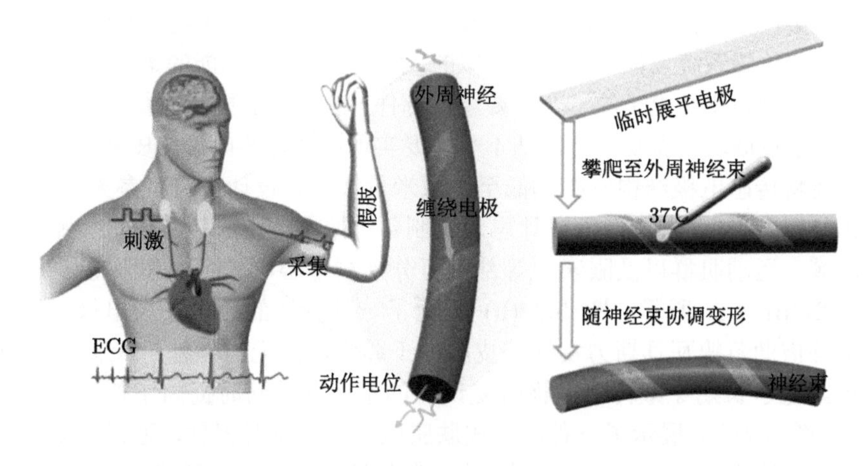

图 5.25 应用于外周神经调控的缠绕电极及其设计思路

该研究者同时还演示了基于该传感电极的电刺激调控生理机能应用。如图 5.26(a) 所示，实验过程如下：将螺旋传感电极缠绕在兔子迷走神经上，通过缠绕电极电刺激迷走神经，并同步监测分析兔子心电图。实验结果显示，通过缠绕电极对神经施加电刺激后，实验动物心率由 180bpm(次/分钟) 升高至 240 bpm (图 5.26(b))，表明电刺激导致交感神经活性升高，副交感神经活性降低，而基于对迷走神经的介入刺激可以主动改变生物体的生理活动。

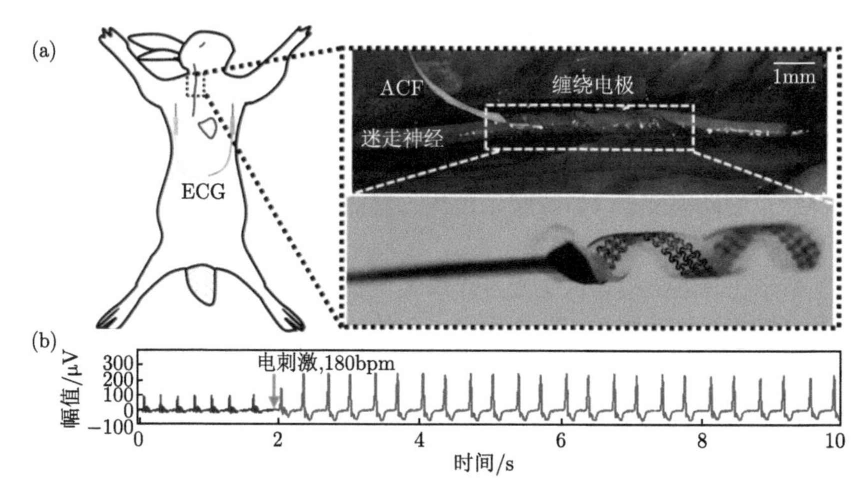

图 5.26 迷走神经电刺激调控心率：(a) 实验设计；(b) 实验结果

3) 柔性皮肤电极

随着柔性传感技术研究的不断发展，研究者提出一种皮肤电子的概念，即将应用于人体的传感系统设计成和皮肤类似的，具有多种感知功能的柔软可变形器件。柔性皮肤电极是皮肤电子的一个重要功能部件，它与皮肤贴合测量皮肤表面电位变化。由于皮肤表面微观形态凹凸不平，要实现皮肤传感电极与皮肤高度共形贴合，需要将传感电极结构厚度降低至几微米量级，其设计思路可参见图 5.27(a) 的对比分析图 [54]。基于以上设计思想可制备超薄柔性皮肤传感电极，贴在胸部心脏区域、运动肌群以及眼表皮等部位可分别测量心电、肌电和眼电等电信号，如图 5.27(b)～(d) 所示。图 5.27(b) 展示了一种容性的心电采集电极，该电极系统能够借助范德瓦耳斯力实现与皮肤的干黏附，而无需额外的凝胶等电介质，极大地降低了长期穿戴传感电极时受试者的不适感，同时提高了抗运动干扰能力 [55]。图 5.27(c) 展示了一种超薄皮肤肌电传感与刺激器件，通过该器件可测量肌块运动特征，同时可通过电刺激来控制假肢功能，展示了其在人机交互方面的应用场景 [56]。图 5.27(d) 展示了一种基于新型二维材料 (石墨烯) 的柔性皮肤传感电极，它兼具轻、薄、柔与美观的优点，能够记录眼球转动时产生的眼电信号 [57]。

5.4.2 柔性光电传感器

光电探测器，也称为光电传感器，能够将光信号转换为电信号，是光传感系统中必不可少的组件。这些器件可用于光检测或光感知，已应用于各种领域，例如可穿戴、可植入设备或印刷光学设备等。传统的光电探测器主要基于单晶硅或其他三维 (3D) 材料如 Si/Ge 异质结或者 Ⅲ-Ⅴ 族半导体合金。这些探测器的探测

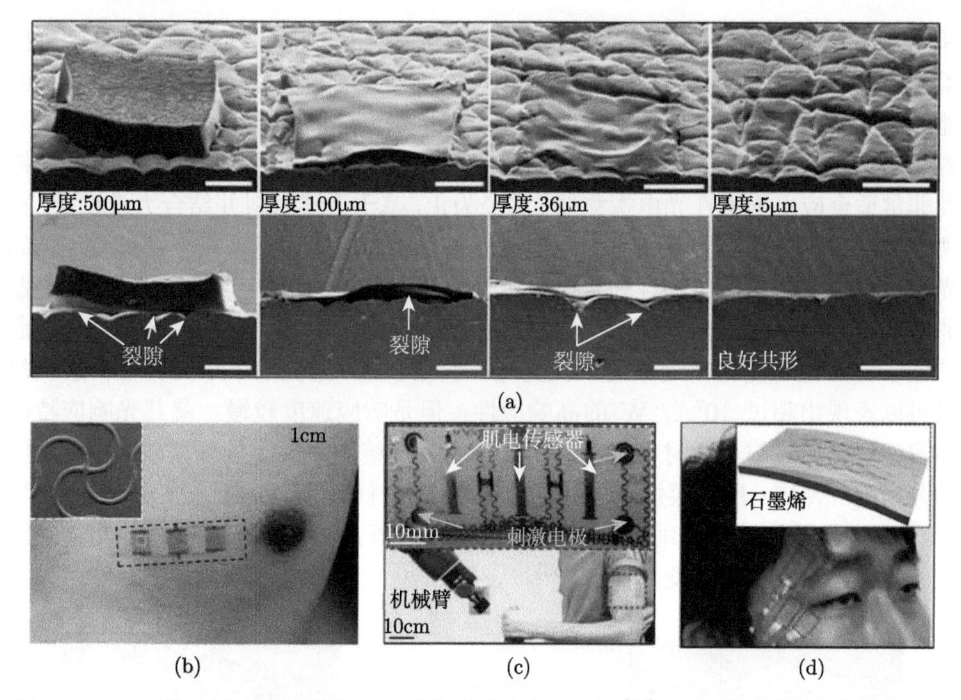

图 5.27 (a) 不同厚度的传感器件与皮肤共形贴合状态对比 [54]；(b) 用于心电信号检测的皮肤传感电极 [55]；(c) 用于肌电信号检测与刺激的皮肤电子系统 [56]；(d) 用于眼电信号检测的皮肤电极 [57]

波长覆盖了可见光和近红外，因此在我们日常生活中有着重要的应用，如数码相机、烟雾报警器等。然而，此类光电探测器需要较厚的衬底材料才能实现。将此类半导体材料直接做成薄膜时，柔性光电子器件的变形会在薄膜半导体上引入额外的应力，这会影响基于传统半导体 (如硅和锗) 的光电探测器的性能和线性度。为了尽可能消除应力对半导体薄膜的影响，目前大多采用将半导体材料制备成薄膜形状。例如，美国威斯康星大学麦迪逊分校马振强课题组报道了单晶硅纳米膜 (Si NM) 上的柔性光电晶体管 [58]，如图 5.28(a) 所示。整个 Si NM 是基于 SOI 结构的衬底制成的。该衬底顶部为 270 nm 厚的 p 型掺杂硅层，中间为 200 nm 厚的二氧化硅牺牲层。顶部硅可用于制造超薄光敏电阻，且氧化物层充当用于转印的牺牲层。通过刻蚀牺牲层将顶层转印到柔性衬底上，实现柔性光电探测器。该器件表现出稳定的响应度，在小曲率半径 (约 15 mm) 弯曲时的性能变化小于 5%。Lee 等报道了一种超薄 GaAs 太阳能微电池的阵列。该器件在 GaAs 晶片上外延生长，然后转印到柔性衬底上 [30]，如图 5.28(b) 所示。

此外，研究者还基于一些新型材料制备柔性光电探测器件，例如，零维 (0D) 纳米结构材料 (量子点)，一维 (1D) 无机纳米结构材料 (纳米线材料、纳米管等)

和二维 (2D) 层状材料 (钙钛矿材料等)[59]。这些材料具有优良的光电特性和机械柔韧性，而且这些功能性材料可以容易地转移或直接沉积在柔软的基材上，从而能够大大降低柔性光电探测器的制造成本。此外，对于低温环境下制造工艺的兼容，也使它们成为制造柔性光电探测器的不二之选。并且这些材料的独特物理特性非常适合应用于柔性光电探测器。迄今为止，基于上述材料并结合力学设计，实现了柔性光电探测器的制备。由新型功能材料制成的柔性光电探测器具有优良的光响应特性、优异的柔韧性和机械稳定性。基于 0D 纳米结构的柔性光电探测器非常适用于大面积、低成本的频带选择性光电探测，但是，它们的光响应性能通常低于由其他功能材料制成的柔性光电探测器。1D 无机纳米结构和 2D 层状材料可以表现出超过 10^7A/ W 的高响应性，但是响应速度较慢。就其光响应特性而言，可以通过与其他材料复合后形成混合异质结构，从而显著提高探测灵敏度和光谱响应范围。用于柔性光电探测器的纳米线材料包括 ZnO[60,61]、SnO_2[62-64]、$ZnGa_2O_4$[65-67]、单壁碳纳米管 (SWCNT)[67,68] 等。图 5.28(c) 展示了 ZnO 纳米线光电探测器的性能和变形图像 [69]。

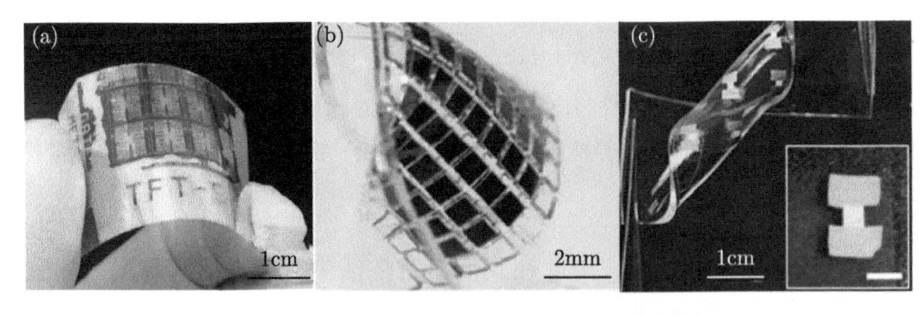

图 5.28　柔性光电探测器件：(a) 单晶 Si NM 的柔性光电晶体管 [58]；(b) 可延展 GaAs 光伏阵列 [30]；(c) 基于 ZnO NM 的可延展纳米线光电探测器 [69]

此外，无机/有机复合材料可以在无机/有机成分的界面处实现能带结构调制和电荷俘获，在光电探测领域具有潜在应用价值。由于有效地促进了电荷的分离和传输，这些特性对于获得高性能的光电探测器具有吸引力。近年来，用于柔性或可拉伸光电探测器的无机/有机杂化技术迅速发展。图 5.29(a) 展示了在弹性体衬底上制造的可拉伸双面有机硅混合太阳能电池 [70]。可用于无机/有机混合光电探测器的其他材料包括 P3HT[71-73]、氧化铟镓锌 (IGZO)[74-76]、CdSe[77,78] 等。

钙钛矿是实现无机/有机混合光电探测器的潜在材料，已经可以用来制造高性能光电探测设备 (如钙钛矿太阳能电池)。韩国 KIST 的 Min Jae Ko 课题组 [79] 将重点放在钙钛矿材料太阳能电池柔性的优化上，如图 5.29(b) 所示。测量得钙钛矿的弹性模量为 13.5 GPa，并在较小的弯曲半径 (r=1mm 和 r= 0.5 mm) 下观察器件中的应力和应变分布。弯曲半径为 0.5 mm 时，会发生塑性变形以及功

率转换效率 (PCE) 值的显著下降。

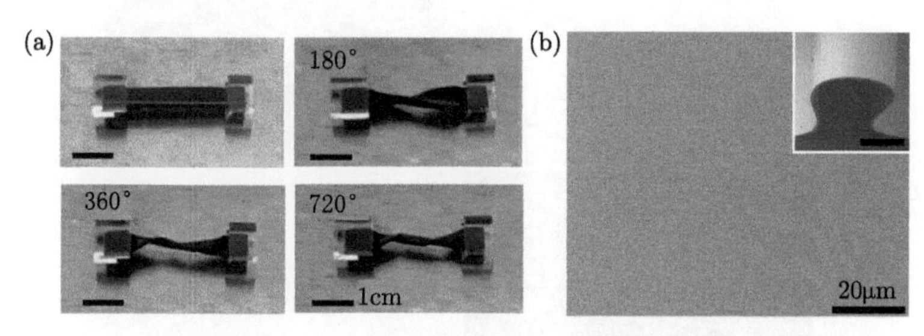

图 5.29 (a) 有机硅材料混合太阳能电池 [70]；(b) 柔性钙钛矿材料太阳能电池 [79]

由上述的介绍可以看出，柔性可延展光电子器件有很多类型，通过将同种或不同功能器件集成，就可以组成测量传感器，应用于人体生理参数测量。这类器件与人体集成后不仅可以进行科学研究，还可以利用不同的测量原理构造出人体其他生理指标监测方式。下面将介绍柔性可延展光电器件在生物集成及人体健康监测方面的应用，包括仿生器官、生物研究器件及生理参数测量器件等，以展示柔性可延展电子器件与生物体集成进行科学研究和健康医疗应用时体现在精准与舒适上的独特优越性。

由于该类器件具有与皮肤或组织相似的力学性能，柔性传感器或柔性设备与生物医学应用相结合不仅有利于佩戴舒适性与器件本身寿命，更能保障测量精准度。目前，有一些工作聚焦于模仿生物器官的柔性可延展光电子器件，还有一些用于监测生命体征的柔性可延展传感器。Rogers 课题组 [80] 受到节肢动物眼睛形状的启发，通过转印工艺制备了一种复眼光探测阵列，其中的探测器数量 (180 个) 与火蚁 (solenopsis fugax) 和树皮甲虫的复眼相当，如图 5.30(a) 所示。这种复眼设备证明了柔性可延展的光电探测器可以代替真眼。马振强课题组 [81] 还用折纸硅光电材料制造半球形电子眼系统，如图 5.30(b) 所示。该数字图像传感器是通过折纸方法制造的，它提供了一种制造三维柔性电子器件的方法。

此外，由于和生物皮肤或组织具有相似的力学性能，柔性可延展光电器件也非常适用于可注射或可植入生物组织，尤其是与生物组织兼容的高性能超薄半导体，有助于临床科学研究。清华大学盛兴课题组 [82] 报道了可降解柔性薄膜滤光片，如图 5.30(c) 所示。衬底及封装材料采用 PDMS，可以有效提高生物兼容性，并通过动物实验得到了验证。Rogers 课题组 [83] 研制出植入式光电子器件，可以将光源、探测器和其他组件插入大脑内部，以进行光遗传学研究，如图 5.30(d) 所示。这种厚度极薄、尺寸小、抗弯性能优良的柔性光电传感器在微创手术等领域具有潜在的应用价值。

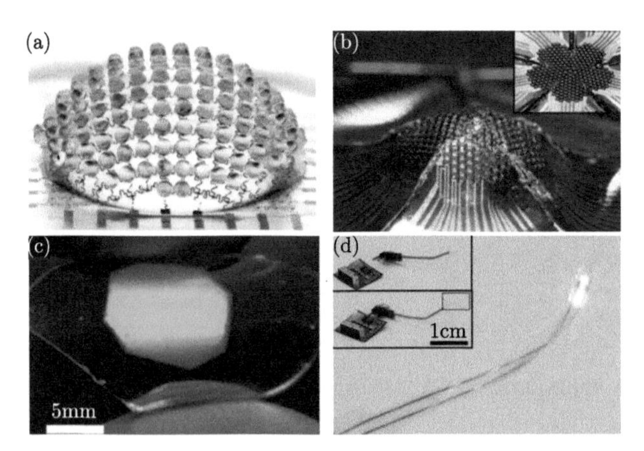

图 5.30　用于生物集成的柔性可延展光电子器件：(a) 仿昆虫复眼形式的光电探测阵列，其中光电二极管阵列由硅制成，小半球透镜由 PDMS 制成[80]；(b) 基于硅材料的折纸型半球电子眼[81]；(c) 可用于生物集成的柔性可延展滤光膜[82]；(d) 应用于光遗传学的可注射光电子器件[83]

此外，柔性光电子产品已经广泛应用于生理信息监测，例如脉搏、血氧、血压及温度等，如图 5.31(a)~(c) 所示。柔性光电子也可以作为植入式器件，用于科学实验研究。通过将柔性 LED 植入脑部特定区域，便可以进行脑部相关实验。

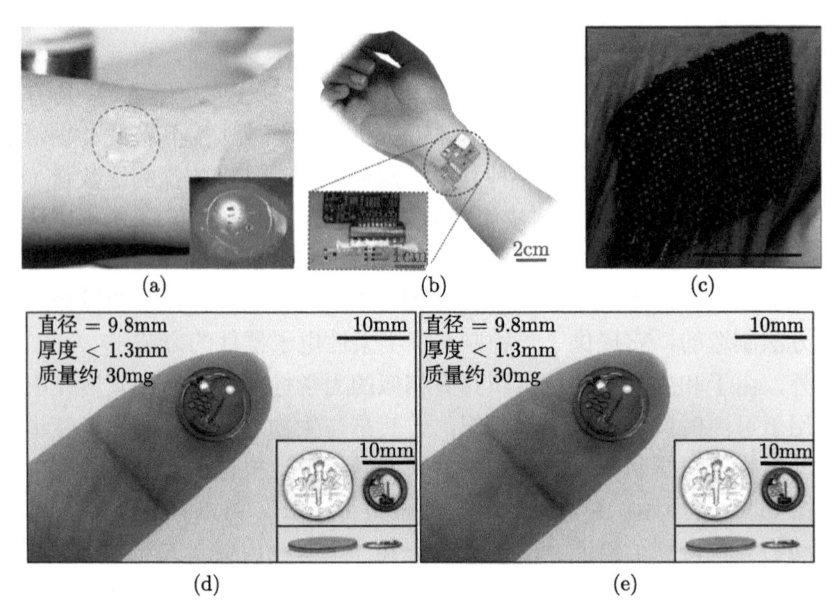

图 5.31　柔性光电器件在生物工程及医疗领域的应用：(a) 血氧监测器件[84]；(b) 血压监测器件[85]；(c) 皮肤温度和热传输特性测量器件[86]；(d) 用于光遗传实验的柔性光学器件[87]；(e) 仿生电子眼系统[81]

总的来说，柔性光电子器件的研究非常复杂，涉及材料生长、异质集成、几何设计和微观力学，以及黏附和界面科学。例如，与典型弹性体相比，硅的模量高约 5 个数量级，热导系数高约 3 个数量级，热膨胀系数低约两个数量级。为了解决这种极端的不匹配，需要设计合理的结构。对于更复杂的大规模集成柔性设备而言，挑战更加明显，因为设备变形会对设备性能产生重大影响。对这些复杂系统的研究需要综合考虑材料科学和有效的热管理，以确保机械可靠性。可拉伸电子设备不仅必须实现大规模集成，还要确保数万个拉伸过程的可靠性，以备将来使用。

柔性光电子设备在许多领域具有良好的应用前景，特别是在生物医学方向，可以解决人员健康监测和疾病治疗中长时随体监测的难题。基于柔软、弹性生物相容性材料的柔性光电子器件，在充分保障不影响人员日常活动的条件下精确测量生理健康数据，同时保证人员舒适度与未佩戴器件没有明显变化。目前，该领域的主要工作集中在集成柔性 LED 和光电探测器，利用人体组织的光谱吸收特性来实现生命体征监测。除生物医学应用外，柔性光电子设备还可用于光通信等行业，并且它们可能在未来的消费类电子产品如手机中使用。

目前，利用这些功能材料已经制备出大量高性能的柔性光电探测器。更重要的是，一些光响应参数已然超过传统光电探测器，表明了该类光电传感器在未来的发展前景。

5.4.3 柔性应变/压力传感器

1) 柔性应变传感器

监测人体生命体征是人体健康评价的重要手段。人体的生命体征是用于指示人体健康和身体机能状态的直观而综合的指标，也是在体表最容易监测到的信号，其包括：心率、脉搏、血氧、血压、体温、呼吸、运动等。大多数的生命体征信号，以人体的皮肤、肌肉变形的方式展现，例如，血液从心脏流出到主动脉，随着全身循环到达各处血管，血液充盈动脉使血管的直径变大，距离皮肤表面较近的动脉处可以测量得到这种变形，即为脉搏 [88]。中国传统中医诊断中存在“望闻问切”四种诊断方法，其中的“切”即为摸脉象，通过医生的手按压住患者的浅表动脉处皮肤，施加一定的压力，之后通过感受血管脉动的强弱、模态等信号来判断患者的身体状态和诊疗疾病。血管的收缩和舒张会同步引起与血管相邻的组织和皮肤的变形，在皮肤的浅表位置 (例如，手腕处的桡动脉、手肘处的肱动脉、太阳穴附近的动脉血管等)，人处于静息状态下时可以看到皮肤随着脉搏的波动而明显地起伏和变形，通过这样的传递过程，脉搏信息就从血管的变形转变为了血管上方的皮肤的变形，通过检测血管上方皮肤的变形即可得到脉搏的信号。脉搏信号中包含着丰富的生理信息：脉搏的搏动频率代表心率信息，脉搏波的波形和波速与血压及血管的硬化程度相关 [89,90]，通过对脉搏的测量和分析可以获得许多与心血管疾病相关的信息。除了脉搏以外，呼吸的测量也可以通过变形的测量来表征：呼吸过程中肺吸入和呼出气体的过程中体积会发生变化，连带着胸腔和腹腔的体积变化，在体表表现出的就是胸部皮肤和腹部皮肤的变形，通过监测相应位置的皮肤的变形，可以获得胸式呼吸和腹式呼吸的呼吸信号，呼吸信号的监测可以用于呼吸系统疾病的评估、诊断 [91] 以及睡眠监测和睡眠呼吸暂停综合征的诊断 [92]。

人体运动监测可以分为肌肉变形的监测和关节运动的监测，运动中肌肉的舒张和收缩会引起肌肉上方皮肤相应的变形，而关节的运动会引起关节表面皮肤的变形，通过监测肌肉变形和关节运动，可以对人体的运动状态和运动模式进行监测和分析。对人体运动的监测可以为运动健康评估 [93]、步态分析 [94]、眼动分析 [95] 等多种场景的使用提供输入数据和信息。

人体的特殊性以及生命体征活动的具体特点对用于体征监测的应变传感器提出新要求。首先，脉搏、呼吸等信号本身强度就比较小，经过皮肤组织的隔离和变形传递，能够引起的上方的皮肤变形十分有限，因此在针对这类信号测量时需要测量的传感器具有较高的灵敏度，同时传感器本身与人体集成后不能限制皮肤的变形，引起信号丢失，这就需要变形监测传感器能够准确监测小变形信号，并且具有柔性和一定的可延展性，弹性模量较低容易发生变形；其次，人体组织、肌肉、器官等形状复杂，并且排布模式繁杂，在人体表面不同的位置，皮肤变形引起的信号受到区域的组织状态和变形状态的影响较大，而且生命体征信号所引起的变形区域较小，想要精确得到真实的变形信息而不受其他位置变形的影响和干扰的话，需要变形传感器体积小、能够精确贴附在所需的位置监测变形；最后，与人体集成的传感器需要考虑与人体贴附的生物兼容性、舒适性和透气防水性，需要能够在长期与人体接触的过程中保持牢固的贴附状态，不引起皮肤的过敏反应和发热，引发测量误差等。综上所述，用于生命体征信号监测的传感器需要具有的特征为：① 柔性超薄；② 小变形下具有较高灵敏度；③ 体积小；④ 透气防水，具有生物兼容性。

应变测量方法分为非接触式和接触式。非接触式应变测量方法，比如数字图像相关 (DIC) 测量方法，通过光学观察或摄像方法直接记录被测对象表面质点变形前后的位移量，进而计算得到应变。为了准确识别被测表面变形前后的质点位置，通常需要在被测表面制造散斑图案，同时变形状态需要独立相机系统来拍照，测量系统较复杂，不适用于人体在非静止条件下的长期变形测量。接触式应变测量方法通常是将对应变敏感的传感材料或结构与被测物体或表面黏结，使得被测物体变形时传感材料/结构跟随产生变形，导致相应物理量变化 (电阻、电容或电感)。根据测量物理量的不同，接触式应变测量方法又分电阻式、电容式、电感式等。电阻式传感原理简单，易于实施，被广泛采用。被研究用于电阻式应变传感的敏感材料种类较多，包括金属类 (铂、金、铜等)、半导体类 (硅、锗等)、碳材料类 (碳纳米管、炭黑、石墨烯等)、有机材料类 (PEDOT: PSS 等导电聚合物)、纳米材料类 (纳米线、纳米颗粒) 等 [96-99]。不同材料的变形测量各有优劣：基于半导体材料的应变传感器应变测量范围较大，灵敏度高，但应变和电阻的线性度较差，而且受环境温度影响严重；碳材料和纳米材料通常与弹性硅胶、橡胶混合形成导电固溶体作为应变敏感结构，其应变测量范围大，但是在小应变测量范围内测量能力较弱，测量重复性差，信号延迟较严重，不适合快速变化的变形信号测量；有机导电聚合物材料受水、氧干扰大，随着服役时间的增加，传感灵敏度逐渐降低；金属材料灵敏度高、线性度好、响应迅速，但是其最大弹性伸长应变也比较低，因此常见金属电阻应变片的测量范围较小，最大测量应变在 2%左右，并且因其封装材料弹性模量大、厚度大，需要通过环氧树脂胶粘贴在待测物体表面。因此这些材料都不能直接用于人体应变测量。

清华大学冯雪课题组基于低弹性模量的柔性衬底实现金属型超薄柔性应变传感器 [100]，给出可应用于人体的应变传感器实现案例。如图 5.32 所示，传感器结构可分为顶层封装层、敏感层和底层封装层。敏感层采用栅形金薄膜图案作为应变传感结构，主要通过对由电子束蒸发沉积生长的金薄膜进行光刻刻蚀加工得到。底层和顶层封装层为一种医用的半透明材料 (聚氨酯薄膜)，该薄膜非常轻薄柔软，同时具有良好的透气防水功能，长时间贴在皮肤上测量不会引起皮肤不适。由于

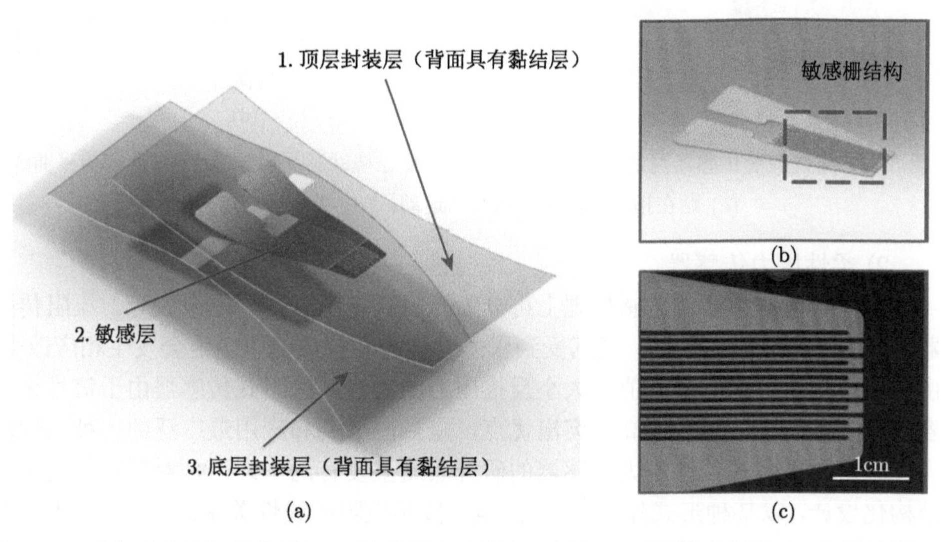

图 5.32 超薄柔性应变传感器：(a) 传感器多层结构示意图；(b) 敏感栅结构；(c) 敏感栅局部放大图

超柔聚合物衬底的应变衰减作用，该柔性应变传感器的应变测量最大值为 40%，同时兼顾传感器的线性度高、响应快速、重复性好等优点。将该柔性变形传感器贴在桡动脉、肱动脉等位置的皮肤表面，可以测得周期性脉搏波信号，信号曲线清晰显示主峰波和重搏波等特征波形，如图 5.33(a)，(b) 所示。将该柔性变形传感器贴在手指关节上，可以精确捕捉手指以不同频率弯曲–伸展的动作过程，图 5.33(c)，(d) 所示。

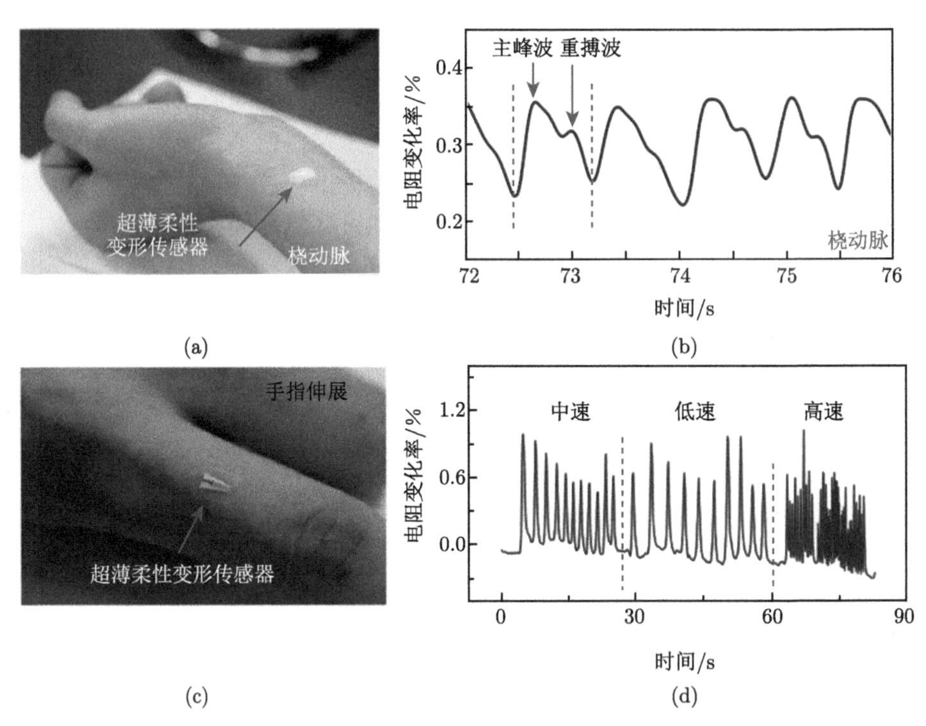

图 5.33　柔性应变传感器测量体征信号 [100]：(a) 贴在桡动脉测量脉搏；(b) 脉搏信号曲线；(c) 贴在指关节测量手指弯曲运动；(d) 手指运动信号

2) 柔性压力传感器

柔性压力传感器从传感机理上可分为压阻式、电容式、压电式等。压阻传感器是基于压阻效应实现的，当其受到压力时传感器整体的电阻值会发生相应改变，由此便可以通过测量电阻值的大小反推压力的大小。压阻式传感器由于信号采集容易、制备简单、灵敏度高等突出优点，是目前研究和应用最广泛的一种柔性压力传感器。压阻式柔性压力传感器的研究思路主要有两个：一是对压阻结构进行结构化设计，以某种形式建立压力与电阻/接触电阻的线性关系；二是采用本身具有明显压阻效应的三维多孔材料准备可大变形的压力传感器 [101]。对于基于微结构和导电材料的柔性压力传感器，微结构和导电材料是两个非常关键的因素，其中导电材料的作用是赋予传感器整体具有导电能力；微结构的作用是帮助传感器在受到外界压力时产生更大的接触电阻变化，从而提高传感灵敏度 [102,103]。一些热门新材料被应用于此类传感以实现优异的导电能力，如石墨烯 [104]、rGO[105]、CNT[103]、Ag 纳米线 [106] 和 Au 纳米线 [107] 等，并结合通过复杂的微纳加工制备出的具有微米尺度的金字塔状 [108]、柱状 [109]、半球状 [110] 以及互锁等结构 [111] 的柔性衬底，展示了各种高灵敏度、低探测极限、宽探测范围的柔性压力传感器。这些形式的柔性压力传感器主要通过一些新导电材料与弹性变形材料的混合形成非均匀导电网络，该导电网络受到压力时内部导电交联通道或界面配对导电通道发生变化。

清华大学冯雪课题组设计和制备了一种具有三维微结构的柔性压力传感器，如图 5.34(a) 所示。传感器通过上凸起和下空穴的上下衬底封装设计，配合对径向应变敏感且呈齿形环绕的应变栅结构，实现对于法向压力的灵敏测量，如图 5.34(b) 和 (c) 所示。有限元计算结果表明，调控凸起空穴的几何尺寸以及 PI 厚度，可实现对压力传感器测量范围以及灵敏度的调控。该柔性压力传感器具有线性度好、测量范围宽、重复性好等优点，设计简单，易于阵列化，可与软体机械手集成。

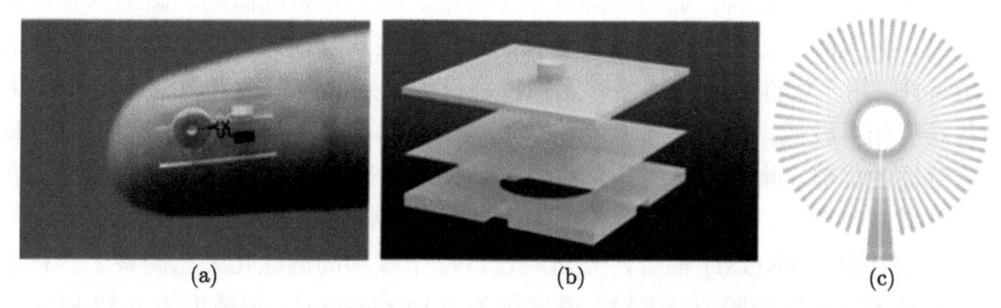

图 5.34 (a) 柔性压力传感器照片；(b) 结构示意图；(c) 传感应变敏感栅结构图

将该压力传感器与气动控制的软体机械手指尖集成，控制软体机械手的充气压使其握持不同材质球体的姿势相同，通过压力传感器测量机械手与球体的接触力大小，从而分辨不同物体的软硬程度。用集成了柔性压力传感器的软体机械手按压手腕关节区域的桡动脉模拟中医把脉，通过柔性压力传感器可测量脉搏引起的局域压力变化，从而可绘制脉搏引起的压力变化曲线 (图 5.35)。所测量的脉搏曲线显示出主波、潮波和重搏波的清晰波形，表明该柔性压力传感器具有优异的灵敏度和分辨率。柔性压力传感器及其与软体机械手集成的形式在机器人的触觉传感方面具有重要应用，可为中医脉诊的定量化研究提供技术支撑。

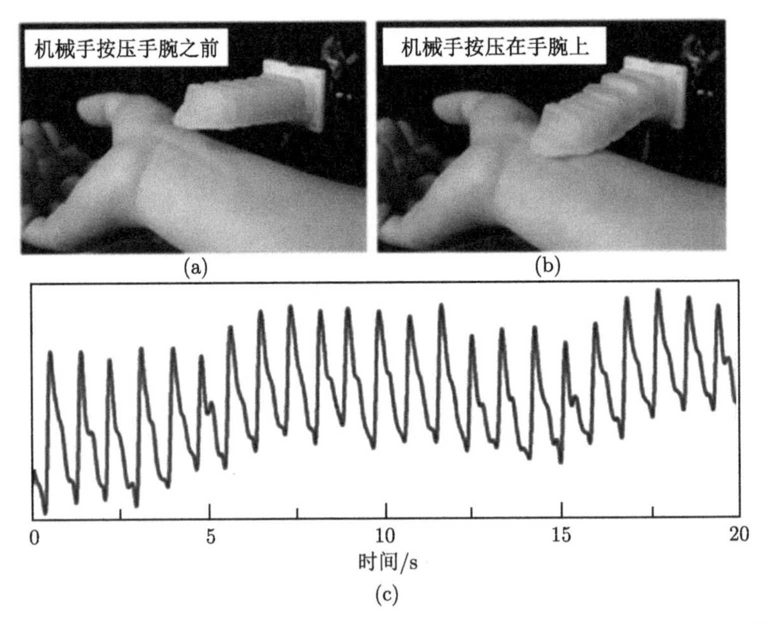

图 5.35　柔性压力传感器与软体机械手集成并用于脉搏测量：(a), (b) 机械手按压桡动脉前、后照片；(c) 基于压力传感的脉搏波形信号

三维多孔压阻材料，如石墨烯聚氨酯海绵、碳黑聚氨酯海绵、碳纳米管聚合物海绵、碳气凝胶等 [112]，其疏松多孔的结构特性具有很大的变形能力和优异的压阻特性，用于柔性压力传感器时无须特别设计复杂的微结构来调整传感灵敏度，制备难度相对较低，而且其多孔结构为其与生物体集成的压力传感应用提供了良好透气性的优势。此类材料还具有质轻、疏水、大比表面、低导热系数等优点，在很多领域都可应用。比如，Yang 等利用静电纺丝制备的 SiO_2 纳米纤维作为骨架，与魔芋葡甘聚糖 (KGM) 混合，先后经过冷冻干燥和高温碳化工艺制备了一种超轻的碳纳米纤维气凝胶 (CNFA)，密度仅为 0.14 mg/cm^3，灵敏度为 0.43 kPa^{-1}，可贴附于人体颈动脉处对脉搏频率和波形进行准确测量 [113]，如图 5.36(a) 所示。Qin 等将氧化石墨烯与聚酰亚胺前驱体 (PAA) 溶液混合后，利用冷冻干燥和高温热处理技术制备了一种 RGO/PI 复合材料泡沫，其不仅表现出了优异的柔性和回弹性，同时灵敏度为 0.18 kPa^{-1}(图 5.36(b))[114]。

多数压力传感器只能测量法向压力，侧向力或摩擦力大小及方向很难测量。Mu 等制备了由两个特殊功能层组成的柔性类皮肤压力传感器，其底层为 GO/PDMS 复合材料，顶层为 CNT/GO 复合材料，通过实验表明其可以对压力和剪切力做出相反的电阻响应，因此可以用于区分压力和侧向力 [115]；鲍哲南等也通过特殊的结构设计，通过不同侧向力与不同变形形式的对应关系实现对切向力方向的识别 [116]。

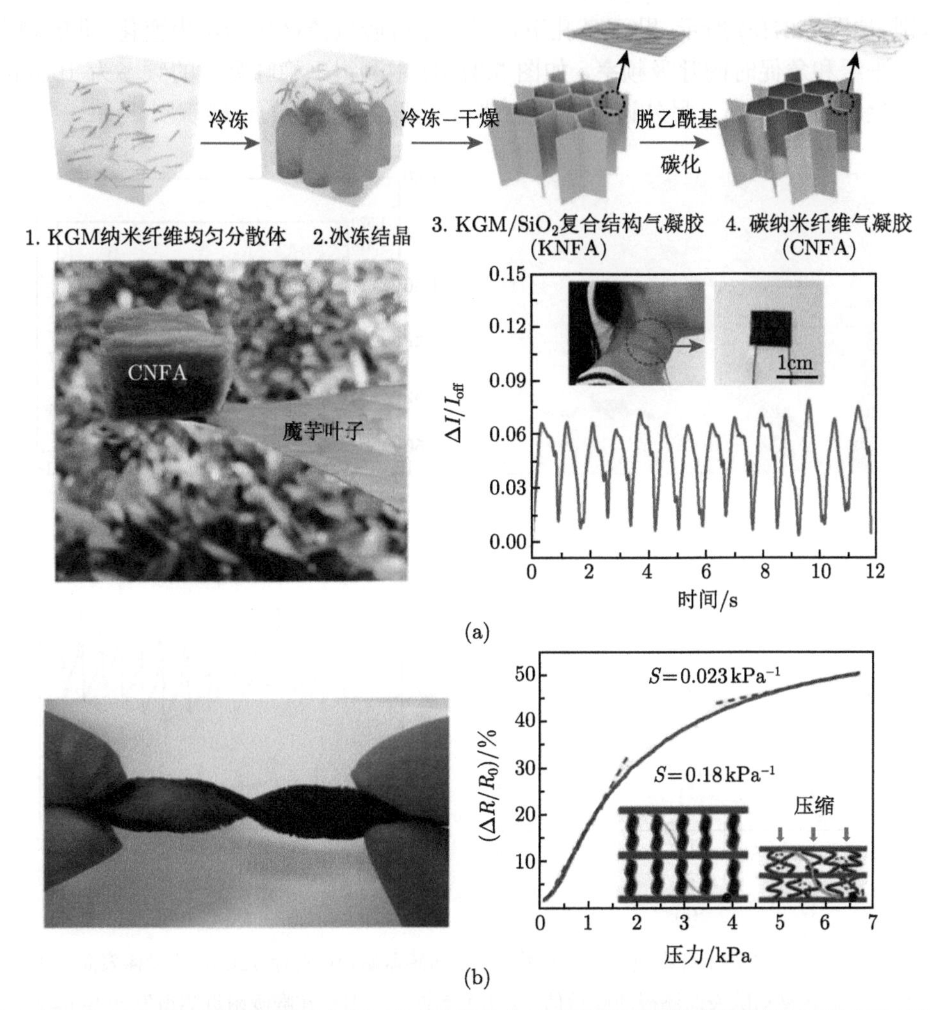

图 5.36 3D 多孔压阻材料举例：(a) 冻干法制备碳纳米纤维气凝胶过程及其用于脉搏传感测试 [113]；(b) RGO/PI 多孔复合材料的扭转变形照片及压缩变形阻抗响应曲线 [114]

清华大学冯雪课题组 [112] 通过传统的静电纺丝和高温碳化方法，制备了一种性能优异的 3D 多孔碳纳米纤维网状结构 (泡沫) 材料，具有超轻性 (3.9g/cm^3)、疏水性、机械柔性、低导热系数 (24mW/ (m·K))，以及电阻压力灵敏性 (1.41kPa^{-1}) 等优点。基于该轻质泡沫材料制备的微压力传感器可方便地与曲面、人体贴合 (图 5.37(a))，实现一些基于压力监测的生理传感。比如贴在桡动脉区域皮肤表层可以采集到稳定可靠的脉搏波曲线 (图 5.37(b))，每个波形包括主峰波、潮波和重搏波的清晰波形，通过这些信息可计算心率、血压等关键参数。贴在喉咙附近，可以测量发音时喉咙振动的压力变化从而实现部分发音规律差异明显的语音识别，如图 5.37(c) 所示。贴于鼻孔下可以测量呼吸气流产生的压力变化，准确测出呼吸平缓和急促时的呼吸频率，如图 5.37(d) 中测得平稳呼吸时的频率为 16bpm，而急促时为 28bpm。另外该柔性传感器可用于关节活动的传感识别。

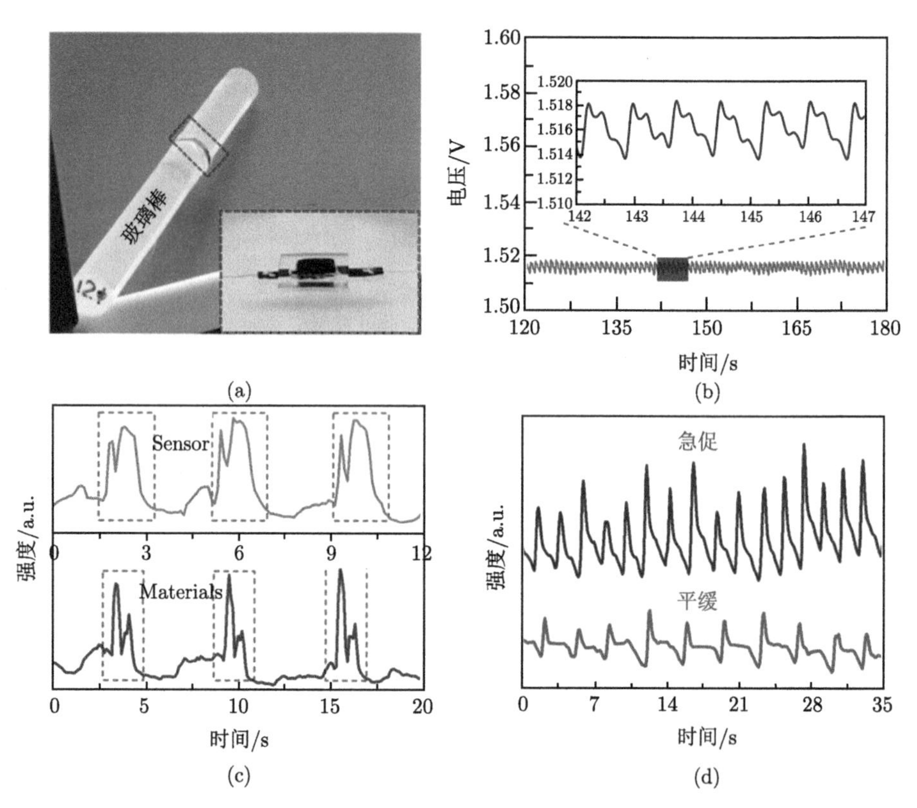

图 5.37 (a) 基于碳纳米纤维泡沫材料的柔性压力传感器贴合在直径 12mm 玻璃棒表面；(b) 柔性传感器贴在桡动脉表面测得的脉搏信号；(c) 柔性传感器贴在喉咙附近测得发音 Sensor 和 Materials 时的压力信号；(d) 柔性传感器贴在鼻孔下面测量到的呼吸气流压力信号 [112]

纸是成本低廉同时具有良好变形性能的资源，因而也被研究者研究用于构建电化学传感器、生物传感器、有机太阳能电池、超级电容器等纸基电子。纸也可以用于制备柔性压力传感器。比如，Gong 等 [107] 将金纳米线溶液浸润到薄纸中获得导电薄膜，通过光刻图案化技术制备出叉指电极，再用 PDMS 薄层封装形成了柔性压力传感器，传感器具有灵敏度高 (优于 1.14kPa^{-1})、检测极限低 (13Pa)、循环稳定性好 (> 50000 次) 的优点。Zhan 等 [117] 通过浸涂工艺制备基于 SWNT/纸结构的柔性压力传感器，实现 2.2kPa^{-1} 测压灵敏度和低于 35Pa 的探测极限。这些研究成果展示了纸张可用于构建柔性压力传感器，并且性能也很不错，但所选用的其余传感器材料 (如金纳米线、碳纳米管) 和制备工艺 (比如光刻)，却未充分展现出基于纸张构建价格低廉柔性传感器 (系统) 的效果。

清华冯雪课题组以廉价炭黑和无尘纸作为原材料，通过滴涂方法制备了轻质柔性压阻传感材料，通过机械裁切和堆叠方式制备柔性压力传感器 [118]，如图 5.38 所示。该传感器成本低廉、制备简单、传感灵敏度高 (51.23kPa^{-1})、探测极限低 (1Pa)，探测范围宽 (0~30kPa)、循环稳定性好 (>3000 次)。该传感器贴在皮肤表面监测呼吸、手腕脉搏、发声和手腕弯曲等信号，如图 5.39 所示。该柔性压力传感器基于纸张材料制备，具有结构简单和成本低廉的优点。

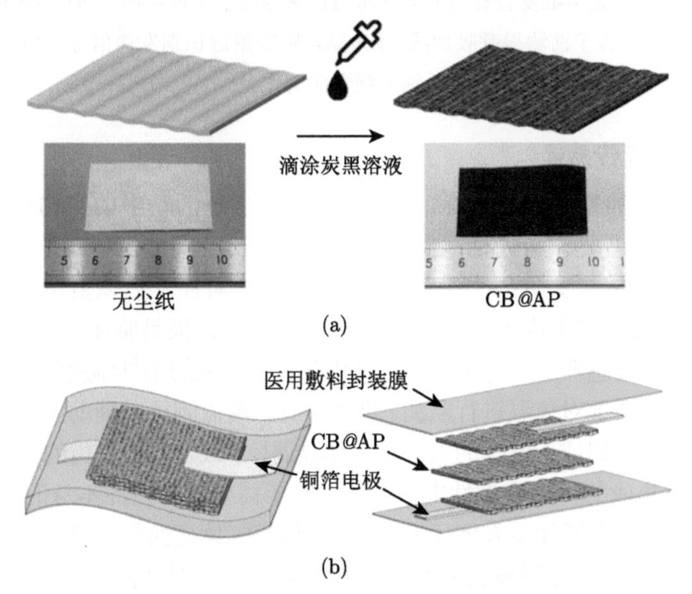

图 5.38 (a) 通过滴涂方法制备炭黑/无尘纸复合结构压阻传感材料过程示意图；(b) 基于炭黑/无尘纸复合材料的柔性压力传感器的结构示意图 [118]

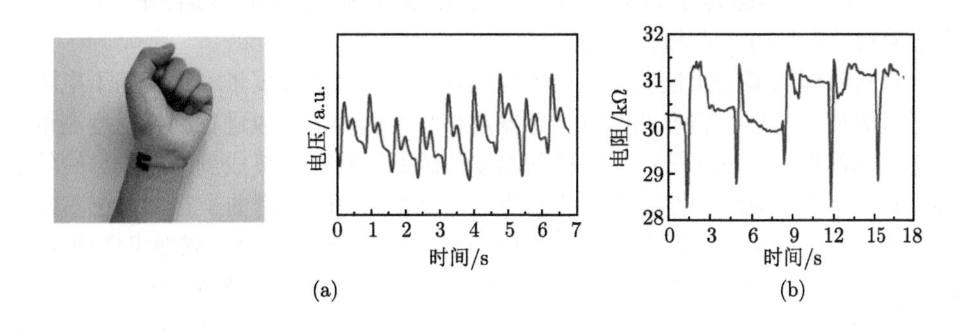

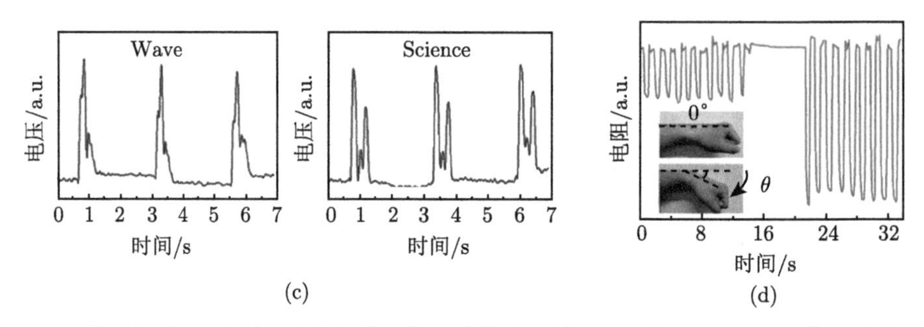

图 5.39　基于炭黑/无尘纸复合材料的柔性压力传感器用于生理监测：(a) 贴在桡动脉并测得脉搏曲线；(b) 贴在鼻子前测得呼吸曲线；(c) 贴在喉咙附近识别发声信号；(d) 贴在腕关节识别手腕弯曲动作

5.4.4　柔性温度传感器

体温是人体的基本生理指标，直接影响人体生理活动中的生物化学反应过程。长期体温监测的总要意义包括：反映情绪变化；反映女性生理周期，预测排卵日，帮助女性安排避孕与受孕；对特定疾病进行预警，监控术后恢复情况等。因此，研究能与人体皮肤直接集成的可延展柔性温度传感器，极具临床与科研价值。

类皮肤温度传感器是一种可以与人体皮肤直接集成的柔性温度传感器，它的优势在于可以连续舒适地对体温进行监测。这种实时体温监测可以辅助新生儿、昏迷患者等温度调控机理受损或不健全的人群进行体温调控，减轻监护人员的工作负担。对于可与人体表皮集成的可延展柔性电子器件，除了需要考虑器件本身的力学与工作性能，还需要特别考虑器件与人体环境特质 (如体表气体交换与分泌功能) 之间的兼容性。以气体交换为例，虽然皮肤表面的气体交换对人体整体呼吸的贡献量几乎可以忽略，但皮肤最外层厚 0.25~0.4mm 的细胞几乎完全依赖经过体表呼吸作用所吸收的氧气参与细胞的新陈代谢。因此，类皮肤电子器件在设计制备时，尤其是在长期监测的情况下，必须考虑其与人体皮肤集成时两者之间的兼容性，确保器件在体表工作时不会对皮肤正常功能造成障碍或不良影响 [118,119]。

针对体温监测的柔性温度传感器各式各样，研究者发展了一系列基于电阻型的柔性温度传感器：将商业温度传感器芯片与柔性绷带集成进行脑部温度测量的柔性脑部温度传感器 [120]；将离散的温度传感器芯片直接集成到印有铜导线的柔性 PI 衬底上形成的柔性温度传感器阵列，可以在 4mm 弯曲半径曲面上正常工作 [121]；基于微纳制备技术在 PI 衬底上直接制备的柔性温度传感器 [122-126]；带 RFID 天线的镍 (Ni) 微颗粒掺杂聚合物高灵敏度柔性温度传感器 [127]；在柔性 PI 衬底上涂覆石墨烯掺杂聚二甲基硅氧烷的柔性温度传感器 [128] 等。除了电阻型柔性温度传感器，还有基于热电效应 [129]、纤维素–聚吡咯纳米聚合物 [130] 和有机半导体材料 [131] 的其他柔性温度传感器等。这些柔性温度传感器都不同程度地实现了柔性与可延展性，但是在面向长时间与人体集成的生物兼容性方面缺乏针对性设计与考虑。

受人体皮肤水分蒸发控制和液体水屏障功能需求驱动，清华大学冯雪课题组提出一种可与人体长时间贴合实现连续体温监测的柔性温度传感器 [98]，如图 5.40(a) 所示。该器件在材料和结构上都有创新。它采用具有微纳米多孔结构的聚氨酯薄膜材料作为底部衬底/封装和顶部封装。该材料表面和内部分布有孔径从几十纳米到几微米不等的非贯穿孔，其孔径尺寸大于气体分子与水蒸气分子尺寸，小于液体水滴与细菌尺寸，从而使得气体分子、气体水气分子可以从器件中穿过，实现皮肤顺利排汗 (汗液蒸发)、自由呼吸，同时防止外界大量液体进入器

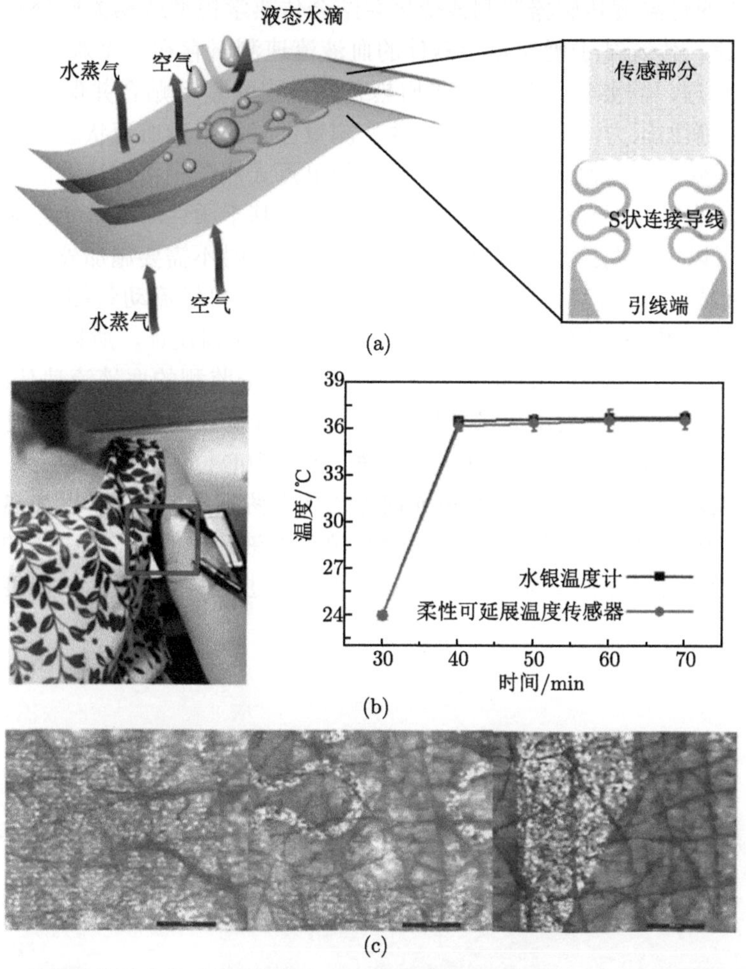

图 5.40 (a) 类皮肤温度传感器示意图；(b) 腋下体温测量实验；(c) 长期佩戴生物兼容性实验 [98]

件传感层影响传感准确性和稳定性。将该传感器贴于人体体表 (包括手臂、腋下等部位) 可测量体表/腋下体温，测量结果与传统水银温度计相比具有非常高的一致性，如图 5.40(b) 所示。该柔性温度传感器连续佩戴 24 小时 (期间包括两次淋浴) 并没有引起皮肤炎症或人体的主观不适，说明器件具有良好生物兼容性，如图 5.40(c) 所示。

柔性温度传感器不仅可以用于体温监测，还可扩展应用到伴随着规律性温度变化的生理过程监测。比如，柔性温度传感器贴在鼻孔上测量呼吸气流的温度变化，从而检测呼吸的频率。又比如，基于热学原理，可将柔性温度传感器用于血液流速的传感。热学法测量血液流速的原理是血液流速会引起体表温度场的时空分布与变化, 通过温度传感器监测该变化并结合传热学模型或相关性分析可以反推出血液流速。传统基于硬质热学器件的血液流速测量存在一个难以调和的矛盾：根据测量原理，需要温度传感器或加热装置与皮肤紧密贴合并保持界面接触稳定，故需要施加压力，但施加压力会改变测量位置的自然血流状态，难以测量自然状态下不受干扰的血流速度。另外，传统单点式热学测量方法无法形成空间温度场信息，难以捕捉轻微快速的血液流速变化。基于柔性温度传感器测温方法较好地解决了以上问题：柔性温度传感器与人体集成时不需要施加外力固定，并且对运动不敏感，在运动时也可测量，从而不对血液自然流动条件造成任何影响；柔性温度传感结构较容易在较小面积内实现温度阵列设计，所以较容易实现温度场测量。比如，Webb 等提出了一种基于温度场监测的血液流速传感器 [132]，如图 5.41 所示。器件采用岛桥结构的设计，在可拉伸柔性衬底上通过蜿蜒蛇形导线与温度传感器件单元、加热单元互联。器件中心位置为加热单元，可通过加热改变皮肤表面的温度场；加热单元向外依次有两圈周向分布 (以加热单元为中心) 的温度传感器 (每圈有 7 个)。该器件测量血液流速时, 需要中心加热器制造适当幅值的温升，血液从温升区上游流到下游的过程中，上下游的温度传感器可

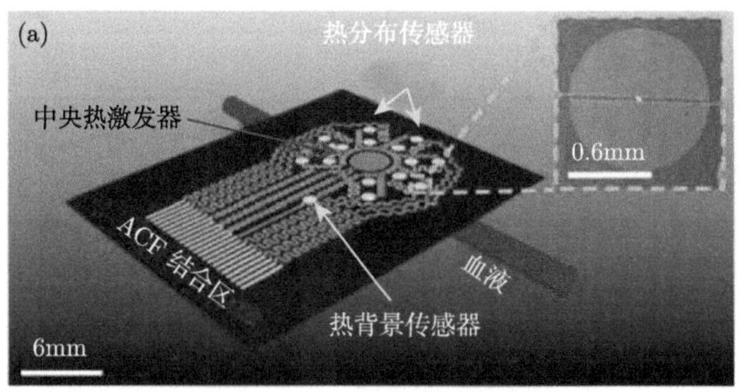

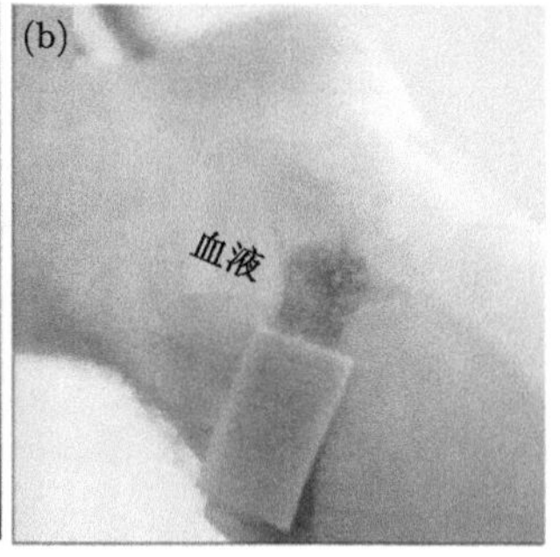

图 5.41　血液流速测量传感器 [132]

以捕捉到温度变化的过程以及关键时间差，通过分析血液流动影响下体表温度场变化得到血液流速与方向。该器件足够柔软轻薄，无需附加压力，可自然黏附紧密集成固定在皮肤表面，且随人体运动时测量也不会引起大误差；另外，器件本身热值低，贴附在体表不会改变局部组织热学与生理特性。

5.4.5 柔性生化传感器

人的生命活动伴随着体内生物化学状态的变化，监测生化成分的变化对健康评估具有重要意义。人体内的生物化学物质大多存在于一定的介质中，包括通过正常生理过程排出体外的汗液、泪液、唾液、尿液、粪便等；另外一类介质是一直存在于人体内部，不能够通过正常生理过程排出体外的，例如血液、组织液、生物组织等。生物化学成分的变化常被认为与特定疾病、生理状态和生理过程存在对应关系，经常作为疾病检测和诊断的重要参考。因此，开展人体生化指标的连续监测，实现对身体健康的重要预警与保障。

柔性生化传感器是可变形的生化传感器。它可与人体集成直接或间接地测量体液中关键化学组分、生物代谢物的成分和浓度等，实现对人体健康状态的精确跟踪评价。它与人体集成的常见部位包括耳部、胸部、手臂、手腕、手指等，如图 5.42 所示 [133]。下面根据检测体液类型、机理的不同，分别简要介绍泪液、汗液和血液的主要特点。

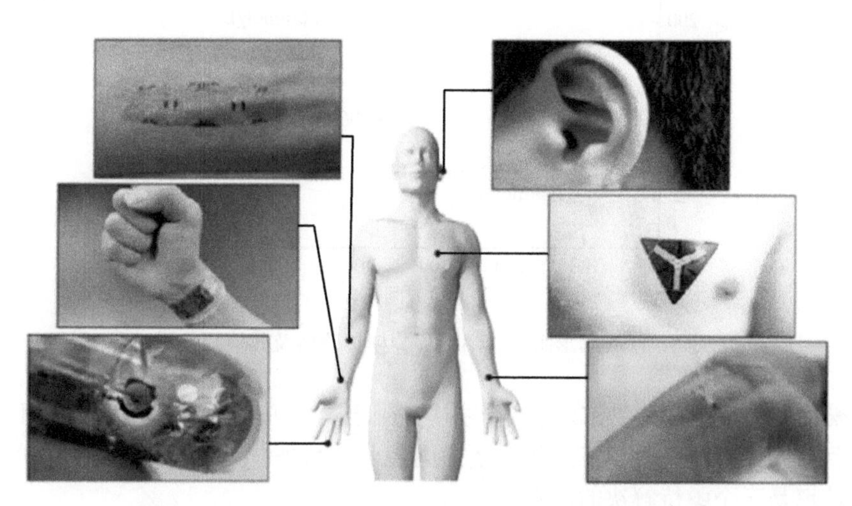

图 5.42 柔性可穿戴生化传感器的穿戴部位示意图 [133]

1) 泪液传感器

泪液是由泪腺、结膜杯状细胞分泌的透明稍带乳白色的水样液体，主要代谢产物含蛋白质，K^+、Na^+、Cl^- 等离子，浓度较血清中高时也有少量葡萄糖和尿素。其检测方法主要基于酶法，即利用酶具有的专一性和高效催化性的特点，对待检测物质进行识别和催化，再将这一反应中产生的电化学信号或者产物进行转化，从而得到待检测物质的浓度。在泪液生化传感器中，常用葡萄糖氧化酶或葡萄糖脱氢酶检测葡萄糖，用乳酸氧化酶检测乳酸。以葡萄糖成分检测为例，它主要通过葡萄糖氧化酶催化葡萄糖发生氧化反应，生成葡萄糖酸内酯和过氧化氢 [134]。在这一过程中发生的电子转移的数量，与参与反应的葡萄糖浓度成正比，通过传感器电极直接或者间接地收集转移的电子，从而得到待检测的葡萄糖的浓度。

泪液传感器通常制备成隐形眼镜的形式 [135]。图 5.43 所示是一种基于葡萄糖氧化酶的泪液葡萄糖传感器，其检测灵敏度达到了 240 μA/(cm²·(mmol/L))，检测范围达到了 0.01~6 mmol/L[136]。Iguchi 等设计和制备了一种条带状的柔性葡萄糖传感器直接与角膜接触以测得泪液中的葡萄糖含量 [137]。Geddes 等将葡萄糖传感器集成在隐形眼镜的内侧，隐形眼镜在佩戴的时候内侧的传感器与泪液接触实现葡萄糖含量测量，并通过近场通信 (NFC) 模块实现测量信号的无线传输和读取 [138]。

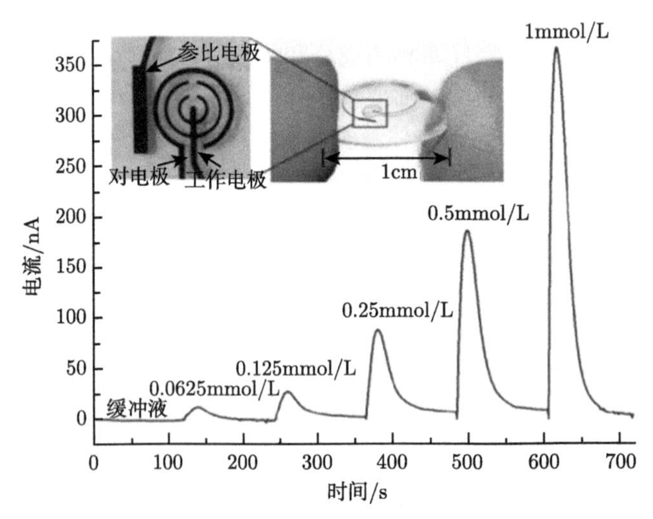

图 5.43 一种隐形眼镜式泪液葡萄糖传感器及其检测性能 [136]

然而，泪液中代谢物浓度极低，并且与血液中相应物质的浓度相关性不明确，这是目前制约泪液传感器发展的重要原因之一。另外，泪液传感器与眼部的长期适配性也是一个亟待解决的问题。

2) 汗液传感器

由于人体生理循环的原因，汗液中含有更加丰富的生理信息。表 5.3 列举了汗液中主要代谢物的含量和检测方法 [139]。

汗液传感器上通常集成多种相互干扰小的成分传感物质，可以实现多种生化指标同时监测。由于身体表面排汗面积大，与泪液传感器相比，汗液传感器可测区域更多，

器件尺寸可以更大，易于制备传感-数据无线传输一体化集成柔性器件。如图 5.44 所示

表 5.3　汗液中主要代谢物的含量和检测方法 [139]

分析物	浓度	识别元素	感知模式
钠离子	10～100mmol/L	钠离子载体	电位测定法
氯离子	10～100mmol/L	银/氯化银	
钾离子	1～18.5mmol/L	钾离子载体	
钙离子	0.41～12.4mmol/L	钙离子载体	
pH	3～8	聚苯胺	
铵离子	0.1～1mmol/L	铵离子载体	
葡萄糖	10～200mmol/L	葡萄糖氧化酶	计时安培法
乳酸	5～20mmol/L	乳酸氧化酶	
乙醇	2.5～22.5mmol/L	乙醇氧化酶	
尿酸	2～10mmol/L	碳	循环伏安法
维生素 C	10～50mmol/L	碳	
锌离子	100～1560 μg/L	铋	方波溶出伏安法
铬离子	<100 μg/L	铋	
铅离子	<100 μg/L	铋，金	
铜离子	100～1000 μg/L	金	
汞离子	<100 μg/L	金	
皮质醇	8～140 ng/L	氧化锌，二硫化钼	电化学阻抗谱
F17416	—	石墨	微分脉冲伏安法

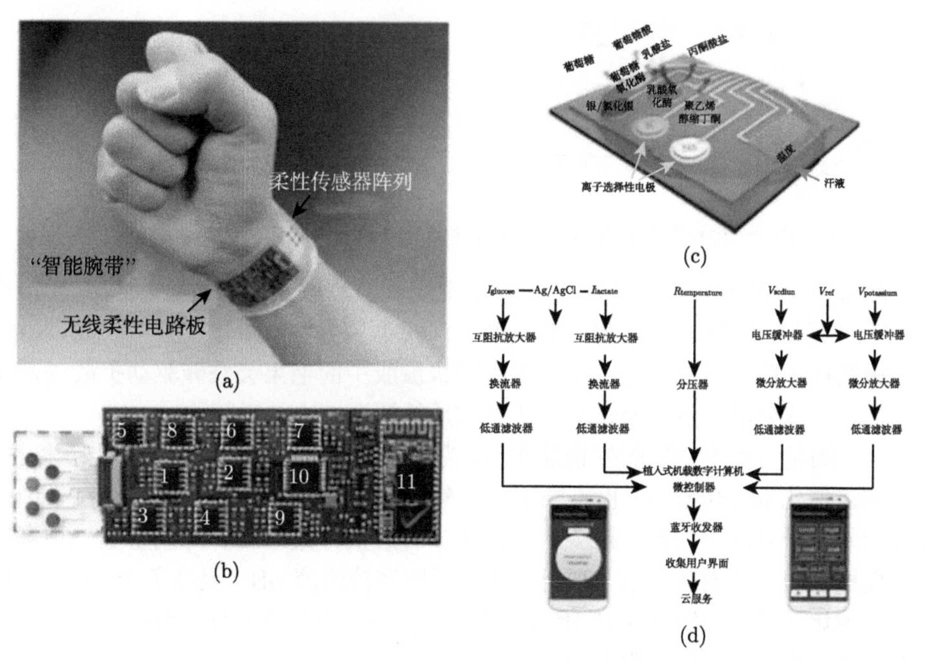

(a) (b) (c) (d)

图 5.44　一种集成式多功能汗液传感器 [140]

的柔性汗液传感器，可以主动刺激促进汗液分泌，进行汗液存储，实现汗液中钠离子、钾离子、葡萄糖与乳酸等的浓度同步监测，数据经预处理后显示和无线传送 [140]。

Lee 等设计并制备了一种可抛弃的柔性可穿戴汗液葡萄糖传感器，如图 5.45 所示 [141]。这种传感器不仅可以检测汗液中的葡萄糖浓度，还可以根据测得的葡萄糖浓度，利用集成的载药/给药装置，通过微针自动将可控葡萄糖浓度的药物注射进入体内，从而形成完整的“葡萄糖浓度监测–反馈给药”闭环系统。

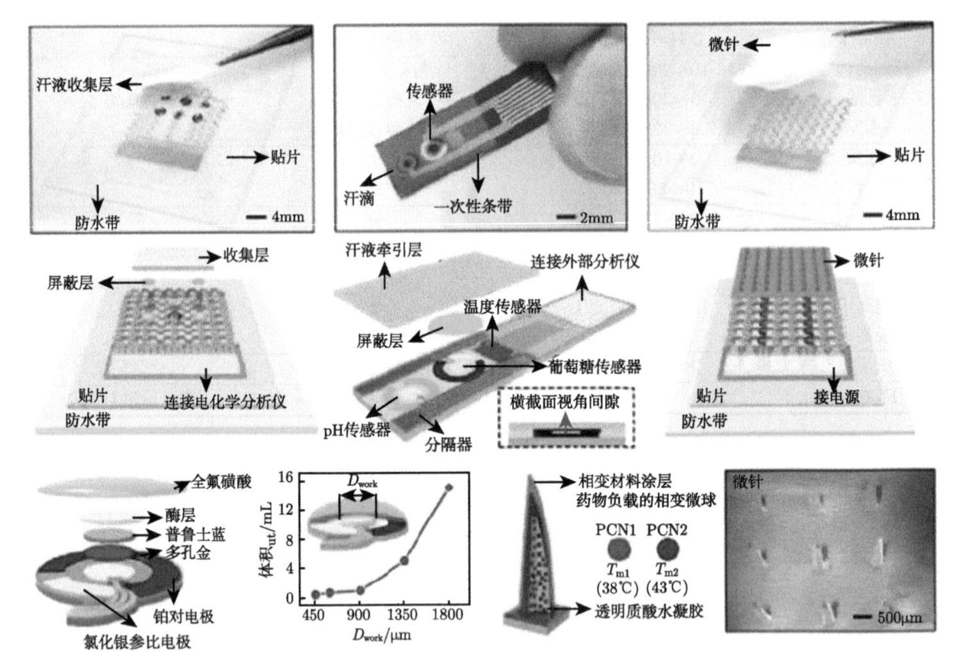

图 5.45　一种可抛弃的集成式柔性可穿戴汗液葡萄糖传感器–给药系统 [141]

Kim 等制备了一种通过离子导入法主动刺激皮肤出汗的柔性酒精浓度传感器 [142], 如图 5.46 所示。它将刺激皮肤出汗的毛果芸香碱涂覆在正极表面，当传感电极贴在皮肤表面时，通过电场驱动阳极凝胶中的毛果芸香碱驱动扩散进入皮肤中促进汗腺分泌汗液，通过酒精传感物质检测汗液中的酒精浓度。

由于酶是一种不稳定的生物催化剂，为了解决这一问题，各种非酶传感器 (指利用非酶催化剂的传感器) 也不断出现。然而，非酶传感器的主要缺点在于选择性比较差。针对这一问题，研究者提出了多种解决方案。Zhu 等制备了一种可穿戴三电极汗液葡萄糖传感器，利用电化学反应调控溶液 pH，提高了 Pt 对葡萄糖氧化的催化选择性，如图 5.47 所示 [143]。他们制备的传感器可以直接将葡萄糖浓度发送至手机上，使用非常方便。

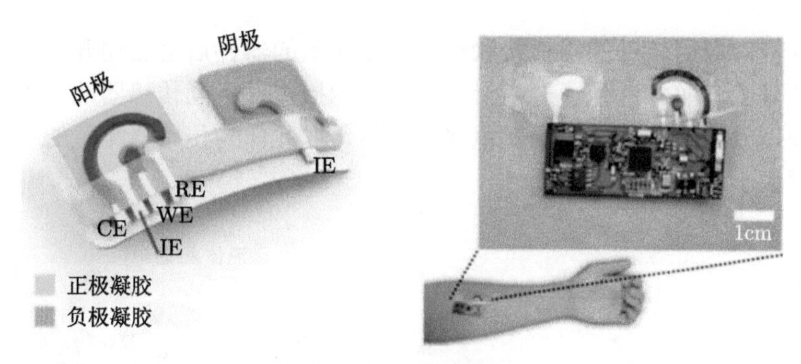

图 5.46 一种贴片式汗液酒精监测系统 [142]

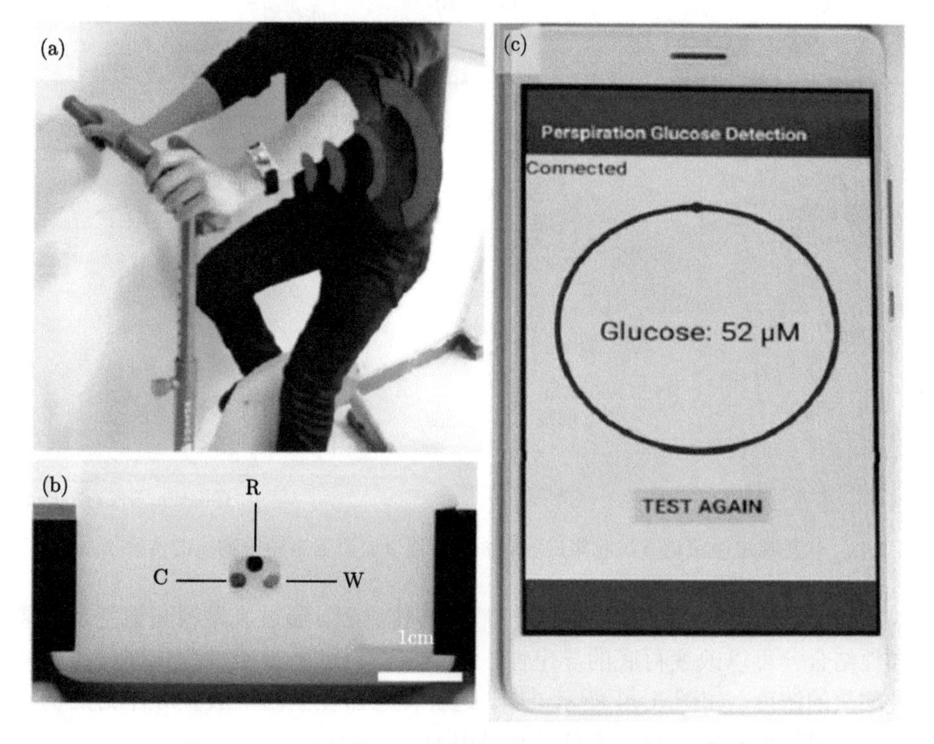

图 5.47 一种腕带式可穿戴汗液葡萄糖传感器系统 [143]

Rogers 课题组等利用浇筑的方式制备了硅胶材质的微流道空腔器件，器件内部不同的流道分别连接到不同的传感器室，用于对葡萄糖、乳酸等生化物质进行监测，如图 5.48 所示 [144]。在使用过程中，将器件紧密贴附在皮肤表面，当皮肤出汗时，汗液会从器件的开口处进入微流道中，并在微流道中流动，汗液通过不同的流道进入不同的传感测试室后和传感器接触，传感器具有与特定检测物质接触后发生不同程度颜色变化的特性。器件的背面具有 NFC 线圈，通过具有 NFC 功能的内置特殊应用软件的手机接触贴附在皮肤上的器件后会自动开始监测。传感器检测信号的读取方法为通过手机的摄像头拍摄器件不同传感器的变色图片，通过图像处理的方式分析传感器颜色深浅变化，以此作为传感器测量的对应生化物质的浓度大小。

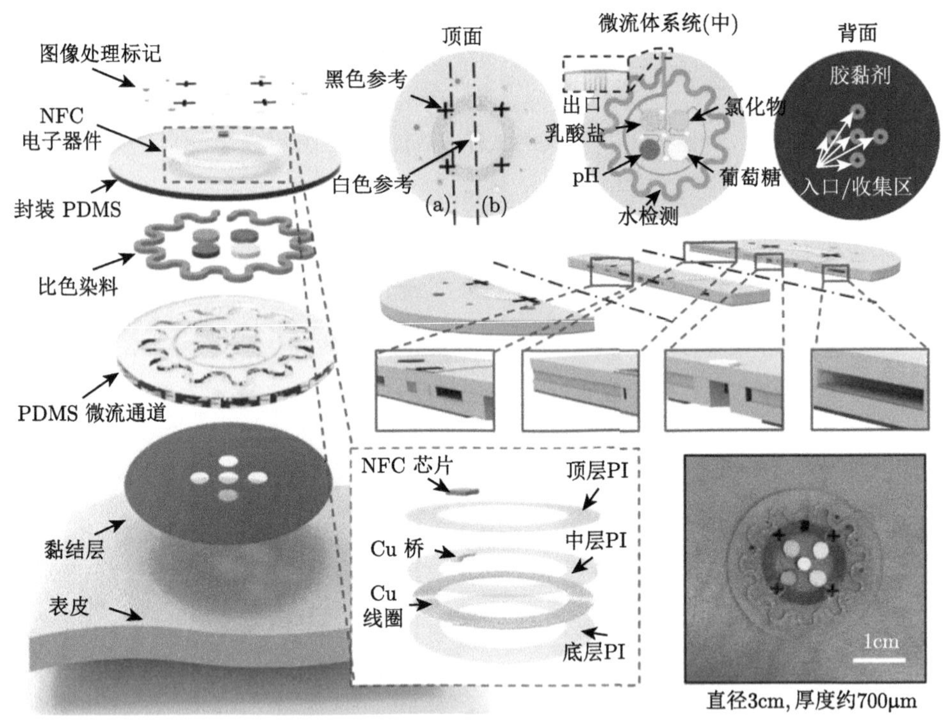

图 5.48　一种通过微流道方法收集皮肤表面的汗液以监测葡萄糖等物质的传感器系统 [144]

Zaryanov 等制备了一种可穿戴汗液乳酸传感器，通过乳酸根与氨基苯硼酸的特异性结合，可以改变衬底的导电性，通过测量衬底的导电性变化即可得到待测的乳酸盐的浓度，如图 5.49 所示 [145]。这种传感器在室温下放置 6 个月后仍然能保持检测灵敏度几乎不变，十分具有吸引力。

汗液传感器的主要问题，是汗液与血液中待测物质的相关性问题。比如汗液中的葡萄糖浓度只是血液中葡萄糖浓度的 1%，这些体液中的葡萄糖浓度的变化与血糖中葡萄糖浓度的变化相关度不高，不能准确反映血液中的血糖水平变化。并且汗液的产生受环境的温度、湿度等因素影响大，每次产生的汗液量和汗液中的成分含量不同，汗液的蒸发还会引起温度和湿度的变化，也会在生化传感器测量时引入测量误差。另外，在不同生理情况下，人体的汗液分泌速率存在较大差别，因此目前的汗液传感器中包含汗液分泌刺激与存储装置，监测的是一段时间内汗液中待测物质的平均浓度，无法对汗液中的代谢物进行实时监测。

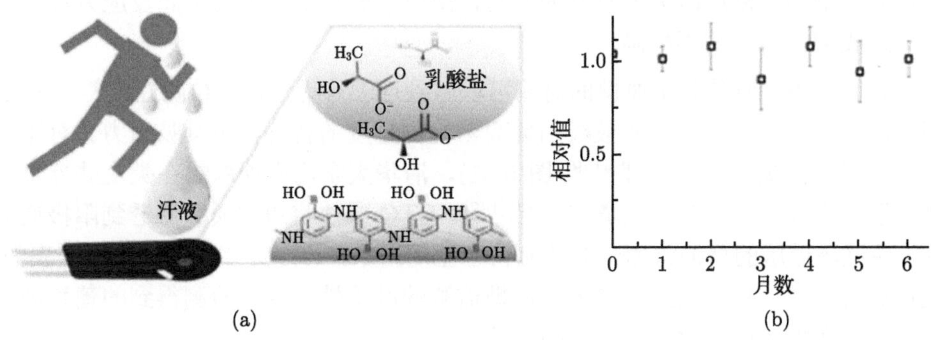

图 5.49 一种柔性可穿戴汗液乳酸传感器：(a) 原理示意图；(b) 放置时间内灵敏度变化示意图 [145]

3) 血液传感器

相比于泪液与汗液，血液中代谢物的浓度与生理状态的相关性被研究得更透彻，目前已有多种血液传感器 (如血糖仪) 面世并被广泛应用于疾病的监测和治疗。现有血液医疗指标的监测通常是有创的，需要通过针刺的方式取得血液样本然后进行检测。改变传统的针刺方式，通过微针或无创方式进行血液检测是重要发展需求和目标。

微针式血糖传感器的原理如下：通过设计器件结构，将微针与检测电极集成于皮肤表面。通过微针将血液导出，流过检测电极，发生电化学反应，从而测得葡萄糖浓度，如图 5.50 所示 [146]。

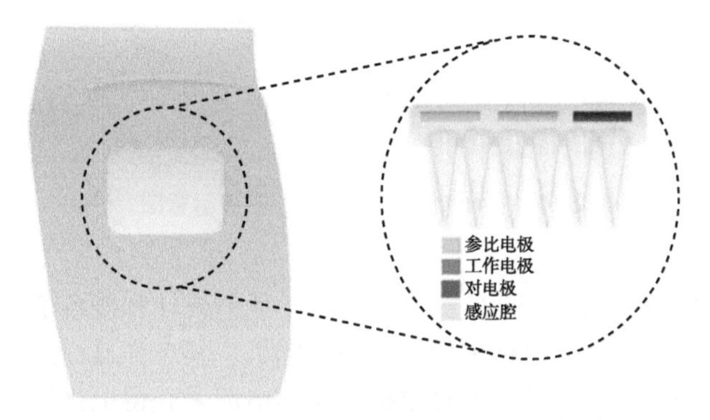

图 5.50 微针式血糖传感器的典型结构 [146]

在血糖检测中，虽然血液检测是一种金标准，但微针式葡萄糖传感器仍然存在一定的痛感和伤口以及感染的可能性 (尤其是在连续监测的情况下)，且微针的尺寸较小，与衬底之间的黏附力比较弱，在与皮肤接触受到力作用时容易断裂而残留在皮肤中造成皮肤损伤。另外，组织液中的氧气含量有限，因为葡萄糖传感器在测量葡萄糖浓度时需要氧气的参与，所以氧分压的降低会引起反应方程的移动，造成测量信号的不准确。

相比之下，腺体分泌血糖的监测可以做到连续且无创，但精确性较差。因此，相比而言，完全无创且有血液级别葡萄糖检测精度的传感器更具吸引力。有鉴于此，利用反向离子电渗原理 [139](图 5.51)，清华大学冯雪课题组在类皮肤葡萄糖传感器中设计了电化学双通道 (ETC)[147]。ETC 方法将透明质酸渗透到阳极通道中，通过渗透压的增加将葡萄糖从血管中驱动出来，通过钾离子运送到皮肤表面。通过这种方法，极大地提高了无创血糖监测的准确性，并且检测得到的葡萄糖浓度变化与血糖浓度变化具有极大的相关性。

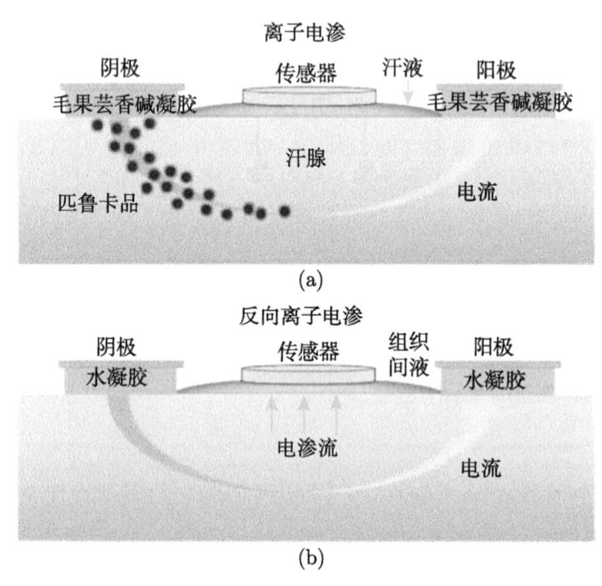

图 5.51 离子电渗与反向离子电渗示意图 [139]

基于该电化学双通道无创血糖监测方法，他们设计和制备了两电极体系的类皮肤柔性葡萄糖传感器，包括工作电极与对电极。其工作过程为将测量的激励信号施加到工作电极上，通过检测对电极的响应电流来获得电化学反应的信号。传感器为多层功能结构设计，如图 5.52 所示，分为酶固定层、电沉积催化 (PB) 层、表面纳米化导电层和聚合物衬底。为了能够实现传感器与人体集成时尽量共形贴合，需要使传感器薄膜的厚度尽量小。类皮肤柔性葡萄糖传感器具有多层结构，为了实现整体传感器厚度尽量小，需要控制每一层的厚度。

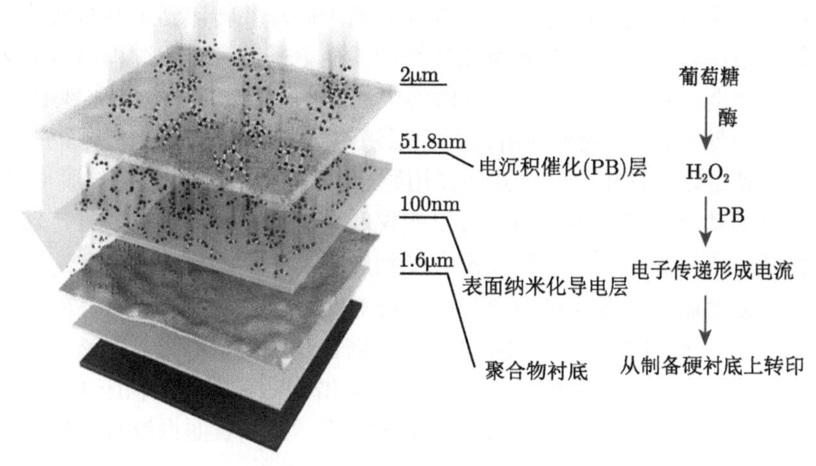

图 5.52 类皮肤柔性多层传感器结构图与反应过程图 [147]

用电化学双通道方法从毛细血管血压和组织液中驱动提取的葡萄糖通过皮肤间隙和毛孔到达体外，由于其尺度远小于皮肤表面的纹理和沟壑的粗糙度，因此有限数量的葡萄糖分子就分散在皮肤的纹理和沟壑中而并非均匀分布在同一个水平面上。为了实现精确检测，传感器必须与皮肤实现完全贴附，因此，一方面，如上所述，需要使得传感器薄膜的厚度足够小，另一方面，在转印过程中，需要保证多层结构不发生分层。如图 5.53 所示，将制备在硅衬底上的超薄多层血糖传

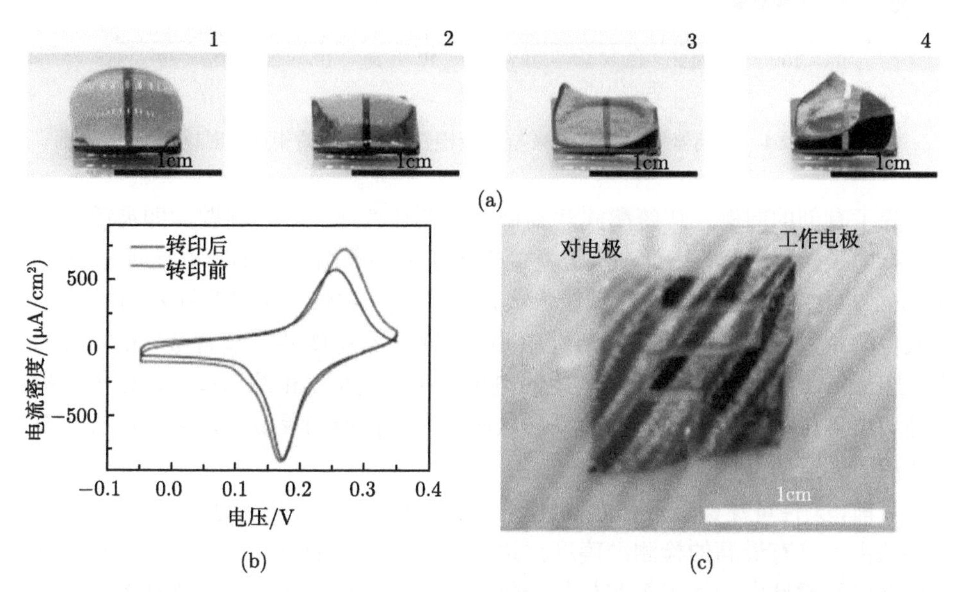

图 5.53 仿生转印方法及皮肤贴附 [147]：(a) 液滴转印过程；(b) 转印前后器件的循环伏安扫描对比；(c) 器件贴合在皮肤表面

感器，利用仿生液滴转印的方法，完好地脱离于硅片并转印到柔性衬底上并进行封装。仿生液滴转印方法能有效避免传统的柔性电子印章转印过程出现的多层薄膜器件分层问题，其灵感源于以色列沙漠中的“伯利恒玫瑰”(rose of Bethlehem)，通过滴加葡萄糖氧化酶/壳聚糖溶液，而后液滴蒸发，边缘因液体表面张力和固、液、气三相界面处的钉扎力变化共同作用翘起，实现传感器薄膜整体脱离硅衬底。最后传感器的功能层仅厚 3.8μm，可以实现和皮肤的完全贴合，并且，转印前后器件的性能一致性高，电化学特性没有受到影响 [147]。

柔性无创血糖传感器测量结果和指尖血对比，相关系数为 0.915($P < 0.001$)。如图 5.54 所示，在口服葡萄糖耐量实验，血糖器件的测量结果与血液检查结果之间的相关性非常高，相关系数为 0.9997($P < 0.07$)[147]。同时在临床中，被试患者没有感受到疼痛及不适。口服葡萄糖耐量实验后，皮肤表面也没有受损。

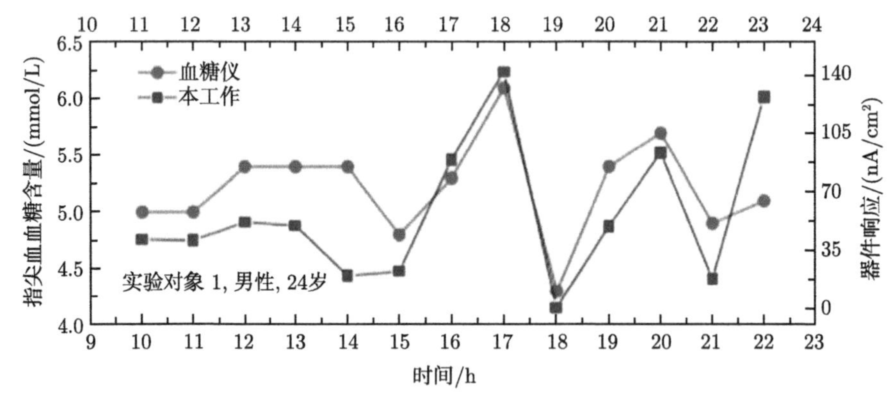

图 5.54　血糖器件的测量结果与血液检查结果之间的相关性对比 [147]

除了有创的问题，传统酶式葡萄糖传感器还存在另一个问题，即灵敏度受制于间接电子转移过程。因此，基于直接电子传递的葡萄糖传感器也是研究的热点。Willner 课题组通过酶结构的重新合成，设计了一种将 Au 纳米颗粒直接与葡萄糖氧化酶中发生葡萄糖催化的活性中心 FAD(黄素腺嘌呤二核苷酸) 相结合的结构 (图 5.55)，实现了催化反应产生的电子直接传递至 Au 纳米颗粒，极大地提高了葡萄糖催化氧化的电子传递效率，从而提高了检测的灵敏度，为血糖检测开创了新的研究方向 [148]。

目前，柔性可穿戴血液传感器的研究热点在于各种无创方法的实现。其中，反电渗法由于具有最高的检测准确度，逐渐受到研究者的重视。然而，外加电场的安全性以及柔性电子加工工艺与传统化学工艺的集成，多种功能器件的集成，是这个领域的难点。另外，新型催化剂的设计与集成也是其中的重点。

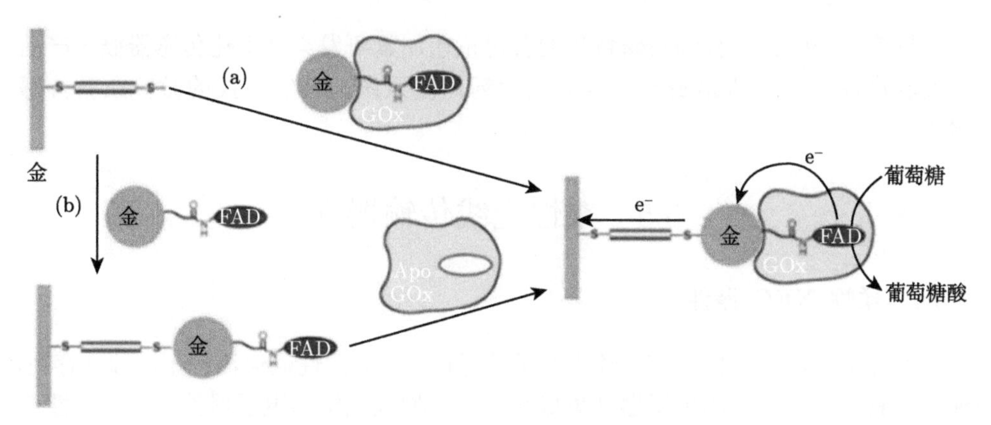

图 5.55 直接电子转移葡萄糖传感器示意图 [148]

柔性可穿戴生化传感器在实际应用和市场中也得到了广泛的关注和发展。根据著名市场调研机构 IDTechEx 于 2015 年进行的调研及预测结果，全球范围内多种柔性可穿戴传感器的市场都将保持快速增长。根据其分析，2022 年可穿戴传感器市场的的总额约 38 亿美元，如图 5.56 所示 [149]。

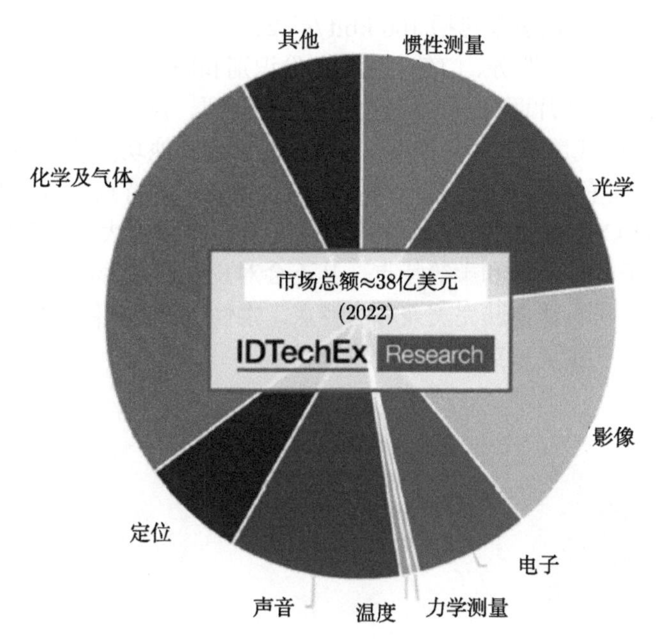

图 5.56 IDTechEx 预测的至 2022 年可穿戴传感器的相对市场份额 [149]

目前，一些具有较强科研背景的公司正在加紧研发柔性生化传感器概念产品和实验产品，比如雅培瞬感扫描式葡萄糖监测系统、移宇科技的微针血糖传感器等。

5.5　柔性无线传输器件

5.5.1　柔性 NFC 器件

柔性电子器件的信息交互离不开柔性通信器件，柔性通信器件无法独立存在，通常与具备特定功能的电子器件集成在一起，构成完整的电子器件系统。柔性通信器件主要采用近场通信 (near field communication，NFC) 技术完成信息的传递。NFC 技术是由“飞利浦”和“索尼”两家公司共同开发的一种非接触式识别和互联技术，可以实现近距离无线通信。

如图 5.57 所示，NFC 系统包括 NFC 读写器与 NFC 标签两部分，NFC 读写器持续向外发射电磁波，处于有效范围内的 NFC 标签通过电磁耦合获得能量，发送身份信息，与 NFC 读写器完成信息交互。NFC 的工作频率为 13.56 MHz，工作距离为 20 cm 以内，传输速率包括 106 kbit/s、212 kbit/s 和 424 kbit/s。NFC 技术常用于移动支付、电子票务、门禁、移动身份识别和防伪等。传统应用中，NFC 标签包括天线线圈和芯片两部分，标签具有质地坚硬、尺寸大的特点 (图 5.58)。而柔性 NFC 器件除线圈和 NFC 芯片外，还包括具备其他功能的电路部分。柔性 NFC 器件具有柔性 (弯曲、可延展)、体积小、功能复杂等特点。利用柔性电子技术制备的柔性 NFC 器件可以与人体表面紧密贴合，即使在大变形条件下也不会脱黏。而且，由于器件的薄和柔等特点，其不会对皮肤的变形产生阻碍，无明显异物感。基于以上与人体皮肤完美兼容的特点，柔性 NFC 器件还具有高可靠性、高精度的特点，真正实现可穿戴。

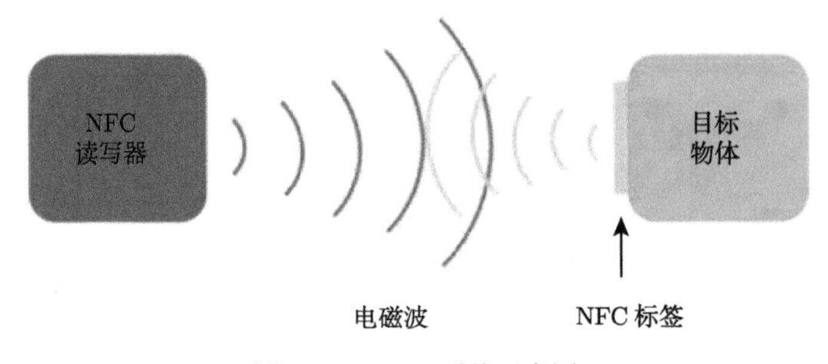

图 5.57　NFC 系统示意图

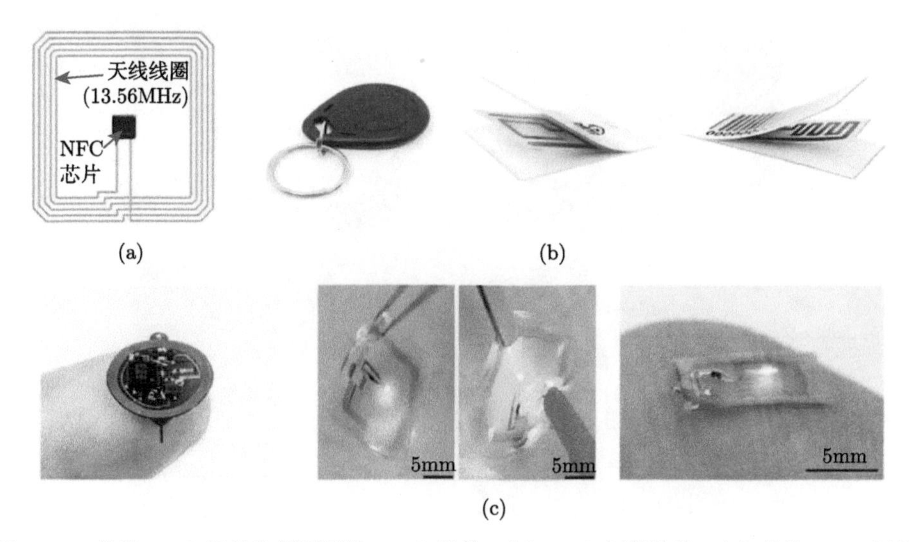

图 5.58 传统 NFC 标签和新型柔性 NFC 器件：(a) NFC 标签结构；(b) 传统 NFC 标签；(c) 柔性 NFC 器件 [150-152]

NFC 技术的柔性化和集成化催生出一大批新型柔性电子器件，推动了可穿戴技术前进一大步。出现的新型柔性 NFC 器件包括柔性光遗传器件 [87]、柔性心电监测器件 [153]、柔性光照监测器件 [154]、柔性汗液监测器件 [155] 等，如图 5.59 所示，这些器件由于自身柔性的特点，可以集成于人体表面的各个部位，如额头 [156]、脖子 [157]、嘴唇 [158] 等。这些柔性 NFC 器件可顺应皮肤变形而保持功能稳定，其贴合在皮肤表面的效果如图 5.60 所示。

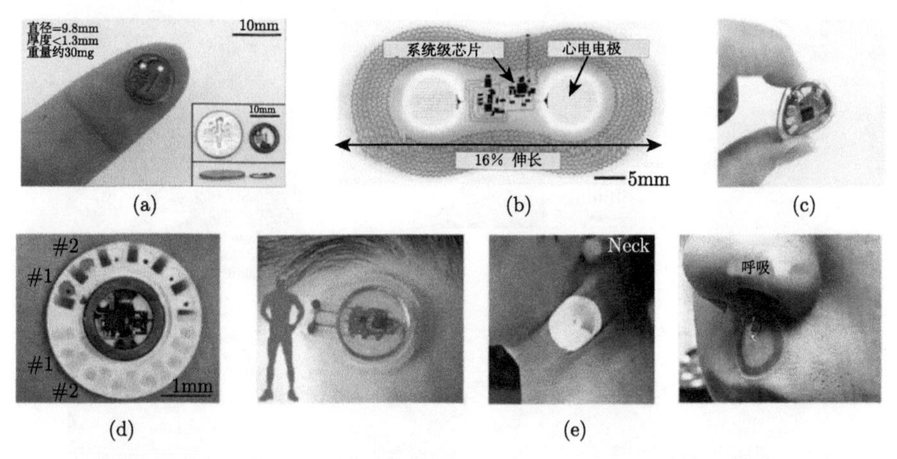

图 5.59 新型柔性 NFC 器件：(a) 柔性光遗传器件 [87]；(b) 柔性心电监测器件 [53]；(c) 柔性光照监测器件 [154]；(d) 柔性汗液检测器件 [155]；(e) 集成在人体不同部位的柔性 NFC 器件 [156-158]

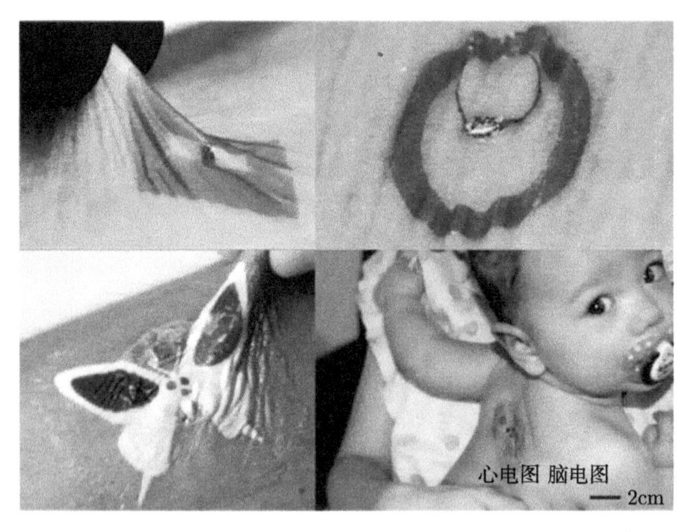

图 5.60　与人体皮肤完美兼容的柔性 NFC 器件 [153,159]

植入体内的柔性 NFC 器件 [152,160-162] 则需具有以下特点：与生物体内不同部位的结构相适应；生物体内为软组织环境，低模量的器件才能避免生物组织的机械损伤；器件具备生物兼容性，对机体无毒害作用。现有体内植入柔性 NFC 器件主要是利用 NFC 线圈为体内器件提供能量，体内植入的柔性 NFC 器件以光遗传器件居多，如图 5.61 所示。

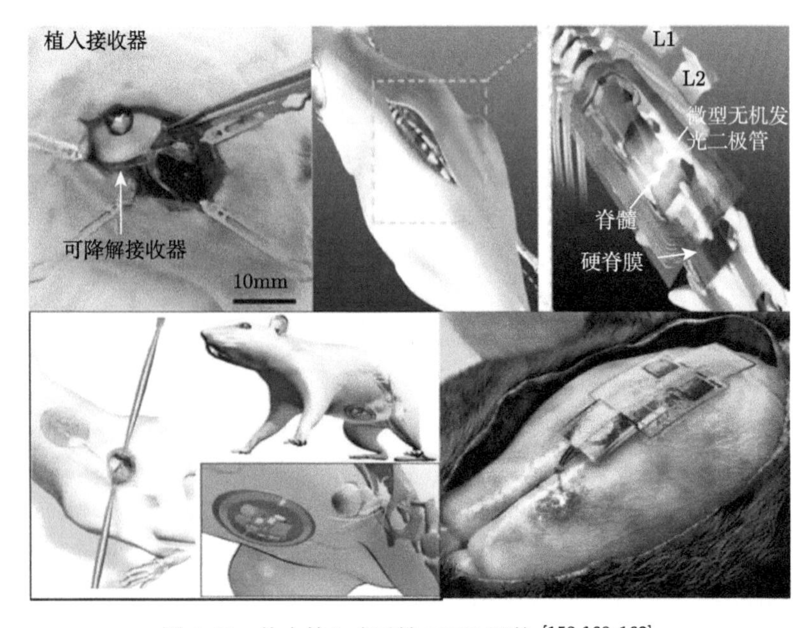

图 5.61　体内植入式柔性 NFC 器件 [152,160-162]

柔性 NFC 器件的关键在于实现 NFC 线圈部分的柔性化，柔性 NFC 线圈的结构主要包括支撑层、金属线圈、绝缘层、金属连线、封装层和 NFC 芯片，如图 5.62 所示 [159]。其中支撑层、绝缘层以及封装层的材料选择 PI。PI 是综合性能最佳的聚合物之一，其性能稳定且耐高温。金属层可以使用金、铜等各种金属，由于成本低廉、制备方法简单以及电学性能优异，铜通常作为线圈的材料。为了与芯片连接，连接线 (桥) 部分必不可少，为此需在线圈与连接线之间设置绝缘层。器件的制备采用传统的微纳加工工艺，PI 薄膜采用旋涂、烘干的方式制作，其图形化则采用干法刻蚀制备——反应离子刻蚀，金属线圈等则通过电子束蒸镀以及湿法刻蚀得到，其中涉及的图形化制备步骤都是使用光刻技术进行。制备好的器件最后通过转印的方式转移到柔性衬底上，使器件具备可延展柔性。

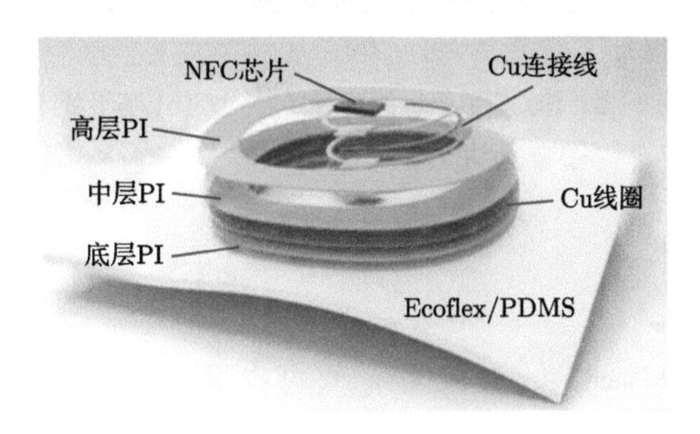

图 5.62 柔性 NFC 线圈结构 [159]

一个完整的 NFC 系统还包括与 NFC 标签进行信息交互的读写器，与传统 NFC 读写器不同，柔性 NFC 器件的读写器具备更加灵活的布置形式，如图 5.63 所示。柔性 NFC 器件配套的读写器可分为三类：手机 [161]、卧床 [158] 和培育箱 [152,87]。由于手机的繁荣发展，现有手机基本都具有 NFC 功能，因此使用手机作为读写器的形式也最为多见。由于 NFC 通信距离较短，当人们长时间卧床时可实现 NFC 系统的稳定持续工作，常用于病房，用来监测人体的温度、心电、血氧、血压等多种生理参数。此外，对于需要进行动物实验的新型 NFC 器件，与培育箱集成的读写器将为器件提供良好的实验环境。

柔性 NFC 线圈在实际的使用中会随着机体发生变形，且其变形方式以弯曲居多，一个合格的柔性 NFC 器件应该保证自身的射频性能不会受到变形条件的影响。针对这一问题，多篇文献中都有实验进行报道验证 [152,87,163]，如图 5.64 所示。结果表明，在弯曲半径大于 5 mm 的条件下，NFC 器件的射频性能几乎不受影响，可以与已有的柔性电子器件完美兼容。

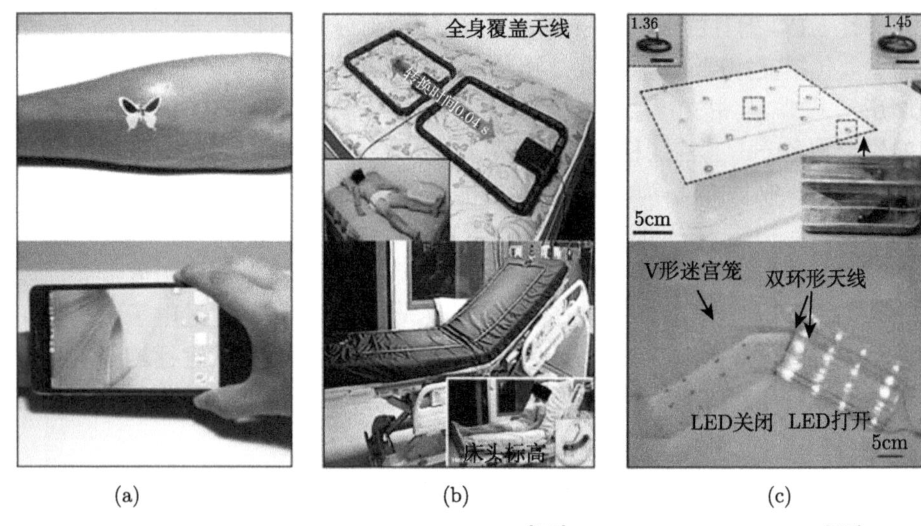

图 5.63　不同形式的读写器：(a) 基于手机的读写器 [161]；(b) 基于卧床的读写器 [158]；(c) 基于培育箱的读写器 [152,87]

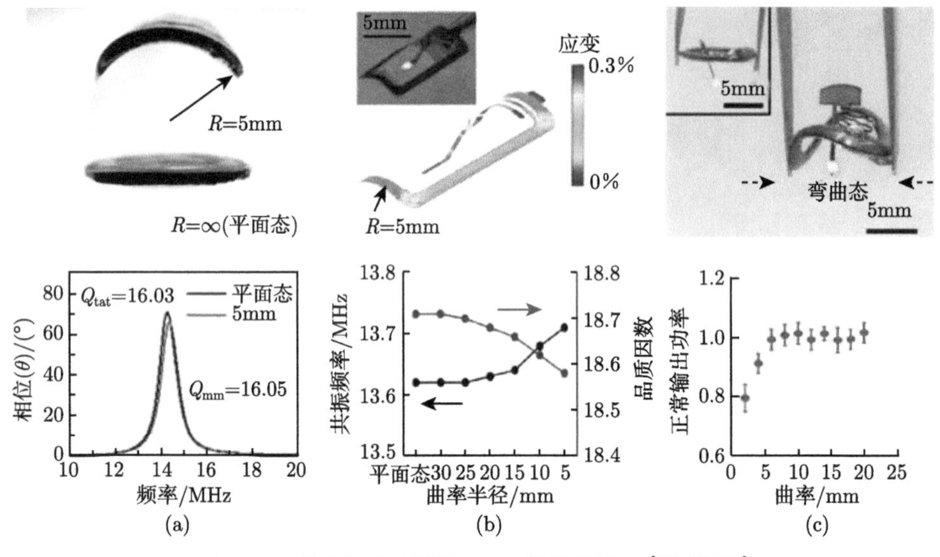

图 5.64　弯曲变形对柔性 NFC 器件的影响 [152,87,163]

柔性电子器件轻薄且微小，有线连接和电池模组会极大地制约柔性电子的实际应用，柔性 NFC 器件有效地解决了这一问题。通过电磁场即可进行信息传输和能量供应，将柔性电子真正推向实用化。然而柔性 NFC 器件依然存在工作距离短、能量供应小等问题，这两个问题的解决可以使柔性电子更快地走进人们的生活中。

5.5.2 柔性天线

NFC 技术主要应用于近距离通信，当考虑到远距离信号传输时，则需使用到天线。天线是收发电磁波的关键部件，在所有无线通信设备中必不可少。传统天线具备刚性的特点，不适应复杂曲面环境，更难以与人体良好集成，为解决以上难题，柔性天线受到了科研工作者的青睐和广泛研究。柔性天线主要从材料和结构设计上实现天线整体的柔性化，大体上可分为基于金属蛇形线、三维自组装、织物、液态金属和纳米材料等五类柔性天线。

1) 基于金属蛇形线结构的天线

如图 5.65 所示，蛇形结构的贴片天线可以作为可植入柔性无线光电系统的一部分 [164]。该天线可以在 1~3GHz 频率间收集能量，作为可植入的无线控制光源，用于对小型动物模型 (如小鼠) 的光遗传学研究。该天线的带宽为 200 MHz，大于传统贴片天线的 50MHz 带宽，可在更大频率范围收集能量。蛇形线之间的空隙随着变形收缩和扩展，所以天线的辐射效率受到的影响很小。调制方案和宽频带使得接收和发送间具有良好的阻抗匹配。

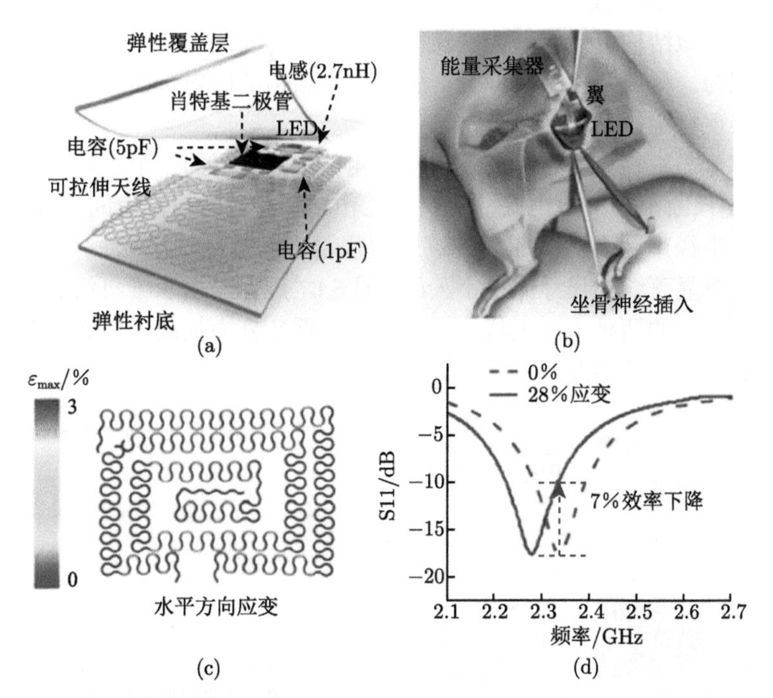

图 5.65 可拉伸天线用于柔性无线光遗传学器件系统：(a) 柔性无线光遗传学器件结构示意图；(b) 柔性光遗传学器件植入动物坐骨神经的解剖示意图；(c) 柔性无线光遗传学器件受到水平拉伸应变为 28%时，天线的应变分布；(d) 柔性无线光遗传学器件受到水平拉伸应变为 28%时，天线 S11 参数随频率变化曲线与未变形状态的对比 [165]

图 5.66 展示了一个工作在 2.45GHz 的螺旋单极子天线 [165]，其螺旋形的结构设计减轻了金属层承受的应力与应变，使得天线整体可以弹性拉伸 30%。天线拉伸 30%后，其增益由 0.05dB 变为 0.7dB，反射系数由 −24dB 变为 −27dB，谐振频率由 2.45GHz 偏移至 2.2GHz。

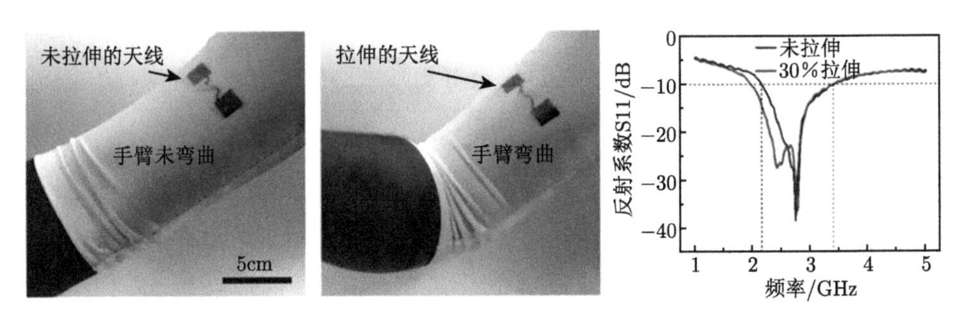

图 5.66　可拉伸螺旋单极子天线可以适应手臂的基本运动。拉伸 30%时，频率和带宽分别减小和增加 [165]

2) 三维自组装天线

复杂三维微结构可控组装为实现先进的可拉伸天线提供了更多可能。三维自组装的过程为，释放弹性层的应变，引发二维结构的面内、面外的位移、旋转运动，从而实现特定的三维细微结构。

在可穿戴与生物集成系统中，尺寸是器件实际应用的一个重要考量。电小天线 [166] 因电尺寸小于 0.5(电尺寸定义：工作频率对应的自由空间波数 × 天线外接球的最小半径)，且具备大带宽和高数据传输速率受到广泛关注。利用三维自组装可实现具有显著缩小尺寸的电小天线。图 5.67 展示了由三维自组装制备的基于蛇形线与螺旋线的两种电小天线，它们在经历循环外力加载后依然具备稳定的工作频率，说明其具备良好的可变形性和工作稳定性。

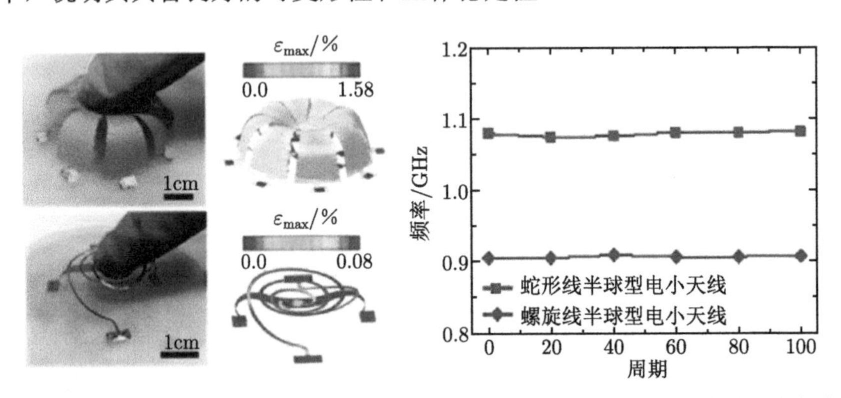

图 5.67　基于蛇形线的半球型电小天线和基于螺旋线的半球型电小天线，在按压和卸载 100 个周期后保持恒定的谐振频率。有限元模拟揭示了铜层变形后最大主应变的大小 [166]

3) 织物天线

纺织天线是一种柔性天线的可选方案，它将可伸缩弹性体替换为织物，尤其适用于手臂和腿部可能发生高度变形的区域，这类天线的电磁性能主要受材料性质和编织图案的影响。设计该类天线需考虑变形对天线机械性能和电学性能的影响，且由于材料性质的非均匀特点，此类天线精确的电磁仿真也是一项挑战。线头位置的变动、纤维间的空隙和与人体的距离均会引入额外的不确定性。通常情况下，必须使用通过实验确定的有效材料特性。

对于纺织天线，一种方案是用纺织衬底取代介电衬底，但保留金属部件；另一种方案采用纺织衬底取代介电衬底，同时用导电织物取代金属部件，以实现全纺织设计。图 5.68 展示了一种利用正交编织制备的 3D 微带织物天线 [167]。该天线可在沿馈电方向垂直或平行的方向弯曲贴附于不同曲率的表面。无论是平行馈电方向还是垂直馈电方向，谐振频率都稳定在 1.5 GHz 附近。从图 5.68(c), (d) 可以看出，平行和垂直馈电方向的反射系数略有降低，但仍在 −10 dB 以下的可接受范围内。

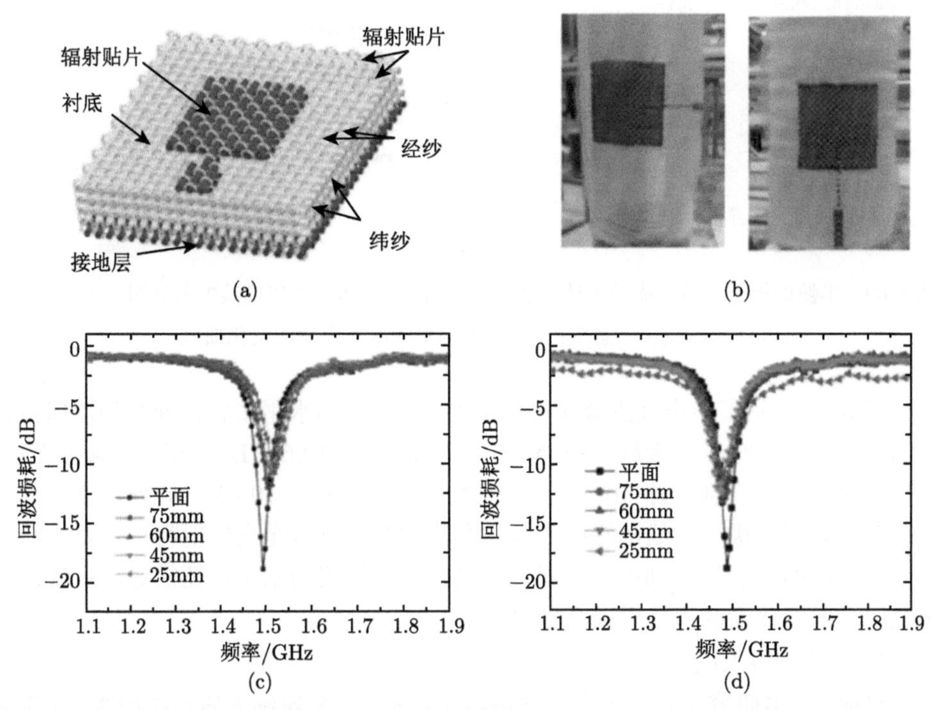

图 5.68 基于机织织物的可拉伸天线：(a) 3D 机织微带贴片天线；(b) 天线的馈线可以平行于或垂直于曲率方向。在这两种构型中，天线的回波损耗 (dB) 随着曲率半径的减小而减小；(c) 平行于馈电方向；(d) 垂直于馈电方向。在曲率半径 25~75 mm 时，性能保持相对稳定 [167]

4) 液态金属天线

镓基液态金属具有优异的机械、电磁和化学特性，且可以安全操作，是柔性电子和无线通信设备的可靠候选材料。液态金属在薄膜表面和柔性微流控网络中的图案化设计可用于建造多种类型的天线。如 NFC、单极子、偶极子、贴片、平面倒锥和不平衡环形等形式的天线。这类天线的优点是，封装弹性体决定了天线的机械性能，而液态金属由于液态流动的能力，可以承受任意应变，且对变形没有任何显著的阻力。

在液态金属偶极子天线中，为了实现高稳定性的工作，直线/蛇形通道的几何参数 (长宽比) 必须根据机械变形引起的长度变化进行调整 [168]。如图 5.69(b) 所示，通过优化蛇形半波偶极子天线在拉伸、弯曲和扭转条件下的高宽比，可以保持天线稳定的谐振频率。图 5.69(c) 示意了天线潜在的可穿戴位置，并比较了在动态施加应变 50%条件下，蛇形天线和直线形天线的频率稳定性。对于高宽比大于 1 的蛇形几何结构，40%的单轴应变会导致反射系数从 −15 dB 降低至 −48 dB。

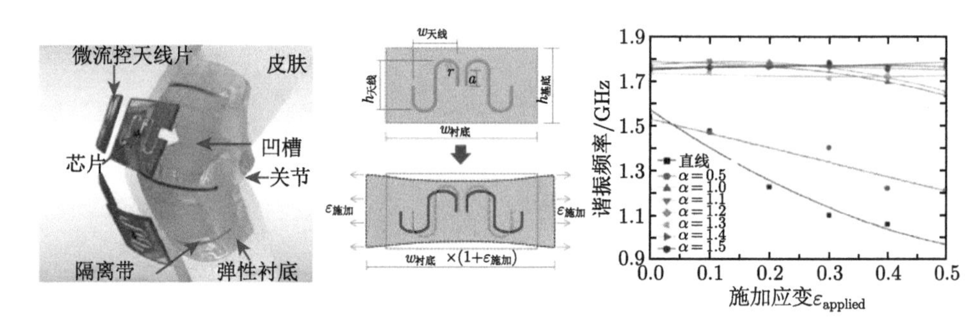

图 5.69 半波偶极子天线集成于人体关节部位：(a) 与人体关节集成装配示意图；(b) 天线拉伸几何形状变化示意图；(c) 谐振频率随施加应变的变化曲线 [168]

图 5.70 展示了一个液态金属平面倒锥天线，在高水平多轴拉伸时仍能保持稳定的工作功能 [169]。该天线可折叠共形，具备 3.1~10.6GHz 的超宽带频率范围。即使沿水平或垂直轴拉伸 40%，反射系数也至少保持 −10 dB。此外，该器件在低频范围具有单极子天线的辐射特性，在高频范围具有全向辐射特性。要想将液态金属天线的性能提高到可以与固体金属天线相媲美的水平，还需进一步解决液态金属表面氧化物的问题以提高导电性。

5) 纳米材料天线

目前，许多研究工作集中在将导电纳米材料 (如金属纳米线与碳纳米管) 集成到柔性可拉伸电子系统中。纳米材料具有柔性、可调性、耐久性等特性，可以应用到贴片天线、NFC 天线、偶极子天线与单极子天线之中。

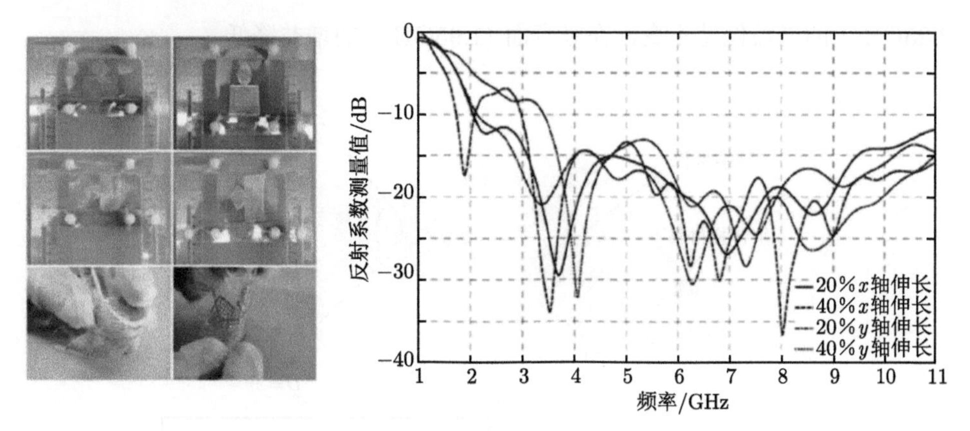

图 5.70 平面倒锥天线可以在水平方向和垂直方向上折叠和拉伸约 40%，同时在 3~11 GHz 频率范围内保持 S11 小于 −10 dB 的良好阻抗匹配 [169]

图 5.71 展示了一个基于柔性石墨薄膜的贴片天线逐渐弯曲到 120° 的情况，天线性能在弯曲到 60° 时开始下降 [170]。可变形特性使其与皮肤近似共形贴合，且运行相对稳定。具备高度柔性的多层碳基天线也可用于近场通信系统。基于石墨烯的纸张可以代替天线的金属部件，具备高水平的柔性以及在弯曲疲劳时稳定运行的特性 [171]。

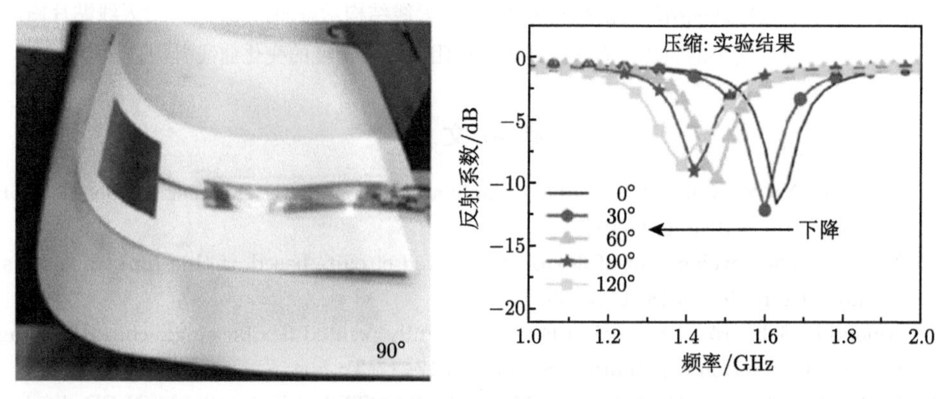

图 5.71 在压缩和拉伸弯曲后，石墨烯贴片天线的应变灵敏度优于类似的铜天线。当压缩弯曲角度增大到 120° 时，天线的频率减小，当压缩弯曲角度增大到 60° 时，天线的反射系数减小 [170]

另一种纳米材料使用策略为，将垂直排列的碳纳米管转印至聚合物衬底作为贴片天线 [172]。碳纳米管在保持良好性能的同时，可以进行 13%的拉伸和 130° 的弯曲，如图 5.72 所示。在负应变时，碳片的直流电阻相对保持不变，而在正应变时，直流电阻与弯曲角度成正比增大。同时，共形碳纳米管贴片天线在水平面

(2.25GHz) 的增益保持不变，在竖直面 (1.95GHz) 的增益降低。

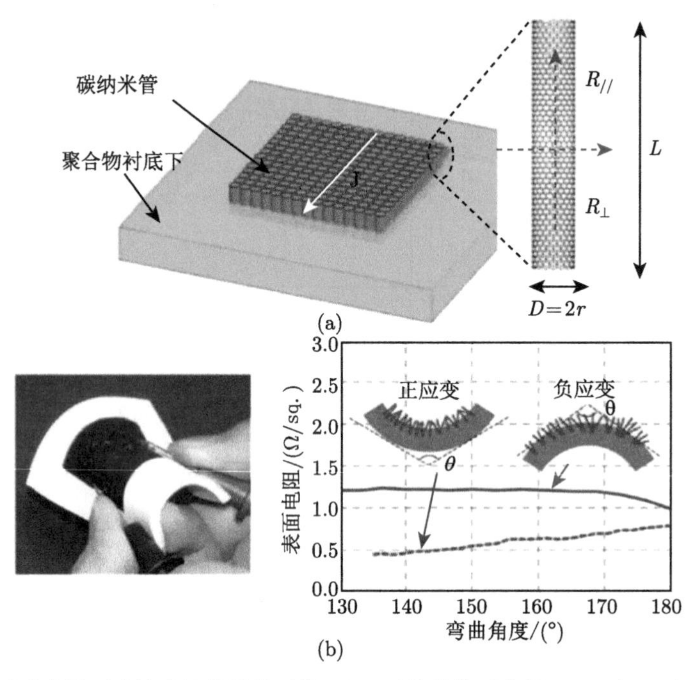

图 5.72　基于垂直排列碳纳米管的贴片天线：(a) 天线结构示意图；(b) 左：对天线贴片施加弯曲变形的照片；右：天线表面电阻随弯曲角度的变化曲线 [172]

参 考 文 献

[1] Sun H B, Xu Y, Noh Y Y. Flexible organic amplifiers. IEEE Transactions on Electron Devices, 2017, 64(5): 1944-1945.

[2] Myny K. The development of flexible integrated circuits based on thin-film transistors. Nature Electronics, 2018, 1: 30-39.

[3] Aniello F, Salmerón J F, Loghin F C, et al. Fully printed flexible single-chip RFID tag with light detection capabilities. Sensors, 2017, 17(3): 534.

[4] Noda M, Kobayashi N, Katsuhara M, et al. An OTFT-driven rollable OLED display. Journal of the Society for Information Display, 2011, 19(4): 316-322.

[5] Liang J J, Li L, Chen D, et al. Intrinsically stretchable and transparent thin-film transistors based on printable silver nanowires, carbon nanotubes and an elastomeric dielectric. Nature Communications, 2015, 6(1): 7647.

[6] Ling H F, Liu S H, Zheng Z J, et al. Organic flexible electronics. Small Methods, 2018, 2(10): 1800070.

[7] Yan F, Estrela P, Mo Y, et al. Polycrystalline silicon ion sensitive field efiect transistors. Applied Physics Letters, 2005, 86(5): 053901.

[8] Garcia-Breijo E, Gómez-Lor Pérez B, Cosseddu P. Organic Sensors: Materials and Applications. Institution of Engineering and Technology, Stevenage, England, UK, 2016: 71.

[9] Zhou C S, Zhao J W, Ye J, et al. Printed thin-film transistors and NO_2 gas sensors based on sorted semiconducting carbon nanotubes by isoindigo-based copolymer. Carbon, 2016, 108: 372-380.

[10] Huang W G, Besar K, Zhang Y, et al. A high-capacitance salt-free dielectric for self-healable, printable, and fiexible organic field effect transistors and chemical sensor. Advanced Functional Materials, 2015, 25(24): 3745-3755.

[11] Hua C F, Shang Y Y, Wang Y, et al. A flexible gas sensor based on single-walled carbon nanotube-Fe_2O_3 composite film. Applied Surface Science, 2017, 405: 405-411.

[12] Yu X G, Zhou N J, Han S J, et al. Flexible spray-coated TIPS-pentacene organic thin-film transistors as ammonia gas sensors. Journal of Materials Chemistry C, 2013, 1(40): 6532-6535.

[13] Andringa A M, Piliego C, Katsouras I, et al. NO_2 detection and real-time sensing with field-effect transistors. Chemistry of Materials, 2013, 26(1): 773-785.

[14] Lee S, Reuveny A, Reeder J, et al. A transparent bending-insensitive pressure sensor. Nature Nanotechnology, 2016, 11(5): 472-478.

[15] Wang S H, Xu J, Wang W C, et al. Skin electronics from scalable fabrication of an intrinsically stretchable transistor array. Nature, 2018, 555(7694): 83-88.

[16] 赵博选, 王琦. 柔性显示技术研发现状及发展方向. 电视技术, 2014, 38(4): 43-51.

[17] Chen G, Craven M, Kim A, et al. Performance of high-power III-nitride light emitting diodes. Physica Status Solidi (A) Applications and Materials, 2008, 205(5): 1086-1092.

[18] Narukawa Y, Ichikawa M, Sanga D, et al. White light emitting diodes with super-high luminous efficacy. Journal of Physics D: Applied Physics, 2010, 43(35): 354002.

[19] U.S. Department of Energy. Solid-state lighting research and development: Multi-year program plan. (US DoE, Washington, DC), http://www1.eere.energy.gov/buildings/ssl/techroadmaps.html.

[20] Park S I, Xiong Y J, Kim R H, et al. Printed assemblies of inorganic light-emitting diodes for deformable and semitransparent displays. Science, 2009, 325(5943): 977-981.

[21] Hu L B, Wu H, La Mantia F, et al. Thin, flexible secondary Li-ion paper batteries. ACS Nano, 2010, 4(10): 5843-5848.

[22] Chan C K, Peng H L, Liu G, et al. High-performance lithium battery anodes using silicon nanowires. Nature Nanotechnology, 2008, 3(1): 31-35.

[23] Goyal A, Reddy A L M, Ajayan P M. Flexible carbon nanotube-Cu_2O hybrid electrodes for Li-ion batteries. Small, 2011, 7(12): 1709-1713.

[24] Kwon Y H, Woo S W, Jung H R, et al. Cable-type flexible lithium ion battery based on hollow multi-helix electrodes. Advanced Materials, 2012, 24(38): 5192-5197.

[25] Lin H J, Weng W, Ren J, et al. Twisted aligned carbon nanotube/silicon composite fiber anode for flexible wire-shaped lithium-ion battery. Advanced Materials, 2014,

26(8): 1217-1222.

[26] Weng W, Sun Q, Zhang Y, et al. Winding aligned carbon nanotube composite yarns into coaxial fiber full batteries with high performances. Nano Letters, 2014, 14(6): 3432-3438.

[27] Xu S, Zhang Y H, Cho J, et al. Stretchable batteries with self-similar serpentine interconnects and integrated wireless recharging systems. Nature Communications, 2013, 4(1): 1543.

[28] Song Z M, Ma T, Tang R, et al. Origami lithium-ion batteries. Nature Communications, 2014, 5(1): 3140.

[29] Baca A J, Yu K J, Xiao J L, et al. Compact monocrystalline silicon solar modules with high voltage outputs and mechanically flexible designs. Energy & Environmental Science, 2010, 3(2): 208-221.

[30] Lee J, Wu J, Shi M X, et al. Stretchable GaAs photovoltaics with designs that enable high areal coverage. Advanced Materials, 2011, 23(8): 986-991.

[31] Li G, Zhu R, Yang Y. Polymer solar cells. Nature Photonics, 2012, 6(3): 153-161.

[32] Park S, Heo S W, Lee W, et al. Self-powered ultra-flexible electronics via nano-grating-patterned organic photovoltaics. Nature, 2018, 561(7724): 516-521.

[33] Jinno H, Fukuda K, Xu X M, et al. Stretchable and waterproof elastomer-coated organic photovoltaics for washable electronic textile applications. Nature Energy, 2017, 2(10): 780-785.

[34] Zeng G, Zhang J W, Chen X B, et al. Breaking 12%efficiency in flexible organic solar cells by using a composite electrode. Science China Chemistry, 2019, 62(7): 851-858.

[35] Yu C J, Masarapu C, Rong J P, et al. Stretchable supercapacitors based on buckled single-walled carbon-nanotube macrofilms. Advanced Materials, 2009, 21(47): 4793-4797.

[36] Hu L B, Pasta M, la Mantia F, et al. Stretchable, porous, and conductive energy textiles. Nano Letters, 2010, 10(2): 708-714.

[37] Niu Z Q, Dong H B, Zhu B W, et al. Highly stretchable, integrated supercapacitors based on single-walled carbon nanotube films with continuous reticulate architecture. Advanced Materials, 2013, 25(7): 1058-1064.

[38] Zang J F, Cao C Y, Feng Y Y, et al. Stretchable and high-performance supercapacitors with crumpled graphene papers. Scientific Reports, 2014, 4(1): 6492.

[39] Dagdeviren C, Yang B, Su Y, et al. Conformal piezoelectric energy harvesting and storage from motions of the heart, lung, and diaphragm. Proceedings of the National Academy of Sciences, 2014, 111(5): 1927-1932.

[40] Lu B W, Chen Y, Ou D P, et al. Ultra-flexible piezoelectric devices integrated with heart to harvest the biomechanical energy. Scientific Reports, 2015, 5(1): 16065.

[41] Norton J J S, Lee D S, Lee J W, et al. Soft, curved electrode systems capable of integration on the auricle as a persistent brain–computer interface. Proceedings of the National Academy of Sciences of the United States of America, 2015, 112(13): 3920-

3925.

[42] Tian L M, Zimmerman B, Akhtar A, et al. Large-area MRI-compatible epidermal electronic interfaces for prosthetic control and cognitive monitoring. Nature Biomedical Engineering, 2019, 3(3): 194-205.

[43] Kim D H, Viventi J, Amsden J J, et al. Dissolvable films of silk fibroin for ultrathin conformal bio-integrated electronics. Nature Materials, 2010, 9(6): 511-517.

[44] Viventi J, Kim D H, Vigeland L, et al. Flexible, foldable, actively multiplexed, high-density electrode array for mapping brain activity in vivo. Nature Neuroscience, 2011, 14(12): 1599-1605.

[45] Yu K J, Kuzum D, Hwang S W, et al. Bioresorbable silicon electronics for transient spatiotemporal mapping of electrical activity from the cerebral cortex. Nature Materials, 2016, 15(7): 782-791.

[46] Chortos A, Liu J, Bao Z N. Pursuing prosthetic electronic skin. Nature Materials, 2016, 15(9): 937-950.

[47] Navarro X, Krueger T B, Lago N, et al. A critical review of interfaces with the peripheral nervous system for the control of neuroprostheses and hybrid bionic systems. Journal of the Peripheral Nervous System, 2005, 10(3): 229-258.

[48] Micera S, Navarro X. Chapter 2 bidirectional interfaces with the peripheral nervous system. International Review of Neurobiology, 2009, 86: 23-38.

[49] Leventhal D K, Durand D M. Chronic measurement of the stimulation selectivity of the flat interface nerve electrode. IEEE Transactions on Biomedical Engineering, 2004, 51(9): 1649-1658.

[50] Hassler C, Boretius T, Stieglitz T. Polymers for neural implants. Journal of Polymer Science Part B: Polymer Physics, 2011, 49(1): 18-33.

[51] Tarver W B, George R E, Maschino S E, et al. Clinical experience with a helical bipolar stimulating lead. Pacing and Clinical Electrophysiology, 1992, 15(10): 1545-1556.

[52] Xiang Z L, Yen S C, Sheshadri S, et al. Progress of flexible electronics in neural interfacing—a self-adaptive non-invasive neural ribbon electrode for small nerves recording. Advanced Materials, 2016, 28(22): 4472-4479.

[53] Zhang Y C, Zheng N, Cao Y, et al. Climbing-inspired twining electrodes using shape memory for peripheral nerve stimulation and recording. Science Advances, 2019, 5(4): eaaw1066.

[54] Jeong J W, Yeo W H, Akhtar A, et al. Materials and optimized designs for human-machine interfaces via epidermal electronics. Advanced Materials, 2013, 25(47): 6839-6846.

[55] Jeong J W, Kim M K, Cheng H Y, et al. Capacitive epidermal electronics for electrically safe, long-term electrophysiological measurements. Advanced Healthcare Materials, 2014, 3(5): 642-648.

[56] Xu B X, Akhtar A, Liu Y H, et al. An epidermal stimulation and sensing platform for sensorimotor prosthetic control, management of lower back exertion, and electrical

muscle activation. Advanced Materials, 2016, 28(22): 4462-4471.
[57] Ameri S K, Kim M, Kuang I A, et al. Imperceptible electrooculography graphene sensor system for human-robot interface. Npjd 2D Materials and Applications, 2018, 2(1): 1-7.
[58] Seo J H, Zhang K, Kim M, et al. Flexible phototransistors based on single-crystalline silicon nanomembranes. Advanced Optical Materials, 2016, 4(1): 120-125.
[59] Xie C, Yan F. Flexible photodetectors based on novel functional materials. Small, 2017, 13(43): 1701822.
[60] Wu J D, Lin LY. A flexible nanocrystal photovoltaic ultraviolet photodetector on a plant membrane. Advanced Optical Materials, 2015, 3(11): 1530-1536.
[61] Soci C, Zhang A, Xiang B A, et al. ZnO nanowire UV photodetectors with high internal gain. Nano Letters, 2007, 7(4): 1003-1009.
[62] Hu L F, Yan J, Liao M Y, et al. Ultrahigh external quantum efficiency from thin SnO_2 nanowire ultraviolet photodetectors. Small, 2011, 7(8): 1012-1017.
[63] Tian W, Zhai T Y, Zhang C, et al. Low-cost fully transparent ultraviolet photodetectors based on electrospun ZnO-SnO_2 heterojunction nanofibers. Advanced Materials, 2013, 25(33): 4625-4630.
[64] Wu J M, Kuo C H. Ultraviolet photodetectors made from SnO_2 nanowires. Thin Solid Films, 2009, 517(14): 3870-3873.
[65] Lou Z, Li L D, Shen G Z. High-performance rigid and flexible ultraviolet photodetectors with single-crystalline $ZnGa_2O_4$ nanowires. Nano Research, 2015, 8(7): 2162-2169.
[66] Shen G Z, Chen D. One-dimensional nanostructures for photodetectors. Recent Patents on Nanotechnology, 2010, 4(1): 20-31.
[67] Hsu C L, Lin Y R, Chang S J, et al. Vertical ZnO/$ZnGa_2O_4$ core-shell nanorods grown on ZnO/glass templates by reactive evaporation. Chemical Physics Letters, 2005, 411(1-3): 221-224.
[68] Zhai T Y, Fang X S, Liao M Y, et al. A comprehensive review of one-dimensional metal-oxide nanostructure photodetectors. Sensors, 2009, 9(8): 6504-6529.
[69] Yan C Y, Wang J X, Wang X, et al. An intrinsically stretchable nanowire photodetector with a fully embedded structure. Advanced Materials, 2014, 26(6):943-950..
[70] Yoon S S, Khang D Y. Stretchable, bifacial Si-organic hybrid solar cells by vertical array of Si micropillars embedded into elastomeric substrates. ACS Appl Materials & Interfaces, 2019, 11(3): 3290-3298.
[71] Wang X F, Song W F, Liu, B, et al. High-performance organic-inorganic hybrid photodetectors based on P3HT: CdSe nanowire heterojunctions on rigid and flexible substrates. Advanced Functional Materials, 2013, 23(9): 1202-1209.
[72] Li L L, Zhang F J, Wang J, et al. Achieving EQE of 16,700%in P3HT: PC_{71} BM based photodetectors by trap-assisted photomultiplication. Scientific Reports, 2015, 5(1): 9181.
[73] Wei H T, Fang Y J, Yuan Y B, et al. Trap engineering of CdTe nanoparticle for high gain, fast response, and low noise P3HT: CdTe nanocomposite photodetectors.

Advanced Materials, 2015, 27(34): 4975-4981.
[74] Li H K, Chen T P, Hu S G, et al. Highly spectrum-selective ultraviolet photodetector based on p-NiO/n-IGZO thin film heterojunction structure. Optics Express, 2015, 23(21): 27683-27689.
[75] Pei Z, Lai H C, Wang J Y, et al. High-responsivity and high-sensitivity graphene dots/a-IGZO thin-film phototransistor. IEEE Electron Device Letters, 2015, 36(1): 44-46.
[76] Yu J J, Javaid K, Liang L Y, et al. High-performance visible-blind ultraviolet photodetector based on IGZO TFT coupled with p-n heterojunction. ACS Applied Materials & Interfaces, 2018, 10(9): 8102-8109.
[77] Jiang Y, Zhang W J, Jie J S, et al. Photoresponse properties of CdSe single-nanoribbon photodetectors. Advanced Functional Materials, 2007, 17(11): 1795-1800..
[78] Oertel D C, Bawendi M G, Arango A C, et al. Photodetectors based on treated CdSe quantum-dot films. Applied Physics Letters, 2005, 87(21): 213505.
[79] Park M, Kim H J, Jeong I, et al. Mechanically recoverable and highly efficient perovskite solar cells: Investigation of intrinsic flexibility of organic-inorganic perovskite. Advanced Energy Materials, 2015, 5(22): 1501406.
[80] Song Y M, Xie Y Z, Malyarchuk V, et al. Digital cameras with designs inspired by the arthropod eye. Nature, 2013, 497(7447): 95-99.
[81] Zhang K, Jung Y H, Mikael S, et al. Origami silicon optoelectronics for hemispherical electronic eye systems. Nature Communications, 2017, 8(1): 1782.
[82] Liu C B, Zhang Q Y, Wang D, et al. High performance, biocompatible dielectric thin-film optical filters integrated with flexible substrates and microscale optoelectronic devices. Advanced Optical Materials, 2018, 6(15): 1800146.
[83] Kim T I, McCall J G, Jung Y H, et al. Injectable, cellular-scale optoelectronics with applications for wireless optogenetics. Science, 2013, 340(6129): 211-216.
[84] Li H L, Xu Y, Li X M, et al. Epidermal inorganic optoelectronics for blood oxygen measurement. Advanced Healthcare Materials, 2017, 6(9): 1601013.
[85] Li H C, Ma Y J, Liang Z W, et al. Wearable skin-like optoelectronic systems with suppression of motion artifacts for cuff-less continuous blood pressure monitor. National Science Review, 2020, 7(5): 849-862.
[86] Gao L, Zhang Y H, Malyarchuk V, et al. Epidermal photonic devices for quantitative imaging of temperature and thermal transport characteristics of the skin. Nature Communications, 2014, 5(1): 4938.
[87] Shin G, Gomez A M, Al-Hasani, et al. Flexible near-field wireless optoelectronics as subdermal implants for broad applications in optogenetics. Neuron, 2017, 93(3): 509-521.
[88] 瞿年清, 谢梦洲. 脉搏波形释义. 中国中医药信息杂志, 2007, 14(6): 3-4.
[89] Ben-Shlomo Y, Spears M, Boustred C, et al. Aortic pulse wave velocity improves cardiovascular event prediction: an individual participant meta-analysis of prospective

observational data from 17,635 subjects. Journal of the American College of Cardiology, 2014, 63(7): 636-646.

[90] 石柔, 杨秋萍. 脉搏波传导速度及波形分析对糖尿病患者动脉弹性功能检测的意义. 中国组织工程研究与临床康复, 2007, 11(13): 2544-2546, 2550.

[91] Su J J, Manisty C, Simonsen U, et al. Pulmonary artery wave propagation and reservoir function in conscious man: Impact of pulmonary vascular disease, respiration and dynamic stress tests. The Journal of Physiology, 2017, 595(20): 6463-6476.

[92] Saand A R, Genuardi M V, DeSensi R S, et al. Development and validation of an algorithm to quantify obstructive sleep apnea severity from the electronic medical record. Sleep, 2018, 41: A126-A127.

[93] Amjadi M, Kyung K U, Park I, et al. Stretchable, skin-mountable, and wearable strain sensors and their potential applications: A review. Advanced Functional Materials, 2016, 26(11): 1678-1698.

[94] Choi D Y, Kim M H, Oh Y S, et al. Highly stretchable, hysteresis-free ionic liquid-based strain sensor for precise human motion monitoring. ACS Applied Materials Interfaces, 2017, 9(2): 1770-1780.

[95] Ishimaru S, Kunze K, Kise K, et al. In the blink of an eye. Phychol, 2014: 1-4.

[96] Tien N T, Jeon S J, Kim D I, et al. A flexible bimodal sensor array for simultaneous sensing of pressure and temperature. Advanced Materials, 2014, 26(5): 796-804.

[97] Stücker M, Struk A, Altmeyer P, et al. The cutaneous uptake of atmospheric oxygen contributes significantly to the oxygen supply of human dermis and epidermis. The Journal of Physiology, 2002, 538(3): 985-994.

[98] Chen Y, Lu B W, Chen Y H, et al. Breathable and stretchable temperature sensors inspired by skin. Scientific Reports, 2015, 5(1): 11505.

[99] Zhang Y H, Chad Webb R, Luo H Y, et al. Theoretical and experimental studies of epidermal heat flux sensors for measurements of core body temperature. Advanced Healthcare Materials, 2016, 5(1): 119-127.

[100] Chen Y H, Lu B W, Chen Y, et al. Biocompatible and ultra-flexible inorganic strain sensors attached to skin for long-term vital signs monitoring. IEEE Electron Device Letters, 2016, 37(4): 496-499.

[101] Ma Y J, Zhang Y C, Cai S S, et al. Flexible hybrid electronics for digital healthcare. Advanced Materials, 2020, 32(15): 1902062.

[102] Bae G Y, Pak S W, Kim D, et al. Linearly and highly pressure-sensitive electronic skin based on a bioinspired hierarchical structural array. Advanced Materials, 2016, 28(26): 5300-5306.

[103] Jian M Q, Xia K L, Wang Q, et al. Flexible and highly sensitive pressure sensors based on bionic hierarchical structures. Advanced Functional Materials, 2017, 27(9): 1606066.

[104] Ma Y J, Zhi L J. Graphene-based transparent conductive films: Material systems, preparation and applications. Small Methods, 2019, 3(1): 1800199.

[105] Zhu B W, Niu Z Q, Wang H, et al. Microstructured graphene arrays for highly sensitive

flexible tactile sensors. Small, 2014, 10(18): 3625-3631.

[106] Kim H J, Thukral A, Yu C J. Highly sensitive and very stretchable strain sensor based on a rubbery semiconductor. ACS Applied Materials & Interfaces, 2018, 10(5): 5000-5006.

[107] Gong S, Schwalb W, Wang Y W, et al. A wearable and highly sensitive pressure sensor with ultrathin gold nanowires. Nature Communications, 2014, 5(1): 3132.

[108] Choong C L, Shim M B, Lee B S, et al. Highly stretchable resistive pressure sensors using a conductive elastomeric composite on a micropyramid array. Advanced Materials, 2014, 26(21): 3451-3458.

[109] Park H, Jeong Y R, Yun J Y, et al. Stretchable array of highly sensitive pressure sensors consisting of polyaniline nanofibers and Au-coated polydimethylsiloxane micropillars. ACS Nano, 2015, 9(10): 9974-9985.

[110] Lee Y, Park J, Cho S, et al. Flexible ferroelectric sensors with ultrahigh pressure sensitivity and linear response over exceptionally broad pressure range. ACS Nano, 2018, 12(4): 4045-4054.

[111] Pang C, Lee G Y, Kim T I, et al. A flexible and highly sensitive strain-gauge sensor using reversible interlocking of nanofibres. Nature Materials, 2012, 11(9): 795-801.

[112] Han Z Y, Cheng Z Q, Chen Y, et al. Fabrication of highly pressure-sensitive, hydrophobic, and flexible 3D carbon nanofiber networks by electrospinning for human physiological signal monitoring. Nanoscale, 2019, 11(13): 5942-5950.

[113] Si Y, Wang X Q, Yan C C, et al. Ultralight biomass-derived carbonaceous nanofibrous aerogels with superelasticity and high pressure-sensitivity. Advanced Materials, 2016, 28(43): 9512-9518.

[114] Qin Y Y, Peng Q Y, Ding Y J, et al. Lightweight, superelastic, and mechanically flexible graphene/polyimide nanocomposite foam for strain sensor application. ACS Nano, 2015, 9(9): 8933-8941.

[115] Mu C H, Song Y Q, Huang W T, et al. Flexible normal-tangential force sensor with opposite resistance responding for highly sensitive artificial skin. Advanced Functional Materials, 2018, 28(18): 1707503.

[116] Boutry C M, Negre M, Jorda M, et al. A hierarchically patterned, bioinspired e-skin able to detect the direction of applied pressure for robotics. Science Robotics, 2018, 3(24): eaau6914.

[117] Zhan Z Y, Lin R Z, Tran V T, et al. Paper/carbon nanotube-based wearable ressure sensor for physiological signal acquisition and soft robotic skin. ACS Applied Materials & Interfaces, 2017, 9(43): 37921-37928.

[118] Han Z Y, Li H F, Xiao J L, et al. Ultralow-cost, highly sensitive, and flexible pressure sensors based on carbon black and airlaid paper for wearable electronics. ACS Applied Materials & Interfaces, 2019, 11(36): 33370-33379.

[119] Lee H, Choi T K, Lee Y B, et al. A graphene-based electrochemical device with thermoresponsive microneedles for diabetes monitoring and therapy. Nature Nanotechnol-

ogy, 2016, 11(6): 566-572.

[120] Dittmar A, Gehin C, Delhomme G, et al. A non invasive wearable sensor for the measurement of brain temperature. 2006 International Conference of the IEEE Engineering in Medicine and Biology Society, 2006.

[121] Yang Y J, Cheng M Y, Shih S C, et al. A 32× 32 temperature and tactile sensing array using PI-copper films. The International Journal of Advanced Manufacturing Technology, 2010, 46(9-12):945-956.

[122] Moser Y, Gijs M A M. Miniaturized flexible temperature sensor. Journal of Microelectromechanical Systems, 2007, 16(6): 1349-1354.

[123] Oprea A, Courbat J, Bârsan N, et al. Temperature, humidity and gas sensors integrated on plastic foil for low power applications. Sensors and Actuators B: Chemical, 2009, 140(1): 227-232.

[124] Lichtenwalner D J, Hydrick A E, Kingon A I. Flexible thin film temperature and strain sensor array utilizing a novel sensing concept. Sensors and Actuators A: Physical, 2007, 135(2): 593-597.

[125] Xiao S Y, Che L F, Li X X, et al. A cost-effective flexible MEMS technique for temperature sensing. Microelectronics Journal, 2007, 38(3): 360-364.

[126] Shamanna V, Das S, Çelik-Butler Z, et al. Micromachined integrated pressure-thermal sensors on flexible substrates. Journal of Micromechanics and Microengineering, 2006, 16(10): 1984.

[127] Jeon J, Lee H B R, Bao Z N. Flexible wireless temperature sensors based on Ni microparticle-filled binary polymer composites. Advanced Materials, 2013, 25(6): 850-855.

[128] Shih W P, Tsao L C, Lee C W, et al. Flexible temperature sensor array based on a graphite-polydimethylsiloxane composite. Sensors, 2010, 10(4): 3597-3610.

[129] Graz I, Krause M, Bauer-Gogonea S, et al. Flexible active-matrix cells with selectively poled bifunctional polymer-ceramic nanocomposite for pressure and temperature sensing skin. Journal of Applied Physics, 2009, 106(3): 034503.

[130] Mahadeva S K, Yun S, Kim J. Flexible humidity and temperature sensor based on cellulose-polypyrrole nanocomposite. Sensors and Actuators A: Physical, 2011, 165(2): 194-199.

[131] Someya T, Kato Y, Sekitani T, et al. Conformable, flexible, large-area networks of pressure and thermal sensors with organic transistor active matrixes. Proceedings of the National Academy of Sciences of the United States of America, 2005, 102(35): 12321-12325.

[132] Webb R C, Bonifas A P, Behnaz A, et al. Ultrathin conformal devices for precise and continuous thermal characterization of human skin. Nature Materials, 2013, 12(10): 938-944.

[133] Liu Y H, Pharr M, Salvatore G A. Lab-on-skin: A review of flexible and stretchable electronics for wearable health monitoring. ACS Nano, 2017, 11(10): 9614-9635.

[134] Sumaiya S, Trivedi R. A review on glucose oxidase. International Journal of Current Microbiology and Applied Sciences, 2015, 4: 636-642.

[135] Shum A J , Cowan M , Lähdesmäki I, et al. Functional modular contact lens. Proceedings of Spie the International Society for Optical Engineering, 2009.

[136] Yao H F, Shum A J, Cowan M, et al. A contact lens with embedded sensor for monitoring tear glucose level. Biosensors and Bioelectronics, 2011, 26(7): 3290-3296.

[137] Iguchi S, Kudo H, Saito T, et al. A flexible and wearable biosensor for tear glucose measurement. Biomed Microdevices, 2007, 9(4): 603-609.

[138] Badugu R, Lakowicz J R, Geddes C D. A glucose sensing contact lens: A non-invasive technique for continuous physiological glucose monitoring. Journal of Fluorescence, 2003, 13(5): 371-374.

[139] Bariya M, Nyein H Y Y, Javey A. Wearable sweat sensors. Nature Electronics, 2018, 1(3): 160-171.

[140] Gao W, Emaminejad S, Nyein H Y Y, et al. Fully integrated wearable sensor arrays for multiplexed *in situ* perspiration analysis. Nature, 2016, 529(7587): 509-514.

[141] Lee H, Song C, Hong Y S, et al. Wearable/disposable sweat-based glucose monitoring device with multistage transdermal drug delivery module. Science Advances, 2017, 3(3): e1601314.

[142] Kim J, Jeerapan I, Imani S, et al. Noninvasive alcohol monitoring using a wearable tattoo-based iontophoretic-biosensing system. ACS Sensors, 2016, 1(8): 1011-1019.

[143] Zhu X F, Ju Y H, Chen J, et al. Nonenzymatic wearable sensor for electrochemical analysis of perspiration glucose. ACS Sensors, 2018, 3(6): 1135-1141.

[144] Koh A, Kang D, Xue Y G, et al. A soft, wearable microfluidic device for the capture, storage, and colorimetric sensing of sweat. Science Translational Medicine, 2016, 8(366): 366ra165.

[145] Zaryanov N V, Nikitina V N, Karpova E V, et al. Nonenzymatic sensor for lactate detection in human sweat. Analytical Chemistry, 2017, 89(21): 11198-11202.

[146] Bruen D, Delaney C, Florea L, et al. Glucose sensing for diabetes monitoring: Recent developments. Sensors, 2017, 17(8): 1866.

[147] Chen Y H, Lu S Y, Zhang S S, et al. Skin-like biosensor system via electrochemical channels for noninvasive blood glucose monitoring. Science Advances, 2017, 3(12): e1701629.

[148] Xiao Y, Patolsky F, Katz E, et al. "Plugging into enzymes": Nanowiring of redox enzymes by a gold nanoparticle. Science, 2003, 299(5614): 1877-1881.

[149] https://www.idtechex.com/en/research-report/wearable-sensors-2021-2031/780.

[150] Gutruf P, Krishnamurthi V, Vázquez-Guardado A, et al. Fully implantable optoelectronic systems for battery-free, multimodal operation in neuroscience research. Nature Electronics, 2018, 1(12): 652-660.

[151] Samineni V K, Mickle A D, Yoon J, et al. Optogenetic silencing of nociceptive primary afferents reduces evoked and ongoing bladder pain. Scientific Reports, 2017, 7(1): 15865.

[152] Samineni V K, Yoon J, Crawford K E, Jeong, et al. Fully implantable, battery-free wireless optoelectronic devices for spinal optogenetics. Pain, 2017, 158(11): 2108-2116.

[153] Chung H U, Kim B H, Lee J Y, et al. Binodal, wireless epidermal electronic systems with in-sensor analytics for neonatal intensive care. Science, 2019, 363(6430): eaau0780.

[154] Heo S Y, Kim J, Gutruf P, et al. Wireless, battery-free, flexible, miniaturized dosimeters monitor exposure to solar radiation and to light for phototherapy. Science Translational Medicine, 2018, 10(470): eaau1643.

[155] Bandodkar A J, Gutruf P, Choi J, et al. Battery-free, skin-interfaced microfluidic/electronic systems for simultaneous electrochemical, colorimetric, and volumetric analysis of sweat. Science Advances, 2019, 5(1): eaav3294.

[156] Kim S B, Lee K, Raj M S, et al. Soft, skin-interfaced microfluidic systems with wireless, battery-free electronics for digital, real-time tracking of sweat loss and electrolyte composition. Small, 2018, 14(45): 1802876.

[157] Reeder J T, Choi J, Xue Y G, et al. Waterproof, electronics-enabled, epidermal microfluidic devices for sweat collection, biomarker analysis, and thermography in aquatic settings. Science Advances, 2019, 5(1): eaau6356.

[158] Han S, Kim J, Won S M, et al. Battery-free, wireless sensors for full-body pressure and temperature mapping. Science Translational Medicine, 2018, 10(435): eaan4950.

[159] Kim J, Banks A, Cheng H Y, et al. Epidermal electronics with advanced capabilities in near-field communication. Small, 2015, 11(8): 906-912.

[160] Koo J, MacEwan M R, Kang S K, et al. Wireless bioresorbable electronic system enables sustained nonpharmacological neuroregenerative therapy. Nature Medicine, 2018, 24(12), 1830-1836.

[161] Mickle A D, Won S M, Noh K N, et al. A wireless closed-loop system for optogenetic peripheral neuromodulation. Nature, 2019, 565(7739): 361-365.

[162] Noh K N, Park S I, Qazi R, et al. Miniaturized, battery-free optofluidic systems with potential for wireless pharmacology and optogenetics. Small, 2018, 14(4): 1702479.

[163] Kim J, Gutruf P, Chiarelli A M, et al. Miniaturized battery-free wireless systems for wearable pulse oximetry. Advanced Functional Materials, 2016, 27(1): 1604373.

[164] Park S I, Brenner D S, Shin G, et al. Soft, stretchable, fully implantable miniaturized optoelectronic systems for wireless optogenetics. Nature Biotechnology, 2015, 33(12): 1280-1286.

[165] Hussain A M, Ghaffar F A, Park S I, et al. Metal/polymer based stretchable antenna for constant frequency far-field communication in wearable electronics. Advanced Functional Materials, 2015, 25(42): 6565-6575.

[166] Liu F, Chen Y, Song H L, et al. High performance, tunable electrically small antennas through mechanically guided 3D assembly. Small, 2019, 15(1): 1804055.

[167] Xu F J, Zhu H F, Ma Y, et al. Electromagnetic performance of a three-dimensional woven fabric antenna conformal with cylindrical surfaces. Textile Research Journal, 2016, 87(2): 147-154.

[168] Huang Y A, Wang Y Z, Xiao L, et al. Microfluidic serpentine antennas with designed mechanical tunability. Lab on a Chip, 2014, 14(21): 4205-4212.

[169] Cheng S, Wu Z G, Hallbjorner P, et al. Foldable and stretchable liquid metal planar inverted cone antenna. IEEE Transactions on Antennas and Propagation, 2009, 57(12): 3765-3771.

[170] Tang D L, Wang Q L, Wang Z, et al. Highly sensitive wearable sensor based on a flexible multi-layer graphene film antenna. Science Bulletin, 2018, 63(9): 574-579.

[171] Scidà A, Haque S, Treossi E, et al. Application of graphene-based flexible antennas in consumer electronic devices. Materials Today, 2018, 21(3): 223-230.

[172] Zhou Y J, Bayram Y, Du F, et al. Polymer-carbon nanotube sheets for conformal load bearing antennas. IEEE Transactions on Antennas and Propagation, 2010, 58(7): 2169-2175.

第 6 章　柔性集成电路及系统

6.1　集成电路及系统的定义与发展趋势

1965 年，戈登·摩尔提出了著名的“摩尔定律”：半导体芯片上集成的晶体管数量和电阻数量将每年增加一倍。1975 年，他将“每年增加一倍”修正为“每 18 到 24 个月增加一倍”(图 6.1)。时至今日，摩尔定律已经不仅仅是一个经验规律，而且成为半导体行业的指导方向和发展蓝图，或者说成为半导体芯片市场商业模型的重要组成部分。摩尔定律为我们指明了方向，如何延续甚至超越摩尔定律的发展规律，成为现如今技术突破的关键。针对这一问题，主要有两条路线：一条是继续沿着改进半导体工艺制程的老路，不断地缩小晶体管的尺寸，向着更小的特征尺寸发展推进；另一条就是所谓的超越摩尔定律路线，通过创新芯片的封装方式来推动甚至超越“摩尔定律”。开发新型封装工艺，通过提高芯片集成封装的密度，缩小各部件互联时产生的损耗来提高半导体集成电路的性能，从而推动摩尔定律继续发展。

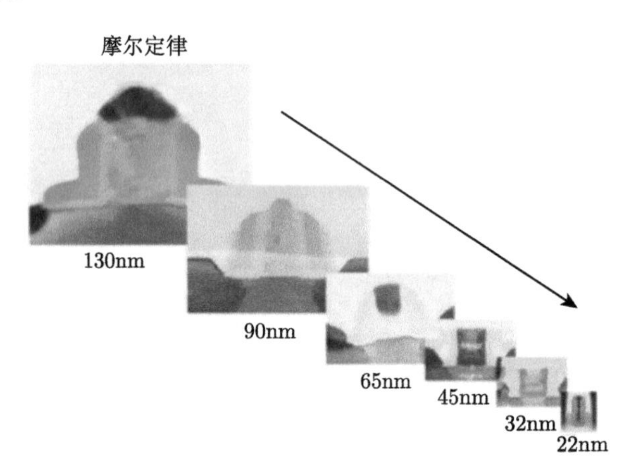

图 6.1　摩尔定律

芯片封装，作为连接芯片和电路板的桥梁，不光影响着电子器件的性能，也决定着电子器件的外在形态，其重要性不言而喻。作为实现智能化的硬件基础，一方面要求电子元件硬件的性能指标必须达到一定的高度，另一方面也要求其在外观上越来越轻、薄、柔、小 (图 6.2)。这不光是外观上的需求，更本质地，也是应用上、成本上、技术需求上的要求。从最开始几个房间大小的“超级”计算机，到便携式笔记本电脑，再到手掌大小的智能手机，电子产品不断向小型化、轻便化发展。然而，现下互补金属氧化物半导体等器件缩放已不再是半导体产业前进的唯一方向。我们正在进入一个技术融合的时期，材料、电路、异构集成、三维系统级集成等技术一起加快了创新的步伐。

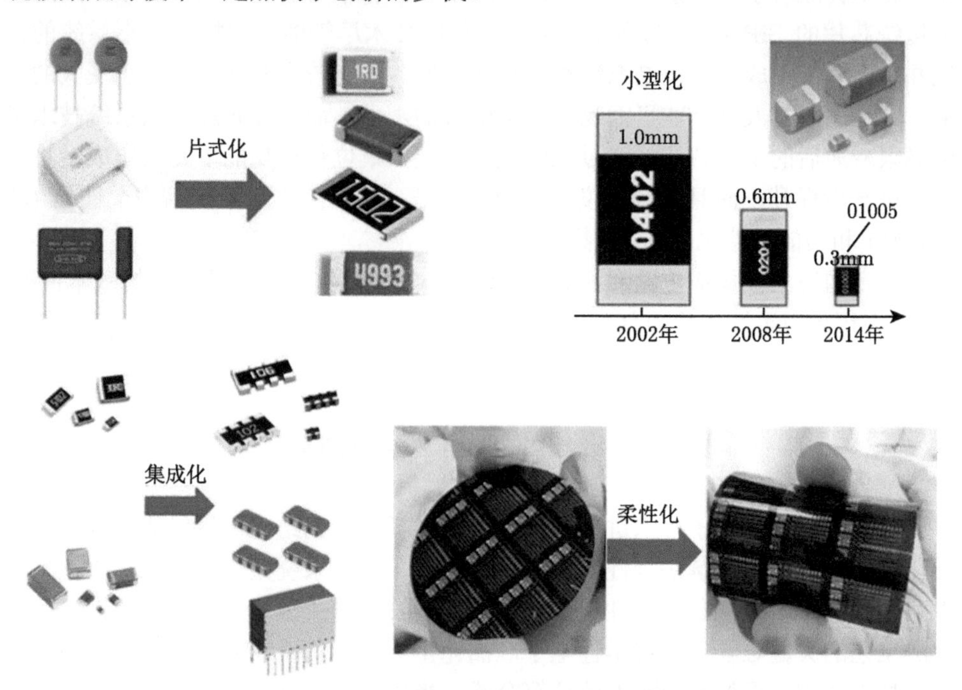

图 6.2 电子器件轻、薄、柔、小发展趋势

柔性集成电路及系统是指利用柔性芯片和多种功能元件的综合集成，实现多功能的柔性系统，本质上包含了柔性芯片技术和基于柔性芯片发展起来的新型柔性封装技术两大方面。柔性芯片技术是柔性集成电路及系统的核心基础，主要解决高品质柔性芯片规模化量产的问题；新型柔性封装技术是在柔性芯片核心基础上的关键外延，是指通过在柔性衬底上大面积、大规模、多维度集成柔性功能芯片和其他核心元器件，构成可任意拉伸/弯曲变形的柔性系统。

基于柔性集成电路及系统技术开发的柔性系统具有的典型特征是“结构柔性”、“功能高度集成”和“轻量化”。关键芯片的柔性化和柔性系统集成工艺使结构形态具有高度适应性，能够满足与各种异形空间的共形贴合。采用低制程工艺快速实现柔性传感、柔性电路、柔性芯片、柔性能源等多种功能器件的高密度混合集成封装，满足集成系统高性能要求。相比传统电子系统，柔性芯片与微系统技术能够实现同等性能下的极限减重，这将有利于柔性电子未来在医疗健康、通信、存储、军事等各领域的应用。

与传统的硅基集成微系统技术相比，柔性集成电路及系统技术将为半导体行业在“后摩尔时代”带来超薄化、柔性化的解决方案，为“超越摩尔”开辟新的发展路径。传统遵循“摩尔定律”的半导体 SoC (系统级芯片) 工艺，其开发周期和制造成本会随着系统复杂度的增加而急剧增长，将不可避免地出现封顶。采用基于传统芯片的 SiP (系统级封装) 或三维集成技术尽管能够大幅度减小系统的体积并提高系统集成度，但是系统整体依然较厚，具有较大刚性且难以承受大的变形，无法满足与人体、非平面物体共形贴合的需求。而柔性芯片与微系统技术采用极限减薄后的柔性芯片，通过三维集成封装，单位体积功能单元的集成度将会得到进一步提升，而且系统厚度也会急剧降低，可同步实现系统结构柔性化 (超薄超轻) 和功能柔性化 (多功能集成)。

本章围绕柔性集成电路和系统，6.1 节介绍柔性集成电路及系统的基本情况，6.2 节介绍超薄柔性芯片的制备、转移、表征与可靠性测试等方面，6.3 节介绍柔性超薄芯片、集成电路与系统的相关封装方法与技术。

6.2　柔性芯片制备与测试

与现阶段柔性电子技术进展相比，通过材料设计或结构优化仅能实现部分柔性化，无法从根本上解决刚性芯片的限制作用，赋予系统完全柔性化。柔性集成电路及系统技术瞄准制约柔性电子技术进一步发展的关键瓶颈，突破柔性芯片与集成工艺的关键难题，实现柔性电子产品完全柔性化，将成为新一代柔性系统的核心技术基础。根据弯曲刚度的计算公式，当厚度小于 25μm 时，刚性硅片可以显示出其可弯曲性。受商用芯片的弯曲刚度限制，当前的柔性电路通常是将商用芯片集成在柔性印刷电路板上来实现的。这样的方式有两个主要缺点，阻碍了它们在现实中的广泛应用：① 带有封装的商用芯片太硬无法弯曲，从而大大降低了整个电路的柔性；② 商业芯片和柔性印刷电路板的抗弯刚度差异极大，弯曲时在连接处极易导致应力集中和失效。而超薄芯片以其本身与柔性印刷电路板接近的柔性解决了这些问题。因此，它将具有传统商业芯片无法拥有的特性和应用。

柔性电子技术的发展要求芯片能够柔性化，且随柔性基板弯曲共形。通过对芯片厚度的设计可使芯片具有一定的弯曲变形能力。区别于传统芯片，柔性芯片要求在大形变下仍可发挥特定功能，这也成为其应用的关键之处。目前，芯片柔性化存在一些关键的基础问题亟须解决，包括芯片的减薄工艺，残余应力去除方法，减薄后的力学性能、电学性能和可靠性的评估。这些基础问题的突破将为柔性电子技术的研发提供有力支撑。

超薄柔性芯片的制造和生产存在相当的挑战，是限制其发展的主要因素 [1,2]。

晶体硅的半导体材料是易碎的，将其厚度减少到原本的十分之一甚至更薄必然会使其更加脆弱。柔性芯片的磨削、切割、转印、贴装和互联，在任何过程中造成的任何细微损坏都可能导致柔性芯片失效或损坏。如何使超薄柔性芯片具有优异的力学和电学性能是该领域的关键挑战。

图 6.3(a) 是柔性混合集成系统的示意图 [3]，改善芯片的材料选择和制备工艺以实现 IC 集成电路的可拉伸性非常重要。因此，在设计过程中，需要通过机械和拓扑学的设计对芯片进行保护。

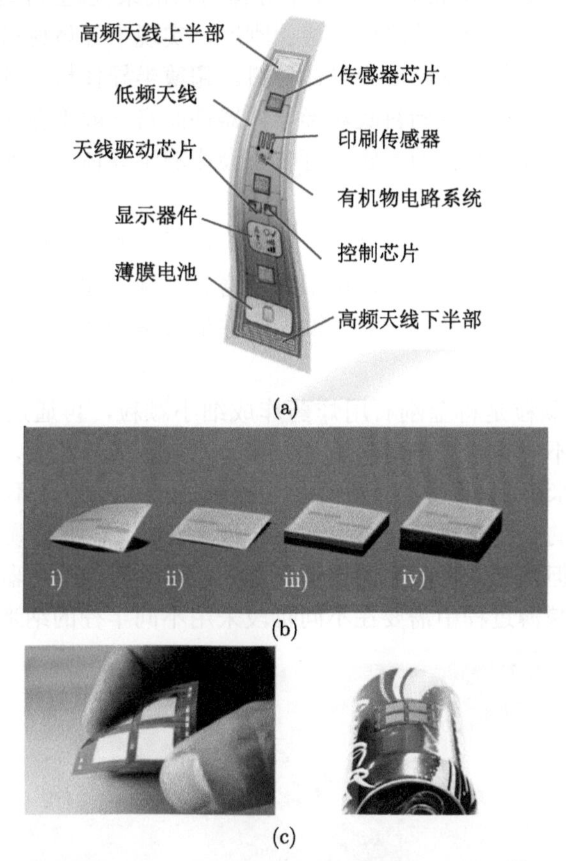

图 6.3 柔性电路和超薄柔性芯片：(a) 柔性混合集成系统的示意图 [3]；(b) 不同厚度的芯片，i) 10μm，ii) 20μm，iii) 400μm，iv) 675μm[4]；(c) 30μm 厚度芯片的弯曲变形展示 [5]

芯片弯曲刚度与厚度的三次方成正比。因此，当厚度减半时，弯曲刚度将减小到原来的八分之一，这对于柔性电路具有重要意义，因为芯片通常是柔性电路中最“刚性”的部分。目前，12in 晶圆的厚度通常大于 800μm，划片后获得的芯片仍然非常坚硬，在封装之后更是如此。为了适应柔性集成电路的应用环境，必须在生产过程中使芯片变薄。如图 6.3(b) 和图 6.3(c) 所示，较薄的芯片具有更好的柔性 [4,5]，当硅芯片的厚度减小到 25μm 或更小时，可以满足柔性电子的变形要求。另外，芯片的减薄也可以提高芯片工作时的散热效率，减少划片工作量。

6.2.1　超薄柔性芯片制备

如前述，半导体材料的弯曲刚度和其厚度存在三次方关系，即弯曲刚度 $D = Ebh^3/12$(公式中 D 为弯曲刚度，E 为半导体材料的弹性模量，b 和 h 分别为半导体材料的宽度和厚度)。弯曲刚度越小，半导体材料的柔性越好，越容易弯曲。通过降低半导体材料的厚度能显著降低其弯曲刚度，实现半导体材料从本征刚性到柔性的转变，也就是需要制备超薄半导体材料。超薄半导体材料制备的核心问题是如何去掉原始衬底材料。原始衬底对半导体器件而言一般不存在功能用途，大部分作为半导体器件外延制备的衬底，有时还会影响半导体器件的热扩散效率、电气性能等。

纳米金刚石的研制可以追溯到三十年前，在漫长的发展过程中，纳米金刚石被用来制作抛光剂、聚晶等材料，用于磨料磨具领域。此外，随着纳米金刚石研究的不断深化，其在金属镀膜、润滑油、磁性记录系统及医学等领域也开始得到重视和应用。

纳米金刚石颗粒是将金刚石用炸药炸成细小颗粒，再通过离心机在不同转速条件下分离成不同颗粒大小，再通过去离子水制备成悬浊液，供减薄使用，如图 6.4 所示。纳米金刚石颗粒的直径在 100μm~100nm。对于不同的半导体材料，减薄过程中采用的金刚石颗粒直径也不同。总体来讲，金刚石颗粒平均直径越大，减薄速度越快，但是减薄后表面的粗糙度越大，取下时半导体器件破碎的风险也就越大。因此在减薄过程中需要在不同阶段采用不同半径的纳米金刚石颗粒，当

图 6.4　纳米金刚石颗粒

金刚石颗粒直径较大时，金刚石颗粒会比较尖锐，因此大直径的金刚石在减薄时速度快、损伤大，极易引起半导体材料的碎裂；当金刚石颗粒直径较小时，金刚石颗粒逐渐变得圆润，逐步呈现类球状，在减薄过程中对半导体材料的损伤逐渐减小；当金刚石颗粒直径在 100nm 以下或者 10nm 左右时，金刚石颗粒呈现球状且聚集在一起，类似形成了一层金刚石薄膜，在减薄过程中对半导体材料的损伤很小。

通过扫描电镜观察可以验证，不同直径金刚石颗粒对半导体材料造成的表面损伤，如图 6.5 所示，经过直径 1500nm 左右的金刚石减薄后的硅片表面划痕和裂纹很多，并且杂乱无章，对应了图 6.4 所示的金刚石颗粒的尖锐形貌，采用这种金刚石颗粒减薄的硅片薄到一定程度时就会破碎。对比图 6.5(b) 和图 6.5(a) 可以发现，直径 1000nm 左右的金刚石颗粒减薄后同样会对硅片造成划痕和裂纹，但是划痕的宽度减小、划痕的数量明显减少。进一步地观察直径 500nm 左右的金刚石颗粒减薄后的硅片表面 (图 6.5(c))，硅片表面的划痕基本已经消失，表面存在少量的微裂纹。当采用直径 80nm 左右的金刚石颗粒减薄硅片时，从扫描电镜图 (图 6.5(d)) 可以看出，硅片表面基本不存在划痕和微裂纹。由此可见，直径越小

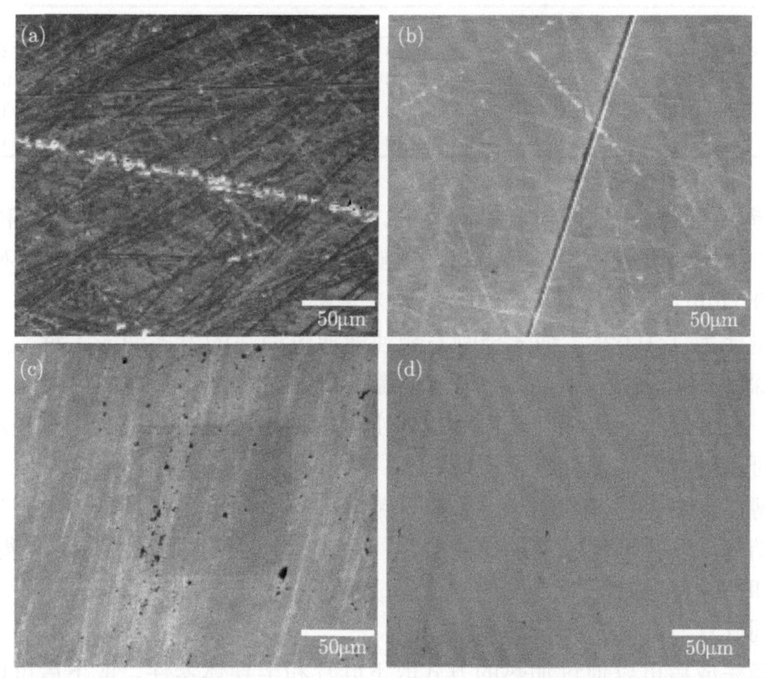

图 6.5 减薄后硅片表面电镜照片：(a) 直径 1500nm 左右的金刚石颗粒减薄后的硅片表面；(b) 直径 1000nm 左右的金刚石颗粒减薄后的硅片表面；(c) 直径 500nm 左右的金刚石颗粒减薄后的硅片表面；(d) 直径 80nm 左右的金刚石颗粒减薄后的硅片表面

的金刚石颗粒在减薄的过程中对硅片的损伤越小。

综上，采用递进式纳米金刚石减薄方法将有效平衡减薄速度和减薄质量的关系。整个减薄过程首先利用直径较大的纳米金刚石悬浊液进行减薄，之后再利用直径较小的纳米金刚石进行抛光处理。前者能够加快整个减薄过程的进度，后者能够抛光半导体器件表面，减少裂痕。

表 6.1 列举了减薄不同半导体材料所使用的纳米金刚石颗粒直径。此处直径为平均值，整个悬浊液中纳米金刚石颗粒的直径误差在 10%以内。采用的减薄策略如下：首先利用直径 10μm 的大颗粒金刚石进行快速减薄。当半导体厚度大约 80μm 时，改用平均直径 1μm 左右的金刚石颗粒进行粗研磨。较细的金刚石颗粒能有效地消除大颗粒金刚石在半导体材料上产生的巨大划痕。当半导体厚度减小至 30μm 左右及 15μm 时，使用直径更小一级的纳米金刚石颗粒进行减薄，直到半导体器件厚度至 10μm 左右。从表 6.1 可以看出，减薄绿光二极管使用的纳米金刚石颗粒直径比红光二极管略大，这是因为氧化铝 (蓝宝石主要成分为氧化铝) 的硬度要大于砷化镓，所以每一级使用的纳米金刚石颗粒直径也略大。

表 6.1　纳米金刚石颗粒直径

半导体器件	半导体材料	纳米金刚石颗粒直径/μm			
光电探测器	硅	10	1.2	0.42	0.1
绿光二极管	氧化铝	10	1.7	0.74	0.21
红光二极管	砷化镓	10	1.2	0.42	0.1
红外二极管	砷化镓	10	1.2	0.42	0.1

减薄过程中最主要的设备是研磨机。研磨机主要包括主盘、修正盘和研磨盘，如图 6.6 所示。两者都由精密电机驱动旋转，修正盘转速为 40r/min，研磨盘转速为 800r/min，两者旋转方向相反。纳米金刚石悬浊液中，去离子水和金刚石颗粒的质量比为 1∶0.025。纳米金刚石悬浊液通过滴注的方式滴入主盘。主盘上有若干条深度 100μm 左右的细小沟道呈螺旋状分布。修正盘与主盘接触一侧为陶瓷材料，通过修正盘可以将金刚石压入主盘的细小沟道中。当金刚石经过研磨盘时，就可以对半导体器件进行减薄。

减薄前需要将待减薄的半导体器件或阵列首先固定到优质硅片上。先在硅片上滴黏结剂，然后迅速放置半导体器件。通过一定时间的压力保持，使得硅基片、黏结层和待减薄芯片三者之间的界面形成良好紧密接触。之后通过石蜡将半导体器件连同硅片一同固定到研磨盘上。

减薄完成后可以通过加热的方式取下硅片和半导体器件。取下后可以通过电子束蒸发的方式蒸镀底部金属电极，如图 6.6 中的插图所示。之后再利用有机溶剂去掉黏结层，取下半导体芯片，最后进行退火完成柔性芯片制备。另外，待减薄的半导体器件可以是阵列，如 6×10 阵列，每次可以减薄三组阵列。这种技术能够大大提高超薄半导体器件的制备效率，且与传统的减薄工艺 (专注于晶圆减薄或化学刻蚀) 不同，此处使用的纳米金刚石研磨技术可以获得厚度更小、毫米级面内尺寸的半导体阵列。

图 6.6 纳米金刚石颗粒减薄技术示意图：插图为减薄后 10μm 厚度 6×10 半导体器件阵列，并利用电子束蒸发重新生长背电极

总之，纳米金刚石颗粒减薄是一种高效的超薄半导体器件制备工艺。这种技术能够大批量制备超薄半导体器件，且不会影响到半导体器件性能。

6.2.2 超薄芯片拾取与转移

减薄得到的柔性晶圆通过划片切割后，需要将柔性芯片从划片载体 (如蓝膜) 转移到柔性电路板上实现柔性芯片的功能，这一过程又叫柔性芯片的拾取与贴装。如图 6.7 所示，整个工艺过程包含拾取和贴装两大关键步骤。其中柔性芯片的拾取包含顶针剥离和真空拾取两个步骤，目的是实现柔性芯片与划片载体的分离。柔性芯片的贴装包含柔性芯片转移和柔性芯片装配，目的是实现柔性芯片与柔性电路板的结合且不脱落。

柔性芯片拾取过程具体步骤包括：(a) 吸嘴和顶针就位；(b) 顶针将柔性芯片顶起，使柔性芯片与载体分离，即顶针剥离；(c) 吸嘴吸附柔性芯片，辅助柔性芯片远离蓝膜，使柔性芯片逐渐与蓝膜完全分离；(d) 吸嘴将柔性芯片完全从蓝膜上分离转移。

其中，柔性芯片的顶针剥离是柔性芯片拾取过程中的核心步骤，也是柔性芯片拾取和贴装工艺中最为关键且难度最大的工艺之一。柔性芯片从蓝膜上剥离并被成功转移是实验过程中的理想状态。然而，在实际操作过程中，柔性芯片由于材料硬脆且弯曲刚度较低，在转移过程中容易发生剥离失败、芯片碎裂等现象。如图 6.8 所示，柔性芯片在剥离的过程中可能会发生两种情况：一种是芯片未剥离 (图 6.8(a))，一种是成功剥离 (图 6.8(b))；同时柔性芯片在剥离的过程中可能会碎裂 (图 6.8(c)) 或者完好 (图 6.8(d))。因此柔性芯片能否完好地实现拾取和贴装，柔性芯片的剥离是工艺关键。

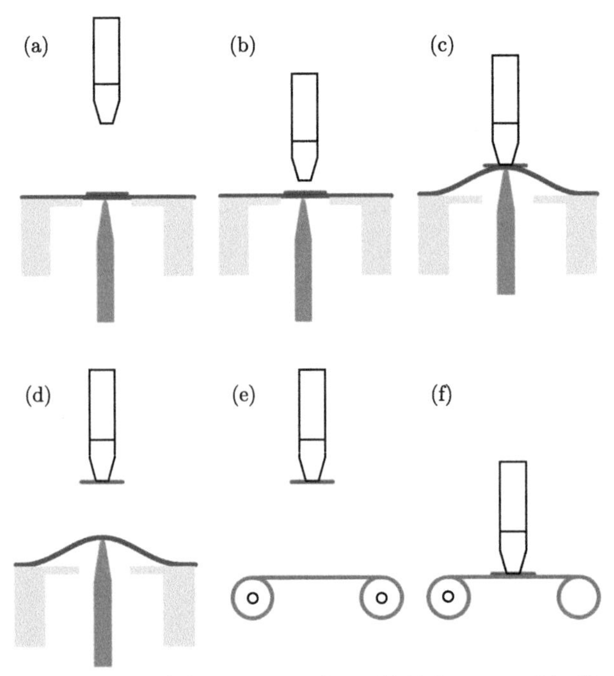

图 6.7　柔性芯片拾取与贴装工艺流程：(a) 吸嘴和顶针就位；(b) 顶针顶起柔性芯片；(c) 吸嘴吸附柔性芯片；(d) 吸嘴转移柔性芯片；(e) 柔性芯片转移至柔性基板处；(f) 吸嘴下压贴装柔性芯片

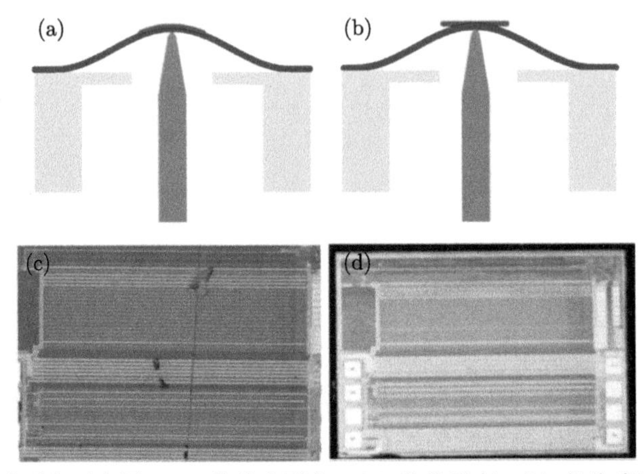

图 6.8　柔性芯片剥离示意图：(a) 芯片未剥离；(b) 芯片剥离；(c) 芯片碎裂；(d) 芯片剥离且完好

6.2.3　超薄柔性芯片剥离理论模型

柔性芯片越薄，越不易被成功剥离，为了寻找柔性芯片难以剥离的原因以及给出柔性芯片剥离的指导，本节将介绍面向柔性芯片剥离过程的力学模型，对柔性芯片的剥离工艺进行分析和优化。在芯片剥离实验中，顶针会将蓝膜以及芯片顶起，顶起的距离为δ，顶起后的蓝膜以及芯片形貌如图 6.9 所示，其中蓝膜衬底的变形可近似为三角函数波形。其中 L 为蓝膜的长度，l 为芯片的长度，h_1 为芯片的厚度，h_2 为蓝膜的厚度。在顶针顶起芯片的过程中，芯片和蓝膜之间存在两种状态：一种状态是芯片随着蓝膜发生变形，为状态 1(图 6.9(b))；另一种状态是芯片与蓝膜分离，芯片不发生变形，为状态 2(图 6.9(a))，状态 2 表明芯片从蓝膜上剥离。根据能量原理，对比两种状态下系统的总能量，可以求得芯片与蓝膜的分离状态。

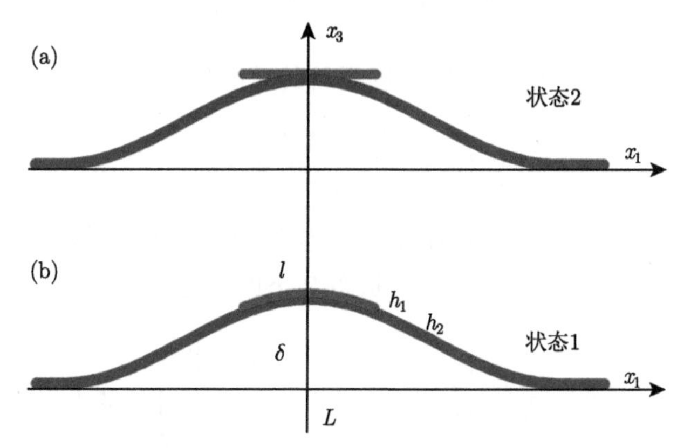

图 6.9　柔性芯片剥离力学模型示意图：(a) 芯片剥离；(b) 芯片未剥离

如图 6.9 所示的坐标轴方向，假设顶针顶起后梁的挠度为以下三角函数形式：

$$w=\frac{\delta}{2}\left(1+\cos\frac{2\pi x_1}{L}\right) \tag{6.1}$$

对挠度求二阶导可得

$$\frac{\mathrm{d}^2w}{\mathrm{d}x_1^2}=-\frac{2\pi^2\delta}{L^2}\cos\frac{2\pi x_1}{L} \tag{6.2}$$

已知挠度方程，可以求得状态 1 下的芯片应变能

$$\begin{aligned}U_{1\mathrm{chip}}&=\frac{\overline{E_1}h_1^3}{12}\int_{-l}^{l}\frac{1}{2}\left(\frac{\mathrm{d}^2w}{\mathrm{d}x_1^2}\right)^2\mathrm{d}x_1\\&=\frac{\overline{E_1}h_1^3\pi^4\delta^2}{24L^4}\left(2l+\frac{L\sin\dfrac{2\pi l}{L}}{\pi}\right)\end{aligned} \tag{6.3}$$

公式 (6.3) 中 $\overline{E_1}=E_1/(1-\nu_1^2)$，$E_1$ 和 ν_1 分别为芯片的弹性模量和泊松比。

同理可以求得状态 1 下蓝膜的应变能：

$$U_{1\mathrm{sub}}=\frac{\overline{E_2}h_2^3}{12}\int_{-L}^{L}\frac{1}{2}\left(\frac{\mathrm{d}^2w}{\mathrm{d}x_1^2}\right)^2\mathrm{d}x_1=\frac{\overline{E_2}h_2^3\pi^4\delta^2}{12L^3} \tag{6.4}$$

公式 (6.4) 中 $\overline{E_2}=E_2/(1-\nu_2^2)$，$E_2$ 和 ν_2 分别为蓝膜的弹性模量和泊松比。

将芯片和蓝膜的应变能求和，可以求得状态 1 下的芯片/蓝膜系统的总能量：

$$U_1=\frac{\overline{E_1}h_1^3\pi^4\delta^2}{24L^4}\left(2l+\frac{L\sin\dfrac{2\pi l}{L}}{\pi}\right)+\frac{\overline{E_2}h_2^3\pi^4\delta^2}{12L^3} \tag{6.5}$$

同理，可以求得状态 2 下的芯片/蓝膜系统的总能量：

$$U_2=\frac{\overline{E_2}h_2^3\pi^4\delta^2}{12L^3}+2\gamma l \tag{6.6}$$

其中 $2\gamma l$ 为芯片与蓝膜之间的界面能，γ 为界面间的黏附系数。将公式 (6.5) 和公式 (6.6) 两式相减，得到状态 1 与状态 2 下的总能量差值为

$$\Delta U=\frac{\overline{E_1}h_1^3\pi^4\delta^2}{24L^4}\left(2l+\frac{L\sin\dfrac{2\pi l}{L}}{\pi}\right)-2\gamma l \tag{6.7}$$

当 $\Delta U>0$ 时，$U_1>U_2$，芯片/蓝膜系统趋向于状态 2，芯片从蓝膜上剥离；当 $\Delta U<0$ 时，$U_1<U_2$，芯片/蓝膜系统趋向于状态 1，芯片跟随蓝膜一起发生变形，芯片不能从蓝膜上剥离。

对公式 (6.7) 进行无量纲化处理可得

$$\overline{\Delta U}=\overline{h_1}^3\overline{\delta}^2\left(2\overline{l}+\frac{1}{\pi}\sin 2\pi\overline{l}\right)-\overline{\gamma}\overline{l} \tag{6.8}$$

式中 $\overline{\Delta U}=24\Delta U/\left(\overline{E_1}\pi^4L^2\right)$ 为无量纲能量差值，$\overline{h_1}=h_1/L$ 为无量纲芯片厚度，$\overline{\delta}=\delta/L$ 为无量纲顶起高度，$\overline{l}=l/L$ 为无量纲芯片长度，$\overline{\gamma}=48\gamma/\left(\overline{E_1}L\pi^4\right)$ 为无量纲黏附系数，该无量纲黏附系数与黏附系数、芯片弹性模量以及蓝膜长度有关。

图 6.10 给出了在柔性芯片长度为 $l=1\mathrm{mm}$，蓝膜长度为 $L=2\mathrm{mm}$ 条件下，无量纲能量差值与无量纲芯片厚度之间的关系。从图中可以看出，随着无量纲芯片厚度的减小，无量纲能量差值逐渐减小，这说明随着芯片厚度的减小，芯片/蓝

膜系统逐渐趋向于状态 1，芯片剥离的难度逐渐增大，因此越薄的芯片越不容易从蓝膜上剥离，这也是柔性芯片拾取与贴装工艺中的难点。

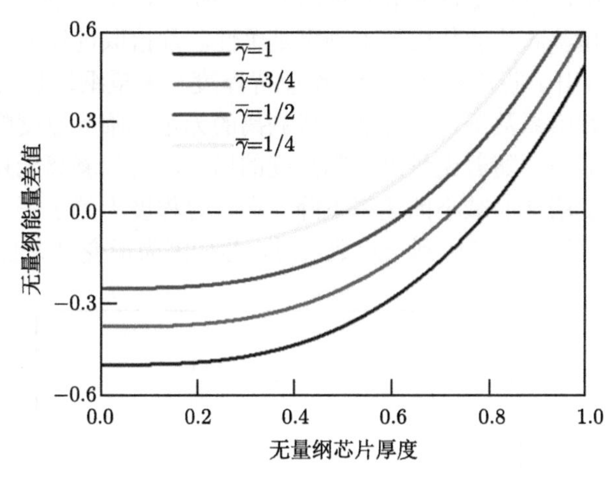

图 6.10 无量纲能量差值在不同无量纲黏附系数 $\overline{\gamma}$ 条件下与无量纲芯片厚度之间的关系

从图 6.10 中可以看出，不同无量纲黏附系数下，无量纲能量差值随着芯片厚度变化的趋势相同，芯片越薄，芯片/蓝膜系统越趋向于状态 1，越不容易剥离；减小界面黏附系数，可以增大能量差值，使芯片/蓝膜系统更趋向于状态 2。从图 6.11 可以看出，不同无量纲顶起高度下，无量纲能量差值随着无量纲芯片厚度变化的趋势相同，芯片越薄，芯片/蓝膜系统越趋向于状态 1，越不容易剥离；增大顶起高度，可以增大无量纲能量差值，使芯片/蓝膜系统更趋向于状态 2。

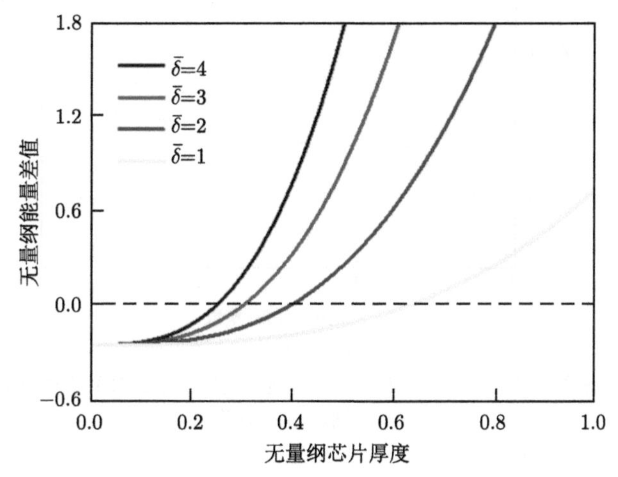

图 6.11 无量纲能量差值在不同无量纲顶起高度 $\overline{\delta}$ 条件下与无量纲芯片厚度之间的关系

改变无量纲黏附系数 (与芯片/蓝膜界面黏附正相关) 以及无量纲顶起高度 (与顶起高度正相关) 可以有效地改变无量纲能量差值，进而改变芯片/蓝膜系统的状态。$\overline{\Delta U}=0$ 是芯片是否从蓝膜剥离的临界状态，不同条件下会存在芯片剥离的临界厚度，超薄芯片能从蓝膜上剥离是柔性芯片拾取过程中的理想状态。

图 6.12(a) 给出了芯片剥离的无量纲临界厚度与无量纲顶起高度之间的关系，在不同的无量纲黏附系数下，芯片能完成剥离的无量纲临界厚度随着无量纲顶起高度的增加逐渐减小，随着无量纲顶起高度的增加，芯片剥离无量纲临界厚度随着无量纲顶起高度增加而减小的速率下降，在一定程度上趋于平缓。同时需要注意的是，当无量纲顶起高度达到一定数值时，芯片因为形变过大会引起芯片碎裂。

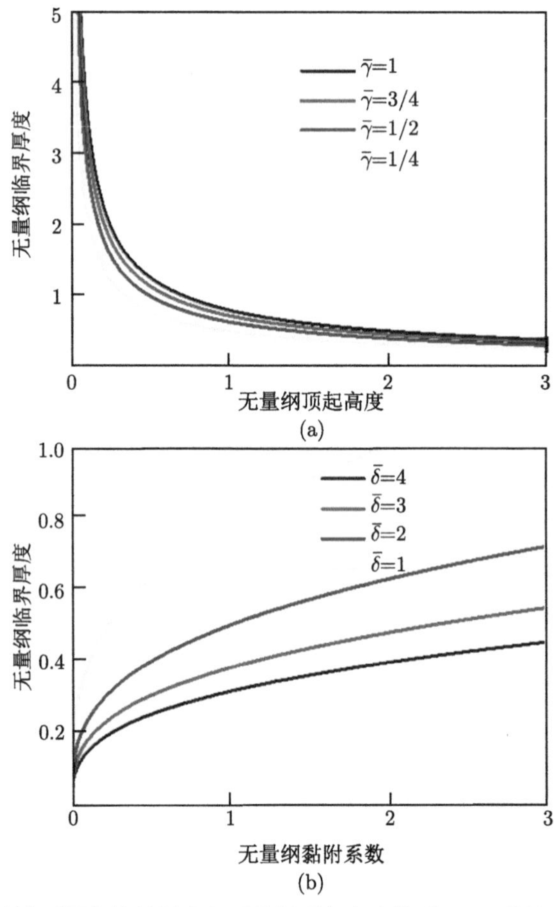

图 6.12　(a) 芯片剥离无量纲临界厚度与无量纲顶起高度关系；(b) 芯片剥离无量纲临界厚度与无量纲黏附系数关系

图 6.12(b) 给出了芯片剥离的无量纲临界厚度与无量纲黏附系数之间的关系，

在不同的无量纲顶起高度条件下，芯片剥离无量纲临界厚度随着无量纲黏附系数的减小而逐渐减小，且随着无量纲黏附系数的减小，芯片剥离无量纲临界厚度随着无量纲黏附系数变大而增加的速率下降。因此无量纲黏附系数的降低有效地保证了柔性超薄芯片的剥离。

在确定蓝膜长度后，无量纲黏附系数等价于芯片/蓝膜界面黏附，因此界面黏附的降低有效地保证了柔性超薄芯片的剥离。但需要注意的是，当界面黏附降低到一定程度时，芯片与蓝膜之间黏附过低会导致芯片在剥离工艺之前，芯片从蓝膜上脱落，进而造成芯片的损坏。因此需要适当地控制芯片与蓝膜之间的黏附，既要保证芯片能从蓝膜上成功剥离，又要保证芯片在剥离之前完整地黏附在蓝膜上。

上述分析对柔性超薄芯片剥离给出的指导为：芯片越薄，越不易从蓝膜上剥离；增大顶针的顶起高度、减小芯片/蓝膜界面的黏附，可以有效地提高芯片剥离的成功率。

6.2.4 超薄芯片性能表征

纳米金刚石颗粒减薄能够制备基于不同材料、不同结构、不同功能的超薄半导体器件。利用该技术制备的超薄光电子半导体器件包括: 基于砷化镓衬底材料的红光二极管和红外二极管，发光中心波长分别为 620nm 和 850nm；基于蓝宝石衬底的绿光二极管，发光中心波长为 500nm；基于硅衬底材料的光电探测器，相应波长覆盖 400~1100nm。除了某些新型半导体材料以外，这三类半导体器件对应的衬底材料能够覆盖大多数商用半导体器件。减薄后各个半导体器件顶部形貌和厚度的扫描电子显微镜图片如图 6.13 所示。由于纳米金刚石减薄是纯物理研磨减薄，因此在减薄过程中避免了由于化学反应 (如酸、碱等化学物质) 对半导体器件的腐蚀。从扫描电镜图片可以看出，减薄后的红外二极管、红光二极管、绿光二极管和光电探测器的厚度分别为 11μm、11.7μm、11.3μm 和 10.8μm，与原始厚度 180.2μm、177.3μm、301.9μm 和 200μm 相比，大约 90%的本征衬底材料被研磨。得益于黏结层的牢固黏结，各个半导体器件的表面完整无损伤，在扫描电镜下观察也看不到任何裂纹或划痕，极大限度地保持了各个半导体芯片原有的性能。同时，由于器件本身尺寸较小的原因，器件内部的残余应力较小，没有出现类似大尺寸晶片减薄后弯曲且曲率半径较大的情况。

电致发光是物体在电场作用下激发出电子从而发光的一种物理现象。电致发光光谱能够反映出光源的光波波长。光源中心波长取决于材料的晶格，观察中心波长是否有红移/蓝移现象能够反映减薄过程是否对半导体晶格造成破坏。伏–安曲线反映出光源的输出功率特性，若是光源器件遭到破坏，其功率和能效也会受到影响。从图 6.14(a) 和图 6.14(b) 可以看出，减薄后红外、红光和绿光二极管波长依然稳定在 850nm、620nm 和 500nm，伏–安曲线也和减薄前一致，开启电压分别在 1.25V、1.75V 和 2.25V 左右。

(a)　(b)

(c)　(d)

图 6.13　不同材料及功能半导体减薄后厚度方向和功能层表面扫描电镜图片：(a) 红外二极管 (砷化镓)；(b) 红光二极管 (砷化镓)；(c) 绿光二极管 (氧化铝)；(d) 光电探测器 (硅)

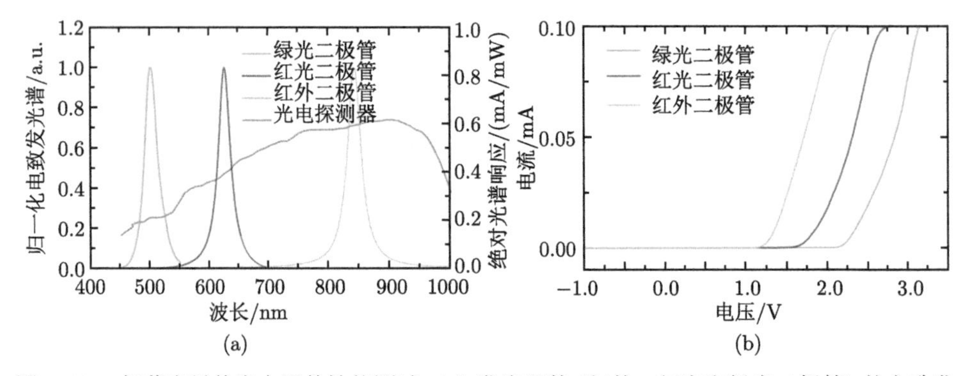

(a)　(b)

图 6.14　超薄半导体光电器件性能测试: (a) 发光器件 (红外、红光和绿光二极管) 的电致发光光谱，以及光电探测器的绝对光谱响应; (b) 发光器件的伏–安曲线

光电探测器是利用具有光学效应的材料制成的将光辐射信号转换为电学信号的一种传感器。一般情况下，光电探测器在一定光谱区域内都具有光谱选择性，即光谱响应度在不同波长下不同。光谱响应是表征光电探测器的重要指标，能够反映出光电探测器性能。从图 6.14(a) 可以看出，超薄光电探测器的响应光谱在 400～1000nm，并没有因为减薄而受到影响。

6.2.5 柔性芯片可靠性测试

根据国际通用标准，可靠性定义为系统或元器件在规定环境下及规定时间内完成规定功能的能力。在电子领域，可靠性的研究是集成系统开发以及制备过程中的一个重要部分，是微电子制备技术、封装工艺能力的重要评价体系。根据国际通用标准，可靠性定义中的“规定时间”就是常说的“寿命”，常用电子产品的寿命必须大于 10 年。可靠性评估通常采用“加速寿命测试”，也就是将样品放入高温、高湿等环境条件下，根据样品的失效来推算正常环境下样品的寿命，目前电子产品的可靠性实验都有一定的国际通用标准，对柔性芯片来说，由于需要承受弯曲载荷，其能够承受的弯曲程度、弯曲状态下的电学性能以及弯曲疲劳有着重要意义。如图 6.15 所示，将柔性芯片的一端用黏结剂固定在硬质基板上，黏结剂凝固后使柔性芯片的一端成为固支约束状态，柔性芯片的另一端自由，形成类似悬臂梁的状态。采用扫描电镜专用微纳力学测试系统 (Hysitron PI85)，可以对小尺寸的柔性芯片进行动态加载并利用动态原位扫描电镜实时原位观察柔性芯片加载状态下的微观形貌变化。如图 6.15 所示，探针压头加载处于柔性芯片悬臂梁的自由端，另一端完全固支，通过软件施加加载位移并记录加载过程中的力–位移曲线，并用扫描电镜实时观察加载状态，记录柔性芯片的弯曲状态。在实验中，设

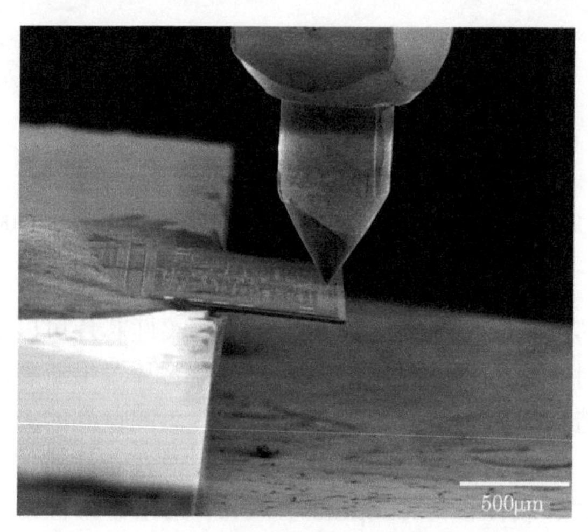

图 6.15 柔性芯片原位动态力学测试示意图

备的探针压头直径为 100μm，探针压头距离柔性芯片固支端的距离为 500μm，芯片的厚度为 20μm。

首先，对柔性芯片进行疲劳加载。一个周期内的加载过程如图 6.16 所示，包括探针压头接触芯片开始加载，加载过程，加载到最大位移，卸载，以及卸载完成等阶段。一个周期内的最大加载位移为 100μm，加载到卸载完成为一个周期，对其做了 1000 次循环加载–卸载，柔性芯片的外观结构没有出现裂纹或微裂纹，同时疲劳加载完成后，芯片的性能仍然完好。实验结果表明柔性芯片能够承受一定程度的弯曲，且在反复弯曲变形时耐疲劳可靠性较好。

图 6.16　柔性芯片原位动态力学测试实时加载图：(a) 开始加载；(b)50000nm 位移加载处；(c)100000nm 位移加载处；(d) 卸载完成

然后对柔性芯片做破坏性的加载实验，探究柔性芯片可以承受的最小曲率半径。用探针压头对柔性芯片进行加载，直到柔性芯片发生断裂，刚开始发生断裂的芯片会回弹，造成压头测量的力变大，随后压头测量到的力急剧减小，说明柔性芯片发生断裂，不能承受压头的压力，验证了柔性芯片的结构失效，柔性芯片结构失效时的最大加载位移为 120μm。图 6.17 给出了柔性芯片断裂后的扫描电镜侧面图以及正面显微镜照片，从照片可以看出柔性芯片在硬基板的边缘 (固支处) 发生断裂，自由端到固支端的距离为 500μm，通过几何关系可以近似求得柔性芯片的最小弯曲半径为 0.35mm。

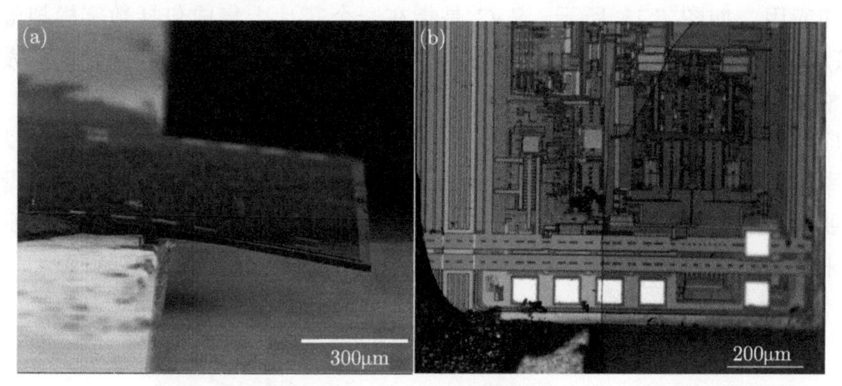

图 6.17　柔性芯片结构失效：(a) 侧面扫描电镜；(b) 正面显微镜照片

进一步，考察柔性芯片 (以柔性运算放大器为例) 在弯曲状态下的电学功能特性。给出了在给定输入电压 1.5V 时，运算放大器输出端的电流变化，当运算放大器功能层承受不同的应力 (如拉应力与压应力) 时，输出端的输出电流略有不同，但是差别不大，当芯片的弯曲半径为 2.2mm 时，柔性运算放大器的功能发生失效。

可以看到，柔性芯片在一定的载荷条件下，具有良好的弯曲性能，可以承受的最小弯曲半径大约为 0.35mm；柔性芯片在循环加载 1000 次下仍能保持良好的结构完整性和功能有效性。

6.3　柔性微系统封装集成技术

柔性微系统的封装技术是指将柔性芯片放置在柔性电路板上，并将芯片的引出电极利用柔性互联进行连接，最后利用柔性包封将集成了柔性芯片的柔性电路板封装保护起来，最终形成具有特定功能且“轻薄柔小”的柔性微系统。本节将围绕柔性微系统封装，重点介绍柔性微系统封装基本概念、柔性互联技术和柔性包封技术。

6.3.1　柔性微系统封装基本概念

柔性微系统封装技术是建立在集成电路封装技术基础之上的新方向。因此，在介绍柔性微系统封装之前，我们先简单介绍几个重要的集成电路封装技术，包括系统级芯片 (system on a chip，SoC) 与系统级封装 (system in a package，SiP) 技术。然后介绍两种典型的柔性微系统封装技术，即柔性系统级封装和聚合物芯片技术。

作为在系统层面上延续摩尔定律的技术路线，SoC 和 SiP 正得到越来越多的关注和应用，如图 6.18 所示。SoC 是指在一个芯片上集成包括数字模拟混合电路、I/O 接口、处理器和存储器等部件，以实现某一特定功能。SoC 的研发需要进行整体系统层面、软硬件协同设计，因此集成度高、性能强大、能耗低，有着相当广泛的应用前景。SoC 也存在一定的问题，由于 SoC 芯片尺寸普遍增大，其成品率相较其他芯片更低，同时要集成多种异构部件于一个芯片之上，对薄膜工艺的要求也随之提高，这导致了 SoC 的研发成本很高，研发周期很长。因此，近些年来，系统级封装这一封装方法快速发展，正逐渐走进人们的视野。

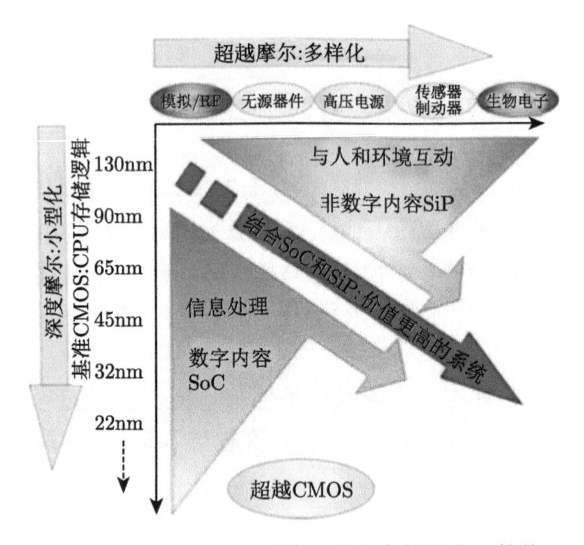

图 6.18　多功能和小型化的强烈需求下摩尔定律的发展趋势 (网络图片)

SiP 是指将不同种类的元件，通过不同技术，混载于同一封装之内，由此构成系统集成封装形式 [6]。SiP 实现的是系统集成，将多个芯片与分立器件及无源元件集成在一个封装体内，可以是多个裸芯片的堆叠 [7]，还可以是多个封装体的堆叠和内嵌，本身可兼容不同工艺、不同功能的芯片，从而高效可靠地实现由单芯片级到系统级的异质集成。SiP 本身是具有系统功能的单一封装体，可以将芯片嵌入基板上的凹槽内，电阻、电容、电感等生成于基板上方，最后用高分子材料包封。这样一来，在一个封装体内组装成了各种实现系统功能的芯片、无源元件，有效缩小了线宽，降低了封装体厚度，同时大大节约了成本 [8]，如图 6.19 所示。图 6.20 介绍了多种 SiP 的封装形式，包括片间直接连接、基于基板的内部互联、水平连接、埋入式连接等。

柔性系统级封装 (flexible system in a package，FSiP) 是针对柔性电子器件

的一种新型封装概念，在传统 SiP 的框架上，结合了柔性电子器件特有的一些工艺，使得整个 SiP 封装体具有柔性、可延展性，并且保持超薄厚度、高集成度、低成本等特点。

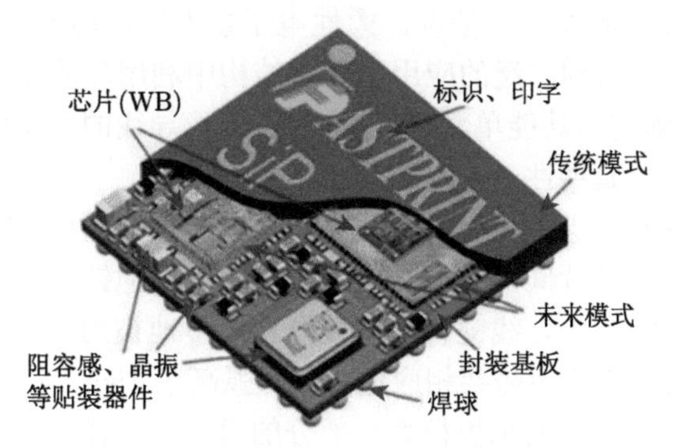

图 6.19 高集成度 SiP 系统示意图示例

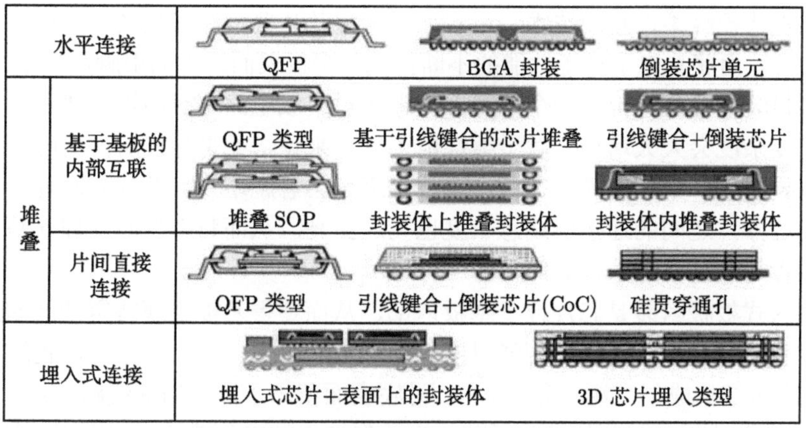

连接方式	细分			
水平连接		QFP	BGA 封装	倒装芯片单元
堆叠	基于基板的内部互联	QFP 类型	基于引线键合的芯片堆叠	引线键合+倒装芯片
堆叠	基于基板的内部互联	堆叠 SOP	封装体上堆叠封装体	封装体内堆叠封装体
堆叠	片间直接连接	QFP 类型	引线键合+倒装芯片(CoC)	硅贯穿通孔
埋入式连接		埋入式芯片+表面上的封装体	3D 芯片埋入类型	

图 6.20 不同的 SiP 封装方式 [9]

QFP：方型扁平式封装 (plastic quad flat package); BGA：球栅阵列封装 (ball grid array); SOP：系统级封装 (system on package); CoC：芯片堆叠 (chip on chip)

针对封装体的柔性可弯折的需求，FSiP 工艺要求所使用的芯片达到 50μm 以下的厚度，自身才能具有一定的柔性，针对特定的使用场景，甚至有可能需要芯片厚度达到 25μm 以下，并且保持芯片的完整性以实现预期功能，这便给芯片的生产带来了一定的挑战。利用传统工艺生产出来的芯片厚度一般在 300μm 以上，因此 FSiP 对减薄工艺提出了新的挑战，即将 4 寸①、8 寸甚至是 12 寸的晶圆减

① 1 寸 =1/30 米。

薄至原本的 1/10 以下并且不坏，同时在划片时不会因减薄时存在的残余应力而发生断裂。

除了柔性，FSiP 对封装体也提出了可延展性的要求，以适应各类使用环境，特别是环境自身在不断变形的情况。柔性电子技术中常用的岛桥结构与蛇形/分形导线将在 FSiP 中得到广泛的应用。岛桥结构中利用岛的应变隔离特性可以保护应变敏感/易碎脆弱的功能单元，利用蛇形/分形导线的离面屈曲变形实现柔性微系统整体柔性与可延展性。

芯片互联是 SiP 工艺的关键，为减小整个封装体的面积，传统 SiP 工艺常使用层叠的方式来减小芯片间的接线长度和寄生电阻，但针对柔性的要求，这一方式难以应用在 FSiP 当中。线键合和倒装焊将更多地被用在 FSiP 中。当芯片厚度很小时，线键合的弧度也需要相应地降低，弧高在 75μm 甚至以下为佳，同时，在弯曲载荷下，金属丝需要承担很大一部分的弯曲，这样一来对焊点可靠性的要求便更高。互联技术将在 6.3.2 节中详细介绍。

另一种典型的柔性微系统封装技术是聚合物芯片技术 (chip in polymer，CiP)，又叫埋入式板级柔性封装技术。通常来说，裸芯片要进行封装之后，再焊接到基板表面上，而随着电子设备性能的不断提高，基板表面元件的引脚数也不断提高，因此若封装中的芯片都在一个平面上，那么对集成电路本身的设计要求就会大大提高，复杂度会大大增加。对于柔性电子器件来说，蛇形导线所占用的面积原本就比直导线大，集成度提高之后，设计难度也会急剧增大。芯片与芯片之间、芯片与无源器件之间的连接引线总长度也飞速提高。从而将有源芯片埋入基板的叠层式板级封装技术进入人们的视野 [10-12]。

埋入式板极封装是芯片位于基板内部，从而使得基板实现特定功能的封装方式，这也被称作智能基板 (智能衬底) 技术，图 6.21(b) 就是智能衬底的一种形式，衬底内部集成了有源、无源器件，衬底表面留出了连接用的线路，供再次集成用 [14]。埋入式板级封装技术包括芯片先置型埋入技术与芯片后置型埋入技术。顾名思义，先置型技术就是将芯片先贴到基板上，然后在芯片上方制备多层互联层的技术，如图 6.21(a) 所示 [13]；后置型技术就是在基板中制备出一个恰好比芯片稍大的凹槽，然后将芯片置于凹槽当中，如图 6.21(c) 所示 [15]。后置型埋入技术由于芯片周围有些许空隙存在，因此芯片加工时的可靠性、稳定性和工作时的散热性都比先置型的出色；但芯片后置型埋入技术对板内空间利用率不如先置型的高，因此两者各有利弊。图 6.21(d) 展示了芯片扇出型再布线结构，由于芯片表面焊盘数量多，焊盘尺寸小，因此常通过再布线的方式将芯片的焊盘引出到更大的焊盘上，方便后续的互联封装 [16]。

在柔性集成电路及系统领域，清华大学和浙江清华柔性电子技术研究院做出了大量的研究工作，利用类球形纳米金刚石材料减薄半导体晶圆，发展出了超薄柔性集成电路的渐进式晶圆级减薄方法，制备的晶圆/芯片最薄可达 15μm(图 6.22)，在国际上首次发布两款柔性芯片，该成果被科技日报头版报道；同时也发展了多芯片协同柔性 SiP 封装工艺，器件整体弯曲半径小于 6mm，已成功应用于重大工业装备的工作状态检测。

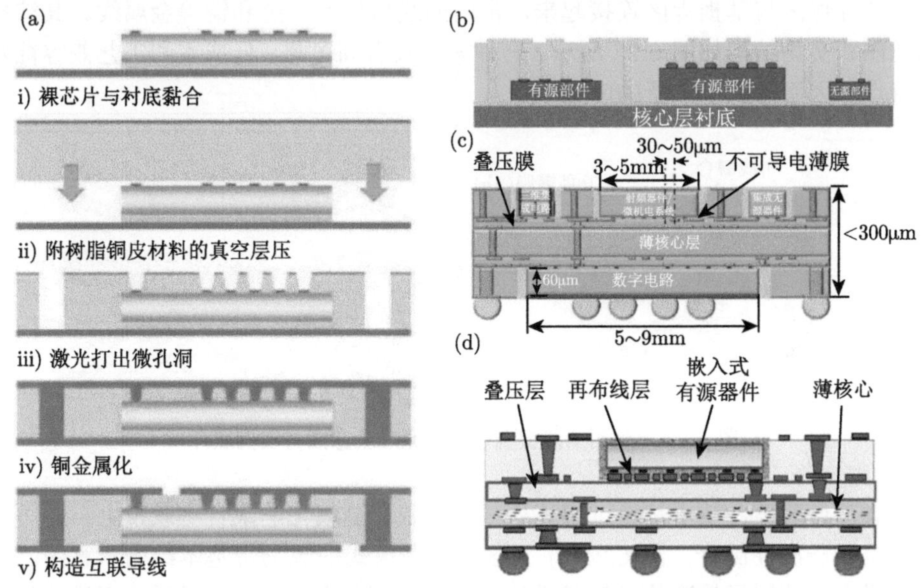

图 6.21 埋入式板极封装技术示意图：(a) 芯片先置埋入的参考制备流程 [13]；(b) 集成了有源、无源器件的智能衬底 [14]；(c) 芯片后置埋入的剖面结构 [15]；(d) 芯片扇出型再布线结构 [16]

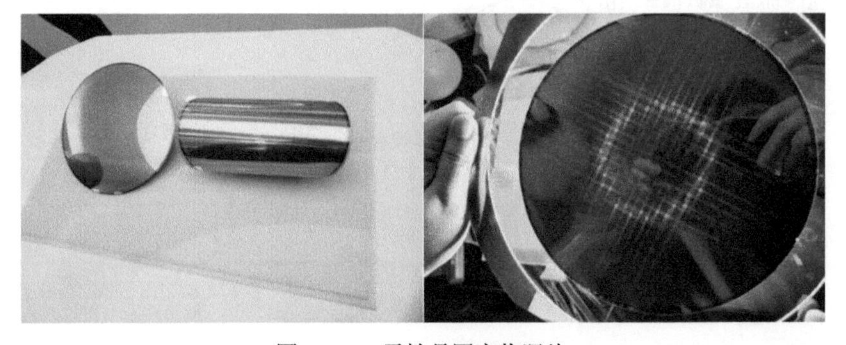

图 6.22 柔性晶圆实物照片

6.3.2 柔性互联技术

作为柔性集成电路的重要组成部分，芯片在柔性衬底上的互联是支撑集成电路正常运行的骨架。柔性互联技术的发展基于传统互联方式，如引线键合技术、载带自动键合技术和倒装芯片键合技术，并在逐渐发展出硅通孔技术等三维互联方式。

1) 二维互联技术

引线键合技术是目前最为常见的芯片互联技术，其通过 15~50μm 的金属线材将芯片焊区与基板焊区连接起来，常用的线材如铝、金和铜等金属线。其结构示意图和实物结构如图 6.23 所示。这种方法具有高可靠、低成本和工艺兼容性好等特点，因而得到了广泛的应用。

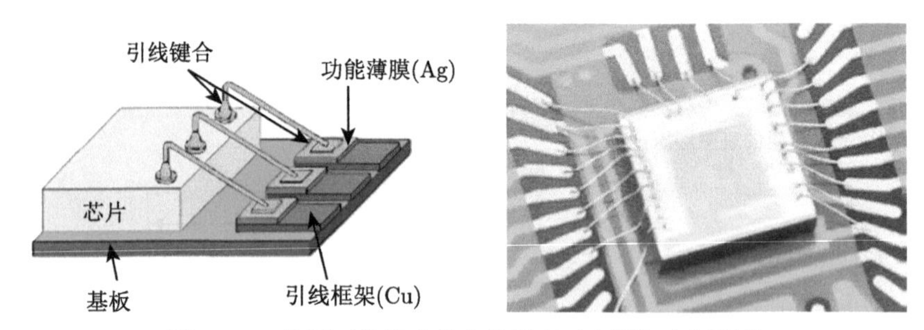

图 6.23　使用引线键合技术的原理示意图与实例照片

载带自动键合技术是通过将芯片预先组装在金属化的聚合物载带上，而后通过热电极一次性键合。图 6.24(a) 为这种键合模式的载物带基本结构示意图。这种互联方式使用了标准化卷轴长带，其工作原理如图 6.24(b) 所示，可见其具有自动化程度高、组装密度高，且引脚多、间距细和引线短等优势。但这类设备投资高、工艺线路长。

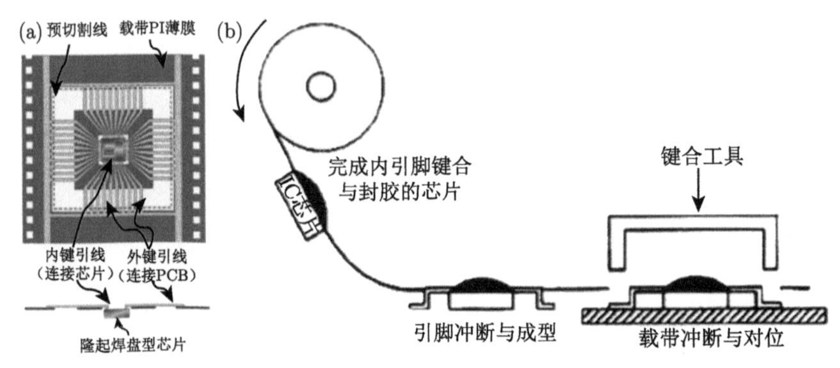

图 6.24　载带自动键合载物带 (a) 基本结构与 (b) 其工作机理

倒装芯片键合技术是将裸芯片面朝下，芯片焊区与基板焊区直接互联的技术。图 6.25 为倒装芯片键合基本工艺流程的示意图。这种方法中，芯片上的凸点直接面朝下互联到基板、载体或者电路板上。同时还需要在使用底部填充胶将芯片与极板间的间隙填充起来，使芯片、焊球凸点和基板能够紧密地连接起来。这种方式省掉了互联引线，因此产生的互联电容、电阻电感比需要引线的载带自动键合工艺和引线键合工艺低，具有优异的电性能。同时，这种方法的焊区可以在芯片的任何部位，而不局限于芯片的边缘。随着科技的发展，这种封装方式成本逐渐走低，进而成为射频芯片中最常用的互联技术。

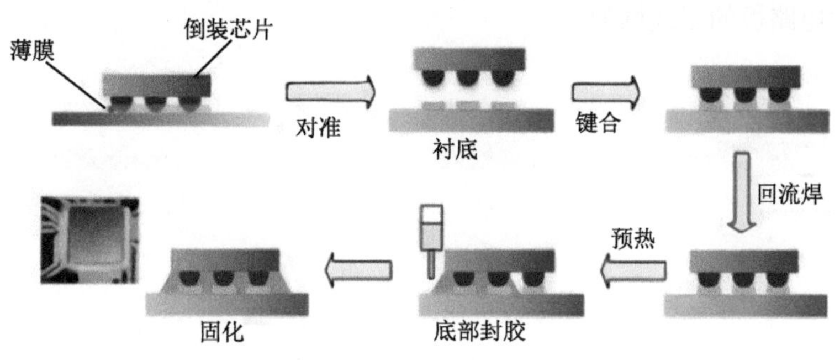

图 6.25 倒装芯片键合技术操作步骤示意图

随着互联技术的发展，倒装芯片键合以其较低的连结电感、高封装密度等优势，逐渐成为芯片互联的主流技术。表 6.2 为三种二维互联技术的对比。

表 6.2 三种二维互联技术的对比

互联方式	焊盘分布区域	引线电阻 $R/\text{m}\Omega$	引线电容 C/pF	连结电感/nH	对器件冲击性	焊点质量检查方式	封装密度	可靠性
引线键合	芯片四周	~ 100	~ 25	~ 3	较大	显微镜	低	一般
载带自动键合	芯片四周	~ 20	~ 10	2	小	显微镜	中	好
倒装芯片键合	芯片表面均可	<3	<1	~ 0.2	小	X 射线	高	非常好

柔性微系统封装中，传统互联技术无法直接与柔性芯片和柔性电路板兼容，实际操作过程中，存在大量问题需要解决。

以常见的引线键合工艺来说，具体的键合工艺流程如下 (图 6.26)。

(1) 金丝伸出劈刀一部分，打火系统启动，产生的高压在金丝附近与空气发生电离形成电弧，然后金丝被熔化形成金丝球。

(2) 劈刀带着金线向上提，在运动控制装置的控制下，将金丝移动到芯片正上方。

(3) 操作劈刀的下降按钮，使劈刀连带着金球下降到预定高度，然后寻找芯片需要键合的引线框架，再减慢速度继续下降。当金球接触到芯片引线框架后，持续保持一定的压力，使金球发生变性，然后在超声的振动条件下使劈刀带动金球与芯片引线框架发生原子迁移，形成第一焊点。

(4) 劈刀上升到一定的高度，该高度由每个键合线的形状和跨度决定。

(5) 在运动控制装置的控制下，劈刀运动到柔性电路板引线框架上方，操作劈刀下降按钮，使金丝与柔性电路板上的引线框架接触，劈刀将金线压在引线框架上，在键合力的作用下，完成第二焊点的操作。第二焊点不同于第一焊点，焊点形状为楔形压痕。

(6) 劈刀上升，并将金丝夹断，至此形成键合互联线，连通芯片输入/输出端口与柔性电路板的引线框架。

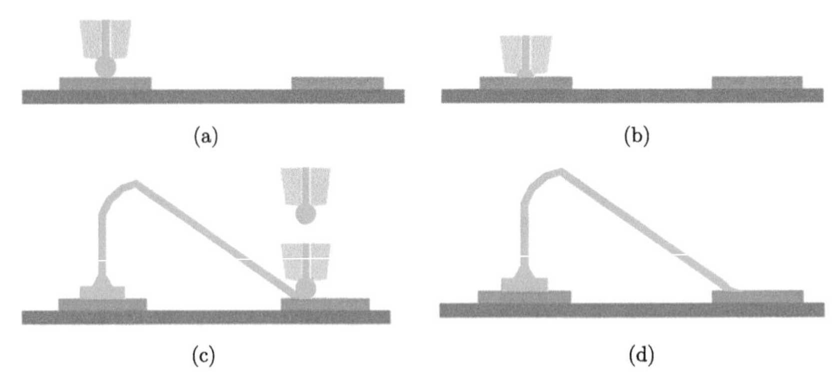

图 6.26　引线键合工艺流程：(a) 第一焊点成球；(b) 第一焊点形成；(c) 引线上提与定位；(d) 第二焊点形成

采用引线键合技术，其键合线的第一焊点为球形，第二焊点为楔形。但是在引线键合的过程中，键合的工艺差别，会引起键合线失效，进而导致集成系统的功能丧失。如图 6.27 所示，根据键合线失效位置的不同，引线键合的失效分为五种：①第一焊点脱落；②第一焊点根部断裂；③引线断裂；④第二焊点断裂；⑤第二焊点脱落。

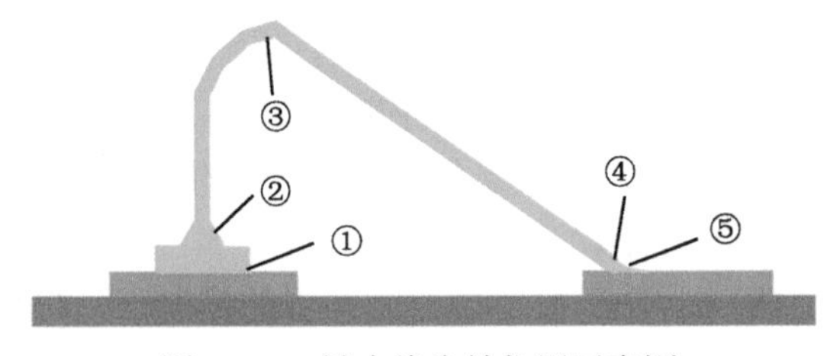

图 6.27　键合线失效位置示意图

引线键合的失效与引线键合的工艺存在一定的关系，引线键合的工艺参数如键合温度、压力、超声时间、功率以及焊接衬底材料等会影响引线键合的失效，主要影响①、②、④、⑤四种失效模式，对①和⑤两种失效模式影响最大。引线键合的失效分析的关键问题之一是键合线质量的检查，主要包括键合强度测试。键合强度测试一般通过键合拉力测试和焊点推力测试，可以采用键合拉力测试来判定键合线的整体质量，用焊点推力测试判定焊点的质量。

一般来说，键合线失效最常表现为失效模式⑤，也就是第二焊点脱落。通过分析可知，第一焊点键合时，劈刀与芯片焊盘的键合压力大，且球形焊点与焊盘的接触面积大、摩擦力大、焊点稳固，进而键合强度大；第二焊点键合时，由于柔性电路板衬底比较软，劈刀下压过程中，柔性电路板存在一定的压缩位移，并且第二焊点为楔形键合，键合压力小、接触面积小，进而造成第二焊点的键合强度较低。

基于上述分析，第一焊点键合时，键合压力大、接触面积大、键合强度高，为解决第二焊点脱落的问题，一种新的引线键合工艺流程被提出，其操作过程如图 6.28 所示，首先在柔性电路板的焊盘上键合第一焊点，进行补球，在柔性电路板上留下第一焊点；然后再按照常规的引线键合方式，在柔性芯片上键合第一焊点，拉长键合线至柔性电路板的焊盘上方，将第二焊点键合到预先补球的第一焊点上；最后，完成常规引线键合后再在第二焊点上补球来补充第二焊点的强度。优化后的引线键合工艺能显著提升柔性芯片与柔性电路板之间的键合强度，减小了柔性集成电路的失效概率，提升了成品率。

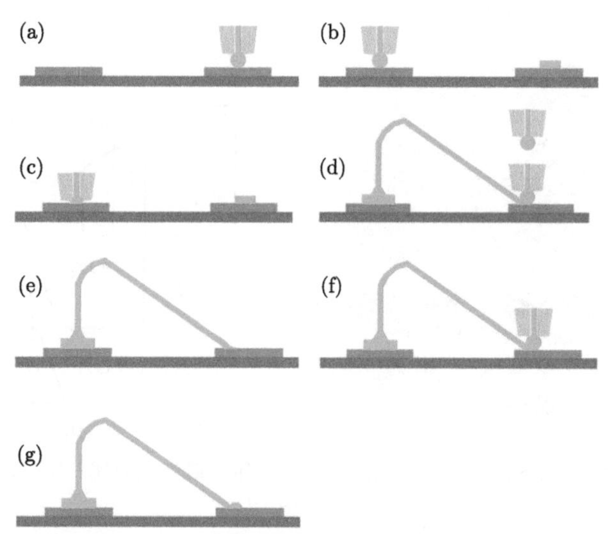

图 6.28 引线键合工艺流程优化：(a) 柔性电路板第一焊点成球；(b) 柔性电路板第一焊点形成；(c) 柔性芯片第一焊点形成；(d) 柔性电路板第二焊点形成；(e) 底部补强的键合线形成；(f) 第二焊点上方补球；(g) 工艺优化后的键合线

2) 三维高密度微互联技术

随着高密度柔性集成电路的不断发展，以上的几种二维芯片互联方式的集成度已经接近极限。另外，对于基于岛桥结构的可拉伸集成电路来说，减小不具备可拉伸性的岛 (芯片) 部分的面积，对于提升电路整体可拉伸性与稳定性具有决定性作用。为了解决上述问题，三维封装技术被提出。其核心思想是将芯片在纵向进行堆叠和集成，并在垂直方向进行互联。这种方式有效地缩减了芯片尺寸，提升了集成密度，同时可以实现异质集成。

相比于二维封装来说，三维封装有着以下几方面的优势。

(1) 集成度高：由于增加了垂直方向上的堆叠芯片，在同样的面积下，可以集成更多的晶体管结构，这大大提升了芯片的集成度。

(2) 实现异质集成：组成三维芯片的各层可以是不同类型与功能的单层芯片，这一特性使其能够将不同工艺制造的芯片连接起来，实现 SoC。图 6.29(a) 即展现了一种三维集成 SoC 的结构示意图。

(3) 降低通信延迟与干扰：三维堆叠技术使得芯片结构互联线变短，有研究表明，三维结构芯片的互联线总长度相比于二维芯片减少了 63%，片上延时减少了 6%～30%。图 6.29(b) 为三维互联与二维互联的互联线长度对比示意图。

(4) 降低功耗：由于三维芯片可以通过层间进行数据通信，互联线长度相较于同等规模的二维芯片要小得多，进而降低了数据通信过程中在通信线路上的能量消耗，最终实现了功耗降低。

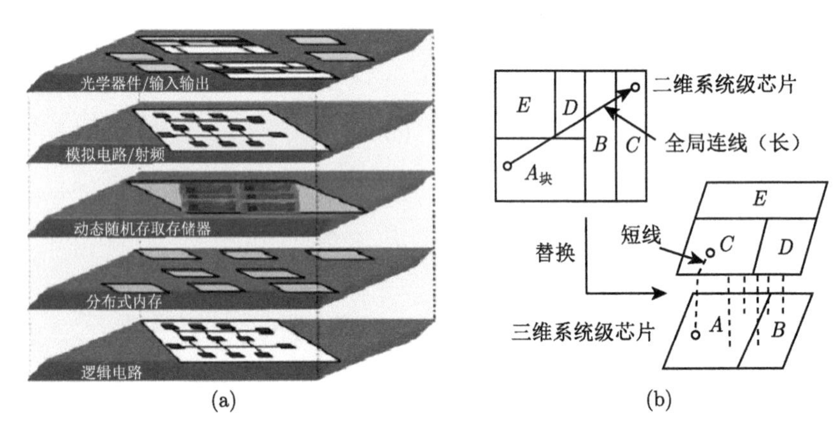

图 6.29　(a) 三维集成 SoC 的结构示意图；(b) 三维互联结构对比二维互联结构的互联线长度示意图 [17]

目前，实现三维封装的芯片互联方式主要有：引线键合、微焊点连接、利用容性或感性耦合非接触式集成以及硅通孔技术，如图 6.30 所示。我们就引线键合和硅通孔技术进行一个简单的介绍。

引线键合法仍然是最常见的三维键合方式，和平面互联类似，也是依靠金属键合线连接芯片和电路板结构。且一般来说芯片之间的连接是通过电路板或芯片载体，进行中转后返回到其他芯片。这种方式的分辨率受限于金属键合线，且互联点只能分布在芯片外围；另外，两层芯片间需要放置一层隔离层来保证下层芯片有足够的高度进行引线键合。这些问题严重限制了芯片的互联密度。因此，这种方式的集成度较低，是一种过渡性技术。

由于引线互联等方法在三维封装中存在的本征缺陷，近年来，硅通孔技术得到了广泛的研究。这种技术通过将硅片穿孔而后向其中填充金属，使之成为导电通孔，进而可以利用这种方式对多个芯片在垂直方向互联。其制造工艺相对复杂，包括刻蚀通孔、绝缘、铸铜、打磨等较多工艺流程。在现今常用的几种三维互联方式中，这种模式的成本最为昂贵，但其拥有最高的集成度、最小的互联延迟并能够有效地降低基片单面布线的复杂程度，提高阵列器件的排列密度。

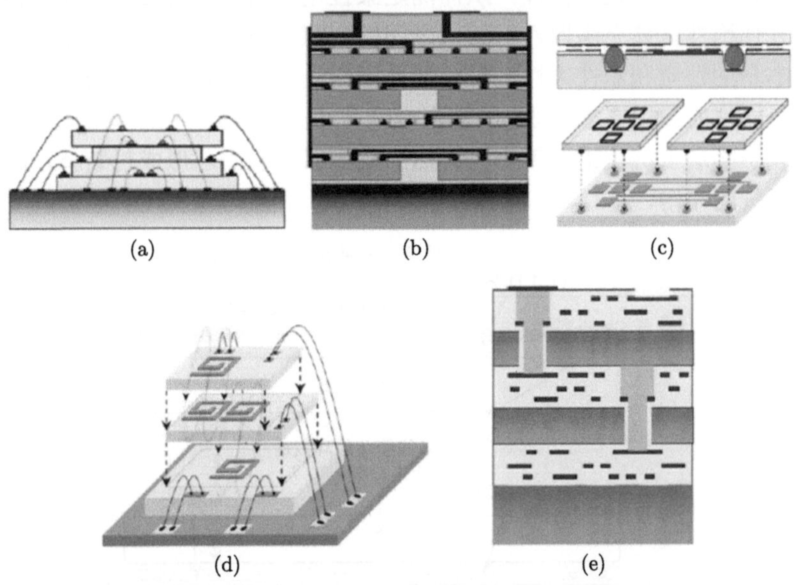

图 6.30 三维封装中常用的互联方式 [18]：(a) 引线键合；(b) 微焊点连接；(c) 容性耦合非接触互联；(d) 感性耦合非接触互联；(e) 硅通孔互联

6.3.3 柔性包封技术

一般来说，柔性电子器件的衬底材料具有较好的柔性与可延展性，但致密性较差，导致器件在使用的过程中完全暴露在使用环境的气体中，从而功能层发生氧化等各类反应，最终导致器件失效。这极大地影响了柔性电子器件的寿命，而在未来的显示、健康医疗以及各类电子产品中，长寿命是十分必要的。以有机发光二极管为例，其功能层极易受到水分和氧气的影响，失去发射特性，阴极材料也易失去导电性，因此二者浓度为影响器件使用寿命的主要因素。因此，对于柔性电子器件制备来说，在完成器件的功能之后，最为重要的就是对水蒸气与氧气的阻隔，因此需要对其进行封装，而在选取封装材料时，以水汽渗透率 (water vapor tract ratio，WVTR)、氧气渗透率 (oxygen tract ratio，OTR)、弹性模量、抗拉强度等作为主要考虑标准。一般来说，有机发光二极管的使用寿命要求在 10000h 以上，这要求 WVTR 和 OTR 分别在约 10^{-6}g/(m^2·d) 和约 10^{-3}cm^3/(m^2·d) 以上，同时有着较低的弹性模量、较好的可延展性。

柔性电子器件的封装主要有两种形式，其一为传统的玻璃盖子、金属盖子封装，以及从此技术演化出来的柔性聚合物盖子封装：由于传统硬质封盖技术无法适用于柔性电子器件，柔性封盖逐渐被人们所采用。如图 6.31 所示，将高弹性模量的玻璃材料、金属材料制成厚度极小的超薄玻璃与金属箔，降低其抗弯刚度的同时使其本身具有一定的韧性，从而满足柔性电子器件封装要求，盖在器件和衬底上，并使惰性气体充满器件与封盖之间的空隙，起到阻隔层的作用。然而受制于材料本身的性质和器件柔性、可延展性不断加强的现状，玻璃与金属难以满足柔性电子器件的使用要求，因此柔性聚合物盖子开始得到应用。其制备方式为，在柔性薄膜阻隔层上沉积柔性聚合物，然后贴到器件表面，形成封装体，起到阻隔水分和氧气的作用。

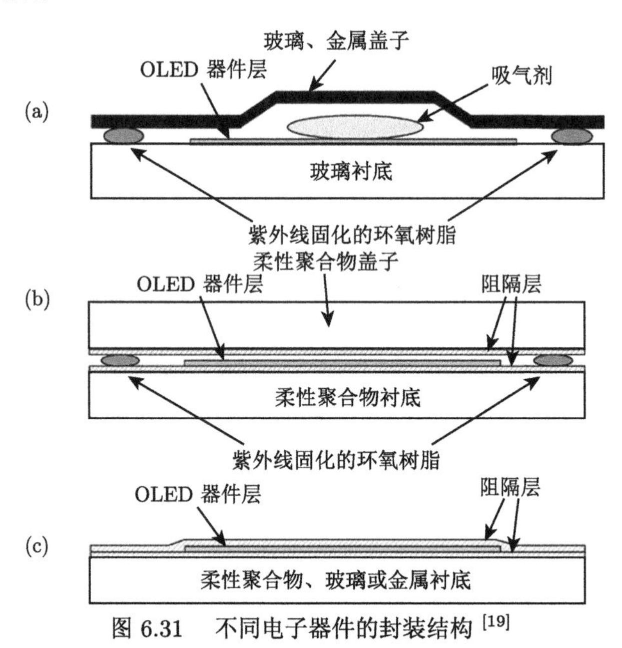

图 6.31　不同电子器件的封装结构 [19]

柔性电子器件另一种封装形式为薄膜封装, 即直接在电子器件上沉积致密的阻隔层，作为封装结构将器件保护起来，如此形成的封装层相较于盖子封装更为轻薄，更加符合柔性电子器件的特点和发展要求。从结构上来说，薄膜封装一般可以分为单层与多层结构，其中又可以根据使用材料的不同分为有机单层薄膜封装、无机单层薄膜封装和多层薄膜交替封装。

1) 有机单层薄膜封装

利用有机高分子材料进行薄膜封装是易于想到的，因为有机材料本身有着较为优秀的柔性、可延展性、介电性能，应用在柔性电子器件上时能很好地随器件进行变形，目前占据了封装材料的绝大部分市场。一般使用的材料包括聚乙烯 (PE)、聚丙烯 (PP)、聚苯乙烯 (PS)、聚对苯二甲酸乙烯二酯 (PET)、聚酰亚胺 (PI) 等，其中氟树脂 (cytop) 是一类对水汽和氧气有较好阻隔性的材料，目前在众多有机物中性能较为突出。沉积薄膜的方式，包括化学气相沉积、旋转涂布法等。从表 6.3 中可以看到，常见有机物薄膜的 WVTR 和 OTR 分别在 $10^{-1}\sim10^{2}$g/(m^2·d) 和 $10^{-2}\sim10^{2}$cm^3/(m^2·d) 的范围内，而难以达到有机发光二极管为代表的柔性电子器件的使用要求约 10^{-6}g/(m^2·d) 和约 10^{-3}cm^3/(m^2·d)，这是沉积后高分子薄膜本身质地较为松散导致的，因而即使单层有机高分子薄膜封装在力学性能上具有优势，也难以被广泛应用到柔性电子器件的封装当中。

表 6.3 不同聚合物薄膜覆盖层的 WVTR 和 OTR[19]

聚合物类型	WVTR^a/(g/(m^2·d))(37.8~40℃)	OTR^c/(cm^3/(m^2·d))^d(20~23℃)
聚乙烯 (PE)	1.2 ~ 5.9	70 ~ 550
聚丙烯 (PP)	1.5 ~ 5.9	93 ~ 300
聚苯乙烯 (PS)	7.9 ~ 40	200 ~ 540
聚对苯二甲酸乙二酯 (PET)	3.9 ~ 17	1.8 ~ 7.7
聚醚砜 (PES)	14^b	0.04^b
聚萘二甲酸乙二醇酯 (PEN)	7.3^b	3.0^b
聚酰亚胺 (PI)	0.4 ~ 21	0.04 ~ 17
15nm Al/PET	0.18	0.2 ~ 2.9
SiO_x/PET	—	0.007 ~ 0.03
ORMOCER/PET	—	0.07
OLED 的要求 (估计)	1×10^{-6}	$1\times10^{-6}\sim1\times10^{-3}$

注：a 基于 100 μm 厚的聚合物薄膜计算得出；
b 温度未给出；
c 基于 100 μm 厚的聚合物薄膜和 0.2 atm① 的氧气压力梯度计算得出；
d 在标准温度与压强下。

2) 无机单层薄膜封装

针对有机单层薄膜封装的缺陷，无机单层薄膜封装被更多应用到了对阻隔性要求更高的场合。一般用作薄膜封装的无机物包括氧化物 (MgO、SiO_2、Al_2O_3 等)、氮化硅 Si_xN_y、氟化物 (LiF 等)，这类无机物由于致密性良好，对水汽和氧气的阻隔性能一般要比同等厚度的有机物高 2~3 个数量级，在低厚度时也能有较好的阻隔性，同时具有一定的柔性，部分材料还能表现出透明的特性，非

① 1atm = 1.01325×10^5Pa。

常适合于有机发光二极管的封装。针对无机物薄膜封装的研究自 20 世纪后半叶开始，目前已经较为成熟，其中以 Al_2O_3、氮化物为代表。无机单层薄膜的制备方式也主要采用常规的真空沉积技术，值得一提的是，原子层沉积 (atomic layer deposition，ALD) 技术十分适合致密无机薄膜的生长，制备出的薄膜可以达到单原子厚度，并且 WVTR 极低，能达到约 10^{-3}g/(m^2·d)。但由于阻隔层过于薄，ALD 薄膜对器件表面的污染物和微颗粒的钝化效果较差，且生产效率较低 [20]。

总体来看，无机单层薄膜综合性能较好，如氮化硅，本身致密性极好，封装后的器件使用寿命也能上升 1~2 个量级。然而，在实际工艺的制备过程中，常出现针孔等缺陷，导致致密性大大降低，力学性能也受到极大影响。

3) 多层薄膜交替封装

针对有机、无机单层薄膜封装的缺陷，多层薄膜交替封装技术应运而生。将不同材料交替成膜进行封装，可以有效整合不同材料的优势，同时进行缺陷互补。上面提到，无机材料在制备时易出现缺陷，此类缺陷常成为水汽和氧气的通道，而在其上覆盖一层有机材料后，能有效阻隔此类通道，如此进行多层交替叠加，水、气分子在无机层缺陷之间的扩散方向因层叠无机层的缺陷位置而不断调整，扩散路径也大大增长，其防水/防气性能便能提升 1~2 个数量级。其制备的具体过程为：首先，在塑料衬底表面以蒸发–凝聚的方式制备一层液态单体，如聚丙烯酸酯膜，此时衬底上的微孔洞被填平；其次，利用紫外线对其进行固化，形成的固态聚合物薄膜表面便能达到原子级的平整度；最后，在其上溅射、沉积一层无机薄膜，如氧化铝陶瓷，如此重复几次，便能得到有机–无机物交替的多层薄膜封装体。其中，有机薄膜的作用是提高衬底的平整度，无机薄膜的作用是阻隔水、气的进入，经测试，由这种技术得到的薄膜，WVTR 可以达到约 10^{-6}g/(m^2·d) 的量级，能满足有机发光二极管的封装标准。此外，近年来一种无机–有机多层交替封装方式也被广泛应用，大大降低了封装层的厚度。针对多层的薄膜封装，也存在有机–有机与无机–无机的多层层叠技术，核心即为不同材料的互补，这里不做过多介绍。

参考文献

[1] Chong A C M, Cheung Y M. Finite element stress analysis of thin die detachment process. International Conference on Electronic Packaging Technology. IEEE, 2003.

[2] Lin Y J, Hwang S J. Static analysis of the die picking process. IEEE Transactions on Electronics Packaging Manufacturing, 2005, 28(2): 142-149.

[3] Harendt C, Kostelnik J, Kugler A, et al. Hybrid Systems in Foil (HySiF) exploiting ultra-thin flexible chips. Solid State Electronics, 2015, 113: 101-108.

[4] Burghartz J N, Angelopoulos E, Appel W, et al. Ultra-thin Si chips for flexible electronics Process technology, characterization, assembly and applications. Microelectronics Technology & Devices. IEEE, 2013.

[5] Banda C, Johnson R W, Zhang T, et al. Flip chip assembly of thinned silicon die on flex substrates. IEEE Transactions on Electronics Packaging Manufacturing, 2008, 31(1): 1-8.

[6] Timme H J, Pressel K, Beer G, et al. Interconnect technologies for system-in-package integration. 2013 IEEE 15th Electronics Packaging Technology Conference, 2013.

[7] Ikeda A, Sugimoto Y, Kuwada T, et al. A study of the reliability of mosfets in two stacked thin chips for 3D system in package. IEEE International Reliability Physics Symposium, 2005.

[8] Lee G A, Megahed M A, de Flaviis F. Low-cost compact spiral inductor resonator filters for system-in-a-package. IEEE Transactions on Advanced Packaging, 2005, 28(4): 761-771.

[9] 胡杨, 蔡坚, 曹立强, 等. 系统级封装 (SiP) 技术研究现状与发展趋势. 电子工业专用设备, 2012, 41(11): 1-6, 31.

[10] 曹立强, 张霞, 于燮康. 新型埋入式板级封装技术. 中国科学: 信息科学, 2012, 42(12): 1588-1598.

[11] Kim J H, Lee T L, Kim T S, et al. Effects of ACFs modulus and adhesion strength on the bending reliability of CIF (Chip-in-Flex) packages at humid environment. IEEE 68th Electronic Components and Technology Conference, 2018: 2319-2325.

[12] Palm P, Tuominen R, Kivikero A. Integrated Module Board (IMB); an advanced manufacturing technology for embedding active components inside organic substrate. Electronic Components & Technology Conference. IEEE, 2004.

[13] Boettcher L, Manessis D, Ostmann A, et al. Embedding of chips for system in package realization—technology and applications. Microsystems, Packaging, Assembly & Circuits Technology Conference, 2008.

[14] Zhang X, Guo X, Cui Z, et al. Development of functional substrate with embedded active components. International Conference on Electronic Packaging Technology & High Density Packaging. IEEE, 2011.

[15] Kumbhat N, Liu F, Sundaram V, et al. Low cost, chip-last embedded ICs in thin organic cores. Electronic Components and Technology Conference (ECTC). IEEE, 2011.

[16] Liu F, Sundaram V, Min S, et al. Chip-last embedded actives and passives in thin organic package for 1-110 GHz multi-band applications. 2010 Proceedings 60th Electronic Components and Technology Conference (ECTC). IEEE, 2010.

[17] Liang F, Wang G F, Zhao D S, et al. Wideband impedance model for coaxial through-silicon vias in 3-D integration. IEEE Transactions on Electron Devices, 2013, 60(8): 2498-2504.

[18] Davis W R, Wilson J, Mick S, et al. Demystifying 3D ICs: the pros and cons of going vertical. IEEE Design & Test of Computers, 2005, 22(6): 498-510.

[19] Lewis J S, Weaver M S. Thin-film permeation-barrier technology for flexible organic light-emitting devices. IEEE Journal of Selected Topics in Quantum Electronics, 2004, 10(1): 45-57.

[20] Greener J, Ng K C, Vaeth K M, et al. Moisture permeability through multilayered barrier films as applied to flexible OLED display. Journal of Applied Polymer Science, 2007, 106(5): 3534-3542.

第 7 章　柔性器件界面失效与可靠性评估

7.1　柔性器件界面失效模式

表面贴装技术是一种传统且成熟的柔性器件生产工艺，其通过将表面组装元器件安装在传统印刷电路板表面，并加以焊接，来实现柔性器件的组装。基于其组装密度高、体积小、重量轻及工艺成熟的优势，在柔性器件的商业化推广中，将表面组装元器件安装在可弯曲折叠的以聚酰亚胺为基材的柔性电路板表面，即可得到如图 7.1 所示表面贴装元器件的柔性电路板，其中灰色区域为界面底充胶，黑色部分为焊点。

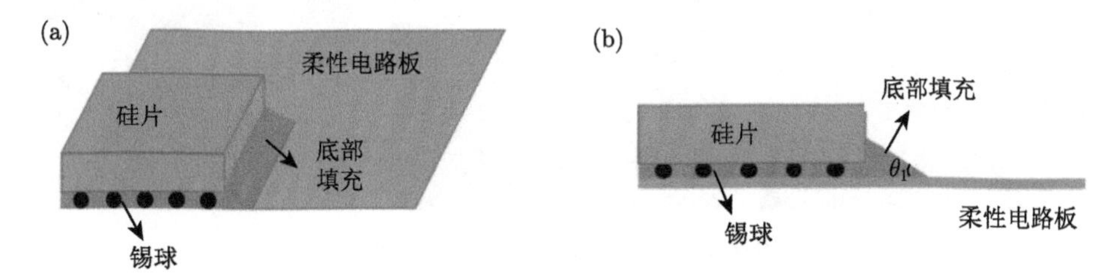

图 7.1　(a) 表面贴装元器件的柔性电路板示意图；(b) 截面图

柔性器件工作时，柔性衬底和硬质元器件经常会产生形式非常复杂的变形，由于两者之间存在巨大的力学性能差异，其界面不可避免地存在着极其复杂并高度集中的载荷传递，使得界面的失效和破坏在实际应用过程中往往比材料本身的断裂更加危险，直接影响系统的可靠性。图 7.2 展示了通过扫描电子显微镜观察到的柔性器件弯折疲劳失效后的典型失效模式，图 7.2(a), (b), (c) 中可见底充胶表面的微小裂纹，部分微小裂纹可能会导致如图 7.2(c) 所示的底充胶剥落。底充胶的表面剥落现象一方面是由所用填充胶的材料质量不佳造成的，另一方面是点胶过程中操作不当引起固化后底充胶的力学特性不佳。图 7.2(d), (e), (f) 为另一种更为严重的失效模式——底充胶断裂，可以看出，出现底充胶断裂的器件，其底充胶表面并无明显微裂纹，仅见条理清晰的深裂纹，说明此部分固化后的底充胶质量较好，且此部分裂纹通常位于底充胶与柔性电路板的界面端区域，因而出现这种深裂纹是由于弯折过程中底充胶与柔性电路板界面端部出现应力集中导致的。

图 7.2(a),(b),(c) 中展示的微小裂纹及底充胶剥落一般只停留在表面，并不会演变成深裂纹，因此一般不会导致严重的器件结构破坏。对于图 7.2(d),(e), (f) 中

所示的失效模式，在往复载荷下，裂纹将继续扩展，最终可能导致元器件部分焊点与柔性电路板脱开，致使柔性器件功能失效，严重情况下还可能导致整个元器件从柔性电路板脱落。因此研究柔性器件界面失效的模式以及建立合理的界面失效准则，是提高柔性器件可靠性亟待解决的关键科学问题 [1-3]。

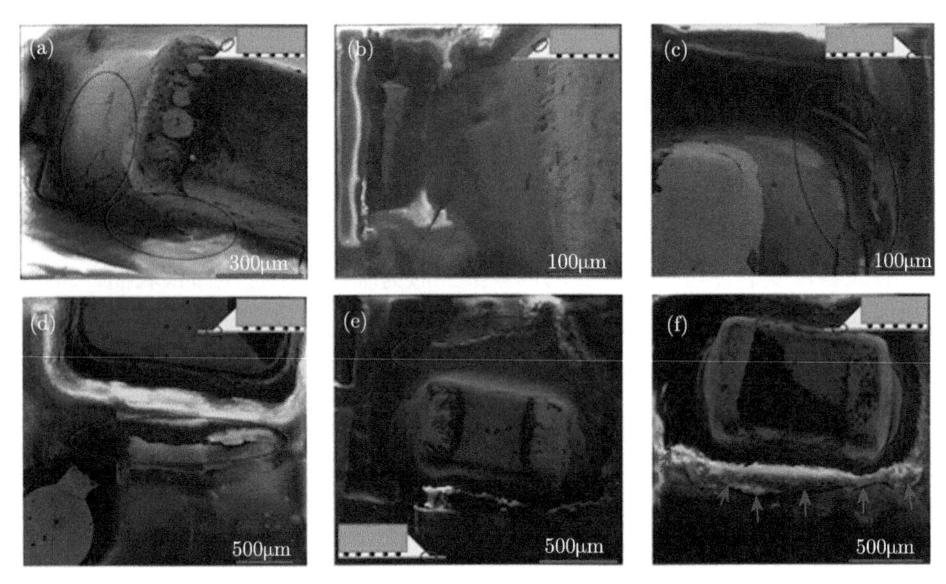

图 7.2　电镜下柔性器件的失效照片

上述事例表明柔性器件的失效主要发生在软硬界面处，下边以薄膜/软衬底的结构为例进行失效模式分析，特定薄膜衬底厚度比的结构会发生特定的失效模式。柔性器件的关键工作部位通常尺寸很小，这些破坏部位相比普通器件而言难以观察到，如果器件中存在某些发生了破坏的区域，导致整体性能有了一定降低，但是仍未被发现而继续使用的话，将可能导致器件失效从而产生引发事故的潜在危险。这就要求柔性器件在结构设计时，既要保证柔性器件具有良好的电学、力学性能，同时也要规避界面裂纹的发生。实验结果表明在柔性器件薄膜/软衬底结构中，当固定衬底厚度不变时，随着薄膜厚度的变化，结构的失效模式也将发生变化 (图 7.3)[4,5]。

当薄膜非常薄时，随着外载的不断增大，薄膜中会出现裂纹，最终导致薄膜断裂。当薄膜厚度增大一些并处于一定范围内时，结构的失效模式将会变为界面上发生滑移，导致薄膜中出现一段滑移区。当薄膜厚度进一步增大到一定值之后，结构界面上的失效模式将由滑移变为分层，并随着外载不断增大而扩展，最终导致薄膜从衬底上脱离。并且，在破坏模式从滑移向分层过渡时，还会在滑移区内出现分层的情况。图 7.4 中给出了几种典型的不同厚度薄膜/软衬底界面失效模式

的电镜照片 [6]。

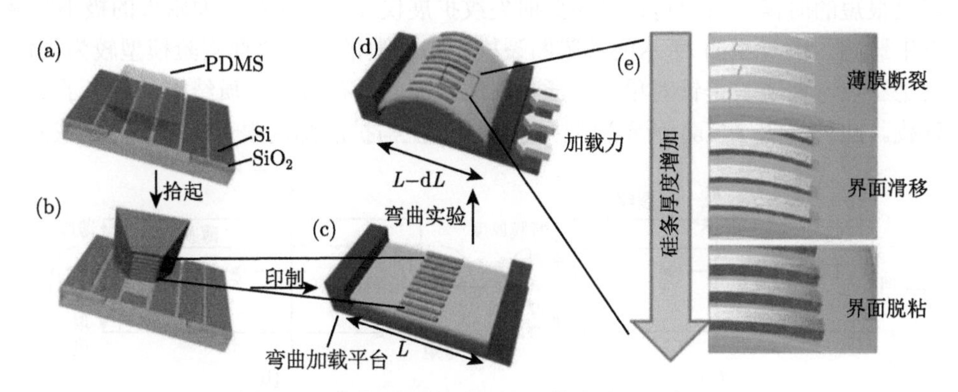

图 7.3 薄膜/软衬底界面失效模式演变示意图

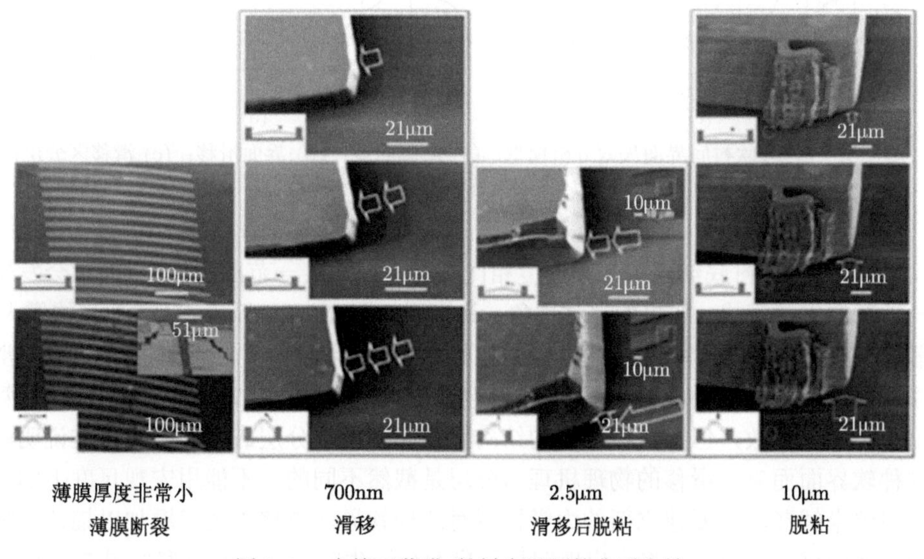

图 7.4 电镜下薄膜/软衬底界面的典型失效

由上面所述的实验现象可以看出，在柔性器件的薄膜/软衬底结构中存在薄膜断裂、界面滑移、滑移区分层及界面分层这四种界面失效模式。具体发生哪种失效模式主要由它们之间相互竞争的结果所决定。因此，需要分别针对每种失效模型建立相应的力学模型，来研究失效的力学机理，进而优化结构避免失效。图 7.5 给出了上述四种失效模式的结构示意图。

薄膜断裂的失效模式发生在薄膜层厚度比较小的情况下，裂纹从薄膜上表面向其下表面扩展，从而导致薄膜的整体断裂，这一过程会在短时间内迅速发生。考虑到此时的薄膜厚度相对其长度几乎可以忽略，并且裂纹扩展阻力最大的情况是裂纹很短的时候，所以可以认为此时裂纹扩展仅对裂纹所处平面附近的极小区域产生影响。图 7.5(a) 所示的薄膜断裂模型与经典的三点弯曲实验模型较为类似，只是三点弯曲实验是针对单一介质材料的，而此处是双层介质结构，且多了轴力外载。此外，图 7.5(a) 所示模型中裂纹的发生与扩展都局限于非常小的区域内。

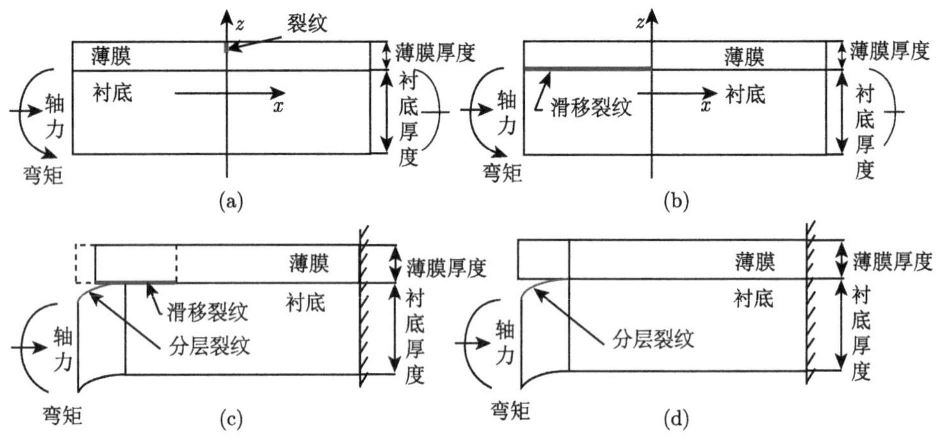

图 7.5 薄膜/软衬底界面失效分析模型：(a) 薄膜断裂；(b) 界面滑移；(c) 滑移区分层；(d) 界面分层

当薄膜/软衬底结构中薄膜厚度相比于衬底处于某一范围时，结构经常会发生一种新的失效模式，即界面滑移现象，其模型如图 7.5(b) 所示。随着外载的增大，滑移区域也将逐渐扩大。当薄膜厚度比处于某个范围时，随着外载的不断增大，滑移区内将会出现分层现象，即界面滑移区分层，其模型如图 7.5(c) 所示。此时尽管出现了滑移失效，但在滑移区内的结构仍然具有抵抗分层破坏的能力，这说明就这种软界面而言，滑移的物理机理与分层是截然不同的，不能用宏观尺度下的二型裂纹来解释，需要建立新的力学模型对这种软界面滑移失效问题加以描述。随着外载的进一步增大，将会出现明显的界面分层失效模式，其模型如图 7.5(d) 所示，与图 7.5(b),(c) 所示的界面滑移失效相比，在相同外载作用下它们分别与其他两个模型中的对应区域的应力场解是一致的。为了方便比较，在图 7.6 中对几个理论模型中对应的结构临界曲率半径与薄膜厚度比进行讨论。

图 7.6 分别给出了四种破坏模式下结构临界曲率半径与薄膜厚度比之间的关系。其中，结构的临界曲率半径为相应模型中裂纹扩展时的曲率半径，它表征着结构的可弯曲性能，也表征着结构所能承受的外载。所以，在取某一薄膜厚度情况下，随着外载的逐渐增加，结构的曲率半径将不断减小。减小到一定值时将会率先达到上述四根曲线中的一根，这表示在此种薄膜厚度情况下结构将会发生对

应的这种失效模式，对于理想线弹性材料而言，其他的失效模式将不会产生 (尽管一个薄膜厚度将会对应着四根曲线，即四种失效模式)。这四根曲线主要有三个交点，它们就是失效方式演变的过渡点。根据这四根曲线的相交情况可将整个薄膜厚度划分为四个区域：薄膜断裂、界面滑移、滑移区分层、界面分层，在各自区域内将只会发生对应的失效模式。这样，从图中可以看出，随着薄膜厚度的逐渐增大，薄膜的失效方式将从薄膜断裂向界面滑移、滑移区分层和界面分层依次发生[7,8]。

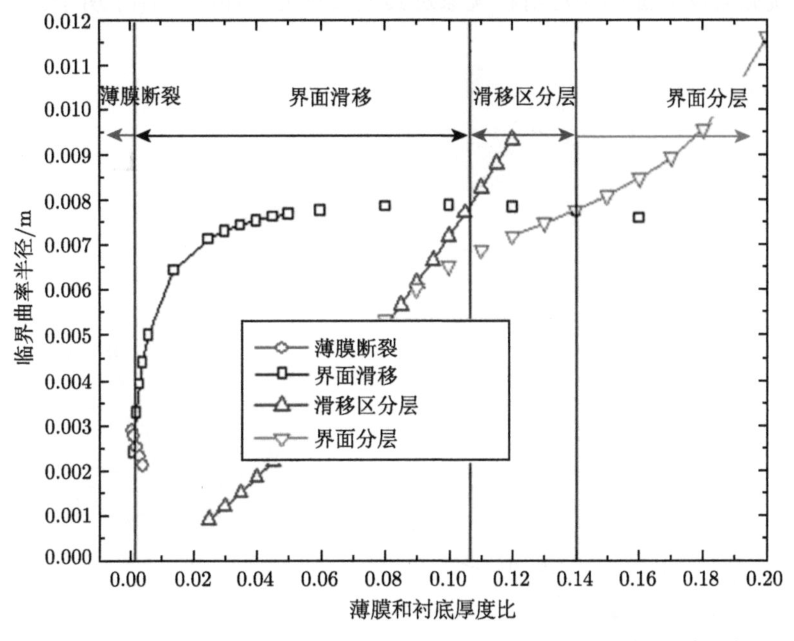

图 7.6 结构弯曲的临界曲率半径与薄膜和衬底厚度比之间的关系曲线图

7.2 柔性器件界面失效的实验研究

定量表征柔性器件的界面失效，是保证柔性器件可靠性的基本前提，这也为柔性器件界面可靠性的测试方法研究提供理论依据。本节以薄膜/软衬底系统为对象，研究微观软界面的失效。从发展微观软界面滑移断裂韧性的表征方法入手，通过设计电镜下柔性器件加载台，实现了薄膜/软衬底界面滑移的实时观测，得到界面滑移量与外加载荷的关系，推导出系统能量释放率的解析表达式，并给出了基于恒定轴力载荷的脱黏裂纹扩展判据，从而对柔性器件界面的可靠性进行定量化的测试评估。

图 7.7 给出了利用弯曲实验测量界面滑移断裂韧性的示意图。弯曲实验的加

载装置包括样品台、固定挡板和可动挡板，其中可动挡板可沿样品台的表面作定向移动。测试过程中，首先用转移印刷技术将薄膜粘贴到原长为 L 的软衬底上表面，并将薄膜/软衬底置于样品台上，如图 7.7(a) 所示。然后，沿样品台定向推动可动挡板来给软衬底施加压缩应变，使软衬底的长度减小为 $L-\mathrm{d}L$，如图 7.7(b) 所示。软衬底的弹性模量很小 (仅为 MPa 量级)，因此在受到压缩应变后软衬底很容易产生向上屈曲模式。软衬底向上屈曲后，其上表面会受到拉伸应变，从而使得薄膜相对于软衬底有滑动的趋势。再用电镜进行实时观测，便可记录薄膜/软衬底系统微观软界面的相对滑移现象及其失效行为，如图 7.7(c) 所示。

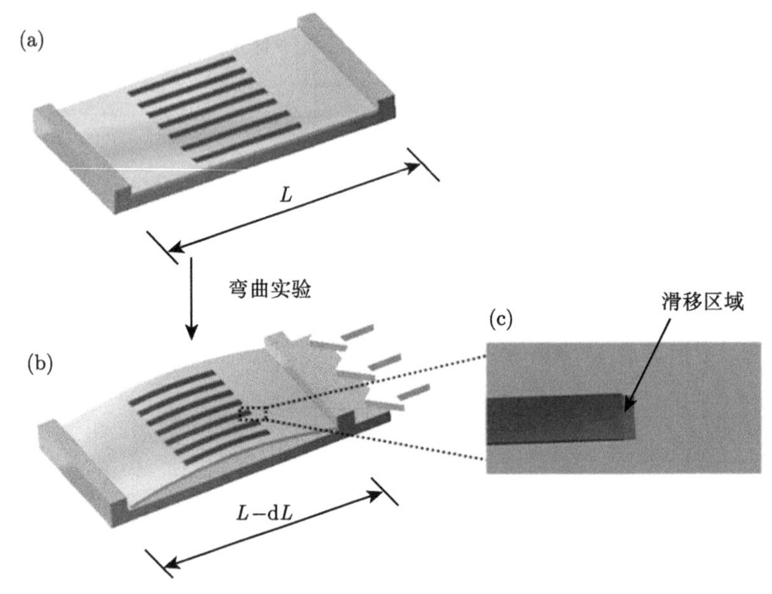

图 7.7　利用弯曲实验测量界面滑移断裂韧性的示意图

以硅薄膜/聚二甲基硅氧烷 (PDMS)[5,9] 界面为例，进行实例演示。首先制备 PDMS 软衬底，将 PDMS 本体和固化剂按照质量比为 10:1 的比例混合，并用玻璃棒对混合液进行充分搅拌，使本体和固化剂混合均匀。然后，将 PDMS 溶液置于抽真空机的密闭工作腔体中约十分钟，直到 PDMS 溶液中的气泡完全消失。最后，将 PDMS 混合液倒入 4 寸塑料培养皿中，并置于 60°C 的环境中固化四个小时，固化后的 PDMS 在室温环境下自然冷却。待 PDMS 充分冷却后，用手术刀片切割 PDMS 样品。为了方便弯曲实验中对软衬底施加压缩应变，这里将 PDMS 切成矩形块，接着用镊子将切割后的 PDMS 从培养皿中撕起来便得到了 PDMS 软衬底。

采用微纳加工领域标准的光刻工艺制备硅薄膜，选用圆晶片作为原材料，利用晶圆片的顶层硅作为硅薄膜的来源。首先加工图案化的掩模版，图案化掩模版的作用是在光刻过程中可以使紫外线有选择性地透过，确保晶片顶层硅被刻蚀的部位紫外线能透过，而不被刻蚀的部位紫外线不能透过。然后，在洁净的晶片上表面旋涂一层光刻胶，并将涂有光刻胶的晶片置于光刻机下进行紫外曝光。曝光过程中，紫外线先通过掩模版，由于图案化掩模版的阻挡，只有部分区域的紫外线能照射到光刻胶层，被紫外线照射后的光刻胶发生了化学反应并在显影过程中会被显影液冲走。然后，对显影后的晶片顶层硅进行干法刻蚀，刻蚀完毕后的晶片顶层硅薄膜的长度和宽度与掩模版上的图案有关。最后，去掉晶片上表面的光刻胶层便完成了硅薄膜的制备。硅薄膜的形状选取为长方形，其长度和宽度分别为 200μm 和 5μm；硅薄膜的刻蚀深度为顶层硅的厚度 (200nm)，即顶层硅被刻蚀区域的二氧化硅 (SiO_2) 层完全暴露。

采用湿法刻蚀的方法刻蚀晶片中的 SiO_2 层，使顶层硅薄膜的底部悬空，这一过程被称为钻蚀。此处，刻蚀 SiO_2 层的混合液为氢氟酸/氟化铵/去离子水，以 3:6:10 比例混合，氢氟酸溶液能迅速与 SiO_2 材料发生反应，而基本不与硅材料发生反应。钻蚀过程中，先将已完成光刻工艺的晶片浸入刻蚀液中，氢氟酸混合液从暴露的 SiO_2 处开始，以一定的速度进行向下刻蚀和侧向刻蚀。为了保证硅薄膜底部的 SiO_2 层被完全刻蚀后硅薄膜不会被刻蚀液冲走，长方形硅薄膜的端部保留一个类似桥墩的结构，该桥墩结构的长和宽相比于硅薄膜的宽度要大，如图 7.8(a) 所示。设计桥墩结构的好处是，当硅薄膜底部的 SiO_2 层刚好被完全刻蚀时，桥墩结构底部的 SiO_2 层还没有被完全刻蚀，从而可以起到继续支撑硅薄膜的作用，以避免硅薄膜塌陷或被刻蚀液冲走。钻蚀后的硅薄膜如图 7.8(b) 所示。需要注意的是，如果钻蚀时间过短，以致硅薄膜下面的 SiO_2 层还没有被完全刻蚀掉，那么硅薄膜在后续的转移印刷工艺中将不能被撕起来；反之，如果钻蚀时间过长，以致硅薄膜端部桥墩结构下面的 SiO_2 层也被完全刻蚀了，那么硅薄膜将完全失去支撑而发生坍塌甚至被刻蚀液冲走。由于钻蚀过程中侧向刻蚀的速度远小于向下刻蚀的速度，所以钻蚀时间主要取决于硅薄膜的宽度，本节中硅薄膜的宽度为 5μm，其合理的钻蚀时间约为 10min。

用转移印刷技术将底部悬空的硅薄膜粘贴到 PDMS 软衬底的上表面。先用镊子将钻蚀后的晶片放置到 PDMS 软衬底的上表面。放置过程中，使硅薄膜的长度方向与 PDMS 软衬底的长度方向保持一致。然后，用镊子轻轻按压晶片大约 30s，使硅薄膜与 PDMS 软衬底之间保持良好的接触。接下来，用镊子缓慢地将晶片从 PDMS 软衬底上拿起来，此时由于硅薄膜与 PDMS 软衬底间范德瓦耳斯相互作用力的存在，硅薄膜在端部处与桥墩结构断开，并从晶片衬底转移到 PDMS 衬底上，便完成了硬薄膜/软衬底样品的制备。

在样品制备完成之后，可通过设计和制造的加载台对样品进行弯曲实验。

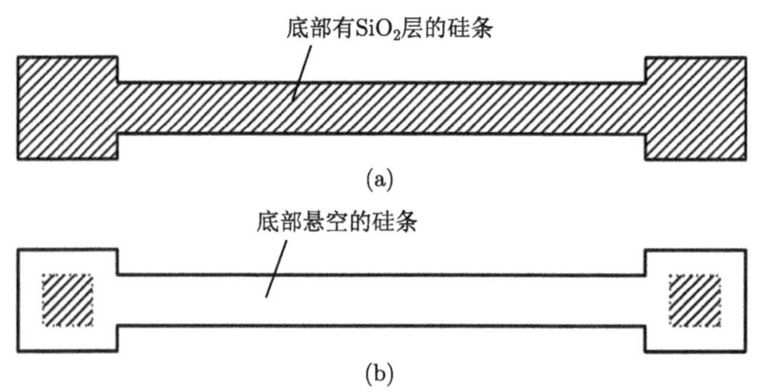

图 7.8　氢氟酸溶液刻蚀前后的硅条结构示意图：(a) 氢氟酸溶液刻蚀前；(b) 氢氟酸溶液刻蚀后

图 7.9(a) 为弯曲实验的加载装置示意图。此加载装置分为底座、滑移块和圆头螺栓三部分。其中，底座由水平底板、未开孔挡板、开孔挡板构成，上述两挡板均固定在水平底板上。开展实验时，将上表面贴有硬薄膜的软衬底放置在水平底座上，并将软衬底的两端分别固定在未开孔挡板和滑移块上；通过旋转圆头螺栓来推动滑移块，使其沿水平底座滑动并挤压软衬底，而软衬底被施以压缩应变后便发生向上的屈曲。由于加载台上的软衬底发生向上屈曲会诱导硬薄膜发生相对滑移，故而可以通过弯曲实验来研究软界面的滑移机理。图 7.9(b) 为正在进行弯曲实验的加载装置实物图，图中样品为硅薄膜与 PDMS 软衬底系统。在利用弯曲实验测试硬薄膜/软衬底系统界面滑移断裂韧性的过程中，用电镜来实时观察硬薄膜与软衬底界面处的相对滑移行为。

弯曲实验过程中，用扫描电镜实时观察硬薄膜/软衬底界面的相对滑移量 $\mathrm{d}l$ 与外加应变 $\mathrm{d}L/L$ 的关系，如图 7.10 所示，当外加应变 $\mathrm{d}L/L = 4.69\%$(图 7.10(a)) 和 $\mathrm{d}L/L = 9.38\%$(图 7.10(b)) 时硬薄膜/软衬底系统的电镜图片，左图为 1 号硅薄膜与 PDMS 软衬底界面的滑移记录，右图为 2 号硅薄膜与 PDMS 软衬底界面的滑移记录。从图 7.10 可以看出，当外加应变 $\mathrm{d}L/L = 4.69\%$ 时，硅薄膜与 PDMS 软衬底界面出现了滑移行为，且 1 号硅薄膜和 2 号硅薄膜此时的滑移量分别为 1.37μm 和 1.58μm。假设此时软界面刚开始出现界面滑移，则通过式 (7.1)、式 (7.2) 求得此时硅薄膜与 PDMS 软衬底系统的临界能量释放率为 $0.31\mathrm{J/m^2}$ [6,8]。

$$G = \frac{1}{2\bar{E}_\mathrm{s}}\frac{N^2}{h_\mathrm{s}}\left[\frac{t\eta}{1+t\eta} + \frac{12}{1+t\eta^3}\frac{w_0^2}{h_\mathrm{s}^2} - \frac{12}{(1+t\Sigma)\,\Delta_3}\left(\frac{w_0}{h_\mathrm{s}} + \frac{\Delta_1}{2}\right)^2\right] \tag{7.1}$$

式中，N 是单位厚度软衬底所受的轴力。$\eta = h_\mathrm{f}/h_\mathrm{s}$ 为硬薄膜与软衬底的厚度比，下标 f 和 s 分别对应于硬薄膜和软衬底。$t = \bar{E}_\mathrm{f}/\bar{E}_\mathrm{s}$ 为硬薄膜与软衬底的平面应变弹性模量比。$\bar{E}_\mathrm{f} = E_\mathrm{f}/(1-\nu_\mathrm{f}^2)$ 为硬薄膜的平面应变弹性模量，其中 E_f 和 ν_f

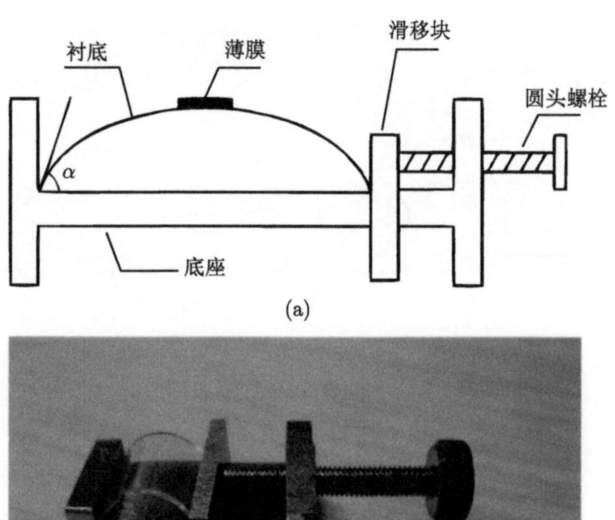

(a)

(b)

图 7.9 弯曲实验的加载装置：(a) 示意图；(b) 实物图

分别为硬薄膜的弹性模量与泊松比；$\bar{E}_{\rm s}=E_{\rm s}/(1-\nu_{\rm s}^2)$ 为软衬底的平面应变弹性模量，其中 $E_{\rm s}$ 和 $\nu_{\rm s}$ 分别为软衬底的弹性模量与泊松比。其他物理量表达式如下：

$$
\begin{aligned}
&\varDelta_1=\frac{t\eta\,(1+\eta)}{1+t\eta},\quad \varSigma=\varDelta_2/\varDelta_3\\
&\varDelta_3=1+3\left(\frac{t\eta}{1+t\eta}\right)^2,\quad \varDelta_2=\eta\left[\eta^2+\frac{3}{(1+t\eta)^2}\right]
\end{aligned}
\tag{7.2}
$$

$w_0=\dfrac{2}{\pi}L\sqrt{\dfrac{{\rm d}L}{L}-\dfrac{\pi^2h_{\rm s}^2}{12L^2}}$ 为软衬底屈曲后中心点的离面位移，其中，${\rm d}L/L$ 为软衬底所受到的压缩应变，L 为软衬底的原长度。

当外加应变继续增加到 ${\rm d}L/L=9.38\%$ 时，1 号硅薄膜和 2 号硅薄膜相对 PDMS 软衬底的滑移量分别增加到 2.40μm 和 2.35μm。因此，扫描电镜不仅可以记录硬薄膜与软衬底界面失效的起点，还可以定量测量软界面的滑移量随着外加应变的变化趋势。从图 7.10 还可以看出，随着软界面相对滑移量的增加，PDMS 软衬底的上表面会出现一些起皱，以抵抗软界面的滑移。

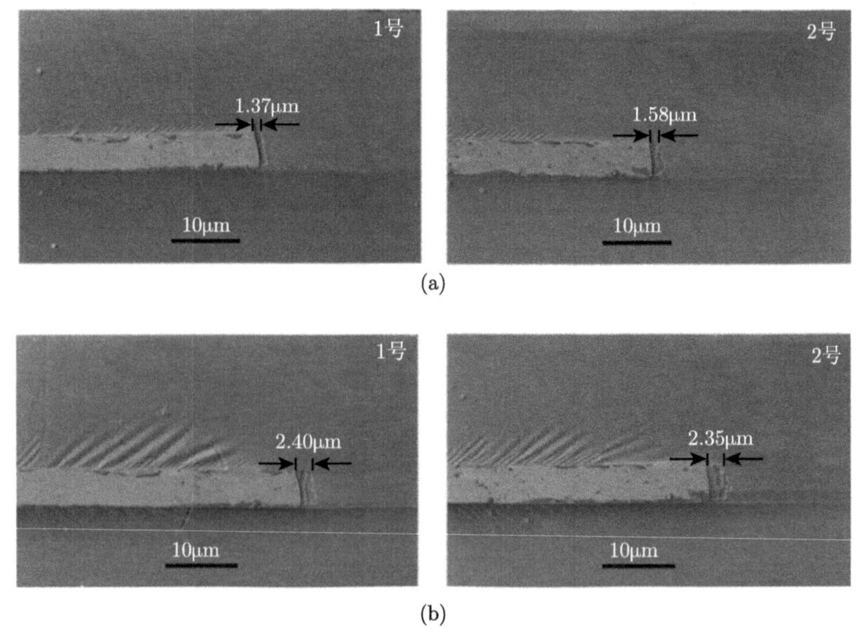

图 7.10　硅薄膜与 PDMS 软衬底界面滑移的扫描电镜图片：(a) $\mathrm{d}L/L = 4.69\%$；(b) $\mathrm{d}L/L = 9.38\%$

为了进一步揭示硅薄膜与 PDMS 软衬底系统界面处的相对滑移量 $\mathrm{d}l$ 随外加应变 $\mathrm{d}L/L$ 的关系，图 7.11 给出了系统的能量释放率与相对滑移量 $\mathrm{d}l$ 随外加应变 $\mathrm{d}L/L$ 的关系，其中黑实线表示系统的能量释放率，蓝实线表示界面的相对滑移量 $\mathrm{d}l$。从图 7.11 可以看出，能量释放率随外加应变 $\mathrm{d}L/L$ 的增加会线性增大；

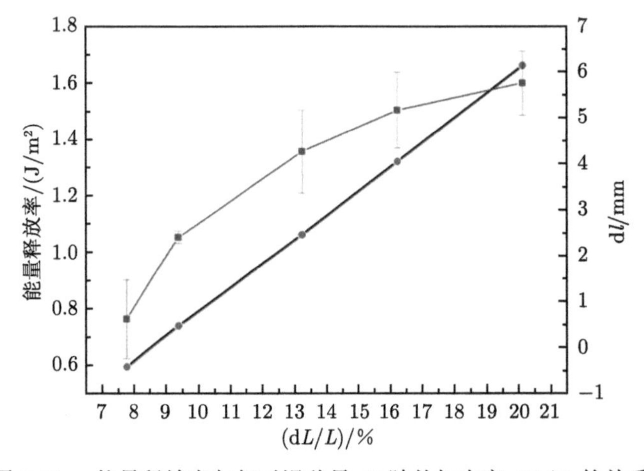

图 7.11　能量释放率与相对滑移量 $\mathrm{d}l$ 随外加应变 $\mathrm{d}L/L$ 的关系

而软界面滑移量 $\mathrm{d}l$ 随外加应变 $\mathrm{d}L/L$ 的增大而增加，但增长速度会减慢。由此可见，软衬底对界面的滑移失效有一定的抵抗能力，其抵抗滑移失效的方式可能是发生表面起皱，如图 7.10 所示。因此，软衬底表面的变形可以提高薄膜/软衬底系统界面的滑移断裂韧性 [10-13]。

7.3　柔性器件界面的失效分析

7.3.1　薄膜/软衬底界面失效的强度理论

采用平面应变假设 (平面应力情况下仅需替换弹性常数)，研究图 7.9 中的弯曲实验构型 [14]。考虑黏性层的存在，界面处的层合结构以及所用的坐标系如图 7.12 所示。上下两层分别是硬薄膜和软衬底，黏性层位于两者中间。三种相应的厚度、平面应变模量和泊松比分别表示为：$h_\mathrm{f}, \bar{E}_\mathrm{f}, \nu_\mathrm{f}; h_\mathrm{s}, \bar{E}_\mathrm{s}, \nu_\mathrm{s}$ 和 $h_\mathrm{a}, \bar{E}_\mathrm{a}, \nu_\mathrm{a}$，其中下标 f、s 和 a 分别表示硬薄膜、软衬底和黏性层。弯矩、剪力和轴力分别用 M_i,Q_i 和 N_i 表示 ($i=\mathrm{f}$ 或 s)。在柔性可延展电子器件中，金属/半导体硬薄膜中的应变很小，一般不会工作在材料屈服阶段，并能实现反复的弯曲和拉伸。结合各特征尺寸的特点 ($h_\mathrm{f}, h_\mathrm{a} \ll l_\mathrm{f}, h_\mathrm{s} \ll l_\mathrm{s}, l_\mathrm{f} \ll l_\mathrm{s}$ 其中 l_i ($i=\mathrm{f}$ 或 s) 表示轴向长度)，将整个系统中的材料都考虑为各向同性的弹性梁。在加载台上，约束软衬底一端的轴向位移 (但允许转动)，另一端作用压缩位移载荷 $\mathrm{d}l$，系统加载压缩应变定义为 $|\varepsilon| = \mathrm{d}l/l_\mathrm{s}$。弹性稳定性 [15] 理论给出了临界屈曲载荷 (即系统屈曲的最小压缩应变) 为 $\left|\varepsilon^\mathrm{C}_\mathrm{Buckling}\right| = \pi^2 h_\mathrm{s}^2/(12 l_\mathrm{s}^2)$。由于界面的长度相比系统屈曲的特征尺度很小，因此考虑硬薄膜/黏性层/软衬底结构整体受到的轴力合力 (x 方向正应力的合力) 和弯矩保持常数，分别为 [15,16]

$$P_\mathrm{m} = -\frac{4}{3}[K(p)]^2 \frac{\bar{E}_\mathrm{s} h_\mathrm{s}^3}{l_\mathrm{s}^2} \tag{7.3}$$

$$M_\mathrm{m} = \frac{2p}{3}[K(p)] \frac{\bar{E}_\mathrm{s} h_\mathrm{s}^3}{l_\mathrm{s}} \tag{7.4}$$

其中，$K(\cdot)$ 为第一类完全椭圆积分，$p=\sin(\alpha/2)$，α 为衬底中转角绝对值的最大值 (图 7.9(a))，α 可以由下式确定：

$$\frac{2Y(p) - K(p)}{K(p)} = 1 - |\varepsilon| \tag{7.5}$$

其中，$Y(\cdot)$ 为第二类完全椭圆积分。

在完美黏结状态下 (即未出现滑移失效的界面)，由对称性只需要分析一半的系统 ($x \geqslant 0$，如图 7.12 所示)，此时关于软衬底和硬薄膜的平衡方程写为

$$\begin{cases} \dfrac{\mathrm{d}M_{\mathrm{s}}}{\mathrm{d}x}-Q_{\mathrm{s}}+\dfrac{1}{2}\tau h_{\mathrm{s}}=0, \\ \dfrac{\mathrm{d}Q_{\mathrm{s}}}{\mathrm{d}x}+\sigma=0, \\ \dfrac{\mathrm{d}N_{\mathrm{s}}}{\mathrm{d}x}+\tau=0, \end{cases} \quad \begin{cases} \dfrac{\mathrm{d}M_{\mathrm{f}}}{\mathrm{d}x}-Q_{\mathrm{f}}+\dfrac{1}{2}\tau h_{\mathrm{f}}=0 \\ \dfrac{\mathrm{d}Q_{\mathrm{f}}}{\mathrm{d}x}-\sigma=0 \\ \dfrac{\mathrm{d}N_{\mathrm{f}}}{\mathrm{d}x}-\tau=0 \end{cases} \tag{7.6}$$

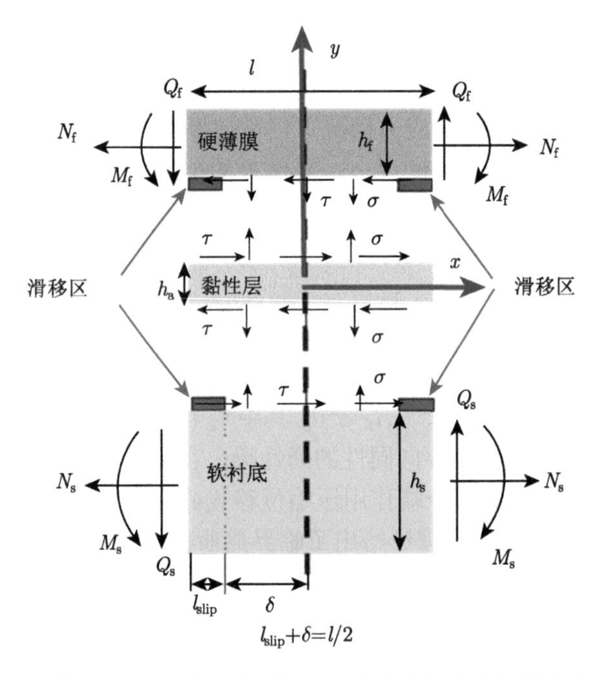

图 7.12　硬薄膜/黏性层/软衬底结构以及内力分量分布和传递过程示意图

其中，σ 和 τ 分别是界面正应力和剪应力，方向如图 7.12 所示。忽略细长梁的剪切对转角的影响，对应硬薄膜和软衬底关于弯曲和轴向拉伸的本构关系可写为

$$\frac{\mathrm{d}^2 w_i}{\mathrm{d}x^2}=-\frac{12M_i}{\bar{E}_i h_i^3} \tag{7.7}$$

$$\frac{\mathrm{d}u_i}{\mathrm{d}x}=\frac{N_i}{\bar{E}_i h_i} \tag{7.8}$$

其中，$i=\mathrm{f}$ 或 s，w_i 和 u_i 分别表示梁的挠度和轴向位移分量。黏性层的平衡可以被简化为离散分布的具有法向和切向刚度的弹簧。在法向，界面正应力可表达为

$$\sigma=\bar{E}_{\mathrm{a}}\frac{w_{\mathrm{f}}-w_{\mathrm{s}}}{h_{\mathrm{a}}} \tag{7.9}$$

剪应力可以与薄膜和衬底的位移分量建立联系：

$$\tau = \frac{G_{\mathrm{a}}}{h_{\mathrm{a}}}\left[\left(u_{\mathrm{f}} + \frac{h_{\mathrm{f}}}{2}\frac{\mathrm{d}w_{\mathrm{f}}}{\mathrm{d}x}\right) - \left(u_{\mathrm{s}} - \frac{h_{\mathrm{s}}}{2}\frac{\mathrm{d}w_{\mathrm{s}}}{\mathrm{d}x}\right)\right] \tag{7.10}$$

其中，中括号中的第一项和第二项分别代表硬薄膜的下表面和软衬底的上表面的轴向位移；$G_{\mathrm{a}} = (1-\nu_{\mathrm{a}})\,\bar{E}_{\mathrm{a}}/2$ 是黏性层的剪切模量。

根据以上平衡方程和本构关系式 (7.6) ~ 式 (7.10)，消去式中的正应力可以得到关于剪应力的七阶微分方程：

$$\frac{\mathrm{d}^7\tau}{\mathrm{d}\xi^7} - k_1\frac{\mathrm{d}^5\tau}{\mathrm{d}\xi^5} + k_2\frac{\mathrm{d}^3\tau}{\mathrm{d}\xi^3} - k_3\frac{\mathrm{d}\tau}{\mathrm{d}\xi} = 0 \tag{7.11}$$

其中，$\xi = x/h_{\mathrm{a}}$，各无量纲系数分别为

$$\begin{aligned}
k_1 &= 4G_{\mathrm{a}}h_{\mathrm{a}}\left(\frac{1}{\bar{E}_{\mathrm{f}}h_{\mathrm{f}}} + \frac{1}{\bar{E}_{\mathrm{s}}h_{\mathrm{s}}}\right)\\
k_2 &= 12\bar{E}_{\mathrm{a}}h_{\mathrm{a}}^3\left(\frac{1}{\bar{E}_{\mathrm{f}}h_{\mathrm{f}}^3} + \frac{1}{\bar{E}_{\mathrm{s}}h_{\mathrm{s}}^3}\right)\\
k_3 &= 12\bar{E}_{\mathrm{a}}G_{\mathrm{a}}h_{\mathrm{a}}^4\left[\left(\frac{1}{\bar{E}_{\mathrm{f}}h_{\mathrm{f}}^2} - \frac{1}{\bar{E}_{\mathrm{s}}h_{\mathrm{s}}^2}\right)^2 + \frac{4\left(h_{\mathrm{f}}+h_{\mathrm{s}}\right)^2}{\bar{E}_{\mathrm{f}}\bar{E}_{\mathrm{s}}h_{\mathrm{f}}^3h_{\mathrm{s}}^3}\right]
\end{aligned} \tag{7.12}$$

上述三个无量纲系数的大小与硬薄膜和软衬底的模量和厚度相关。根据几何和材料参数的不同，可以忽略较小的无量纲系数，简化方程式 (7.11) 的求解。以 Rogers 教授 [6] 论文中的几何和材料参数为例，得到各无量纲系数的绝对值，如图 7.13 所示。当硬薄膜的厚度 $h_{\mathrm{f}} < 1\mu\mathrm{m}$ 时，$k_2 \gg k_1, k_3$；当 $h_{\mathrm{f}} > 4\mu\mathrm{m}$ 时，$k_1 \gg k_2, k_3$；当 $1\mu\mathrm{m} < h_{\mathrm{f}} < 4\mu\mathrm{m}$ 时，$k_1, k_2 \gg k_3$。为了得到普适性的结果，本节在讨论中忽略式 (7.11) 等号左端中的最后一项。

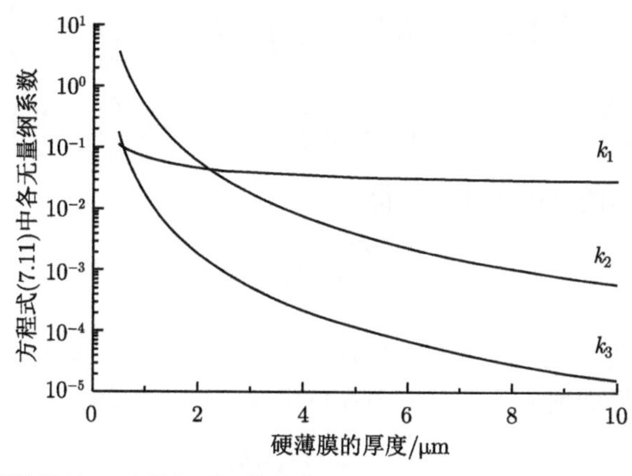

图 7.13 在典型的柔性可延展电子器件的应用中，式 (7.11) 中各无量纲系数的大小比较

在这样层合结构的界面应力传递过程中，由于界面剪应力从自由端 $x = l_{\mathrm{f}}/2$ 向内迅速降低，因此位移满足式 (7.11) 且具有物理意义的解为

$$\tau^0 = \mathrm{e}^{\frac{\lambda_1(x-l_{\mathrm{f}}/2)}{h_{\mathrm{a}}}}\left\{A_1\sin\left[\frac{\lambda_2(x-l_{\mathrm{f}}/2)}{h_{\mathrm{a}}}\right]+A_2\cos\left[\frac{\lambda_2(x-l_{\mathrm{f}}/2)}{h_{\mathrm{a}}}\right]\right\} \tag{7.13}$$

其中，上标 “0” 代表滑移之前完美黏结时的应力分量，A_1 和 A_2 为由边界条件决定的待定参数，$\lambda_1 = \sqrt{k_1 + 2\sqrt{k_2}}/2$ 和 $\lambda_2 = \sqrt{-k_1 + 2\sqrt{k_2}}/2$。

在实际应用中，主要关心硬薄膜自由端附近与硬薄膜或黏性层厚度等量级距离内的应力分布。忽略高阶项后得到近自由端剪应力沿轴向导数的渐近表达为

$$\frac{\mathrm{d}\tau^0}{\mathrm{d}x} \approx \frac{A}{h_{\mathrm{a}}}\mathrm{e}^{\frac{\lambda_1(x-l_{\mathrm{f}}/2)}{h_{\mathrm{a}}}} \quad (x \to l_{\mathrm{f}}/2) \tag{7.14}$$

其中，$A = \lambda_1 A_2 + \lambda_2 A_1$。相应的界面正应力为

$$\sigma^0 = \beta A\mathrm{e}^{\frac{\lambda_1(x-l_{\mathrm{f}}/2)}{h_{\mathrm{a}}}} + \mathrm{e}^{\frac{\chi(x-l_{\mathrm{f}}/2)}{h_{\mathrm{a}}}}\left\{B\sin\left[\frac{\chi(x-l_{\mathrm{f}}/2)}{h_{\mathrm{a}}}\right]+C\cos\left[\frac{\chi(x-l_{\mathrm{f}}/2)}{h_{\mathrm{a}}}\right]\right\} \tag{7.15}$$

其中 B 和 C 由边界条件决定，且

$$\beta = \frac{\dfrac{6}{h_{\mathrm{a}}}\left(\dfrac{1}{\bar{E}_{\mathrm{f}}h_{\mathrm{f}}^2}-\dfrac{1}{\bar{E}_{\mathrm{s}}h_{\mathrm{s}}^2}\right)}{12\left(\dfrac{1}{\bar{E}_{\mathrm{f}}h_{\mathrm{f}}^3}+\dfrac{1}{\bar{E}_{\mathrm{s}}h_{\mathrm{s}}^3}\right)+\dfrac{\lambda_1^4}{\bar{E}_{\mathrm{a}}h_{\mathrm{a}}^3}} \tag{7.16}$$

$$\chi = \left[3\bar{E}_{\mathrm{a}}h_{\mathrm{a}}^3\left(\frac{1}{\bar{E}_{\mathrm{f}}h_{\mathrm{f}}^3}+\frac{1}{\bar{E}_{\mathrm{s}}h_{\mathrm{s}}^3}\right)\right]^{1/4} \tag{7.17}$$

在硬薄膜自由端，边界条件为

$$M_{\mathrm{f}}\left(x=\frac{l_{\mathrm{f}}}{2}\right)=0,\quad N_{\mathrm{f}}\left(x=\frac{l_{\mathrm{f}}}{2}\right)=0,\quad Q_{\mathrm{f}}\left(x=\frac{l_{\mathrm{f}}}{2}\right)=0 \tag{7.18}$$

$$M_{\mathrm{s}}\left(x=\frac{l_{\mathrm{f}}}{2}\right)=M_m,\quad N_{\mathrm{s}}\left(x=\frac{l_{\mathrm{f}}}{2}\right)=P_m,\quad Q_{\mathrm{s}}\left(x=\frac{l_{\mathrm{f}}}{2}\right)=0 \tag{7.19}$$

结合对称性和法向的平衡条件，可得

$$\int_0^{l_{\mathrm{f}}/2}\sigma^0\mathrm{d}x = 0 \tag{7.20}$$

又根据界面正应力和剪应力公式 (7.9) 和式 (7.10) 以及本构关系式 (7.7) 和式 (7.8)，可以导出界面剪应力和正应力在自由端的边界条件

$$\left.\frac{\mathrm{d}\tau^0}{\mathrm{d}x}\right|_{x=l_{\mathrm{f}}/2} = -\frac{G_{\mathrm{a}}}{h_{\mathrm{a}}}\frac{4h_{\mathrm{s}}}{l_{\mathrm{s}}}p[K(p)] \tag{7.21}$$

$$\left.\frac{\mathrm{d}^2\tau^0}{\mathrm{d}x^2}\right|_{x=l_\mathrm{f}/2}=\frac{4G_\mathrm{a}}{h_\mathrm{a}}\left(\frac{1}{\bar{E}_\mathrm{f}h_\mathrm{f}}+\frac{1}{\bar{E}_\mathrm{s}h_\mathrm{s}}\right)\tau^0\bigg|_{x=l_\mathrm{f}/2} \tag{7.22}$$

$$\left.\frac{\mathrm{d}^2\sigma^0}{\mathrm{d}x^2}\right|_{\chi=l_\mathrm{f}/2}=\frac{8\bar{E}_\mathrm{a}}{h_\mathrm{a}l_\mathrm{s}}p[K(p)] \tag{7.23}$$

将边界条件 (7.20)~(7.23) 代入界面剪应力和正应力表达式 (7.13) 和式 (7.15)，忽略关于 h_s/L 的高阶项后，可解得待定参数 A_1、A_2、B 和 C 为

$$\begin{aligned}A_1&=\frac{A}{\lambda_2}\left(\frac{\lambda_1^2-\lambda_2^2}{3\lambda_1^2-\lambda_2^2}\right)\\A_2&=\frac{2\lambda_1A}{3\lambda_1^2-\lambda_2^2}\\B&=\frac{8\bar{E}_\mathrm{a}h_\mathrm{a}p[K(p)]/l_\mathrm{s}-\beta A(\lambda_1)^2}{2\chi^2}\\C&=B-\frac{2\chi}{\lambda_1}\beta A\end{aligned} \tag{7.24}$$

其中

$$A=-G_\mathrm{a}\left(\frac{4h_\mathrm{s}}{l_\mathrm{s}}p[K(p)]\right)$$

由此，可求得界面的最大剪应力和最大正应力分别为

$$\tau_{\max}^0=A_2=\frac{2\lambda_1A}{3\lambda_1^2-\lambda_2^2} \tag{7.25}$$

$$\sigma_{\max}^0=\beta A+C=\beta A\left(1-\frac{\lambda_1^2}{2\chi^2}-\frac{2\chi}{\lambda_1}\right)+\frac{4\bar{E}_\mathrm{a}h_\mathrm{a}}{\chi^2l_\mathrm{s}}p[K(p)] \tag{7.26}$$

当界面最大剪应力随系统的压缩应变增大而增大至剪切强度 τ_c 时，硬薄膜将出现滑移，相应的压缩应变即为出现滑移的临界应变 $\left|\varepsilon_\mathrm{slip}^\mathrm{C}\right|$。

出现滑移之后，引入滑移区的模型描述界面端部，即将滑移后的界面分为两部分：滑移区和非滑移区，如图 7.12 所示。基于裂纹稳态扩展的假设，滑移区内的界面剪应力将一直保持为临界值 (即剪切强度)。因此，可以唯象地在滑移区内引入理想刚塑性的本构关系 [17]。滑移区的长度 l_slip(即界面剪应力等于剪切强度 τ_c 区域的长度) 依赖于外加压缩载荷的大小。与此同时，滑移区内界面正应力将随外载的增大进一步增大，直到其达到界面的拉伸强度 σ_c，界面失效模式将从滑移转变为脱黏，对应的压缩应变即为脱黏的临界压缩载荷 $\left|\varepsilon_\mathrm{Delamination}^\mathrm{C}\right|$。

与之前结果类似，非滑移区内界面剪应力和正应力的形式解如下：

$$\tau^\mathrm{U}=\mathrm{e}^{\frac{\lambda_1(x-\delta)}{h_\mathrm{a}}}\left\{A_1^\mathrm{U}\sin\left[\frac{\lambda_2(x-\delta)}{h_\mathrm{a}}\right]+A_2^\mathrm{U}\cos\left[\frac{\lambda_2(x-\delta)}{h_\mathrm{a}}\right]\right\} \tag{7.27}$$

$$\sigma^{\mathrm{U}}=\beta A^{\mathrm{U}}\mathrm{e}^{\frac{\lambda_1(x-\delta)}{h_{\mathrm{a}}}}+\mathrm{e}^{\frac{\chi(x-\delta)}{h_{\mathrm{a}}}}\left\{B^{\mathrm{U}}\sin\left[\frac{\chi(x-\delta)}{h_{\mathrm{a}}}\right]+C^{\mathrm{U}}\cos\left[\frac{\chi(x-\delta)}{h_{\mathrm{a}}}\right]\right\}\tag{7.28}$$

其中，上标 U 表示非滑移区 (unslipped zone)，$\delta=l_{\mathrm{f}}/2-l_{\mathrm{slip}}, 0\leqslant x\leqslant\delta$，$\beta$ 和 χ 分别在式 (7.16) 和式 (7.17) 给出，且根据同样的控制方程有 $A^{\mathrm{U}}=\lambda_1 A_2^{\mathrm{U}}+\lambda_2 A_1^{\mathrm{U}}$，$A_1^{\mathrm{U}}$，$A_2^{\mathrm{U}}$，$B^{\mathrm{U}}$ 和 C^{U} 是由新的边界条件决定的常数。

在滑移区内，平衡方程式 (7.6) 和本构关系式 (7.7) ~ 式 (7.8) 仍然成立。又由于滑移区内界面剪应力为常数，界面正应力应满足以下关系：

$$\frac{h_{\mathrm{a}}}{\bar{E}_{\mathrm{a}}}\frac{\mathrm{d}^4\sigma^{\mathrm{S}}}{\mathrm{d}x^4}+12\left[\frac{1}{\bar{E}_{\mathrm{f}}h_{\mathrm{f}}^3}+\frac{1}{\bar{E}_{\mathrm{s}}h_{\mathrm{s}}^3}\right]\sigma^{\mathrm{S}}=0\tag{7.29}$$

其中上标 S 表示滑移区 (slipped zone)。可解得滑移区内的界面正应力为

$$\sigma^{\mathrm{S}}=\mathrm{e}^{\frac{\chi(x-\delta)}{h_{\mathrm{a}}}}\left\{B^{\mathrm{S}}\sin\left[\frac{\chi(x-\delta)}{h_{\mathrm{a}}}\right]+C^{\mathrm{S}}\cos\left[\frac{\chi(x-\delta)}{h_{\mathrm{a}}}\right]\right\}\tag{7.30}$$

其中，B^{S} 和 C^{S} 为待求参数。

根据自由端边界条件 (7.18) 和 (7.19) 以及分隔点处正应力和剪应力的连续性条件，可以求解待定参数 A_1^{U}，A_2^{U}，B^{U}，C^{U}, B^{S}，C^{S} 和滑移区长度 l_{slip}。最大的界面正应力将是以下三者的最大值。

(1) 滑移区中界面正应力的局部极值 $\sigma^{\mathrm{S}}_{\text{extreme value}}$(如果存在)，对滑移区内界面正应力求导并令其等于零可得

$$\tan\left[\frac{\chi(x-\delta)}{h_{\mathrm{a}}}\right]=\frac{B^{\mathrm{S}}+C^{\mathrm{S}}}{C^{\mathrm{S}}-B^{\mathrm{S}}}\tag{7.31}$$

结合滑移区界面正应力表达式 (7.30)，可解得

$$\sigma^{\mathrm{S}}_{\text{extreme value}}=\begin{cases}\exp\left[\arctan\left(\dfrac{B^{\mathrm{S}}+C^{\mathrm{S}}}{C^{\mathrm{S}}-B^{\mathrm{S}}}\right)\right]\left[\dfrac{B^{\mathrm{S}}\left|B^{\mathrm{S}}+C^{\mathrm{S}}\right|+C^{\mathrm{S}}\left|C^{\mathrm{S}}-B^{\mathrm{S}}\right|}{\sqrt{2\left[\left(B^{\mathrm{S}}\right)^2+\left(C^{\mathrm{S}}\right)^2\right]}}\right] \\ \qquad \dfrac{B^{\mathrm{S}}+C^{\mathrm{S}}}{C^{\mathrm{S}}-B^{\mathrm{S}}}\geqslant 0 \\ \exp\left[\arctan\left(\dfrac{B^{\mathrm{S}}+C^{\mathrm{S}}}{C^{\mathrm{S}}-B^{\mathrm{S}}}\right)\right]\left[\dfrac{B^{\mathrm{S}}\left|B^{\mathrm{S}}+C^{\mathrm{S}}\right|-C^{\mathrm{S}}\left|C^{\mathrm{S}}-B^{\mathrm{S}}\right|}{\sqrt{2\left[\left(B^{\mathrm{S}}\right)^2+\left(C^{\mathrm{S}}\right)^2\right]}}\right] \\ \qquad \dfrac{B^{\mathrm{S}}+C^{\mathrm{S}}}{C^{\mathrm{S}}-B^{\mathrm{S}}}<0\end{cases}\tag{7.32}$$

存在条件为

$$\begin{cases} \dfrac{1}{\chi}\arctan\left[\dfrac{B^{\mathrm{S}}+C^{\mathrm{S}}}{C^{\mathrm{S}}-B^{\mathrm{S}}}\right] \leqslant \bar{l}, & \dfrac{B^{\mathrm{S}}+C^{\mathrm{S}}}{C^{\mathrm{S}}-B^{\mathrm{S}}} \geqslant 0 \\ \dfrac{1}{\chi}\left[\pi+\arctan\left[\dfrac{B^{\mathrm{S}}+C^{\mathrm{S}}}{C^{\mathrm{S}}-B^{\mathrm{S}}}\right]\right] \leqslant \bar{l}, & \dfrac{B^{\mathrm{S}}+C^{\mathrm{S}}}{C^{\mathrm{S}}-B^{\mathrm{S}}} < 0 \end{cases} \tag{7.33}$$

其中，$\bar{l}=l_{\mathrm{slip}}/h_{\mathrm{a}}$ 是无量纲的滑移区长度。

(2) 在硬薄膜自由端处的正应力，即

$$\sigma^{\mathrm{S}}\big|_{x=l_{\mathrm{f}}/2}=\exp(\chi\bar{l})\left[B^{\mathrm{S}}\sin(\chi\bar{l})+C^{\mathrm{S}}\cos(\chi\bar{l})\right] \tag{7.34}$$

(3) 滑移区与非滑移区交界点处的界面正应力

$$\sigma^{\mathrm{S}}\big|_{x=\delta}=C^{\mathrm{S}} \tag{7.35}$$

最大的界面正应力为

$$\sigma_{\max}^{\mathrm{S}}=\max\left\{\sigma_{\text{extreme value}}^{\mathrm{S}},\ \sigma^{\mathrm{S}}\big|_{x=\delta},\ \sigma^{\mathrm{S}}\big|_{x=l_{\mathrm{f}}/2}\right\} \tag{7.36}$$

当达到界面的拉伸强度时，界面失效模式将从滑移转变为脱黏，对应的压缩应变即为脱黏的临界压缩载荷 $\left|\varepsilon_{\text{Delamination}}^{\mathrm{C}}\right|$。

图 7.14 给出了界面滑移失效和脱黏失效的临界系统加载压缩应变 ($\left|\varepsilon_{\text{slip}}^{\mathrm{C}}\right|$ 和 $\left|\varepsilon_{\text{Delamination}}^{\mathrm{C}}\right|$) 与软衬底上硅条厚度的关系。图中实线给出本书理论所预测的临界应变，而方形数据点和圆形数据点分别为 Rogers 课题组 [6] 实验中关于界面滑移失效和脱黏失效所测得的临界应变，理论预测和实验吻合得很好，这从一个方面证明了本小节关于界面失效模式演化过程的假设的正确性。同时，从图 7.14 可以看出：当硅条厚度小于 3μm 后，滑移失效和脱黏失效所对应的临界应变的差将随着厚度的减小而急剧增大，而在硅条厚度大于 6μm 后非常接近。因此，在实验中将很难观察到薄硅条的脱黏失效和厚硅条的滑移失效。

对于完美黏结的界面，其最大界面剪应力和最大界面正应力可分别由式 (7.25) 和 (7.26) 求得，因此若首先发生脱黏失效而不滑移，当且仅当

$$R=\frac{\tau_{\mathrm{c}}}{\sigma_{\mathrm{c}}}>R^{0}=\left|\frac{\tau_{\max}^{0}}{\sigma_{\max}^{0}}\right|_{\sigma_{\max}^{0}=\sigma_{\mathrm{c}}} \tag{7.37}$$

其中 R 为界面剪切强度 τ_{c} 和拉伸强度 σ_{c} 之比，R^0 为界面最大剪应力和最大正应力之比 (当最大正应力等于界面拉伸强度时)。将式 (7.25) 和式 (7.26) 代入式 (7.37) 可得

$$R>R^{0}=\left|\frac{\dfrac{2\lambda_1}{3\lambda_1^2-\lambda_2^2}}{\beta\left(1-\dfrac{\lambda_1^2}{2\chi^2}-\dfrac{2\chi}{\lambda_1}\right)+\dfrac{4h_{\mathrm{a}}}{\chi^2 h_{\mathrm{s}}}}\right| \tag{7.38}$$

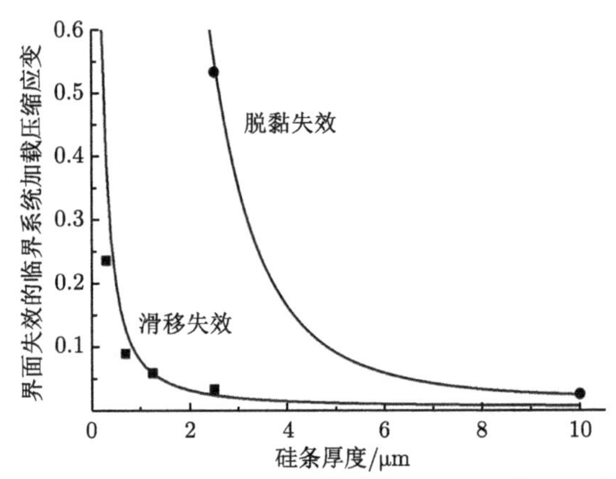

图 7.14　界面滑移失效和脱黏失效的临界系统加载压缩应变 $\left|\varepsilon_{\text{slip}}^{\text{C}}\right|$ 和 $\left|\varepsilon_{\text{Delamination}}^{\text{C}}\right|$ 与软衬底上硅条厚度的关系 [6]

R^0 仅取决于无量纲参数 λ_1，λ_2，χ 和 $h_{\text{a}}/h_{\text{s}}$，这些参数仅取决于材料属性和各层厚度。在与 Rogers 课题组 [6] 材料和黏性层厚度一致的情况下，图 7.15 给出了 R^0 随硬薄膜 (Si 条)/软衬底厚度比的变化。图中 R^0 最小值为 2.25，是实验测得 R 的 4 倍。因此，当且仅当界面的剪切强度比拉伸强度大 2.25 倍以上时，才可能出现不首先滑移而发生脱黏的失效现象，这在一般的柔性可延展电子器件的界面中是不常见的 (一般的聚合物黏性层具有黏弹性使得 $R<1$，即界面拉伸强度大于剪切强度)。因此，证明了本小节中关于界面失效模式演化的假设的正确性。

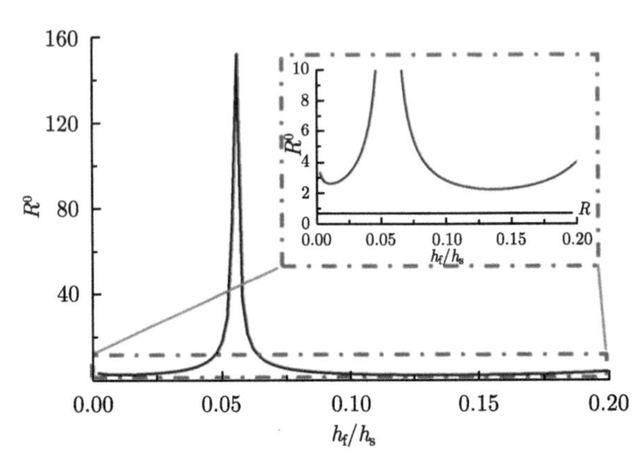

图 7.15　界面最大剪应力和最大正应力之比 R^0 与 Si 条和软衬底厚度比的关系

7.3.2　薄膜/软衬底界面失效的能量理论

在 7.3.1 节中，引入了理想刚塑性的内聚力模型来描述滑移失效后界面的本构特性。这是基于硬薄膜滑移的过程中仍与软衬底有同样的曲率黏结在一起的唯象观察和描述。本节则利用能量原理，以应力集中因子的方法来研究界面失效的问题，从另一个角度来表征加载过程中界面的力学行为。

在本节中，仍然采用 7.3.1 节中关于界面失效模式演化的基本假设。但系统的变形则采用小变形的挠度解，这也是为了证明衬底整体的力学行为不影响局部的界面失效，也就是说界面失效具有局部特性 (影响只集中在硬薄膜自由端附近的应力场)。

系统的受载与 7.3.1 节的情况相同，如图 7.16 所示，小挠度理论所给出的系统临界屈曲加载压缩应变为 $\left|\varepsilon_{\text{Buckling}}^{\text{C}}\right| = \pi^2 h_{\text{s}}^2/(12l_{\text{s}}^2)$。当压缩应变继续增大，而单位宽度的加载压力保持为常数：$P^{\text{C}} = \bar{E}_{\text{s}} h_{\text{s}} \left|\varepsilon_{\text{Buckling}}^{\text{C}}\right| = \bar{E}_{\text{s}} \pi^2 h_{\text{s}}^3/(12l_{\text{s}}^2)$ 时，软衬底的挠度曲线可写为

$$w(x) = w_0 \sin\left(\frac{\pi x}{l_{\text{s}}}\right) \tag{7.39}$$

其中，x 轴的坐标原点在软衬底的中点，w_0 为最大挠度且可解析地写为

$$w_0 = \frac{2l_{\text{s}}}{\pi}\sqrt{|\varepsilon| - \frac{\pi^2 h_{\text{s}}^2}{12l_{\text{s}}^2}} \tag{7.40}$$

其中，$|\varepsilon|$ 为加载应变。

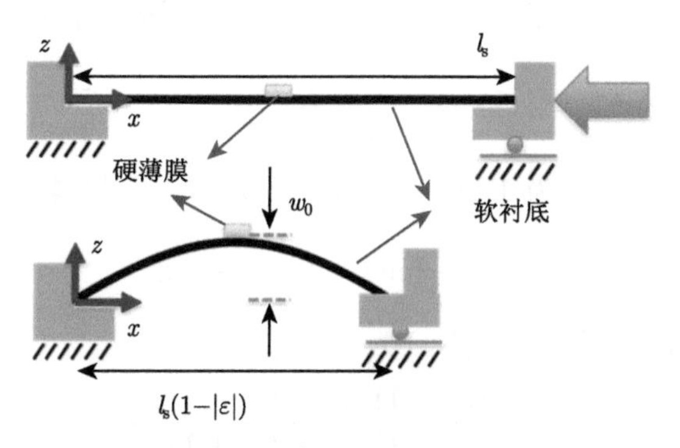

图 7.16 硬薄膜/软衬底系统的屈曲构型示意图

脱黏意味着界面约束的完全破坏，而滑移过程仅是部分约束的破坏，因此对于完美黏结的界面，前一种破坏模式的临界能量释放率一定大于后一种模式。同时 Hutchinson 课题组 [18] 的研究成果也表明：由层合材料组成的界面端部表征裂纹混合类型的相位角 $\Phi = \arctan(K_{\text{II}}/K_{\text{I}})$ 将趋近于 $\pi/2$，尤其是当层合材料间的力学性能差异较大时，其中 K_{II} 和 K_{I} 分别为 Ⅱ 型裂纹和 I 型裂纹的应力集中因子。从驱动力的角度，可以合理地认为随着外载的逐渐增大，能量释放率逐渐增大，裂纹更容易首先发生滑移，而滑移后界面在进一步增大的外载下发生脱黏失效。

进一步采用 Hutchinson 课题组 [19] 的叠加法处理界面裂纹。图 7.17 给出了压曲实验中硬薄膜/软衬底层合界面的裂纹尖端局部示意图。图 7.17(a) 为真实的界面破坏裂纹：在界面裂纹后方足够远处 (界面破坏区域)，软衬底中的合力和力矩分别为 P_{s} 和 M_{s}，而硬薄膜中的合力和力矩分别为 P_{f} 和 M_{f}；而在裂纹前端足够远处，完美黏结的层合区域合力和弯矩则分别由 P_0 和 M_0 表示。图 7.17(b) 则为假想的完美黏结界面，在两端均受到与图 7.17(a) 中完美黏结部分相反的载荷，即合力 $-P_0$ 和弯矩 $-M_0$。将图 7.17(a) 和图 7.17(b) 叠加：裂纹前方完美黏结区域的外载为零；而在裂纹后方，硬薄膜中的等效载荷为 P_0 和 M_0，而软衬底中的合力和力矩分别为 P 和 $M' = M + P\left(h_{\mathrm{f}} + h_{\mathrm{s}}\right)/2$，如图 7.17(c) 所示。因为在远离裂纹尖端处，界面法向正应力 σ_{zz} 和界面剪应力 τ_{xz} 均为零，所以叠加后 (图 7.17(c)) 系统的奇异性与叠加前 (图 7.17(a)) 相同，且能量释放率可写为

$$G = \frac{1}{2\bar{E}_{\mathrm{s}}}\left(\frac{P^2}{Ah_{\mathrm{s}}} + \frac{M^2}{Ih_{\mathrm{s}}^3} + 2\frac{PM}{\sqrt{AI}h_{\mathrm{s}}^2}\sin\gamma\right) \tag{7.41}$$

其中 $\sin\gamma = 6(1+\eta)\sqrt{AI}$，$A$ 和 I 分别为无量纲面积和惯性矩，仅取决于硬薄膜/软衬底厚度比 (即 $\eta = h_{\mathrm{f}}/h_{\mathrm{s}}$) 和模量比 (即 $t = \bar{E}_{\mathrm{f}}/\bar{E}_{\mathrm{s}}$)，即 $1/A = 1/(t\eta) + (4 + 6\eta + 3\eta^2)$ 和 $1/I = 12\left[1/(t\eta^3) + 1\right]$。

引入复数应力集中因子 $K = K_{\mathrm{I}} + \mathrm{i}K_{\mathrm{II}}$，对于线弹性材料组成的界面复合裂纹，能量释放率为

$$G = \frac{|K|^2}{\bar{E}^* \cosh^2 \pi\varepsilon} \tag{7.42}$$

其中等效模量 $\bar{E}^*$ 可表示为 $1/\bar{E}^* = \left(1/\bar{E}_{\mathrm{s}} + 1/\bar{E}_{\mathrm{f}}\right)/2$，材料参数

$$\varepsilon = \frac{1}{2}\ln[(1-\beta)/(1+\beta)] \tag{7.43}$$

仅取决于 Dundurs 参数 [20] 中的 β 为

$$\beta = \frac{\left(\kappa_{\mathrm{s}} - 1\right)/\mu_{\mathrm{s}} - \left(\kappa_{\mathrm{f}} - 1\right)/\mu_{\mathrm{f}}}{\left(\kappa_{\mathrm{s}} + 1\right)/\mu_{\mathrm{s}} + \left(\kappa_{\mathrm{f}} + 1\right)/\mu_{\mathrm{f}}} \tag{7.44}$$

其中，对于平面应变问题 $\kappa_i = 3 - 4v_i$，μ_i 是剪切模量 ($i = \mathrm{f}$ 或 s)。对比式 (7.41) 和式 (7.42) 可得

$$|K|^2 = \frac{1}{C}\left(\frac{P^2}{Ah_{\mathrm{s}}} + \frac{M^2}{Ih_{\mathrm{s}}^3} + 2\frac{PM}{\sqrt{AI}h_{\mathrm{s}}^2}\sin\gamma\right) \tag{7.45}$$

其中，$C = (1 + 1/t)\left(1 - \beta^2\right)$。利用无量纲分析，唯一有意义的解应为

$$\begin{aligned} K_{\mathrm{I}} &= \frac{P}{\sqrt{CAh_{\mathrm{s}}}}\cos\omega + \frac{M}{\sqrt{CIh_{\mathrm{s}}^3}}\sin(\omega+\gamma) \\ K_{\mathrm{II}} &= \frac{P}{\sqrt{CAh_{\mathrm{s}}}}\sin\omega - \frac{M}{\sqrt{CIh_{\mathrm{s}}^3}}\cos(\omega+\gamma) \end{aligned} \tag{7.46}$$

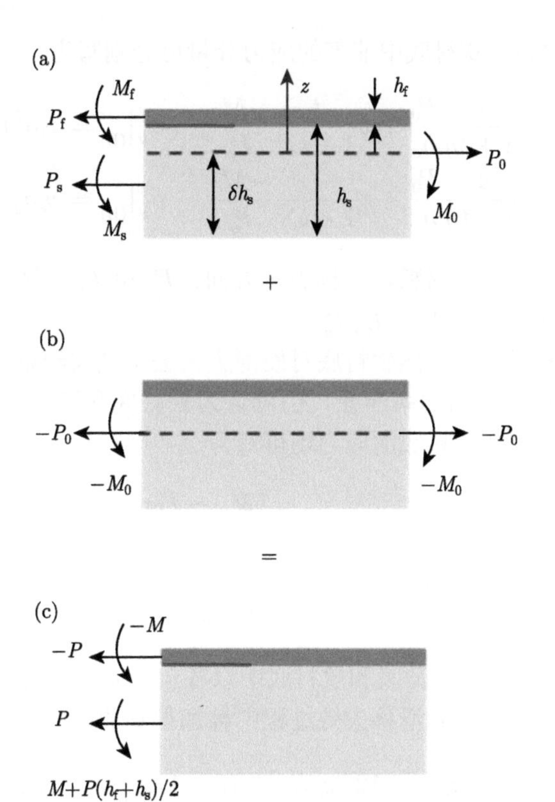

图 7.17 利用叠加法求解界面裂纹能量释放率的示意图

其中，实角度参数 $\omega \in [0, \pi/2]$ 仅仅取决于 Dundurs 参数 α, β[20] 和厚度比 η，即 $\omega = \omega(\alpha, \beta, \eta)$。Dundurs 参数 β 由式 (7.44) 决定，α 由下式决定：

$$\alpha = \frac{\bar{E}_f - \bar{E}_s}{\bar{E}_f + \bar{E}_s} \tag{7.47}$$

本节中，ω 的值来源于文献 [20] 中的多项式插值。

首先推导滑移和脱黏过程中等效载荷 P 和 M。如图 7.17(a) 所示，层合结构的中性轴距离软衬底底部 δh_s，其中 δ 取决于厚度比和模量比，即 $\delta = 1/2 + t\eta(1+\eta)/[2(1+t\eta)]$。因此，在图 7.17(a) 中的裂纹尖端前方 (即完美黏结区域)，考虑到硬薄膜的长度远小于软衬底，可以由梁的整体平衡得到

$$P_0 = -\bar{E}_s \frac{\pi^2 h_s^3}{12 l_s^2} \tag{7.48}$$

$$M_0 = -P_0 \left(w_0 + \left(\delta - \frac{1}{2} \right) h_s \right) \tag{7.49}$$

图 7.17(b) 中硬薄膜与软衬底中非零的应力分量可分别写为

$$
\begin{aligned}
&\sigma_x^{\mathrm{f}}\big|_{(\mathrm{b})}=-\frac{t}{1+t\eta}\frac{P_0}{h_{\mathrm{s}}}+z\frac{t}{1+t\Sigma}\frac{-M_0}{I_y^{\mathrm{s}}},\quad \sigma_y^{\mathrm{f}}\big|_{(\mathrm{b})}=v_{\mathrm{f}}\sigma_x^{\mathrm{f}}\big|_{(\mathrm{b})}\\
&\sigma_x^{\mathrm{s}}\big|_{(\mathrm{b})}=-\frac{1}{1+t\eta}\frac{P_0}{h_{\mathrm{s}}}+z\frac{1}{1+t\Sigma}\frac{-M_0}{I_y^{\mathrm{s}}},\quad \sigma_y^{\mathrm{s}}\big|_{(\mathrm{b})}=v_{\mathrm{s}}\sigma_x^{\mathrm{s}}\big|_{(\mathrm{b})}
\end{aligned}
\tag{7.50}
$$

其中，应力符号上标代表材料，下标表示方向；I_y^{s} 和 I_y^{f} 分别为软衬底和硬薄膜关于中性轴的惯性矩，且 $\Sigma=I_y^{\mathrm{f}}/I_y^{\mathrm{s}}$。

对于滑移后的界面，虽然软衬底对硬薄膜失去了轴向约束，但由于层合结构的厚度远小于结构弯曲的曲率半径，仍可认为软衬底和硬薄膜具有相同的曲率。因此，滑移后硬薄膜和软衬底的应力场可写为

$$
\begin{aligned}
\sigma_x^{\mathrm{f}}\big|_{\mathrm{slip}}&=z_1\frac{12t}{1+t\eta^3}\frac{-P_0w_0}{h_{\mathrm{s}}^3}\\
\sigma_x^{\mathrm{s}}\big|_{\mathrm{slip}}&=\frac{P_0}{h_{\mathrm{s}}}+z_2\frac{12}{1+t\eta^3}\frac{-P_0w_0}{h_{\mathrm{s}}^3}
\end{aligned}
\tag{7.51}
$$

其中，z_1 和 z_2 分别是在硬薄膜和软衬底中以各自中间截面为零点沿 z 轴方向的坐标值。由叠加法，可得到滑移失效过程中叠加得到的图 7.17(c) 中的等效载荷

$$
P\big|_{\mathrm{slip}}=-\left[-\frac{t\eta}{1+t\eta}+\frac{12\left[w_0/h_{\mathrm{s}}+(\delta-1/2)\right](\delta-1/2)}{(1+t\Sigma)\Delta_3}\right]P_0 \tag{7.52}
$$

$$
M\big|_{\mathrm{slip}}=-\left[\frac{w_0/h_s+(\delta-1/2)}{(1+t\Sigma)\Delta_3}-\frac{w_0/h_{\mathrm{s}}}{1+t\eta^3}\right]t\eta^3P_0h_{\mathrm{s}} \tag{7.53}
$$

其中 $\Delta_3=12I_y^{\mathrm{s}}/h_{\mathrm{s}}^3$。将式 (7.52) 和式 (7.53) 代入式 (7.47) 可得应力集中因子 $K_{\mathrm{I}}\big|_{\mathrm{slip}}$ 和 $K_{\mathrm{II}}\big|_{\mathrm{slip}}$。通过量纲分析可知，无量纲后的应力集中因子 $\bar{K}_i\big|_{\mathrm{slip}}=-K_i\big|_{\mathrm{slip}}\sqrt{h_{\mathrm{s}}}/P_0$, 可写为应变载荷 ε 和三个无量纲参数 (硬薄膜/软衬底厚度比 η，模量比 t，以及软衬底厚度与长度比 $\bar{h}=h_{\mathrm{s}}/L$) 的函数，即 $\bar{K}_i\big|_{\mathrm{slip}}=\bar{K}_i\big|_{\mathrm{slip}}(t,\eta,\bar{h},|\varepsilon|)$。

滑移失效模式意味着不出现张开型裂纹，而是硬薄膜与软衬底在平行与接触方向的相对滑开，因此合理的滑移失效准则为

$$
\bar{K}_{\mathrm{II}}\big|_{\mathrm{slip}}\left(t,\eta,\bar{h},\left|\varepsilon_{\mathrm{slip}}^{\mathrm{C}}\right|\right)=\bar{K}_{\mathrm{IIC}}\big|_{\mathrm{slip}} \tag{7.54}
$$

其中，$\left|\varepsilon_{\mathrm{slip}}^{\mathrm{C}}\right|$ 即为系统的临界滑移载荷。同时，完全的失效意味着薄膜中沿轴线的薄膜力彻底消失，因此滑移位移可以通过硬薄膜和软衬底薄膜应变的变化之差求得，即通过硬薄膜长度 l_{s} 无量纲后的滑移长度为

$$\bar{\Delta}(t,\eta,\bar{h},|\varepsilon|)=\frac{\pi^2\bar{h}^2}{12}\left(\frac{3(1+\eta)}{1+t\eta^3}\frac{w_0}{h_s}-\frac{1}{2}\right) \tag{7.55}$$

图 7.18 中实线给出了式 (7.55) 所预测的无量纲滑移长度 $\bar{\Delta}$ 与加载压缩载荷 $|\varepsilon|$ 之间的关系。其中硬薄膜/软衬底厚度比 $\eta=1.25\times10^{-4}$，模量比 $t=1.12\times10^{6}$，软衬底厚度与长度比 $\bar{h}=6.14\times10^{-2}$ 均与冯雪课题组 [11] 的实验一致。可以看出，理论预测的滑移长度与实验值随应变变化的趋势一致，但略微大于实验值。其原因在于，本书的解析模型是基于平面应变模型；而冯雪课题组 [11] 的实验则是三维应力模型，硬薄膜置于三维软衬底上，由于两者的泊松效应不同，衬底表面屈曲呈皱纹状，从而阻碍滑移过程。

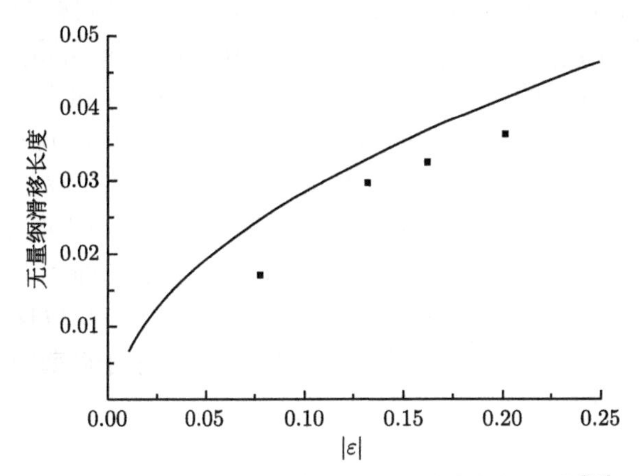

图 7.18 无量纲滑移长度与加载压缩载荷的关系 [11]

结合 Rogers 课题组 [6] 的实验数据 (四种厚度 290nm，700nm，1.25μm 和 2.5μm 的硅薄膜在 50μm 的软衬底上的临界滑移载荷 $\left|\varepsilon_{\text{slip}}^{\text{C}}\right|$)，可得控制滑移失效的临界应力集中因子 $K_{\text{IIC}}|_{\text{slip}}=(3.43\pm0.36)\times10^5(\text{Pa}\cdot\sqrt{\text{m}})$。且此临界应力集中因子与硬薄膜厚度无关，反映了材料的固有性质。

在脱黏后的系统中，硬薄膜中的应力分量消失，因此硬薄膜对应于图 7.17(c) 中的应力场即为滑移后应力场的相反数，即

$$\sigma_x^{\text{f}}\big|_{\text{Delamination}}=-z_1\frac{12t}{1+t\eta^3}\frac{-P_0w_0}{h_s^3} \tag{7.56}$$

因为从滑移后的界面到脱黏后的界面在硬薄膜中薄膜应力的积分都为零，所以有

$$P|_{\text{Delamination}}=0 \tag{7.57}$$

$$M|_{\text{Delamination}}=\frac{-P_0w_0t\eta^3}{1+t\eta^3} \tag{7.58}$$

根据滑移后界面脱黏失效的现象，可以认为脱黏失效是 I 型张开型裂纹，其失效判据可写为

$$\begin{aligned}\bar{K}_{\rm I}\big|_{\rm Delamination}\left(t,\eta,\bar{h},\left|\varepsilon^{\rm C}_{\rm Delamination}\right|\right) &= \frac{t\eta^3}{(1+t\eta^3)\sqrt{IC}}\frac{w_0}{h_{\rm s}}\sin(\omega+\gamma)\\ &= \bar{K}_{\rm IC}\big|_{\rm Delamination}\end{aligned}\tag{7.59}$$

其中 $\left|\varepsilon^{\rm C}_{\rm Delamination}\right|$ 为脱黏失效的临界压缩应变。准则中的 $\bar{K}_{\rm I}\big|_{\rm Delamination}$ 是基于已经滑移后的界面，其值与初始界面的 I 型应力集中因子 $\bar{K}_{\rm I}\big|_{\rm slip}$ 不同。

代入 Rogers 课题组 [6] 的实验数据，包括两种不同厚度 (2.5μm 和 10μm) 的硅薄膜在 50μm 的软衬底上的临界脱黏载荷 $\left|\varepsilon^{\rm C}_{\rm Delamination}\right|$ 可得控制脱黏失效的临界应力集中因子 $K_{\rm IC}|_{\rm Delamination} = (9.90 \pm 1.60) \times 10^4({\rm Pa}\cdot\sqrt{\rm m})$。

将控制滑移和脱黏的临界应力集中因子代入式 (7.54) 和式 (7.59)，图 7.19 中实线给出了临界滑移载荷随硬薄膜厚度的变化 (软衬底厚度 50μm 保持不变)，而数据点则给出了 Rogers 课题组 [6] 的相关实验值 (圆点为滑移失效，方形点为脱黏失效)，理论预测与实验值吻合得很好。在图中的右上角为图 7.19 由强度理论得到的同样的曲线，可以发现强度理论和能量理论得到的曲线不仅趋势一样，数值上也高度一致。图 7.20 则给出了在脱黏前界面的最大滑移位移随硅薄膜厚度的变化关系。当薄膜厚度超过 6μm 后，最大滑移位移将小于硅薄膜厚度的 20%，从而很难被实验捕捉到。

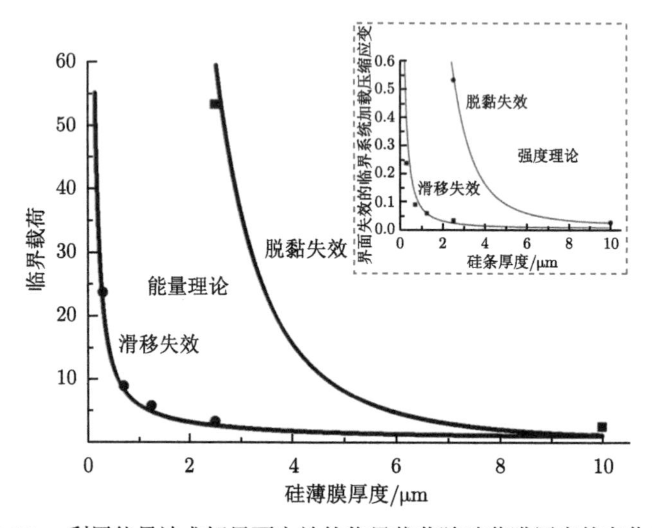

图 7.19　利用能量法求解界面失效的临界载荷随硅薄膜厚度的变化关系

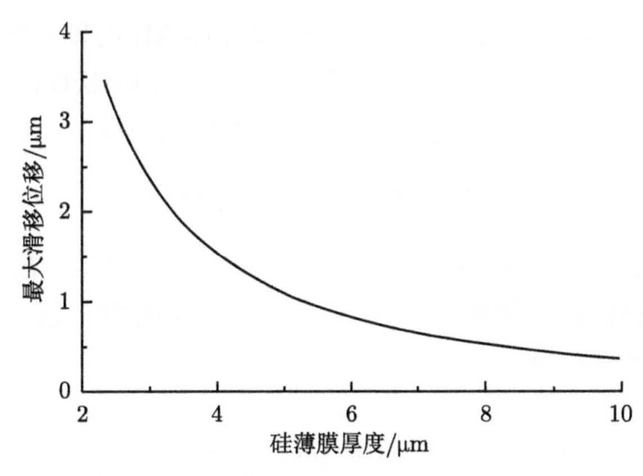

图 7.20 利用能量法求解的最大滑移位移随硅薄膜厚度的变化关系

7.3.3 薄膜/软衬底界面失效的黏弹性效应

可延展柔性电子通常是异质多层结构，包含若干无机功能薄膜层和柔性衬底层。无机薄膜和柔性衬底的模量相差很大，因而界面处存在着很大的错配，容易引发界面失效。本小节基于黏弹性理论，对弹性薄膜与黏弹性衬底复合梁模型的界面脱黏行为进行了分析，给出了复合梁非开裂端与时间相关的中性轴位置的解析表达式。同时还计算了系统的能量释放率，给出了基于恒定弯矩载荷下的裂纹扩展判据 [21]。

针对无机可延展柔性电子的特征，考虑薄膜为各向同性、线弹性材料，衬底为各向同性、线性黏弹性材料。在平面应变假设下，将含界面裂纹的薄膜衬底系统简化为双层复合梁模型，复合梁的长度为 l，如图 7.21 所示。在复合梁的界面处存在一条长为 a 的边缘裂纹，复合梁上层和下层的厚度分别为 h_{f} 和 h_{s}(本小节中下标 f 和 s 分别代表薄膜和衬底)。

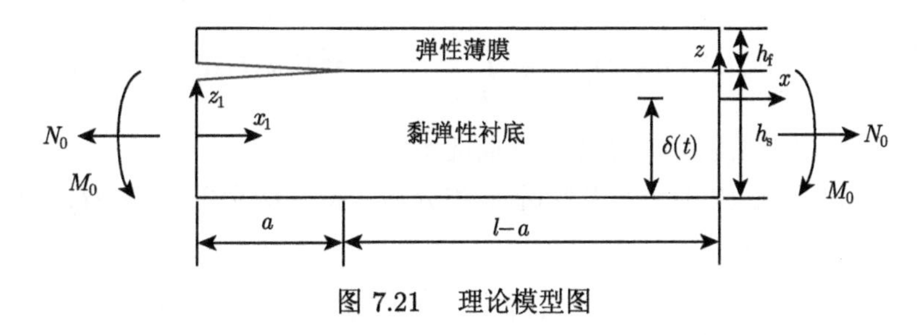

图 7.21 理论模型图

弹性薄膜采用简单的胡克定律：

$$\sigma_{\mathrm{f}}(t)=E_{\mathrm{f}}'\varepsilon_{\mathrm{f}}(t) \tag{7.60}$$

其中，$\sigma_{\mathrm{f}}(t)$, $\varepsilon_{\mathrm{f}}(t)$ 和 $E_{\mathrm{f}}'=E_{\mathrm{f}}/(1-\nu_{\mathrm{f}}^2)$ 分别是弹性薄膜的轴向应力，轴向应变和平面应变模量；E_{f} 和 ν_{f} 分别是弹性薄膜的杨氏模量和泊松比；t 是时间变量。

弹性衬底采用三参量标准线性模量，在平面应变假设下，衬底的松弛模量为

$$E_{\mathrm{s}}'(t)=E_{\mathrm{s1}}'+E_{\mathrm{s2}}'\exp(-t/\tau_1) \tag{7.61}$$

其中，$E_{\mathrm{s1}}'=E_{\mathrm{s1}}/(1-\nu_{\mathrm{s}}^2)$ 和 $E_{\mathrm{s2}}'=E_{\mathrm{s2}}/(1-\nu_{\mathrm{s}}^2)$。$E_{\mathrm{s1}}$、$E_{\mathrm{s1}}+E_{\mathrm{s2}}$ 和 τ_1 分别是衬底的存储模量、损耗模量和松弛时间；ν_{s} 是衬底的泊松比。同时，黏弹性衬底的轴向应力 $\sigma_{\mathrm{s}}(t)$ 可表示为

$$\sigma_{\mathrm{s}}(t)=E_{\mathrm{s}}'(t)*\mathrm{d}\varepsilon_{\mathrm{s}}(t)=E_{\mathrm{s}}'(0)\varepsilon_{\mathrm{s}}(t)+\int_0^t\varepsilon_{\mathrm{s}}(\tau)\frac{\partial E_{\mathrm{s}}'(t-\tau)}{\partial(t-\tau)}\mathrm{d}\tau \tag{7.62}$$

其中，$\varepsilon_{\mathrm{s}}(t)$ 为黏弹性衬底的轴向应变；符号 $*$ 表示 Stieltjes 卷积。

如图 7.21 所示的薄膜/衬底系统，黏弹性衬底的两端分别受到单位厚度的轴力 N_0 和弯矩 M_0。在开裂区，黏弹性衬底承受所有的外力，弹性薄膜处于应力自由状态。建立笛卡儿直角坐标系 x_1z_1，x_1 轴与衬底的轴线重合，z_1 轴垂直于衬底的轴线。在非开裂区，建立直角坐标系 xz，x 轴与复合梁的中性轴重合，z 轴垂直于中性轴。复合梁中性轴与下表面的距离用 $\delta(t)$ 表示，对于含黏弹性材料的复合梁，$\delta(t)$ 是随时间变化的。在复合梁非开裂区，梁的受力情况可以等效为在中性轴处受到轴向力 N_0 和弯矩 $M(t)=M_0-N_0[\delta(t)-0.5h_{\mathrm{s}}]$ 的作用。

在复合梁非开裂区，中性轴与时间相关，因此线性黏弹性理论中的对应原理不再适用。此处，从平衡方程出发求复合梁随时间变化的中性层。当中性轴受到弯矩 $M(t)$ 作用时，平衡方程为

$$\int_{-\delta(t)}^{h_{\mathrm{s}}-\delta(t)}z\left[E_{\mathrm{s}}'(t)*\mathrm{d}\kappa(t)\right]\mathrm{d}z+\int_{h_{\mathrm{s}}-\delta(t)}^{h_{\mathrm{f}}+h_{\mathrm{s}}-\delta(t)}zE_{\mathrm{f}}'\kappa(t)\,\mathrm{d}z=0 \tag{7.63}$$

$$\int_{-\delta(t)}^{h_{\mathrm{s}}-\delta(t)}z^2\left[E_{\mathrm{s}}'(t)*\mathrm{d}\kappa(t)\right]\mathrm{d}z+\int_{h_{\mathrm{s}}-\delta(t)}^{h_{\mathrm{f}}+h_{\mathrm{s}}-\delta(t)}z^2E_{\mathrm{f}}'\kappa(t)\,\mathrm{d}z=M(t) \tag{7.64}$$

其中，$\kappa(t)$ 为复合梁随时间变化的弯曲曲率。

式 (7.63) 和式 (7.64) 关于变量 z 积分后，得到两个关于 $E_{\mathrm{s}}'(t)*\mathrm{d}\kappa(t)$ 和 $E_{\mathrm{f}}'\kappa(t)$ 的线性方程：

$$E_{\mathrm{s}}'(t)*\mathrm{d}\kappa(t)=\frac{M(t)}{h_{\mathrm{s}}(h_{\mathrm{f}}+h_{\mathrm{s}})}\left[\frac{A_1}{\delta(t)-\delta_1}+\frac{2-A_1}{\delta(t)-\delta_2}\right] \tag{7.65}$$

$$E_{\mathrm{f}}'\kappa(t)=\frac{-M(t)}{h_{\mathrm{f}}(h_{\mathrm{f}}+h_{\mathrm{s}})}\left[\frac{A_2}{\delta(t)-\delta_1}+\frac{2-A_2}{\delta(t)-\delta_2}\right] \tag{7.66}$$

其中，δ_1, δ_2, A_1 和 A_2 是与薄膜和衬底厚度相关的四个参数，其表达式如下：

$$\begin{aligned}&\delta_1=\frac{h_{\mathrm{f}}+2h_{\mathrm{s}}+\sqrt{h_{\mathrm{f}}^2+h_{\mathrm{f}}h_{\mathrm{s}}+h_{\mathrm{s}}^2}}{3},\quad \delta_2=\frac{h_{\mathrm{f}}+2h_{\mathrm{s}}-\sqrt{h_{\mathrm{f}}^2+h_{\mathrm{f}}h_{\mathrm{s}}+h_{\mathrm{s}}^2}}{3}\\&A_1=\frac{2\delta_1-h_{\mathrm{f}}-2h_{\mathrm{s}}}{\delta_1-\delta_2},\quad A_2=\frac{2\delta_1-h_{\mathrm{s}}}{\delta_1-\delta_2}\end{aligned}\tag{7.67}$$

将式 (7.61) 代入式 (7.65) 可以得到

$$\begin{aligned}&\left(E_{\mathrm{s}1}'+E_{\mathrm{s}2}'\right)\kappa(t)-\frac{E_{\mathrm{s}2}'}{\tau_1}\exp\left(-t/\tau_1\right)\int_0^t\kappa(\tau)\exp\left(\tau/\tau_1\right)\mathrm{d}\tau\\&=\frac{M(t)}{h_{\mathrm{s}}\left(h_{\mathrm{f}}+h_{\mathrm{s}}\right)}\left[\frac{A_1}{\delta(t)-\delta_1}+\frac{2-A_1}{\delta(t)-\delta_2}\right]\end{aligned}\tag{7.68}$$

接着将式 (7.66) 和式 (7.68) 对时间 t 求导后可以得到

$$\begin{aligned}E_{\mathrm{f}}'\frac{\mathrm{d}\kappa(t)}{\mathrm{d}t}=&\frac{-1}{h_{\mathrm{f}}\left(h_{\mathrm{f}}+h_{\mathrm{s}}\right)}\left[\frac{A_2}{\delta(t)-\delta_1}+\frac{2-A_2}{\delta(t)-\delta_2}\right]\frac{\mathrm{d}M(t)}{\mathrm{d}t}\\&+\frac{M(t)}{h_{\mathrm{f}}\left(h_{\mathrm{f}}+h_{\mathrm{s}}\right)}\left[\frac{A_2}{\left[\delta(t)-\delta_1\right]^2}+\frac{2-A_2}{\left[\delta(t)-\delta_2\right]^2}\right]\frac{\mathrm{d}\delta(t)}{\mathrm{d}t}\end{aligned}\tag{7.69}$$

$$\begin{aligned}&\left(E_{\mathrm{s}1}'+E_{\mathrm{s}2}'\right)\frac{\mathrm{d}\kappa(t)}{\mathrm{d}t}-\frac{E_{\mathrm{s}2}'}{\tau_1}\kappa(t)+\frac{E_{\mathrm{s}2}'}{\tau_1^2}\exp\left(-t/\tau_1\right)\int_0^t\kappa(\tau)\exp\left(\tau/\tau_1\right)\mathrm{d}\tau\\&=\frac{1}{h_{\mathrm{s}}\left(h_{\mathrm{f}}+h_{\mathrm{s}}\right)}\left[\frac{A_1}{\delta(t)-\delta_1}+\frac{2-A_1}{\delta(t)-\delta_2}\right]\frac{\mathrm{d}M(t)}{\mathrm{d}t}\\&\quad-\frac{M(t)}{h_{\mathrm{s}}\left(h_{\mathrm{f}}+h_{\mathrm{s}}\right)}\left\{\frac{A_1}{\left[\delta(t)-\delta_1\right]^2}+\frac{2-A_1}{\left[\delta(t)-\delta_2\right]^2}\right\}\frac{\mathrm{d}\delta(t)}{\mathrm{d}t}\end{aligned}\tag{7.70}$$

注意到 $\mathrm{d}M(t)/\mathrm{d}t=-N_0\mathrm{d}\delta(t)/\mathrm{d}t$，因此式 (7.66)、式 (7.68)、式 (7.69)、式 (7.70) 可被认为是含四个变量 $\kappa(t), \mathrm{d}\kappa(t)/\mathrm{d}t, \mathrm{d}\delta(t)/\mathrm{d}t$ 和 $\int_0^t\kappa(\tau)\exp(\tau/\tau_1)\mathrm{d}\tau$ 的线性方程。其中，$\mathrm{d}\delta(t)/\mathrm{d}t$ 可被显式求解，经化简后得到了如下无量纲的表达式：

$$\frac{\dfrac{B_1+B_3}{\left[\tilde{\delta}(t)-\tilde{\delta}_1\right]^2}+\eta_2\dfrac{B_2+B_4}{\left[\tilde{\delta}(t)-\tilde{\delta}_2\right]^2}}{\eta_1B-\dfrac{B_1}{\tilde{\delta}(t)-\tilde{\delta}_1}-\eta_2\dfrac{B_2}{\tilde{\delta}(t)-\tilde{\delta}_2}}\mathrm{d}\tilde{\delta}(t)=-\mathrm{d}\left(t/\tau_1\right)\tag{7.71}$$

其中 $\tilde{\delta}(t)=\delta(t)/h_{\mathrm{s}}$，其他无量纲的参数表达式为

$$\tilde{\delta}_1=\frac{\lambda+2+\sqrt{\lambda^2+\lambda+1}}{3},\quad \tilde{\delta}_2=\frac{\lambda+2-\sqrt{\lambda^2+\lambda+1}}{3}$$
$$B=2\left(\frac{\beta_1}{\lambda}+1\right),\quad B_1=\frac{\beta_1}{\lambda}A_2+A_1,\quad B_2=B-B_1$$
$$B_3=\frac{\beta_2}{\lambda}A_2,\quad B_4=2\frac{\beta_2}{\lambda}-B_3 \tag{7.72}$$
$$\eta_1=\frac{2}{1-2\tilde{\delta}_1+2\xi},\quad \eta_2=\frac{1-2\tilde{\delta}_2+2\xi}{1-2\tilde{\delta}_1+2\xi}$$

其中，$\lambda=h_{\rm f}/h_{\rm s}$ 为薄膜与衬底的厚度比，$\beta_1=E'_{\rm s1}/E'_{\rm f}$ 和 $\beta_2=E'_{\rm s2}/E'_{\rm f}$ 是薄膜与衬底的两种模量比，$\xi=M_0/(N_0h_{\rm s})$ 是与外加载荷相关的无量纲参数。

对式 (7.71) 积分后可以得到

$$\begin{aligned}&-\left(1+\frac{B_3}{B_1}\right)\ln\left|\tilde{\delta}(t)-\tilde{\delta}_1\right|+\left[1+\frac{B_3}{B_1}(1-\gamma)+\frac{B_4}{B_2}\gamma\right]\ln\left|\tilde{\delta}(t)-\tilde{\delta}_3\right|\\&-\left(1+\frac{B_4}{B_2}\right)\ln\left|\tilde{\delta}(t)-\tilde{\delta}_2\right|+\left[1+\frac{B_3}{B_1}\gamma+\frac{B_4}{B_2}(1-\gamma)\right]\ln\left|\tilde{\delta}(t)-\tilde{\delta}_4\right|\\=&\frac{-t}{\tau_1}+\text{constant}\end{aligned} \tag{7.73}$$

其中

$$\gamma=\frac{B_1}{B}+\frac{\tilde{\delta}_3-\tilde{\delta}_1}{\tilde{\delta}_3-\tilde{\delta}_4}\left(1-\frac{B_1}{B}\right),\quad \tilde{\delta}_3=\frac{\lambda^2+2\lambda+\beta_1}{2(\lambda+\beta_1)},\quad \tilde{\delta}_4=\frac{1}{2}+\xi \tag{7.74}$$

当加载时间 t 趋向于无穷大时，式 (7.73) 是恒成立的，且

$$\tilde{\delta}(\infty)=\tilde{\delta}_3=\frac{1}{2}\frac{\lambda(\lambda+2)+\beta_1}{\lambda+\beta_1}<\tilde{\delta}_1 \tag{7.75}$$

通过运用中性轴的初始条件，可以确定式 (7.73) 的积分常数。t=0 时刻，可以得到中性轴为

$$\tilde{\delta}(0)=\frac{1}{2}\frac{\lambda(\lambda+2)+\beta_1+\beta_2}{\lambda+\beta_1+\beta_2}<\tilde{\delta}(\infty),\quad \tilde{\delta}_2<\tilde{\delta}(0)<\tilde{\delta}_1 \tag{7.76}$$

此处，只考虑利于裂纹扩展的加载情况，即轴向压缩载荷 ($N_0<0$) 和正弯矩 ($M_0>0$)。此时 $\xi<0$，因此 $\tilde{\delta}_4<1/2<\tilde{\delta}(0)$，式 (7.73) 和式 (7.76) 可以简化为

$$\frac{\left[\dfrac{\tilde{\delta}(\infty)-\tilde{\delta}(t)}{\tilde{\delta}(\infty)-\tilde{\delta}(0)}\right]^{\left[1+\frac{B_3}{B_1}(1-\gamma)+\frac{B_4}{B_2}\gamma\right]}\left[\dfrac{\tilde{\delta}(t)-\tilde{\delta}_4}{\tilde{\delta}(0)-\tilde{\delta}_4}\right]^{\left[1+\frac{B_3}{B_1}\gamma+\frac{B_4}{B_2}(1-\gamma)\right]}}{\left[\dfrac{\tilde{\delta}_1-\tilde{\delta}(t)}{\tilde{\delta}_1-\tilde{\delta}(0)}\right]^{\left(1+\frac{B_3}{B_1}\right)}\left[\dfrac{\tilde{\delta}(t)-\tilde{\delta}_2}{\tilde{\delta}(0)-\tilde{\delta}_2}\right]^{\left(1+\frac{B_4}{B_2}\right)}}=\exp(-t/\tau_1) \tag{7.77}$$

式 (7.77) 给出了双层复合梁随时间变化的中性轴解析表达式，从式中可以看出，对于包含黏弹性材料的复合梁，中性轴不仅与复合梁的几何参数和材料参数相关，而且会随外加载荷和加载时间的改变而变化。

在中性轴分析的基础上，可以进一步讨论含黏弹性材料的复合梁界面脱黏问题。对于可延展柔性器件，薄膜的厚度通常远小于衬底的厚度，即 $\lambda = h_{\mathrm{f}}/h_{\mathrm{s}} \ll 1$。此时，可以从式 (7.67) 得到 $\delta_1 = h_{\mathrm{s}}$, $\delta_2 = h_{\mathrm{s}}/3$, $A_1 = 0$ 和 $A_2 = 3/2$。

在复合梁开裂区，薄膜是应力自由的，因此只需考虑软衬底的能量。对于软衬底同时受到轴力 N_0 和弯矩 M_0 的情况，开裂区衬底的轴向应力为

$$\sigma_{\mathrm{s}}^{\mathrm{c}}(t) = \frac{N_0}{h_{\mathrm{s}}} + z_1\frac{M_0}{I_{\mathrm{s}}^{\mathrm{c}}}, \quad z_1 \in \left[-\frac{h_{\mathrm{s}}}{2}, \frac{h_{\mathrm{s}}}{2}\right] \tag{7.78}$$

其中，$I_{\mathrm{s}}^{\mathrm{c}} = h_{\mathrm{s}}^3/12$ 为衬底单位宽度的惯性矩。本小节中，上标 c 表示复合梁开裂区相关的量。

将式 (7.78) 代入式 (7.62)，然后运用拉普拉斯变换可以求得变换域中衬底的轴向应变，再对其运用拉普拉斯逆变换就可以求得物理域中的轴向应变为

$$\varepsilon_{\mathrm{s}}^{\mathrm{c}}(t) = \left(\frac{N_0}{h_{\mathrm{s}}} + z_1\frac{M_0}{I_{\mathrm{s}}^{\mathrm{c}}}\right)\frac{f_1(t)}{E'_{\mathrm{s1}} + E'_{\mathrm{s2}}}, \quad f_1(t) = 1 + \frac{\beta_2}{\beta_1}\left[1 - \exp\left(\frac{-\beta_1}{\beta_1+\beta_2}\frac{t}{\tau_1}\right)\right] \tag{7.79}$$

运用式 (7.78) 和式 (7.79)，以及线性黏弹性材料的自由能密度公式:

$$\begin{aligned}\rho_{\mathrm{w}} &= \frac{1}{2}\left(\int_{0^-}^{t} - \int_{t}^{2t}\right)\sigma(2t-\tau)\frac{\mathrm{d}\varepsilon(\tau)}{\mathrm{d}\tau}\mathrm{d}\tau \\ &= \frac{1}{2}\sigma(2t)\varepsilon(0) + \frac{1}{2}\left(\int_{0}^{t} - \int_{t}^{2t}\right)\sigma(2t-\tau)\frac{\mathrm{d}\varepsilon(\tau)}{\mathrm{d}\tau}\mathrm{d}\tau\end{aligned} \tag{7.80}$$

可计算出开裂区复合梁的势能为

$$\begin{aligned}U^{\mathrm{c}} &= a\int_{-h_{\mathrm{s}}/2}^{h_{\mathrm{s}}/2}\left[\frac{1}{2}\left(\int_{0^-}^{t} - \int_{t}^{2t}\right)\sigma_{\mathrm{s}}^{\mathrm{c}}(2t-\tau)\frac{\mathrm{d}\varepsilon_{\mathrm{s}}^{\mathrm{c}}(\tau)}{\mathrm{d}\tau}\mathrm{d}\tau\right]\mathrm{d}z_1 \\ &= \frac{aN_0^2\lambda(1+12\xi^2)}{2E'_{\mathrm{f}}h_{\mathrm{f}}(\beta_1+\beta_2)}\left[2f_1(t) - f_1(2t)\right]\end{aligned} \tag{7.81}$$

根据式 (7.79)，得到开裂区轴力 N_0 和弯矩 M_0 所做的总功为

$$W^{\mathrm{c}} = N_0 a\frac{N_0}{h_{\mathrm{s}}}\frac{f_1(t)}{E'_{\mathrm{s1}} + E'_{\mathrm{s2}}} + M_0 a\frac{M_0}{I_{\mathrm{s}}^{\mathrm{c}}}\frac{f_1(t)}{E'_{\mathrm{s1}} + E'_{\mathrm{s2}}} = \frac{aN_0^2\lambda(1+12\xi^2)f_1(t)}{E'_{\mathrm{f}}h_{\mathrm{f}}(\beta_1+\beta_2)} \tag{7.82}$$

在非开裂区，薄膜与衬底完好黏结。根据叠加原理，可分别求解中性层受轴力 N_0 和弯矩 $M(t) = M_0 - N_0[\delta(t) - 0.5h_{\mathrm{s}}]$ 这两种情况，然后对这两种情况下的解进行叠加。

(1) 对于复合梁中性层的力平衡方程进行拉普拉斯变换和逆变换，便可求得复合梁的轴向应变为

$$\varepsilon_1^{\mathrm{u}}(t)=\frac{N_0 f_2(t)}{\left(E_{\mathrm{s}1}'+E_{\mathrm{s}2}'\right)h_{\mathrm{s}}+E_{\mathrm{f}}'h_{\mathrm{f}}},\quad f_2(t)=1+\frac{\beta_2}{\beta_1+\lambda}\left[1-\exp\left(\frac{-\beta_1-\lambda}{\beta_1+\beta_2+\lambda}\frac{t}{\tau_1}\right)\right] \tag{7.83}$$

其中，上标 u 在本节中表示与复合梁非开裂区相关的物理量。接着便可获得薄膜和衬底的轴向应力：

$$\begin{aligned}\sigma_{\mathrm{f}1}^{\mathrm{u}}(t)&=E_{\mathrm{f}}'\varepsilon_1^{\mathrm{u}}(t)=\frac{E_{\mathrm{f}}'N_0 f_2(t)}{\left(E_{\mathrm{s}1}'+E_{\mathrm{s}2}'\right)h_{\mathrm{s}}+E_{\mathrm{f}}'h_{\mathrm{f}}}\\ \sigma_{\mathrm{s}1}^{\mathrm{u}}(t)&=\frac{N_0-\sigma_{\mathrm{f}1}^{\mathrm{u}}(t)h_{\mathrm{f}}}{h_{\mathrm{s}}}=\frac{N_0}{h_{\mathrm{s}}}-\frac{E_{\mathrm{f}}'h_{\mathrm{f}}N_0 f_2(t)}{h_{\mathrm{s}}\left(E_{\mathrm{s}1}'h_s+E_{\mathrm{s}2}'h_s+E_{\mathrm{f}}'h_{\mathrm{f}}\right)}\end{aligned} \tag{7.84}$$

(2) 对于薄膜受弯矩 $M(t)$ 作用的情况，将 $A_1=0$ 和 $A_2=3/2$ 代入式 (7.65) 和式 (7.66) 后，可以得到薄膜和衬底的轴向应力和应变：

$$\begin{aligned}&\sigma_{\mathrm{f}2}^{\mathrm{u}}(t)=-z\frac{M(t)}{2h_{\mathrm{f}}h_{\mathrm{s}}}\left[\frac{3}{\delta(t)-\delta_1}+\frac{1}{\delta(t)-\delta_2}\right],\quad \sigma_{\mathrm{s}2}^{\mathrm{u}}(t)=z\frac{2M(t)}{h_{\mathrm{s}}^2\left[\delta(t)-\delta_2\right]}\\ &\varepsilon_2^{\mathrm{u}}(t)=\frac{\sigma_{\mathrm{f}2}^{\mathrm{u}}(t)}{E_{\mathrm{f}}'}=-z\frac{M(t)}{2E_{\mathrm{f}}'h_{\mathrm{f}}h_{\mathrm{s}}}\left[\frac{3}{\delta(t)-\delta_1}+\frac{1}{\delta(t)-\delta_2}\right]\end{aligned} \tag{7.85}$$

对于同时受到轴力 N_0 和弯矩 $M(t)$ 作用的情况，通过叠加原理可以得到薄膜和衬底的总轴向应力和总轴向应变为

$$\begin{aligned}\sigma_{\mathrm{f}}^{\mathrm{u}}(t)&=\frac{E_{\mathrm{f}}'N_0 f_2(t)}{\left(E_{\mathrm{s}1}'+E_{\mathrm{s}2}'\right)h_{\mathrm{s}}+E_{\mathrm{f}}'h_{\mathrm{f}}}-z\frac{M(t)}{2h_{\mathrm{f}}h_{\mathrm{s}}}\left[\frac{3}{\delta(t)-\delta_1}+\frac{1}{\delta(t)-\delta_2}\right]\\ \sigma_{\mathrm{s}}^{\mathrm{u}}(t)&=\frac{N_0}{h_{\mathrm{s}}}-\frac{E_{\mathrm{f}}'h_{\mathrm{f}}N_0 f_2(t)}{h_{\mathrm{s}}\left(E_{\mathrm{s}1}'h_{\mathrm{s}}+E_{\mathrm{s}2}'h_{\mathrm{s}}+E_{\mathrm{f}}'h_{\mathrm{f}}\right)}+z\frac{2M(t)}{h_{\mathrm{s}}^2\left[\delta(t)-\delta_2\right]}\\ \varepsilon^{\mathrm{u}}(t)&=\frac{N_0 f_2(t)}{\left(E_{\mathrm{s}1}'+E_{\mathrm{s}2}'\right)h_{\mathrm{s}}+E_{\mathrm{f}}'h_{\mathrm{f}}}-z\frac{M(t)}{2E_{\mathrm{f}}'h_{\mathrm{f}}h_{\mathrm{s}}}\left[\frac{3}{\delta(t)-\delta_1}+\frac{1}{\delta(t)-\delta_2}\right]\end{aligned} \tag{7.86}$$

通过式 (7.86)，可以得到非开裂区薄膜的弹性势能为

$$\begin{aligned}U_{\mathrm{f}}^{\mathrm{u}}&=(l-a)\int_{h_{\mathrm{s}}-\delta(t)}^{h_{\mathrm{f}}+h_{\mathrm{s}}-\delta(t)}\frac{1}{2}\sigma_{\mathrm{f}}^{\mathrm{u}}(t)\,\varepsilon^{\mathrm{u}}(t)\,\mathrm{d}z\\ &=\frac{1}{2}(l-a)\frac{N_0^2}{E_{\mathrm{f}}'h_{\mathrm{f}}}\left\{\frac{\lambda f_2(t)}{\beta_1+\beta_2+\lambda}+\frac{3}{2}\left[2\xi-2\tilde{\delta}(t)+1\right]\frac{2\tilde{\delta}(t)-1}{3\tilde{\delta}(t)-1}\right\}^2\end{aligned} \tag{7.87}$$

对于非开裂区衬底的总势能，可通过式 (7.80) 和式 (7.86) 获得

$$U_{\mathrm{s}}^{\mathrm{u}}=(l-a)\int_{-h_{\mathrm{s}}\tilde{\delta}}^{h_{\mathrm{s}}-h_{\mathrm{s}}\tilde{\delta}}\left[\frac{1}{2}\left(\int_{0^-}^{t}-\int_{t}^{2t}\right)\sigma_{\mathrm{s}}^{\mathrm{u}}(2t-\tau)\frac{\mathrm{d}\varepsilon^{\mathrm{u}}(\tau)}{\mathrm{d}\tau}\mathrm{d}\tau\right]\mathrm{d}z$$

$$
= \frac{(l-a)\,N_0^2}{2E_{\mathrm{f}}'h_{\mathrm{f}}}\left\{\begin{array}{l}\dfrac{\lambda\left[2f_2(t)-f_2(0)-f_2(2t)\right]}{\beta_1+\beta_2+\lambda}-\dfrac{\lambda^2}{(\beta_1+\beta_2+\lambda)^2}g_1(t)\\ -\left[2\tilde{\delta}(t)-1\right]\left[g_2(t)+g_3(t)\right]+\left[1-3\tilde{\delta}(t)+3\tilde{\delta}^2(t)\right]g_4(t)\end{array}\right\} \tag{7.88}
$$

其中，

$$
\begin{aligned}
g_1(t) &= \left(\int_{0^-}^{t}-\int_{t}^{2t}\right) f_2(2t-\tau)\frac{\mathrm{d}f_2(\tau)}{\mathrm{d}\tau}\mathrm{d}\tau\\
g_2(t) &= \frac{1}{2}\frac{\lambda}{\beta_1+\beta_2+\lambda}\left(\int_{0^-}^{t}-\int_{t}^{2t}\right)\frac{2\xi-2\tilde{\delta}(2t-\tau)+1}{\tilde{\delta}(2t-\tau)-\tilde{\delta}_2}\frac{\mathrm{d}f_2(\tau)}{\mathrm{d}\tau}\mathrm{d}\tau\\
g_3(t) &= \frac{1}{24}\left(\int_{0^-}^{t}-\int_{t}^{2t}\right)\left[1-\frac{\lambda f_2(2t-\tau)}{\beta_1+\beta_2+\lambda}\right]\\
&\quad\times\left\{\frac{9(2\xi-1)}{\left[\tilde{\delta}(\tau)-\tilde{\delta}_1\right]^2}+\frac{6\xi+1}{\left[\tilde{\delta}(\tau)-\tilde{\delta}_2\right]^2}\right\}\frac{\mathrm{d}\tilde{\delta}(\tau)}{\mathrm{d}\tau}\mathrm{d}\tau\\
g_4(t) &= \frac{1}{36}\left(\int_{0^-}^{t}-\int_{t}^{2t}\right)\frac{2\xi-2\tilde{\delta}(2t-\tau)+1}{\tilde{\delta}(2t-\tau)-\tilde{\delta}_2}\\
&\quad\times\left\{\frac{9(2\xi-1)}{\left[\tilde{\delta}(\tau)-\tilde{\delta}_1\right]^2}+\frac{6\xi+1}{\left[\tilde{\delta}(\tau)-\tilde{\delta}_2\right]^2}\right\}\frac{\mathrm{d}\tilde{\delta}(\tau)}{\mathrm{d}\tau}\mathrm{d}\tau
\end{aligned} \tag{7.89}
$$

而非开裂区轴力 N_0 和弯矩 M_0 的总功为

$$
\begin{aligned}
W^{\mathrm{u}} &= (l-a)\left\{\frac{N_0^2 f_2(t)}{(E_{\mathrm{s1}}'+E_{\mathrm{s2}}')h_{\mathrm{s}}+E_{\mathrm{f}}'h_{\mathrm{f}}}-\frac{M^2(t)}{2E_{\mathrm{f}}'h_{\mathrm{f}}h_{\mathrm{s}}}\left[\frac{3}{\delta(t)-\delta_1}+\frac{1}{\delta(t)-\delta_2}\right]\right\}\\
&= \frac{(l-a)\,N_0^2}{8E_{\mathrm{f}}'h_{\mathrm{f}}}\left\{\frac{8\lambda f_2(t)}{\beta_1+\beta_2+\lambda}-\left[2\xi-2\tilde{\delta}(t)+1\right]^2\left[\frac{3}{\tilde{\delta}(t)-\tilde{\delta}_1}+\frac{1}{\tilde{\delta}(t)-\tilde{\delta}_2}\right]\right\}
\end{aligned} \tag{7.90}
$$

在 $\lambda = h_{\mathrm{f}}/h_{\mathrm{s}} \ll 1$ 的假设下，复合梁含界面边缘裂纹的能量释放率可根据格里菲斯 (Griffith) 理论进行求解，由式 (7.81)，式 (7.82)，式 (7.87)，式 (7.88) 和式 (7.90) 可以得到

$$
G(t) = \frac{\partial\left(W^{\mathrm{c}}+W^{\mathrm{u}}-U^{\mathrm{c}}-U_{\mathrm{f}}^{\mathrm{u}}-U_{\mathrm{s}}^{\mathrm{u}}\right)}{\partial a} \tag{7.91}
$$

从上式求得瞬时能量释放率 G_0 为

$$
G_0 = G(0) = -\frac{N_0^2}{8E_{\mathrm{f}}'h_{\mathrm{f}}}\frac{\left(2\tilde{\delta}_0-1\right)^2(6\xi+1)^2}{\left(1-\tilde{\delta}_0\right)\left(1-3\tilde{\delta}_0\right)},\quad \tilde{\delta}_0=\tilde{\delta}(0)=\frac{1}{2}\left(1+\frac{\lambda}{\lambda+\beta_1+\beta_2}\right) \tag{7.92}
$$

及其持久能量释放率 $G_{\infty}=G(\infty)$ 为

$$G_{\infty}=G(\infty)=-\frac{N_0^2}{8E_{\mathrm{f}}'h_{\mathrm{f}}}\frac{\left(2\tilde{\delta}_{\infty}-1\right)^2(6\xi+1)^2}{\left(1-\tilde{\delta}_{\infty}\right)\left(1-3\tilde{\delta}_{\infty}\right)} \tag{7.93}$$

由此可以得到瞬时能量释放率 G_{∞} 和持久能量释放率 G_0 的比值为

$$\frac{G_{\infty}}{G_0}=\frac{G(\infty)}{G(0)}=\frac{\beta_1+\beta_2}{\beta_1}\frac{4\lambda+\beta_1+\beta_2}{4\lambda+\beta_1}=(1+\chi)\left[1+\frac{\chi}{4(\lambda/\beta_1)+1}\right],\quad \chi=\frac{\beta_2}{\beta_1} \tag{7.94}$$

本小节中主要考虑 $\lambda\ll 1$ 和 $\beta_1\ll 1$ 的特殊情况，即薄膜的厚度远小于衬底的厚度，且衬底的模量远小于薄膜的模量。

首先，讨论当 $\lambda=\beta_1=10\times10^{-6}$ 时，β_2 取不同值无量纲能量释放率随时间的变化趋势。图 7.22 表明：①无量纲能量释放率随加载时间的增大而单调增加，并趋向于渐近值 G_{∞}/G_0；② β_2 越大，G_{∞}/G_0 越大；③ G_{∞}/G_0 与外加载荷的形式无关。上述结论也可通过式 (7.92) 得到。

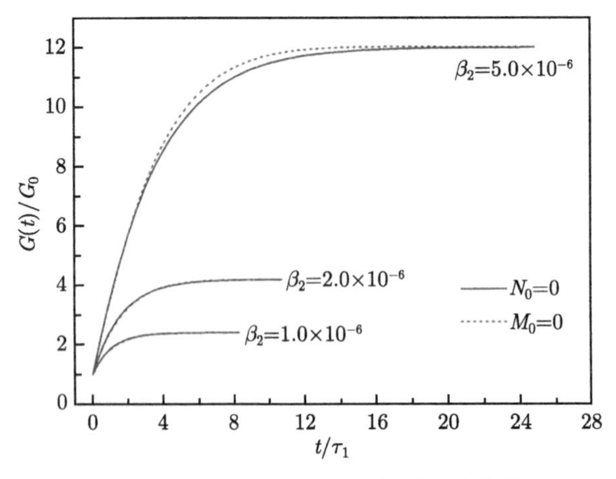

图 7.22　对于不同 β_2，无量纲能量释放率随无量纲时间的变化 ($\lambda=\beta_1=1.0\times10^{-6}$)

接着讨论复合梁只受弯矩 M_0 时的无量纲能量释放率。图 7.23(a) 展示了当 $\lambda=1.0\times10^{-6}$，$\beta_1=\beta_2$ 取不同值时无量纲能量释放率随无量纲时间的变化。图 7.23(b) 给出了 $\beta_1=\beta_2=1.0\times10^{-6}$，$\lambda$ 取不同值时无量纲能量释放率随无量纲时间的变化。从图 7.23 可知，$\beta_1=\beta_2$ 越大，或 λ 越小，G_{∞}/G_0 的值越大，这与式 (7.92) 得出来的结论保持一致。同时，将基于随时间变化的中性轴与常中性轴得到的能量释放率进行对比，可以发现当薄膜与衬底的拉伸刚度比为 1 时两者的差别是显著的，如 $\beta_1/\lambda\approx1$，$[\tilde{\delta}(\infty)-\tilde{\delta}(0)]/\tilde{\delta}(0)$ 相差很大，说明此时中性轴随时间的变化是显著的，从而导致了两种计算方法下得到的能量释放率差别很大。

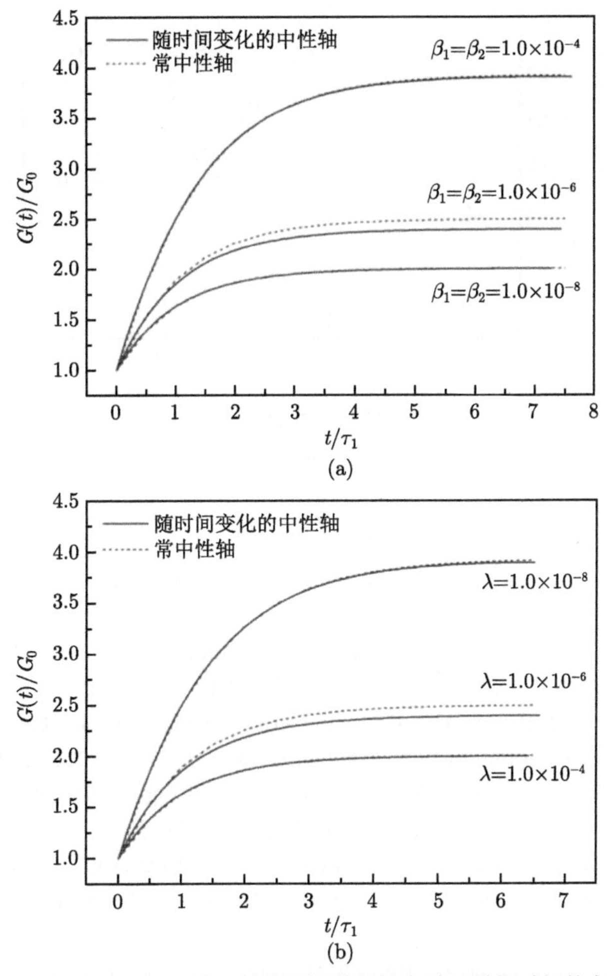

图 7.23 当 $N_0=0$ 时，无量纲能量释放率随无量纲时间的变化：(a) $\beta_1=\beta_2, \lambda=1.0\times10^{-6}$；(b) 不同 λ, $\beta_1=\beta_2=1.0\times10^{-6}$

在黏弹性衬底只受弯矩 M_0 的情况下，当 $\lambda=\beta_1=\beta_2=1.0\times10^{-6}$ 时，图 7.24 给出了瞬时能量释放率 G_0 和持久能量释放率 G_∞ 随弯矩 M_0 的变化。假定界面边缘裂纹的临界能量释放率 G_c 为常数，那么可以得到界面裂纹扩展的三种模式，分别用 I，II，III 来表示。从图 7.24 可以看出，如果 $M_0<M_{0c1}$，则 $G_0<G_\infty<G_c$，意味着裂纹不会发生扩展 (模式 I)；如果 $M_{oc1}<M_0<M_{0c2}$，则 $G_0<G_c<G_\infty$，意味着裂纹在 $G(t)$ 大于 G_c 之前不会发生扩展；如果 $M_0>M_{0c2}$，

则 $G_\infty > G_0 > G_c$，意味着裂纹在受到弯矩的一瞬间就发生扩展。

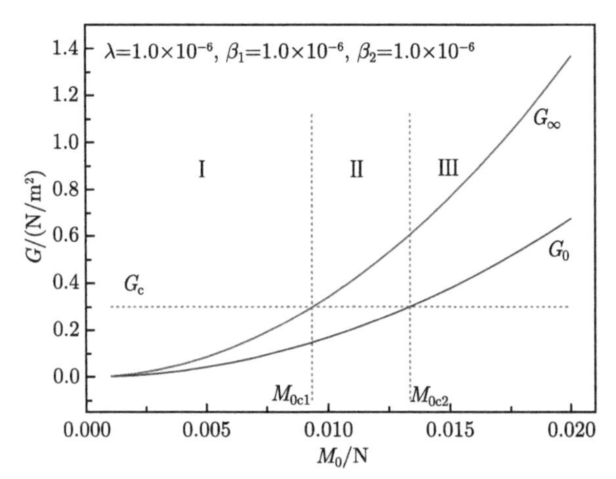

图 7.24　当 $N_0 = 0$ 时，包含黏弹性材料复合梁界面裂纹扩展的三种模式，其中常数 G_c 为界面断裂韧性

参 考 文 献

[1] Raphaël E, de Gennes P G. The Adhesion Between Elastomers. New York: Springer, 1994.

[2] De Gennes P G. Soft Interfaces. Cambridge: Cambridge University Press, 1997.

[3] 赵倩. 可延展柔性电子器件结构失效研究及优化设计. 北京: 清华大学, 2018.

[4] Ko H C, Baca A J, Rogers J A. Bulk quantities of single-crystal silicon micro-/nanoribbons generated from bulk wafers. Nano Letters, 2006, 6(10): 2318-2324.

[5] Meitl M A, Zhu Z T, Kumar V, et al. Transfer printing by kinetic control of adhesion to an elastomeric stamp. Nature Materials, 2006, 5(1): 33-38.

[6] Park S I, Ahn J H, Feng X, et al. Theoretical and experimental studies of bending of inorganic electronic materials on plastic substrates. Advanced Functional Materials, 2008, 18(18): 2673-2684.

[7] Dai L, Feng X, Liu B, et al. Interfacial slippage of inorganic electronic materials on plastic substrates. Applied Physics Letters, 2010, 97(22): 221903.

[8] 戴隆超. 薄膜衬底柔性结构破坏机理研究. 北京: 清华大学, 2010.

[9] Feng X, Meitl M A, Bowen A M, et al. Competing fracture in kinetically controlled transfer printing. Langmuir, 2007, 23(25): 12555-12560.

[10] Huang Y, Chen H, Wu J, et al. Controllable wrinkle configurations by soft micro-patterns to enhance the stretchability of Si ribbons. Soft Matter, 2014, 10(15): 2559-2566.

[11] Huang Y, Feng X, Qu B R. Slippage toughness measurement of soft interface between stiff thin films and elastomeric substrate. Review of Scientific Instruments, 2011, 82(10): 104704.

[12] Huang Y, Bu Y G, Zhou L D, et al. Fatigue crack growth and propagation along the adhesive interface between fiber-reinforced composites. Engineering Fracture Mechanics, 2013, 110: 290-299.

[13] 黄银. 软界面宏微观失效机理与软衬底上薄膜的失稳调控. 北京: 清华大学, 2014.

[14] 陈航. 柔性可延展电子器件中界面的力学性能表征和调控研究. 北京: 清华大学, 2015.

[15] Timoshenko S P, Gere J M. Theory of Elastic Stability. New York: Courier Dover Publications, 2012.

[16] Chen H, Feng X, Chen Y. Slip zone model for interfacial failures of stiff film/soft substrate composite system in flexible electronics. Mechanics of Materials, 2014, 79: 35-44.

[17] Bogy D B. Edge-bonded dissimilar orthogonal elastic wedges under normal and shear loading. Journal of Applied Mechanics, 1968, 35(3): 460-466.

[18] Yu H H, He M Y, Hutchinson J M. Edge effects in thin film delamination. Acta Materialia, 2001, 49(1): 93-107.

[19] Suo Z G, Hutchinson J W. Interface crack between two elastic layers. International Journal of Fracture, 1990, 43(1): 1-18.

[20] Dundurs J. Effect of elastic constants on stress in a composite under plane deformation. Journal of Composite Materials, 1967, 1(3): 310-322.

[21] 黄银. 柔性电子新型转印方法及失效机理研究. 北京: 清华大学, 2017.

第 8 章　柔性电子技术的前景与展望

8.1　柔性电子技术的应用前景

8.1.1　健康医疗

柔性电子技术在医疗行业具有非常巨大的应用前景。柔性健康监测系统可以替代目前医院和家庭中使用的大体积、难携带的医疗电子设备，以植入、粘贴、共生等方式融入生物体，推动电子系统和生物系统的深度融合。柔性电子系统不但能够替代现有的大型医疗仪器和可穿戴医疗设备，还有希望催生出颠覆性的医疗器件和新型诊疗方式，乃至具有疾病自诊断自修复功能的人机混成生物体。基于柔性电子技术的植入式健康医疗设备可以在不影响人体正常活动的同时保持良好的工作状态, 通过集成识别、监测、无线传输等系统可以做到实时监测人的生理状态, 及时发现问题, 做出正确的诊断和治疗，甚至做到“足不出户、看病就医”，这将在很大程度上缓解现代社会医疗资源的日益紧缺。

8.1.2　脑机接口

通过柔性电子技术建立大脑与外部计算系统的通信，实现人机交互从机械地向计算机输入信息表达指令到通过柔性电子器件智能化地直接读取人体信息的变革，由此实现更加丰富、全面和深入的生理信息获取，从而为基础医学研究提供强大的测量工具，为更好地解释疾病的成因、发展、控制和治疗效果提供了重要的数据支持。通过柔性电子器件建立脑信号对机械臂等外部设备的控制，则能对丧失行动能力的患者提供康复服务，极大地改善其生活质量。

8.1.3　航空航天

可靠性一直是航空航天领域的关键问题，其中涉及载体 (飞机、直升机、火箭、卫星等) 的可靠性和人的可靠性。柔性电子技术用于飞行器、航天器的结构健康监测以提高载体的可靠性；用于监测飞行员、航天员训练、服役过程生理指标的变化过程，为长期心理素质评估提供准确数据，以提高人的可靠性；从而促进航空航天技术的发展和应用。

8.1.4　交通能源

柔性电子技术对结构的健康监测也能够推动交通能源领域的发展，例如，用于高速铁路轮轴状态、风力发电叶片、高速旋转部件、发动机结构等的运行状态评估。

8.1.5 显示与信息交互

柔性显示与信息交互系统不再受传统刚性显示系统的重量、体积等问题的限制，必须是方正的“平面”，取而代之的可以是墙面、桌面、弯曲表面甚至衣物等，显示与交互系统可折叠、展开，轻易实现“大”“小”转换，不再受限于屏幕尺寸、重量。柔性显示技术将会在未来深入到日常生活的多个方面。

未来人们将会要求在电子书、手表、智能卡上实现柔性显示的弯曲；在移动设备如手机、通话手环、平板电脑、笔记本电脑的显示和信息交互上实现小型化、折叠化和可拉伸的特性；对交通、车载、机载、医疗和智能系统领域同样要实现显示的柔性化，使其利用起来更加方便；在电视、显示器和户外大型显示上，柔性显示技术则意味着更多空间资源的利用，更广视角的显示、更充分的信息交互以及更加绚丽的显示模式。

8.1.6 物联网

传统的电子技术建立在刚性材料、器件和电路技术上，很难与自然界的载体形成共融。在这一方面，柔性有其无与伦比的优势。通过先进的柔性材料、器件、电路和系统技术的应用，可以实现柔性感知、柔性显示、柔性信息处理、柔性能源、柔性信息传输等功能。柔性电子技术以其良好的与生物和各种物体的共融性、对曲面的适应性，将取代刚性的电子元器件，用于在各种复杂表面的集成，从而将人类社会中的各种物品和生物体连成网络，实现信息在这个网络中的自由传递。在农业、工业、交通、健康和城市基础设施等方面产生变革性的新应用和新系统。

8.2 柔性电子技术的发展方向

8.2.1 柔性材料

柔性材料的研究主要包括研究可用于柔性电子系统构建的柔性封装/衬底、柔性功能、柔性互联/转印材料和新原理材料等，其中：

(1) 在柔性封装/衬底材料方面，研究中主要关注可以进行水氧隔绝，具有抗腐蚀、高延展性、高强度的封装材料，以及隔水、绝缘、热稳定、高延展性和透光的衬底材料。在隐身作战、军事安全、航空航天和软体机器人等领域的应用中，开发一些具有特殊用途的柔性衬底材料。其机械、物理和化学性质在外部和内部刺激下可进行调控，实现如吸收和发射波长、导电导热特性、溶解性、延展性、杨氏模量等参数的主动和被动控制。

(2) 在新型柔性功能材料方面，主要围绕获得延展性好、电学性能优秀、形变时性能稳定的柔性有机/无机功能材料，并以获得高性能、可量产、低成本的柔性无机/有机杂化材料为主要方向。研制基于硅基、碳基、有机和多元化合物的柔性半导体材料，特别是适合于大规模印刷工艺和 CMOS 工艺的半导体材料。突破以上材料在线宽、厚度等方面的物理限制。在有机半导体材料中发展具有高迁移率的 p 型和 n 型半导体材料。提升材料在空气中的稳定性。同时发展兼具高迁移率和强荧光发光特性的有机发光材料。进一步探索常规非本征柔性材料纳米化和薄膜化的方案，发展构成柔性功能材料的基本单元如量子点、纳米颗粒和纳米线等零到多维材料。利用多元复合和导电聚合物本身的导电特性，发展具有优良导电特性的复合导电材料。研制具有颠覆性的柔性陶瓷材料、柔性稀土材料、柔性高比表面积材料和柔性能带可调控的材料等，丰富柔性功能材料的范围和应用。

(3) 仿皮肤材料，利用化学合成技术与微纳加工技术实现具有微结构修饰的新型类皮肤柔性材料，使其具有以下特性：良好的生物兼容特性，能与人体长时间舒适集成；防水透气特性，与皮肤贴合后使皮肤表面代谢物能正常排出，皮肤表层细胞呼吸所需气体能无障碍地到达皮肤界面，同时保护器件不受外界物质污染；可控的界面强度特性，能与人体皮肤紧密贴合，大变形环境下不与柔性电子功能层或人体皮肤发生脱黏失效。

(4) 在柔性互联/转印材料方面，关注满足高延展条件下软硬界面增强需求的机械和电学连接材料，克服材料由于形变所造成的连接失效和导电性降低。发展经过热、磁、光等外界条件激励后，机械和电学特性可调控的互联材料，满足可逆连接和界面作用力可调的需求。发展新型柔性互联材料，如多种失效状态下的自我修复材料以及多元液态金属材料。发展柔性加工工艺中的关键转印材料，满足大面积柔性电路和芯片的精准转印需求。实现模量大范围可控、适用面广、转印效率高的柔性转印高分子印章材料。

(5) 在新原理材料的研究中，主要开展可根据环境需求主动、快速、精准改变自身结构的三维主动变形材料和自适应材料的研究。材料在不同可控或被动外界激励 (如声、光、电、压力和温度等) 下可改变内部构造以及化学与物理属性，从而实现形状的变化。并结合量子材料和超材料等新型材料，使柔性电子技术更加适应未来的技术体系。通过分子设计将共轭单元与弹性可拉伸单元、可自修复单元以恰当的方式进行共聚或复合，进而获得可拉伸自愈合的有机半导体材料，或突破当前的技术策略，开发出基于新原理可拉伸自愈合的有机半导体材料。

8.2.2 柔性集成器件

为了满足柔性计算与显示系统的重要需求，柔性电子器件的研究方向主要包括柔性显示器件，柔性集成电路芯片，柔性微电子、光电子和传感器件，柔性能源器件，以及柔性新原理器件。

(1) 在柔性显示器件方面，需要重点开展大尺寸、小曲率、高清晰度 ($> 4K$)

的柔性显示器件，器件具有高分辨率和高时间响应。研究基于有机半导体材料和无机材料的平面和三维堆叠的 LED 阵列以及阵列驱动所需要的柔性 TFT 器件。

(2) 在柔性集成电路芯片方面，开发基于 SOI 工艺的柔性集成电路，实现具有逻辑计算、控制、信号处理、信息存储和通信功能的集成电路芯片。研究基于薄膜衬底或刚性衬底上外延生长的单晶半导体薄膜构成的同质或异质复合柔性芯片。利用将刚性集成电路减薄的方式，实现微米和亚微米厚度量级的柔性芯片。

(3) 在柔性微电子和光电子器件方面，研究具有高电子迁移率的电子器件，进一步减少柔性电子器件的功耗，提高器件的工作频率。研究高性能高密度非易失性存储器件和逻辑器件。开展发射和吸收波长可调节的新型柔性光电器件的研究，使柔性器件的发射和接收波长覆盖 X 射线至远红外波段。

(4) 在柔性传感器件方面，发展大面积多参数多层薄膜叠加的柔性传感器阵列，实现在复杂表面的共形覆盖。研究高通量新型多功能柔性传感器，实现对于多种物理量和化学量的分布式测量。发展基于柔性织物、表皮电子等技术的在体测量柔性传感器，实现对环境、生理指标和心理指标的全面评价。

(5) 在柔性能源器件方面，需要重点研制可高效转换环境能量的柔性能量采集器件，研制可反复充放电和高能量密度的全固态柔性储能器件以及大面积可折叠柔性太阳能电池。

(6) 在基于新原理的柔性器件方面，针对冯 • 诺依曼计算架构中存储–计算分离的瓶颈，利用柔性碳基材料，发展碳基低功耗柔性计算–存储融合器件，借鉴生物细胞工作机制，发展生物启发的柔性光电子器件，开发生物兼容的传感、存储、计算的新原理器件，利用柔性材料和结构的设计，发展多维瞬变电子器件。

8.2.3 柔性电路

研究柔性电路设计的基本方法和原理，建立柔性系统结构设计与性能间的相互关系，实现全功能、高性能、超轻超薄 (可延展) 的柔性电路。具体包括如下几个方面的内容：多场耦合的电路设计模型和软件、混合柔性电路设计方法、柔性电路布局与优化设计方法、天线及信息处理电路功能单元抗形变设计方法、柔性可重构电路、新型柔性电路。

(1) 在多场耦合的电路设计模型和软件方面，柔性电路设计涉及电、热、力等多场作用结果，而现有仿真与设计软件多仅针对其中某一项进行建模与分析，需研究综合考虑了电、热、力等多场耦合作用的电路模型与仿真软件。

(2) 在混合柔性电路设计方法方面，刚–柔混合电路是促进柔性电子技术快速大规模应用的捷径，同时刚性电路与柔性电路并存也将是一个必然过程，因此，需研究刚–柔混合电路的设计方法，以同时保障刚性电路的性能和柔性电路的可弯曲、折叠等特点。

(3) 在柔性电路布局与优化设计方法方面，柔性电路由于其可弯曲、可折叠、可延展的特点，其电路形态和结构不再是固定不变的，而这种改变可能导致电路性能的极大变化，因此需针对不同功能电路的特点，研究柔性电路布局与优化设计方法。

(4) 在天线及信息处理电路功能单元抗形变设计方法方面，天线作为能量辐射单元，其辐射体形状变化会对辐射方向图、频率等性能产生影响，本研究内容即通过天线及信息处理电路功能单元的电路结构与功能设计，实现在不同形态下电路性能的稳定。

(5) 在新型柔性电路方面，基于生物启发、碳基、有机的新原理材料与器件构建新型柔性电路。

8.2.4　柔性电子系统

1) 生物相容的可降解柔性感知、计算和执行器件

可穿戴的柔性电子器件，除了要具备生物相容性之外，还应具备生物可降解性能，使其在植入后不必取出，随着组织修复过程降解掉。目前，已经有很多生物可降解材料用于柔性电子器件的衬底材料，包括合成聚合物和天然聚合物。常见的合成材料包括如 PGA 和 PLGA 的可降解聚酯。天然聚合物如淀粉、蛋白、葡萄糖等也被考虑在内。兼顾柔性电子器件的生物相容性和生物可降解性，同时又不影响材料的可延展性能，天然聚合物材料 (如蛋白类)，选择合适的材料和分子量，可以代替原有的合成类聚合物，将柔性电子器件与组织再生修复材料结合起来制备可同时检测和修复的一体化材料体系，有望实现电子信息领域与生物医学的完美结合。

2) 基于神经信号模式识别的柔性人机接口

针对神经系统的高效信息处理、智能计算模式以及生物载体所具有的优越行动能力和灵敏感知能力，突破柔性材料、超微超轻超低功耗电子及计算技术等领域的技术限制，研究生物载体与人工柔性电子融合的混合智能系统，为未来融合生物智能与机器智能的特定环境感知及人机交互技术，提供关键技术基础和应用解决方案。特别是研制基于超低功耗射频技术的超轻量化脑机接口 IC，并在此基础上构建柔性电极前端融合、微弱神经信号拾取、稳定刺激指令生成等功能的植入式系统，为特定领域的环境事件高效精确感知、复杂任务运动控制等问题，建立一系列具有颠覆意义的、全新技术架构的应用解决方案。

3) 柔性仿脑神经计算芯片和神经假体

参考人脑神经元结构和人脑感知认知方式设计仿脑芯片。柔性仿脑神经计算芯片以其独特的柔性/延展性以及高效、低成本制造工艺，在信息、能源、医疗、国防等领域具有广泛应用前景。神经假体是一个闭环的微电子系统，能够实时记

录和处理部分大脑信号，通过刺激已经失去连通性的大脑的其他部分，将受损部位弥合起来。该装置能够放大神经动作电位 (由大脑前部的神经元产生)，通过模式识别等手段，能够从噪声和其他人工产品中分离这些信号，将其记录为大脑峰电活动。利用检测的每个峰电，微芯片能够发出电流脉冲，刺激大脑前部的神经元，从而人为地连接两个大脑区域。该部分主要研究点包括：柔性磁存储器件、柔性忆阻器、基于柔性器件的类脑计算芯片、柔性神经假体和电极、面向小微型柔性器件的支撑软件平台。

4) 柔性可控人工肌肉群

基于材料与结构力学分析开展材料–结构–系统优化设计，合成高性能软材料人工肌肉与柔性电子器件，并模块化集成开展智能化协同控制。为多种柔性驱动结构、柔性电子器件、软体机器人等应用，提供主动变形能力，并解决动力弱、精度低、智能程度低、可靠性低以及难以高效应对复杂环境和任务等问题。系统研究软材料人工肌肉群控制–传感–驱动的关键问题，研发制备新型的软体智能材料并设计成型的高性能软材料人工肌肉结构，利用柔性电子与传感器在人工肌肉上的功能集成实现多肌肉群组智能控制。研发新型软体机器人整机、软材料肌肉群系统部件的原型样机。对于介电高弹体、导电高弹体、功能性水凝胶等软体智能材料，建立可描述力–电–化多场耦行为的分析理论，发展针对复杂软体结构大变形条件下功能性响应的有限元仿真以及材料、结构优化设计方法。在材料层次上，发展联系高分子聚合物微观结构、宏观材料参数和实际器件性能的分析方法，指导高性能材料设计合成；在结构层次上，依据模型仿真，虚拟化测试并优化多组人工肌肉结构的复合驱动能力，优化多种软体智能材料以及柔性电子器件的空间分布，指导软体机器人与肌肉群系统的功能一体化设计；在系统设计以及智能控制上，则可参考神经系统的传感控制模式，将软材料肌肉群与控制运算及传感器件高效集合。

5) 柔性能量采集技术

压电材料为一类机械能与电能互相转换的功能性材料，包括无机类压电晶体与压电陶瓷，有机类压电聚合物等。新型压电设备由于其突出的延展性和可塑性，使结合人体的适用范围更加广泛，从结构原理学上可作为植入设备移植到生物体内，收集生物体机械运动产生的动能。期望达到以下目标: 产生稳定电能级电信号，并通过电池储存供电；分析收集的电信号，利用信号波形对生物体健康状态进行监测。

主要研究内容包括：①生物能量采集的优化设计理论，包括能量转换的结构优化设计理论和能量存储的电路优化设计理论；② 基于压电等效应的能量采集器件；③生物能量采集系统的制备与集成中的微纳制造技术及系统的生物相容性。

8.2.5 柔性集成技术与工艺

柔性电子微纳工艺技术针对未来电子系统柔性化的需求，将微纳制造技术和柔性电子技术相结合，建立针对柔性电子系统的批量化微纳制造技术体系，为将来的各类柔性电子器件和系统提供制造技术基础支撑。

在柔性工艺技术方面, 主要针对柔性电子技术体系开展制造技术研究，包括以下几个方面内容:

(1) 在柔性电子制造专用设备方面，针对柔性电子工艺技术要求，研制专用设备, 满足柔性电子材料、器件、电路和系统的批量化加工要求。研制柔性电子转印、印刷和快速加工的工艺设备，实现柔性电子的快速加工。

(2) 在柔性电子系统微纳加工与异质异构集成技术方面，建立面向柔性电子系统的微纳异质集成制造技术体系，涵盖异质异构堆叠、折叠、垂直互联和柔性互联等技术；利用微系统制造技术实现执行、传感、信号处理和能源器件的立体堆叠互联，使各功能系统节点的集成密度大幅度提升，为微型多功能系统单元的柔性化、阵列化提供可能。

(3) 在柔性电子系统材料制备技术方面，构建柔性电子技术材料体系，制定新型柔性材料研究计划，制备可实现工程化的柔性封装与互联材料。

(4) 在柔性电子系统封装与互联工艺方面，突破柔性封装和柔性互联技术，掌握刚/柔混合电路的集成方法，形成柔性电路可靠性模型与失效理论。

(5) 在柔性电子系统集成工艺方面，掌握柔性系统批量化集成技术，具备柔性电子系统的集成制造能力，满足系统集成需求。

(6) 在柔性电子系统的批量化加工与集成方法方面，具备柔性电子系统和异构集成微系统批量集成与制造能力；具备柔性电路的工程化加工能力；形成柔性电路制造工艺模块；建立柔性功能器件工程化中心；形成新型非硅基研究中心和制造体系；构建柔性封装、集成材料工程化制造平台；研究转印等传统柔性电子加工技术的批量制造方法，具备高效快速的批量化加工能力。

(7) 在柔性电子系统的可靠性与测试方面，发展柔性电子系统的专用测试与检测设备，突出对柔性电子系统机械性能与电性能的相互依存关系，以及环境对柔性电子系统影响的测量测试；建立适用于柔性电子系统的可靠性设计标准，建立涵盖柔性电子系统开发、制造以及使用全过程的可靠性评估体系。

索 引

B

表面贴装技术，283
波浪结构，31
薄膜断裂，285
薄膜晶体管，175

C

缠绕结构，48
持久能量释放率，314
齿形微结构，62
充液体空腔型衬底，79
储能器件，23

D

导电聚合物，119
岛桥结构，31
典型失效模式，283

F

防水透气封装，165
仿生液滴转印方法，226
非易失存储器，21
蜂窝状衬底，56
浮桥结构，163
复合梁界面脱黏，311

G

钙钛矿，110
干法刻蚀，289
锆钛酸铅（PZT），100
光刻，143
光刻胶，143
硅薄膜，288
硅纳米薄膜，128

H

汗液传感器，218
核/壳应变隔离，76
滑移断裂韧性，293
滑移区分层，285

J

集成电路，1
记忆聚合物，95
剪纸结构，54
界面分层，285
界面复合裂纹，302
界面滑移，285
界面剪切强度，299
界面剪应力，296
界面拉伸强度，299
界面能，152
界面正应力，296
金属硫化物，109
近场通信 228
聚二甲基硅氧烷，95
聚酰亚胺（PI），95
卷对卷印刷，143

K

可降解电子器件，123
可降解封装，127
可降解金属材料，129
可延展柔性结构，31
孔隙率，57

L

泪液传感器，217
类皮肤柔性葡萄糖传感器，224
裂纹扩展判据，287
临界滑移载荷，304
临界能量释放率，290
临界能量释放率，315
临界屈曲载荷，293
临界脱黏载荷，306
临界压缩载荷，297
螺旋电极，199

M

摩尔定律，2

N

纳米材料天线，236
能量理论，300
黏弹性效应，307
黏弹性印章，153

P

喷墨打印，143

Q

气压控制转印，159
强度理论，293

R

热管理，83
热释放胶带印章，153
人体运动监测，206
柔性 NFC 器件，228
柔性 NFC 线圈，231
柔性超级电容器，190
柔性衬底，56
柔性传感器件，193
柔性单晶硅，104
柔性电池，184
柔性电介质材料，124
柔性电路，26
柔性电子，4
柔性光电传感器，200
柔性集成微系统，26
柔性金属导电材料，114
柔性绝缘材料，94
柔性可延展光电子器件，203
柔性锂电池，184
柔性脑电极，193
柔性能量收集器，191
柔性能源器件，184
柔性皮肤电极，200
柔性生化传感器，217
柔性生物传感电极，193
柔性太阳能电池，23，187
柔性碳基导电材料，116
柔性天线，233
柔性外周神经电极，197
柔性温度传感器，214
柔性显示，25
柔性显示器件，180
柔性芯片，14
柔性压力传感器，208
柔性印章，150
柔性应变传感器，205
柔性有机半导体材料，111
软刻蚀，143
软硬可编程衬底，80

S

三维多孔压阻材料，210

三维可延展柔性结构，48
三维自组装天线，234
散热封装，167
生物兼容性，165
湿法刻蚀，289
石墨烯，117
受限型蛇形导线，44
瞬时能量释放率，313
丝状结构，53
速度控制转印，153

T

碳基纳米材料，21
碳纳米管，116
透明导电氧化物 (TCO)，107

W

弯曲实验，287
完美黏结，293
微观软界面，287
温度控制转印，156
无机柔性器件，181
无量纲滑移长度，305

X

形状记忆聚合物印章，153
悬空分形导线，40
悬空蛇形导线，38
悬空直导线，36
血液传感器，223

Y

压缩屈曲自组装，52
液滴印章，153
液态金属天线，236
液体封装，163
液体控制转印，160
异质集成，268
应变限制，68
应力集中因子，301
有机场效应晶体管 (OFET)，176

Z

折纸结构，54
织物天线，235
转移印刷技术，288
转印技术，10，150

其他

micro-LED，181
OLED，181
PDMS，9